图灵原创

李世明 著

跟阿铭学 Linux

第4版

人民邮电出版社

北京

图书在版编目（CIP）数据

跟阿铭学Linux / 李世明著. -- 4版. -- 北京 : 人民邮电出版社, 2021.1（2024.8重印）
（图灵原创）
ISBN 978-7-115-55565-6

Ⅰ. ①跟… Ⅱ. ①李… Ⅲ. ①Linux操作系统—教材 Ⅳ. ①TP316.85

中国版本图书馆CIP数据核字(2020)第249336号

内 容 提 要

本书是一本入门级的Linux学习教材，针对初学者而写，内容由浅入深，案例丰富，通俗易懂。全书分两部分：前面为基础知识，涉及安装、登录、文件和目录管理、磁盘管理、Vim、压缩和解压缩等；后面为进阶知识，包括LNMP、NFS、FTP、Linux集群和Zabbix监控等。与上一版相比，这一版不仅将虚拟机软件由VMware 10改为VMware 14，而且基于CentOS 8进行了全面修订，删掉了LAMP环境搭建与配置，还增加了Docker等内容。

◆ 著　　　李世明
责任编辑　王军花
责任印制　周昇亮

◆ 人民邮电出版社出版发行　北京市丰台区成寿寺路11号
邮编　100164　电子邮件　315@ptpress.com.cn
网址　https://www.ptpress.com.cn
北京天宇星印刷厂印刷

◆ 开本：800×1000　1/16
印张：23　　　　　　　　2021年1月第4版
字数：574千字　　　　　　2024年8月北京第5次印刷

定价：99.00元

读者服务热线：(010)84084456-6009　印装质量热线：(010)81055316
反盗版热线：(010)81055315
广告经营许可证：京东市监广登字 20170147 号

前　　言

早在 2011 年，阿铭就已经在网上发表过《跟阿铭学 Linux》的电子版教程，不过它只是一个电子教程，还不能作为图书出版。2013 年，阿铭更新了这本电子教程，发布了第 2 版。2014 年，阿铭出版了《跟阿铭学 Linux》一书，该书是基于这本电子教程来写的，并做了进一步完善。书出版后，得到许多读者的支持，并且有不少高校老师把该书作为教材。2017 年，阿铭基于 CentOS 7 出版了《跟阿铭学 Linux（第 3 版）》，相比上一版，其内容增幅超过 30%。

2019 年，CentOS 8 发布了，现在这一版将基于 CentOS 8 展开讲述，主要有以下几方面的变化：

- 虚拟机软件由 VMware 10 改为 VMware 14；
- CentOS 版本由 7.3 改成了 8.0；
- 涉及的一些命令或者选项有所改动，主要是 CentOS 7 和 CentOS 8 的区别；
- 删除了上一版的第 14 章；
- Nginx、PHP、MySQL 等第三方软件包的版本有所变化；
- 增加了第 22 章。

为什么要写这本书

这还得追溯到 2011 年春天。当时我的女友刚刚辞掉工作，待业在家，她对于自己的职业生涯有些迷惘。在我的建议下，她开始了 Linux 学习之路。一开始，我只给她推荐了一本不错的入门书，但是那本书对于初学者来讲内容实在是太多了，初学者往往看到一半就放弃学习了，我女友也不例外。于是，我便写了那本简明扼要的电子版教程来帮助她学习 Linux。功夫不负有心人，她只用了两个月的时间就出师了，甚至找到了心仪的工作。虽然那本电子教程已经面世多年，而且还出了两版，但我更希望出一本像样的图书来帮助更多的朋友。

这是一本什么样的书

这本书是专门针对初学者而写的，如果你想快速入门，那么这本书非常适合你。我的女友之前从未接触过 Linux，甚至没有听说过，她唯一的优势就是计算机专业毕业，有些底子。既然一个零基础的女孩子可以成功，那么我相信你通过这本书的辅导也可以成功。也就是说，假如你现在也是零基础，或者只懂一点基础知识，那么选择这本书作为入门指引是非常合适的。本书语言通俗，内容简明易懂，案例丰富且容易操作。只要按照书中的实例按部就班地学习，就可以轻松入门 Linux。不过阿铭要提醒你一下，只看一遍、练一遍肯定是不行的，需要多练习几遍！

内容介绍

本书共有 22 章，其中前 10 章为基础部分，后 12 章为进阶部分。

第 1 章介绍 Linux 相关的基础知识、Linux 系统管理员要养成的习惯以及给读者朋友的学习建议。

第 2 章教大家如何在 Windows 上安装 Linux 操作系统，安装好后如何进入系统以及一些比较简单的操作。

第 3 章介绍如何使用远程登录工具登录 Linux。通常，需要通过 Windows 上的客户端软件远程登录 Linux，然后再进行日常的管理操作。

第 4 章主要讲述 Linux 的文件和目录管理。这一章会介绍比较多的基础命令。学完本章后，就学会了如何在命令行下切换目录、新建目录或文件、删除目录或文件、查看文件内容等。

第 5 章介绍 Linux 的用户以及用户组。系统登录离不开用户，只有掌握了与用户相关的操作，才能很好地去管理系统。

第 6 章介绍 Linux 下的磁盘管理，它会告诉我们如何分区、如何格式化、如何挂载磁盘。

第 7 章着重介绍 Linux 下的文本编辑工具 Vim。Vim 是我们日常必不可少的工具，如果没有它，就无法完成对文本文档的编辑。

第 8 章主要介绍在 Linux 系统下如何压缩以及解压缩文件和目录。

第 9 章主要介绍如何在 Linux 系统里安装和卸载一个软件包，这和在 Windows 系统下安装程序类似，只不过在 Linux 系统下，不仅可以安装二进制的文件包，而且可以自己编译源码包。

第 10 章主要介绍 Linux 系统里与 shell 相关的基础知识。Linux 和 Windows 有很多不同，其中，Linux 以命令行操作为主，我们登录的终端环境就是 shell，它是让用户和计算机打交道的；而 Windows 则以图形化操作为主。

第 11 章介绍的是正则表达式。在这一章中，我们将学习 3 个工具——grep、sed 和 awk。这 3 个工具在 shell 脚本中使用非常频繁，所以学好它们可以让你的 shell 编码能力更强。

第 12 章介绍 shell 脚本。shell 脚本是一个 Linux 系统管理员必须要掌握的技能，shell 编码能力强的运维人员在工作中会大大提升工作效率，所以要格外重视这一章。

第 13 章介绍 Linux 系统的日常管理操作。在这一章中，阿铭把多年来积累的精华介绍给大家，比如如何查看系统的状态信息、如何管理 Linux 系统的网络，如何管理 Linux 系统的防火墙，如何给你的 Linux 制订任务计划等。

第 14 章介绍 LNMP 环境。LNMP 是 Linux+Nginx+MySQL+PHP 的简称，这套环境是用来运行 PHP 网站的。这章内容比较多，除了搭建环境外，还介绍了诸多实用的配置。学完本章，你就可以自己搭建一个 PHP 网站了，比如阿铭的论坛就是用 PHP 程序写的。

第 15 章介绍 MySQL 常用的操作指南。作为一名 Linux 系统管理员，你应该学会如何连接 MySQL，如何创建库和表，如何删除库和表以及如何修改库和表等操作。

第 16 章介绍 NFS 服务配置。NFS 服务用来实现多台 Linux 系统主机之间的文件共享。

第 17 章介绍 FTP 服务配置。FTP 服务对于小企业或者个人来说还是蛮实用的，用它传输文件很方便。

第 18 章介绍 Tomcat 的安装和配置。Tomcat 是用 Java 语言编写的网站环境，Java 目前非常流行，所以用 Java 写的网站或者应用也是很普遍的。

第 19 章介绍 MySQL Replication，即主从复制。MySQL Replication 在企业中用得非常普遍，它既可以实现 MySQL 的实时备份，又可以实现 MySQL 读写分离。

第 20 章介绍 Linux 集群。集群就是由多台服务器组成一个整体来为企业的服务提供支撑。在这一章中，阿铭会介绍企业常用的几种集群。

第 21 章介绍监控。监控的重要性不用多说，它可以帮助企业及时发现故障并通知到运维人员，降低事故的影响。在这一章中，阿铭主要介绍 Zabbix 监控，它是一款流行度非常高的监控软件。

第 22 章介绍 Docker。Docker 是目前非常流行的一种容器虚拟化技术，它使得运维和研发的交付效率大大提升，让原本繁杂的部署操作（比如，几百个命令）简化成了一两条命令。

反馈及服务

阿铭喜欢把每一位读者朋友当作兄弟姐妹，所以也希望你能够把阿铭当作知心朋友，在学习的过程中不管遇到任何问题，都可以来阿铭的论坛交流、讨论。

在阅读本书的过程中，如果遇到任何疑问或者发现任何纰漏，可以到图灵社区（iTuring.cn）的本书主页提交勘误。同时，你也可以添加阿铭的私人微信（81677956）进行交流，或者关注公众号 aming_linux 来获取更多有价值的学习资料。

本书中提到的各软件资源的下载地址和阿铭提供的百度云盘地址请大家到图灵社区本书主页获取。

特别致谢

感谢所有读过《跟阿铭学 Linux》电子版、图书的读者朋友们！感谢所有参加过阿铭培训的同学们！向所有支持阿铭的兄弟姐妹致谢！向所有读者朋友们致谢！

目　　录

第 1 章　学习之初 ·· 1
1.1　Linux 是什么 ·· 1
- 1.1.1　Linux 的由来 ································· 1
- 1.1.2　Linux 怎么读 ································· 2
- 1.1.3　常见 Linux 发行版 ··························· 2
- 1.1.4　我们要学习哪个 Linux 发行版 ····· 2

1.2　Linux 系统管理员要养成的习惯 ········· 3
- 1.2.1　要习惯使用命令行 ························· 3
- 1.2.2　操作要严谨 ····································· 4
- 1.2.3　安全不可忽视 ································· 4

1.3　学习建议 ·· 5
- 1.3.1　稳中求进 ··· 5
- 1.3.2　善于总结文档 ································· 5
- 1.3.3　复习很关键 ····································· 5
- 1.3.4　举一反三 ··· 6

1.4　课后习题 ·· 6

第 2 章　安装 CentOS ···································· 7
2.1　安装虚拟机 ·· 7
- 2.1.1　下载虚拟机软件 ····························· 7
- 2.1.2　安装虚拟机 ····································· 8
- 2.1.3　新建一个虚拟机 ··························· 10

2.2　安装 Linux 操作系统 ·························· 14
- 2.2.1　下载 CentOS 镜像文件 ················· 14
- 2.2.2　设置虚拟光驱 ······························· 14
- 2.2.3　安装 CentOS ································· 16

2.3　第一次亲密接触 ································· 22
- 2.3.1　初次使用命令行登录 ··················· 22
- 2.3.2　设置网络 ······································· 22
- 2.3.3　学会使用快捷键 ··························· 26
- 2.3.4　学会查询帮助文档——man 命令 ································· 26
- 2.3.5　Linux 系统目录结构 ···················· 27
- 2.3.6　如何正确关机、重启 ··················· 30
- 2.3.7　忘记 root 密码怎么办 ··················· 30
- 2.3.8　学会使用救援模式 ······················· 32

2.4　课后习题 ··· 35

第 3 章　远程登录 Linux 系统 ······················ 36
3.1　安装 PuTTY ·· 36
- 3.1.1　下载 PuTTY ································· 36
- 3.1.2　安装 ··· 37

3.2　远程登录 ··· 37
- 3.2.1　使用密码直接登录 ······················· 37
- 3.2.2　使用密钥认证 ······························· 38

3.3　两台 Linux 相互登录 ························· 41
- 3.3.1　克隆 CentOS ································· 41
- 3.3.2　使用密码登录 ······························· 42
- 3.3.3　使用密钥登录 ······························· 43

3.4　课后习题 ··· 45

第 4 章　Linux 文件和目录管理 ··················· 46
4.1　绝对路径和相对路径 ························· 46
- 4.1.1　命令 cd ·· 46
- 4.1.2　命令 mkdir ···································· 47
- 4.1.3　命令 rmdir ···································· 48
- 4.1.4　命令 rm ··· 48

4.2　环境变量 PATH ·································· 49
- 4.2.1　命令 cp ·· 50
- 4.2.2　命令 mv ·· 51

4.3　几个与文档相关的命令 ····················· 52
- 4.3.1　命令 cat ··· 52
- 4.3.2　命令 tac ··· 53
- 4.3.3　命令 more ····································· 53

4.3.4　命令 `less` ·············· 53
　　4.3.5　命令 `head` ·············· 53
　　4.3.6　命令 `tail` ·············· 54
4.4　文件的所有者和所属组 ·············· 54
4.5　Linux 文件属性 ·············· 55
4.6　更改文件的权限 ·············· 56
　　4.6.1　命令 `chgrp` ·············· 56
　　4.6.2　命令 `chown` ·············· 57
　　4.6.3　命令 `chmod` ·············· 57
　　4.6.4　命令 `umask` ·············· 59
　　4.6.5　修改文件的特殊属性 ·············· 60
4.7　在 Linux 下搜索文件 ·············· 62
　　4.7.1　用 `which` 命令查找可执行文件的绝对路径 ·············· 62
　　4.7.2　用 `whereis` 命令查找文件 ·············· 62
　　4.7.3　用 `locate` 命令查找文件 ·············· 63
　　4.7.4　使用 `find` 搜索文件 ·············· 63
4.8　Linux 文件系统简介 ·············· 65
4.9　Linux 文件类型 ·············· 66
　　4.9.1　常见文件类型 ·············· 66
　　4.9.2　Linux 文件后缀名 ·············· 66
　　4.9.3　Linux 的链接文件 ·············· 66
4.10　课后习题 ·············· 68

第 5 章　Linux 系统用户与用户组管理 ·············· 70
5.1　认识 /etc/passwd 和 /etc/shadow ·············· 70
　　5.1.1　解说/etc/passwd ·············· 71
　　5.1.2　解说/etc/shadow ·············· 71
5.2　用户和用户组管理 ·············· 72
　　5.2.1　新增组的命令 `groupadd` ·············· 72
　　5.2.2　删除组的命令 `groupdel` ·············· 73
　　5.2.3　增加用户的命令 `useradd` ·············· 73
　　5.2.4　删除用户的命令 `userdel` ·············· 74
5.3　用户密码管理 ·············· 74
　　5.3.1　命令 `passwd` ·············· 74
　　5.3.2　命令 `mkpasswd` ·············· 75
5.4　用户身份切换 ·············· 75
　　5.4.1　命令 `su` ·············· 76
　　5.4.2　命令 `sudo` ·············· 76
　　5.4.3　不允许 root 远程登录 Linux ·············· 78
5.5　课后习题 ·············· 78

第 6 章　Linux 磁盘管理 ·············· 80
6.1　查看磁盘或者目录的容量 ·············· 80
　　6.1.1　命令 `df` ·············· 80
　　6.1.2　命令 `du` ·············· 81
6.2　磁盘的分区和格式化 ·············· 83
　　6.2.1　增加虚拟磁盘 ·············· 83
　　6.2.2　命令 `fdisk` ·············· 84
6.3　格式化磁盘分区 ·············· 92
　　6.3.1　命令 `mke2fs`、`mkfs.ext2`、`mkfs.ext3`、`mkfs.ext4` 和 `mkfs.xfs` ·············· 92
　　6.3.2　命令 `e2label` ·············· 95
6.4　挂载/卸载磁盘 ·············· 95
　　6.4.1　命令 `mount` ·············· 95
　　6.4.2　/etc/fstab 配置文件 ·············· 97
　　6.4.3　命令 `blkid` ·············· 99
　　6.4.4　命令 `umount` ·············· 100
6.5　建立一个 swap 文件增加虚拟内存 ·············· 101
6.6　课后习题 ·············· 101

第 7 章　文本编辑工具 Vim ·············· 103
7.1　Vim 的 3 种常用模式 ·············· 103
　　7.1.1　一般模式 ·············· 103
　　7.1.2　编辑模式 ·············· 104
　　7.1.3　命令模式 ·············· 105
7.2　Vim 实践 ·············· 105
7.3　课后习题 ·············· 107

第 8 章　文档的压缩与打包 ·············· 108
8.1　gzip 压缩工具 ·············· 108
8.2　bzip2 压缩工具 ·············· 109
8.3　xz 压缩工具 ·············· 109
8.4　tar 打包工具 ·············· 110
　　8.4.1　打包的同时使用 gzip 压缩 ·············· 112
　　8.4.2　打包的同时使用 bzip2 压缩 ·············· 112
8.5　使用 zip 压缩 ·············· 113
8.6　zcat、bzcat 命令的使用 ·············· 114
8.7　课后习题 ·············· 114

第 9 章　安装 RPM 包或源码包 ·············· 115
9.1　RPM 工具 ·············· 115
　　9.1.1　安装 RPM 包 ·············· 116

9.1.2　升级 RPM 包 ············116
9.1.3　卸载 RPM 包 ············116
9.1.4　查询一个包是否已安装 ······117
9.1.5　得到一个已安装的 RPM 包
　　　　的相关信息 ············117
9.1.6　列出一个 RPM 包的安装
　　　　文件 ··················118
9.1.7　列出某个文件属于哪个
　　　　RPM 包 ················119
9.2　yum 工具 ························119
9.2.1　列出所有可用的 RPM 包 ····119
9.2.2　搜索 RPM 包 ············120
9.2.3　安装 RPM 包 ············120
9.2.4　卸载 RPM 包 ············121
9.2.5　升级 RPM 包 ············122
9.2.6　更改 yum 仓库为国内镜像站 ···122
9.2.7　利用 yum 工具下载 RPM 包 ···123
9.3　安装源码包 ······················124
9.3.1　下载源码包 ················124
9.3.2　解压源码包 ················124
9.3.3　配置相关的选项并生成
　　　　Makefile ···············125
9.3.4　进行编译 ··················126
9.3.5　安装 ······················126
9.4　课后习题 ························127

第 10 章　shell 基础知识 ··········128

10.1　什么是 shell ····················128
10.1.1　记录命令历史 ············128
10.1.2　命令和文件名补全 ········129
10.1.3　别名 ····················129
10.1.4　通配符 ··················130
10.1.5　输入/输出重定向 ········130
10.1.6　管道符 ··················130
10.1.7　作业控制 ················131
10.2　变量 ···························132
10.2.1　命令 env ················132
10.2.2　命令 set ················134
10.3　系统环境变量与个人环境变量的
　　　配置文件 ·····················137
10.4　Linux shell 中的特殊符号 ······137

10.4.1　*代表零个或多个任意字符 ···137
10.4.2　?只代表一个任意的字符 ······137
10.4.3　注释符号# ··············138
10.4.4　脱义字符\ ··············138
10.4.5　再说管道符 | ············138
10.4.6　特殊符号$ ··············142
10.4.7　特殊符号; ··············142
10.4.8　特殊符号~ ··············143
10.4.9　特殊符号& ··············143
10.4.10　重定向符号>、>>、2>和
　　　　　2>> ··················143
10.4.11　中括号[ ] ··············143
10.4.12　特殊符号&&和|| ········144
10.5　课后习题 ························144

第 11 章　正则表达式 ··············146

11.1　grep/egrep 工具的使用 ··········146
11.1.1　过滤出带有某个关键词的
　　　　行，并输出行号 ··········147
11.1.2　过滤出不带有某个关键词
　　　　的行，并输出行号 ········147
11.1.3　过滤出所有包含数字的行 ···148
11.1.4　过滤出所有不包含数字的
　　　　行 ······················148
11.1.5　过滤掉所有以#开头的行 ···148
11.1.6　过滤出任意一个字符和重复
　　　　字符 ····················149
11.1.7　指定要过滤出的字符出现
　　　　次数 ····················150
11.1.8　过滤出一个或多个指定的
　　　　字符 ····················150
11.1.9　过滤出零个或一个指定的
　　　　字符 ····················151
11.1.10　过滤出字符串 1 或者字符
　　　　　串 2 ··················151
11.1.11　egrep 中()的应用 ········151
11.2　sed 工具的使用 ··················152
11.2.1　打印某行 ················152
11.2.2　打印包含某个字符串的行 ····152
11.2.3　删除某些行 ··············153
11.2.4　替换字符或者字符串 ······153

11.2.5　调换两个字符串的位置 ……… 154
　　11.2.6　直接修改文件的内容 ………… 155
　　11.2.7　sed 练习题 …………………… 155
11.3　awk 工具的使用 …………………… 156
　　11.3.1　截取文档中的某个段 ………… 157
　　11.3.2　匹配字符或者字符串 ………… 157
　　11.3.3　条件操作符 …………………… 158
　　11.3.4　awk 的内置变量 ……………… 159
　　11.3.5　awk 中的数学运算 …………… 160
　　11.3.6　awk 练习题 …………………… 161
11.4　课后习题 …………………………… 162

第 12 章　shell 脚本 ……………………… 163

12.1　什么是 shell 脚本 …………………… 163
　　12.1.1　shell 脚本的创建和执行 ……… 164
　　12.1.2　命令 date ……………………… 165
12.2　shell 脚本中的变量 ………………… 165
　　12.2.1　数学运算 ………………………… 166
　　12.2.2　和用户交互 ……………………… 166
　　12.2.3　shell 脚本预设变量 …………… 167
12.3　shell 脚本中的逻辑判断 …………… 168
　　12.3.1　不带 else ……………………… 168
　　12.3.2　带有 else ……………………… 168
　　12.3.3　带有 elif ……………………… 169
　　12.3.4　和文件相关的判断 …………… 170
　　12.3.5　case 逻辑判断 ………………… 171
12.4　shell 脚本中的循环 ………………… 172
　　12.4.1　for 循环 ………………………… 172
　　12.4.2　while 循环 …………………… 173
12.5　shell 脚本中的函数 ………………… 173
12.6　shell 脚本中的中断和继续 ………… 174
　　12.6.1　break …………………………… 174
　　12.6.2　continue ……………………… 175
　　12.6.3　exit …………………………… 175
12.7　shell 脚本练习题 …………………… 176
12.8　课后习题 …………………………… 178

第 13 章　Linux 系统管理技巧 ………… 179

13.1　监控系统的状态 …………………… 179
　　13.1.1　使用 w 命令查看当前系统的负载 …………………………… 179
　　13.1.2　用 vmstat 命令监控系统的状态 ……………………………… 182
　　13.1.3　用 top 命令显示进程所占的系统资源 ……………………… 183
　　13.1.4　用 sar 命令监控系统状态 …… 184
　　13.1.5　用 nload 命令查看网卡流量 ……………………………… 186
　　13.1.6　用 free 命令查看内存使用状况 …………………………… 186
　　13.1.7　用 ps 命令查看系统进程 …… 187
　　13.1.8　用 netstat 命令查看网络状况 …………………………… 189
13.2　抓包工具 …………………………… 191
　　13.2.1　tcpdump 工具 ………………… 191
　　13.2.2　wireshark 工具 ……………… 192
13.3　Linux 网络相关 …………………… 192
　　13.3.1　用 ifconfig 命令查看网卡 IP ……………………………… 193
　　13.3.2　给一个网卡设定多个 IP ……… 193
　　13.3.3　查看网卡连接状态 …………… 194
　　13.3.4　更改主机名 …………………… 195
　　13.3.5　设置 DNS ……………………… 195
13.4　Linux 的防火墙 …………………… 196
　　13.4.1　SELinux ……………………… 196
　　13.4.2　netfilter ……………………… 197
　　13.4.3　firewalld ……………………… 204
13.5　Linux 系统的任务计划 ……………… 210
　　13.5.1　命令 crontab ………………… 210
　　13.5.2　cron 练习题 …………………… 211
13.6　Linux 系统服务管理 ………………… 212
　　13.6.1　chkconfig 服务管理工具 …… 212
　　13.6.2　systemd 服务管理 …………… 213
13.7　Linux 下的数据备份工具 rsync …… 216
　　13.7.1　rsync 的命令格式 …………… 217
　　13.7.2　rsync 常用选项 ……………… 217
　　13.7.3　rsync 应用实例 ……………… 222
13.8　Linux 系统日志 …………………… 227
　　13.8.1　/var/log/messages ………… 228
　　13.8.2　dmesg ………………………… 229
　　13.8.3　安全日志 ……………………… 229
13.9　xargs 与 exec ……………………… 230

13.9.1　xargs 应用……………………230
　　13.9.2　exec 应用……………………230
13.10　screen 工具介绍………………………231
　　13.10.1　使用 nohup…………………231
　　13.10.2　screen 工具的使用…………231
13.11　课后习题…………………………………232

第 14 章　LNMP 环境配置………………234

14.1　安装 MySQL………………………………234
　　14.1.1　下载软件包……………………234
　　14.1.2　初始化…………………………235
　　14.1.3　MySQL 配置文件………………236
14.2　安装 PHP…………………………………236
14.3　安装 Nginx………………………………239
14.4　Nginx 配置………………………………242
　　14.4.1　默认虚拟主机…………………242
　　14.4.2　用户认证………………………244
　　14.4.3　域名或链接重定向……………245
　　14.4.4　Nginx 的访问日志……………247
　　14.4.5　配置静态文件不记录日志并
　　　　　　添加过期时间……………………248
　　14.4.6　Nginx 防盗链…………………250
　　14.4.7　访问控制………………………251
　　14.4.8　Nginx 解析 PHP………………253
　　14.4.9　Nginx 代理……………………253
　　14.4.10　Nginx 配置 SSL………………257
14.5　php-fpm 配置……………………………261
　　14.5.1　php-fpm 的 pool………………261
　　14.5.2　php-fpm 的慢执行日志………262
　　14.5.3　php-fpm 定义 open_basedir…263
　　14.5.4　php-fpm 进程管理……………263
14.6　课后习题…………………………………264

第 15 章　常用 MySQL 操作……………265

15.1　更改 MySQL 数据库 root 的密码………265
15.2　连接数据库………………………………268
15.3　MySQL 基本操作的常用命令……………268
　　15.3.1　查询当前库……………………268
　　15.3.2　查询某个库的表………………269
　　15.3.3　查看某个表的全部字段………270
　　15.3.4　查看当前是哪个用户…………271
　　15.3.5　查看当前所使用的数据库……271

　　15.3.6　创建一个新库…………………272
　　15.3.7　创建一个新表…………………272
　　15.3.8　查看当前数据库的版本………272
　　15.3.9　查看 MySQL 的当前状态………272
　　15.3.10　查看 MySQL 的参数…………273
　　15.3.11　修改 MySQL 的参数…………273
　　15.3.12　查看当前 MySQL 服务器
　　　　　　　的队列…………………………273
　　15.3.13　创建一个普通用户并
　　　　　　　授权……………………………274
15.4　常用的 SQL 语句…………………………274
　　15.4.1　查询语句………………………274
　　15.4.2　插入一行………………………275
　　15.4.3　更改表的某一行………………275
　　15.4.4　清空某个表的数据……………275
　　15.4.5　删除表…………………………276
　　15.4.6　删除数据库……………………276
15.5　MySQL 数据库的备份与恢复……………276
　　15.5.1　MySQL 备份……………………276
　　15.5.2　MySQL 的恢复…………………276
15.6　课后习题…………………………………276

第 16 章　NFS 服务配置……………………278

16.1　服务端配置 NFS…………………………278
16.2　客户端挂载 NFS…………………………279
16.3　命令 exportfs……………………………280
16.4　课后习题…………………………………281

第 17 章　配置 FTP 服务……………………282

17.1　使用 vsftpd 搭建 FTP 服务……………282
　　17.1.1　安装 vsftpd……………………282
　　17.1.2　建立账号………………………282
　　17.1.3　创建和用户对应的配置
　　　　　　文件………………………………283
　　17.1.4　修改全局配置文件/etc/
　　　　　　vsftpd/vsftpd.conf……………284
17.2　安装配置 pure-ftpd……………………284
　　17.2.1　安装 pure-ftpd…………………284
　　17.2.2　配置 pure-ftpd…………………285
　　17.2.3　建立账号………………………285
　　17.2.4　测试 pure-ftpd…………………286
17.3　课后习题…………………………………286

第 18 章　配置 Tomcat ·············· 287
18.1　安装 Tomcat ·············· 287
18.1.1　安装 JDK ·············· 287
18.1.2　安装 Tomcat ·············· 288
18.2　配置 Tomcat ·············· 290
18.2.1　配置 Tomcat 服务的访问端口 ·············· 290
18.2.2　Tomcat 的虚拟主机 ·············· 290
18.3　测试 Tomcat 解析 JSP ·············· 292
18.4　Tomcat 日志 ·············· 293
18.5　Tomcat 连接 MySQL ·············· 293

第 19 章　MySQL Replication 配置 ·············· 296
19.1　配置 MySQL 服务 ·············· 296
19.2　配置 Replication ·············· 297
19.2.1　设置 master（主）·············· 298
19.2.2　设置 slave（从）·············· 299
19.3　测试主从 ·············· 300
19.4　课后习题 ·············· 301

第 20 章　Linux 集群 ·············· 302
20.1　搭建高可用集群 ·············· 302
20.1.1　keepalived 的工作原理 ·············· 303
20.1.2　安装 keepalived ·············· 303
20.1.3　keepalived + Nginx 实现 Web 高可用 ·············· 303
20.2　搭建负载均衡集群 ·············· 309
20.2.1　介绍 LVS ·············· 309
20.2.2　LVS 的调度算法 ·············· 313
20.2.3　使用 keepalived + LVS DR 模式实现负载均衡 ·············· 315
20.2.4　使用 Nginx 实现负载均衡 ·············· 317
20.3　课后习题 ·············· 319

第 21 章　配置监控服务器 ·············· 320
21.1　Zabbix 监控介绍 ·············· 320
21.1.1　Zabbix 组件 ·············· 321
21.1.2　Zabbix 架构 ·············· 321
21.2　Zabbix 监控安装和部署 ·············· 322
21.2.1　用 yum 安装 Zabbix ·············· 322
21.2.2　配置 MySQL ·············· 323
21.2.3　配置 Web 界面 ·············· 324
21.2.4　部署 Zabbix 客户端 ·············· 327
21.3　Zabbix 配置和使用 ·············· 328
21.3.1　忘记 Admin 密码 ·············· 328
21.3.2　添加主机 ·············· 328
21.3.3　添加模板 ·············· 330
21.3.4　主机链接模板 ·············· 332
21.3.5　图形中的中文乱码 ·············· 332
21.3.6　添加自定义监控项目 ·············· 333
21.3.7　配置告警 ·············· 335

第 22 章　Docker 容器 ·············· 338
22.1　在 CentOS 8 上安装 Docker ·············· 338
22.1.1　下载 Docker ·············· 338
22.1.2　在 CentOS 8 上安装 Docker ·············· 339
22.2　Docker 镜像 ·············· 340
22.3　容器 ·············· 342
22.4　创建镜像 ·············· 345
22.4.1　通过容器创建镜像 ·············· 345
22.4.2　使用模板创建镜像 ·············· 345
22.4.3　使用 Dockerfile 创建镜像 ·············· 346
22.4.4　Dockerfile 实践 ·············· 349
22.5　Docker 私人仓库 ·············· 350
22.5.1　部署 harbor 前的准备工作 ·············· 351
22.5.2　部署 harbor ·············· 351
22.5.3　使用 harbor ·············· 352

第 1 章
学习之初

本章主要介绍什么是 Linux 以及如何学习 Linux。关于 Linux 的历史，阿铭介绍的并不多，如果你非常感兴趣，可以去网上找一些资料来看。在这一章里，阿铭提供的学习方法也许不一定适合你，请根据自己的实际情况加以调整。总之，我们的目的只有一个——快速、高效地学习 Linux。

1.1 Linux 是什么

Linux 其实是一个操作系统平台。我们平时常用的操作系统叫作 Windows。当然，也有不少朋友使用苹果计算机，苹果计算机所用的系统叫作 macOS。也许你还听说过一种系统叫作 Unix，这是比 Linux 还要古老的一种系统，多用在服务器领域，它和 Linux 最大的不同在于它收费，而 Linux 免费。Linux 也用在服务器领域，大家熟知的阿里、腾讯、百度、美团、Google、Facebook 等一线互联网大公司的服务器 99%的操作系统都是 Linux。大家用的 Android 手机其实也是 Linux 操作系统。

1.1.1 Linux 的由来

说到 Linux 的历史，故事就多了，只不过阿铭觉得讲太多你也记不住，甚至会产生放弃学习 Linux 的念头，所以这里只简要介绍一下 Linux 的由来。

在 Linux 诞生之前，一直是 Unix 的天下。但要想使用 Unix 就必须先购买授权，这在当时是非常昂贵的，很少有人能承担得起。在这样的背景下，很多计算机爱好者非常渴望有一个便宜或者免费的操作系统用来学习、研究。1983 年，计算机界的牛人 Richard Stallman 发起了一个计划，目的就是要构建一套完全自由的操作系统，这个计划就是著名的 GNU 计划。所谓完全自由，就是要求加入 GNU 计划的所有软件都必须自由使用、自由更改、自由发布。也就是说，发布软件必须要发布它的源代码，这个源代码可以供别人自由使用，可以被随便更改，但是必须要发布更改后的代码。当然，光说不行，必须要有明文规定许可协议来制约大家如何自由使用，这套规定就是著名的 GPL 协议。

GNU 计划发起后，有很多支持者，所以在这期间产生了许多非常棒的软件，比如 vi、Emacs、GCC 等。但遗憾的是，一直没有一个比较棒的操作系统出现。直到 1991 年，芬兰大学生林纳斯·本纳第克特·托瓦兹（Linus Benedict Torvalds）基于兴趣开发了一个类 Unix 操作系统，该系统一经发布，便受到了广大爱好者的追捧，它就是 Linux。1994 年，Linux 加入 GNU 计划并采用 GPL 协议发布。自此，GNU/Linux 真正实现了构建一套完全自由的操作系统的设想。

1.1.2　Linux 怎么读

对于 Linux 这个英文单词，中国人的发音各式各样，有的读作['lɪnɪks]（"李尼克斯"），有的读作['linju:ks]（"李纽克斯"），有的读作['lɪnəks]（"李呢克斯"）。官方给出的标准发音为['li:nəks]，写成中文就是"李呢克斯"。如果你之前的发音并非标准发音，那么阿铭希望你日后纠正一下。

1.1.3　常见 Linux 发行版

在 Linux 加入 GNU 计划之前，就已经有不少组织把 Linux 包装发行了，其中比较出名的有 Debian（1993）和 Slackware（1993）。而 Linux 加入 GNU 之后也有一部分发布版本产生，比如 Red Hat（1994）就是在这时候诞生的。大家熟知的 Ubuntu（2004）出现得比较晚，它其实是在 Debian 的基础上发展起来的，也就是说，Ubuntu 只是 Debian 的一个分支。当然，Slackware 也有一个比较出名的分支，那就是 SUSE（1994）。

可以这样说，目前大家熟悉的所有 Linux 发行版都是基于上面的几个发行版发布的。这几年比较流行的 Android 操作系统也是一种 Linux 发行版。说到 Red Hat，我想大家会想到其他两个发行版，那就是 Fedora 和 CentOS，下面阿铭就来说一说它们和 Red Hat 有什么关系。

Red Hat 是 Linux 非常出名的一大分支，有很多发行版是基于这个分支的。我想大家也听说过国内的一款 Linux 发行版 Red Flag（1999），它就是基于 Red Hat 发行的，只不过这个版本并不是很流行，用的人不多。2002 年，Red Hat 推出了面向企业的新的发行版 Red Hat Enterprise（后面简称 RHEL），而之前的 Red Hat 不再发行，但它并没有消失，而是由另一个发行版延续，这就是著名的 Fedora。其实这个发行版对于 RHEL 来说就是个开发实验版本，因为 RHEL 上的很多新技术要先在 Fedora 上测试，如果稳定，再移植到 RHEL 上。总的来说，Fedora 这个发行版也是十分稳定和优秀的，所以拥有很多爱好者。

接下来，阿铭要介绍一下 CentOS 这个发行版，它诞生于 2003 年。如果 RHEL 和 CentOS 这两个发行版你都使用过，那肯定会说它们俩简直太像了。没错，CentOS 和 RHEL 几乎长得一模一样，这是为什么呢？大家都知道，Red Hat 是基于 GNU 的，那么它就得遵循 GPL 协议。RHEL 发布后要发布所有源代码，所以 CentOS 就是拿 RHEL 的源代码编译而来的，只是有些地方稍微改动了一下。2014 年 2 月，CentOS 被 Red Hat 收入囊中，因为 CentOS 这个发行版已经广泛流行，这无疑引起了 Red Hat 官方的重视。

1.1.4　我们要学习哪个 Linux 发行版

刚才已经介绍过 Linux 发行版的几大知名分支，那我们要学习的肯定是其中的一种。因为知名，所以用得多；因为用得多，所以值得我们去学习。在学习 Linux 之前，阿铭要问你一个问题："我们学习 Linux 的目的是什么？"阿铭觉得有八成的人会回答："为了找一份与 Linux 相关的工作。"如果是这样，那么问题又来了："你知道大多数企业用哪个发行版的 Linux 搭建服务器吗？"虽然我们没有官方统计的数据作为依据，但是阿铭工作了这么多年，凭经验来分析，国内大多数企业使用 RHEL/CentOS 作为服务器操作系统。

RHEL 是 Red Hat 公司推出的一款针对企业的发行版 Linux，可以免费下载使用。但是要想获得官方授权，就必须要购买授权协议（也就是所谓的服务），而这个服务费并不便宜。如果我们只是用它来学习，那就无所谓了。只不过会有一个小小的问题：RHEL 在没有获得授权的情况下不能使用 yum 工具（9.2 节会详细介绍这个工具，它非常有用），而 CentOS 有免费的 yum 工具可以使用。

阿铭推荐大家以后使用 CentOS 发行版来学习 Linux，具体理由如下。

- 国内大多数企业使用 RHEL 搭建服务器。
- 目前使用 CentOS 的企业越来越多。
- CentOS 和 RHEL 几乎一样，而且 CentOS 有免费的 yum 工具可以使用。
- CentOS 目前已经加入 Red Hat 公司，且依然完全免费。
- 本书所有案例均使用 CentOS 发行版完成。

阿铭并非强制你日后一定要使用 CentOS，其实所有版本的 Linux 都大同小异，只要学会了其中一个，学其他发行版自然是水到渠成的事。

1.2 Linux 系统管理员要养成的习惯

不管是在生活还是工作中，每个人都会逐渐养成一些小习惯。坏习惯一旦形成就很难改正，所以阿铭在这里先给出一些建议，请大家务必引起重视。

1.2.1 要习惯使用命令行

操作系统必须要有图形界面，但早期的 Linux 并不完全支持图形界面，操作起来也没有 Windows 系统流畅，这也是 Windows 系统比 Linux 系统流行的原因之一。在图形界面下进行操作，既直观又简洁，但 Linux 的图形界面存在许多小问题，所以未被大多数 PC 机用户认可。

个人计算机的操作系统大多为 Windows，其次为 macOS，服务器要托管在 IDC 机房，通过远程去管理。开启图形界面不仅耗费资源，而且远程管理时还会有网络带宽的额外开销，因此 Linux 在服务器领域比较流行。

目前，也有不少朋友喜欢使用 Linux 的图形界面及支持图形界面的远程连接工具来管理 Linux。鉴于以上使用图形界面的几个弊端，阿铭建议你轻易不要使用 Linux 的图形界面。

命令行是 Linux 系统正常运行的核心，也是专业 Linux 系统工程师必须掌握的技能，所以我们要习惯使用命令行。

1.2.2 操作要严谨

在介绍这一节内容之前,阿铭要问你一个问题:"你有没有误删某个重要文件的经历?"我想大多数读者朋友会回答"有"。任何人都会有疏忽的时候,作为一名 Linux 系统管理员,每天都要和服务器打交道,养成严谨认真的习惯是必要的。

举例来说,服务器上的数据非常重要,如果你每天都备份,那么之后一旦数据损坏,你还可以使用备份的数据。阿铭曾经在多年前犯过这样的错误:没有为数据库上的数据制订备份计划。结果有一天,服务器磁盘损坏,数据不能恢复,以致丢失了大量的客户信息,造成了非常严重的后果。常言道:"吃一堑,长一智。"阿铭在这里提醒读者朋友们,请务必养成备份数据的好习惯。

备份数据固然重要,但也经不起一次次的操作失误。在学习 Linux 命令行的过程中,你输入命令的速度会越来越快,效率也会越来越高。但与此同时,你也有可能输入了错误的命令而不自知。比如,你要删除某个目录,却把要删除目录的名字写错了,那结果可想而知。所以,阿铭建议你输入命令的速度不要太快,看准了再按回车。另外,对于重要的配置文件,在修改前一定要进行备份,这样一旦出现问题,便可以将文件快速还原。

1.2.3 安全不可忽视

你有没有这样的习惯?

- 各个网站的账号和密码都一样;
- 密码中包含自己的名字或者生日日期;
- 密码设置得非常简单,采用纯数字形式或者包含一些常用词汇(如 love、good 等);
- 将密码存在一个文档里,并保存到 U 盘随身携带;
- 密码使用了好多年,一直没有更改过。

以上所有的习惯,不管你符合几条,都说明你的安全意识还不够,需要加强。

我们要登录服务器,必然要使用登录密码,那么这个密码如何设置、如何保存都是有讲究的。首先,密码设置得要复杂,至少要 8 个字符,包含数字和大小写字母,而且不能有规律性。然后,密码中不能包含你的名字或者生日日期。其次,你不能在所有的网站上都使用同一个账号和密码。近几年,有多起账号泄露事件,如果你在各大网站设置的密码都一样,那么一旦在某一网站上的密码泄露了,就相当于所有的密码都泄露了。再次,密码最好不要长期沿用,建议每隔 1~3 个月修改一次。最后,阿铭必须提醒你,密码不能保存在一个文档里,更不能把存有密码的文档存到可移动存储设备里。因为可移动存储设备有可能遗失,遗失之后,设置的密码也就遗失了。

说完了密码,阿铭接着来说一说在日常办公室中的安全习惯。你办公时用的计算机有设置密码吗?当你离开工位时,计算机有没有锁屏呢?阿铭觉得大公司应该都有规定:员工的计算机一定要设置好密码,并且员工在离开工位时要把计算机锁屏。这是为了防止一些重要信息被他人获取。你也许会说同事之间都相互信任,没有关系,但万一有人图谋不轨呢?任何意外都有可能发生。最后阿铭送你一句话:"小心驶得万年船。"

关于保存密码，阿铭在这里给大家分享一个小经验。阿铭在各大平台（淘宝、京东、阿里云、印象笔记、QQ、微信、支付宝等）的密码是不一样的，而且密码复杂度也是非常高的。但是这么多密码如何记住？这就需要借助一款工具 KeePass 来记忆了。KeePass 是一款开源免费的软件，历史悠久，所以大家不用担心它的安全性。作为服务器管理员的你来说，更应该注意公司服务器权限的安全性！

1.3 学习建议

好习惯养成了，剩下的就是如何学习了。好的学习方法和学习技巧可以大大提高学习效率。每个人都经历过中考和高考，阿铭相信你已经找到了一套最适合自己的学习方法。

1.3.1 稳中求进

既然你选择了这本书作为启蒙指南，那阿铭就有责任带着大家入门。只要你一步一步跟着阿铭的步伐，相信成功定是指日可待！

有的朋友读书喜欢一蹴而就，恨不得几天就读完，这样即使读完了整本书，也学不到什么。咱们这本书不能和故事书相比，故事书可以一口气看完，但是技术方面的书，光看一遍可不行，我们的目的是要学会和掌握技能。

阿铭建议你每章内容都花 2~3 天的时间来学习。虽然每一章的内容不多，但其中的小案例需要多练习才能够真正掌握。正所谓"熟能生巧"，这就好比学唱一首歌，如果听一遍你只能知道它是否好听，听两三遍你也许能熟悉它的旋律、记住它的歌名，但如果要学会唱，恐怕至少需要听十几遍吧。

1.3.2 善于总结文档

"好记性不如烂笔头"，这是我们上学时老师经常跟我们说的一句话。我们的大脑不是计算机，不能让信息永久保存，所以需要大家善于记笔记，把一些觉得不太容易记住的内容记在小本子上，方便日后复习。

在学习中，我们要善于总结文档，即使工作之后也不要放弃，工作的过程也是学习的过程。遇到问题时，通过查资料或者请教他人顺利解决了问题，那么有必要记下解决这类问题的方法，以便日后举一反三。阿铭就在 2009 年建立了一个论坛用于记录日常工作中遇到的问题、学习笔记等各类文档，感兴趣或有需要的读者可通过搜索"猿课"去参考。日子久了，文档积累得越来越多，多年后再回头看看自己早期记录的文档，何尝不是一件奇妙的事情！我建议大家申请一个免费的博客来记录自己的学习历程。

1.3.3 复习很关键

记完笔记并不等于掌握了知识，要想完全掌握，就必须经常复习。比如说，你的 11 位手机号能记住吗？你的 QQ 号也很长，能记住吗？银行账号呢？身份证号呢？阿铭不知道这些号码你是否能全部记住，但阿铭可以。身份证号码 18 位，够长吧，相信 99%的朋友不能一下子就记住，那为什么我们能记住呢？因为我们在反复使用它。再比如，小时候老师教我们写汉字，对于复杂的汉字，写一两遍是记不住的，只有多写几遍才能完全记住。同样的道理，Linux 的命令虽然多，但如果每天都用的话，不出一周，你一定可以记住它们。

1.3.4 举一反三

在本书中，阿铭会针对性地给出几个小案例，你不必掌握它们，因为就算你背熟书中的所有案例，也不代表你就多么厉害了，阿铭只要求你学会一种技能——举一反三。

记得高三时，数学老师给我们买了好几套模拟题，这些题和高考题很像，因为它们考查的知识点是一致的。我们做这些模拟题的目的并不是把题和答案记住，而是要掌握这道题考查的知识点。只要掌握了知识点，再难的题我们也都可以迎刃而解。

同样，阿铭在书中给出这些小案例也是为了告诉大家某个命令或者某个选项的用法及作用，所以你需要掌握的并不是小案例本身，而是小案例背后的知识。这要求你得学会自己创造案例，多做几个相似的小案例，做到举一反三，之后便能轻松地掌握相关的知识点。

1.4 课后习题

(1) 请查一查 Linux 的发展历史，并列举几种有代表性的 Linux 发行版。

(2) 请简述 GNU 和 GPL 两个概念。

(3) 列举几种基于 GPL 协议发行的软件。

(4) 列举几个比较流行的 Linux 版本，并说一说它们的特点。

需要说明的是，如果需要全书的习题答案，可以找阿铭获取，阿铭的微信是 81677956。

第 2 章 安装 CentOS

目前，我们安装 Linux 操作系统主要是为了更好地了解和学习它。如果条件允许，最好把 Linux 操作系统安装在一台 PC 机上；如果条件不允许，也没有关系，阿铭会教你如何使用虚拟机来安装 Linux 操作系统。

大多数读者朋友更习惯使用 Windows 操作系统，所以建议用虚拟机来学习 Linux。阿铭相信，在 Windows 系统里安装一个虚拟机，然后在虚拟机上安装 Linux，学习起来会更加方便。也许你会问："现在我们使用虚拟机学习和练习，将来换成服务器能一样吗？"阿铭可以肯定地告诉你，除了几个小区别，它们几乎是一模一样的。至于是什么区别，阿铭之后会进一步说明。

2.1 安装虚拟机

虚拟机技术在近几年非常流行，它可以模拟物理计算机的各种资源（如 CPU、内存、硬盘等），所以，我们可以非常快捷地在 Windows 系统上安装多个 Linux 操作系统。虚拟机既可以在 Windows 平台上实现，也可以在 Linux 平台上实现。目前可以实现虚拟化技术的软件有很多，这里阿铭先介绍两种——VMware 和 VirtualBox。因为这两种软件比较适合我们来做实验，前者是收费的，后者是完全免费的。网上也有许多 VMware 的免费资源可以供大家下载，但这些免费资源是破解版本（即盗版），如果在生产环境中使用，请购买正版授权。

阿铭不强求你非要用什么虚拟机程序来安装 Linux，我们的目的不是学习如何使用虚拟机，而是学会如何使用虚拟机里面的 Linux 操作系统。

2.1.1 下载虚拟机软件

不管你使用的虚拟机是 VMware 还是 VirtualBox，都可以很好地安装 Linux，后者是免费的，请从官方下载地址自行下载。VirtualBox 有多个平台的支持版本，如果你使用的是 Windows 系统，请下载带 for Windows hosts 字样的版本。其实 VMware 虚拟机有好几个产品，而我们使用的是 VMware Workstation，企业使用 VMware ESXi 比较多。至于 VMware Workstation 的下载地址，大家既可以自行搜索，也可以在前言的反馈及服务中找到阿铭提供的下载方式。在接下来的内容中，将采用 VMware 14 来给大家演示。

2.1.2　安装虚拟机

首先，下载 VMware Workstation 软件，下载完后进行安装。

(1) 双击 VMware-workstation-full-14.1.1-7528167.exe 后，首先出现的是欢迎界面，如图 2-1 所示。

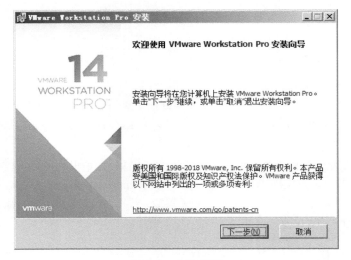

图 2-1　欢迎界面

(2) 单击"下一步"按钮，会弹出许可协议，这一步需要单击"我接受许可协议中的条款"，继续单击"下一步"按钮。

(3) 此时出现"自定义安装"界面，可以自定义安装位置，默认在 C:\Program Files (x86)\VMware\VMware Workstation\，这里采用默认值。增强型键盘驱动程序这里也不用打钩。然后单击"下一步"按钮。

(4) 此时它会提示我们启动时是否需要检查产品更新，如图 2-2 所示。这里，阿铭是把对钩取消的，毕竟我们使用的是老版本，并不想自动更新，另外也不需要加入 VMware 客户体验改进计划。接着，单击"下一步"按钮。

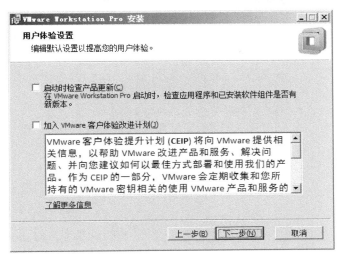

图 2-2 软件更新

(5) 在快捷方式里,阿铭保留了两个对钩,这样方便我们每次打开 VMware Workstation,继续单击"下一步"按钮。再单击"安装"开始安装 VMware Workstation。

(6) 等待几分钟后,会弹出"安装向导已完成"的提示,如图 2-3 所示。单击"完成"按钮,则完成了安装,但此时的 VMware Workstation 还不能正常使用,因为我们还未输入许可密钥。单击"许可证"可以输入许可密钥,如图 2-4 所示。

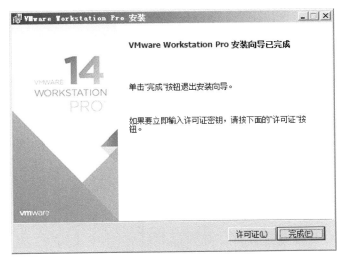

图 2-3 安装向导完成

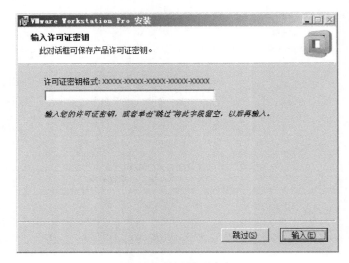

图 2-4　输入许可密钥

2.1.3　新建一个虚拟机

输入正确的产品密钥后，就可以正式使用 VMware Workstation 了。下面阿铭就教你如何在 VMware Workstation（后面简称 VMware）上创建一个 Linux 虚拟机。

（1）运行 VMware 后，将会看到它的主页，如图 2-5 所示。

图 2-5　VMware 主页

可以看到，VMware 有 3 个功能，我们需要的是第一个功能"创建新的虚拟机"，单击这个按钮，会弹出"新建虚拟机向导"界面，如图 2-6 所示，从中选择"典型"配置项，然后单击"下一步"按钮。

(2) 此时会提示如何安装客户机操作系统，如图 2-7 所示。这里所谓的"客户机"，其实就是后面要安装 Linux 操作系统的虚拟机。请大家选择"稍后安装操作系统"，这是因为当前还没有 Linux 操作系统的安装镜像文件。单击"下一步"按钮继续。

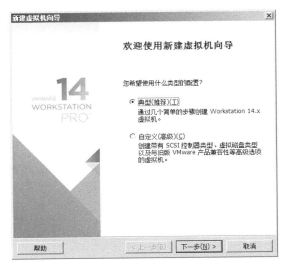

图 2-6 新建虚拟机向导

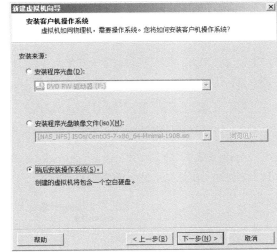

图 2-7 安装来源

(3) 选择要安装的操作系统类型。这里 VMware 已经给大家列出来几种常见的操作系统类型，此处选择 Linux，版本为"CentOS 7 64 位"，如图 2-8 所示。这里理应选择 CentOS 8 64 位，但是由于 CentOS 8 才发布不久，VMware 还未适配，因此这里还没有关于 CentOS 8 的选项，我们选择 CentOS 7 也是没问题的。

小知识 所有的操作系统都分 32 位和 64 位，这个指标取决于计算机的 CPU 标准，目前的计算机已经普遍支持 64 位了。那么，如何区分使用 32 位和 64 位的操作系统呢？其中一个重要的指标就是内存大小。32 位操作系统最多支持 4GB 内存，要想使用超过 4GB 内存的计算机，就必须使用 64 位操作系统。

(4) 单击"下一步"按钮，将出现如图 2-9 所示的"命名虚拟机"对话框。你可以给自己的虚拟机起一个自定义的名字，如 aminglinux01-CentOS8。"位置"这里需要定义到一个大的分区中，因为这台虚拟机将会占用较大的空间。

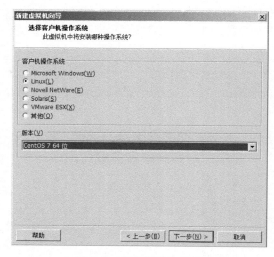 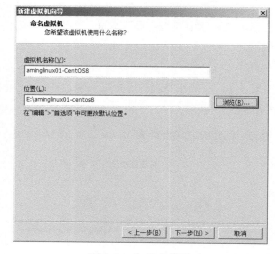

图 2-8　客户机操作系统　　　　　　　图 2-9　命名虚拟机

(5) 继续单击"下一步"按钮，此时会让我们指定磁盘容量，如图 2-10 所示，这里采用默认值即可，因为 20 GB 足以支持我们后续的实验。

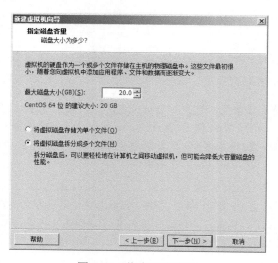

图 2-10　指定磁盘容量

(6) 单击"下一步"按钮后，单击"自定义硬件"，以进一步定义 CPU、内存等硬件指标，如图 2-11 所示。内存建议至少 1 GB，这里阿铭为了让虚拟机更加高效，分配了 2 GB。而你需要根据自己的计算机配置来分配内存，如果你的物理机内存低于或等于 4 GB，请设置 1 GB，否则会影响到你的物理机速度。处理器数量选择 1，每个处理器的核心数量选择 2，这样相当于 1 个物理 CPU，2 个逻辑 CPU。目前，市面上的计算机配置并不低，几乎所有的计算机都是支持这样分配的。"新 CD/DVD"这一项暂时先保持默认设置，后续我们安装操作系统之前再来设置它。"网络适配器"这一项请大家选择 NAT 模式，因为这种网络模式是兼容性最好的，其他项采用默认值即可。

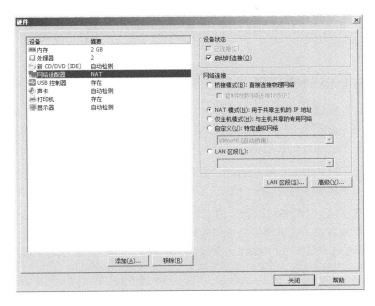

图 2-11　自定义硬件

之后单击"关闭"按钮，再单击"完成"按钮。这样就创建完了第一台虚拟机。下面是在创建的虚拟机里安装 Linux 操作系统。

> **小知识**　这里阿铭要向大家介绍一下 VMware 虚拟机中涉及的 3 种常见网络模式。
> - **桥接模式**。在这种模式下，虚拟机和物理机连接的是同一个网络，虚拟机和物理机是并列关系，地位是相当的。比如，家里如果用路由器，那么当计算机和手机同时连接这个路由器提供的 Wi-Fi 时，它们的关系就是桥接模式。
> - **NAT 模式**。在这种模式下，物理机会充当一个"路由器"的角色，虚拟机要想上网，必须经过物理机，意味着物理机如果不能上网，虚拟机也就不能上网了。之所以说这种模式兼容性最好，是因为当物理机的网络环境发生变化时，虚拟机的网络并不会受影响。比如，上班时物理机连接在公司的网络环境中，下班后物理机又连接在家里的路由器上，公司的网段和家里的网段很有可能是不同的。在桥接模式下，虚拟机和物理机一样，都要自动获取 IP 地址后才可以上网，而我们做实验的时候，是需要把虚拟机设置为静态 IP 的，这样就导致虚拟机网络不稳定。而设置为 NAT 模式，虚拟机的网络并不需要依赖公司的网络环境或者家里的网络环境。
> - **仅主机模式**。这个就很容易理解了，在这种模式下，相当于拿一根网线直连了物理机和虚拟机。

2.2 安装 Linux 操作系统

创建虚拟机之后，便可安装 Linux 操作系统，其安装过程与 Windows 系统极为相似。如果你之前安装过 Windows 系统，那接下来的操作就不难了。在安装 CentOS 之前，我们还需要做一件事情——下载一个 CentOS 镜像文件。

2.2.1 下载 CentOS 镜像文件

什么是镜像文件？镜像文件是用来制作系统安装光盘的。相信你一定了解系统安装光盘，只不过这几年光盘已逐渐被 U 盘所取代。安装光盘里面的内容其实就是镜像文件，而且虚拟机可以直接把镜像文件放到虚拟光驱中，因此，我们不需要放入系统安装光盘也可以安装 CentOS。

虽然 CentOS 当前的主流版本为 CentOS 7，但随着 CentOS 8 的成熟，会有越来越多的企业使用 CentOS 8，CentOS 8 使用了 4.18 版本的内核，后续的章节都是基于 CentOS 8 来展开讲解的。

可以从官方下载 CentOS 的镜像文件，但下载速度太慢。阿铭建议大家到本书前言的反馈及服务中找到阿铭提供的下载方式（这里提供的下载地址是网易提供的一个国内镜像地址，下载速度很快）来下载，请选择对应的 CentOS 8 下载地址。阿铭在写本书时，最新的 CentOS 8 版本为 8.0（1905），所以本书中的实验也基于该版本。

CentOS 8 提供了两种镜像，分别为 dvd 和 boot。

- CentOS-8-x86_64-1905-dvd1.iso：该文件很大，有 7 GB，它包含了几乎所有功能组件，如果网络环境较差，建议下载下面的 boot 版本。
- CentOS-8-x86_64-1905-boot.iso：只有 500 MB 多一点，它仅提供必要的安装引导程序，并不包含功能组件，适合作为问题故障修复盘。要想使用此镜像安装 CentOS 8，需要保证网络联网，因为它需要联网下载安装源。

这里阿铭选择下载 boot 版的镜像。

2.2.2 设置虚拟光驱

下载镜像文件后，我们先来设置虚拟光驱，具体的操作方法如下。

(1) 当创建完第一台虚拟机后，VMware 将多出来一个页面，如图 2-12 所示。

(2) 单击"编辑虚拟机设置"按钮，然后选择 CD/DVD（IDE），在右侧选择"使用 ISO 映像文件"，再单击"浏览"按钮，找到刚刚下载好的 CentOS 8 的镜像文件，如图 2-13 所示。

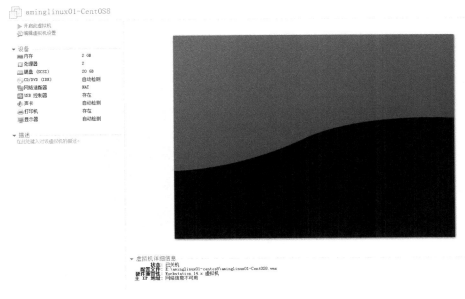

图 2-12　虚拟机页面

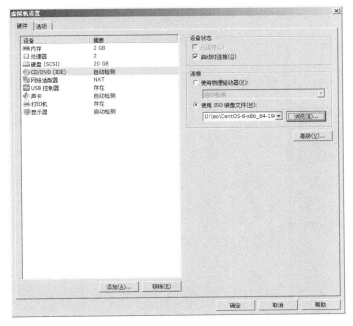

图 2-13　设置 ISO 镜像文件

(3) 单击"确定"按钮返回刚才的虚拟机页面。单击"开启此虚拟机"按钮，开始启动虚拟机。

2.2.3 安装 CentOS

安装页面终于出现了，下面就跟着阿铭一步一步来安装 CentOS 8 吧。

（1）首先出现的是黑底白字的欢迎页面，如图 2-14 所示。在这里阿铭要提醒大家：要想在虚拟机里面单击鼠标，必须先在虚拟机的页面里单击鼠标；要想退出来，需要同时按下 Ctrl 和 Alt 这两个键。

图 2-14　开始安装

（2）单击鼠标后，通过按键盘上的上下方向键选择对应的项。其中，第一行 Install CentOS Linux 8.0.1905 的作用是直接安装 CentOS 8 系统。第二行 Test this media & install CentOS Linux 8.0.1905 的作用是先检测所安装镜像文件的可用性，然后再安装 CentOS 8 系统。第三行 Troubleshooting 用于处理一些故障问题，选择这一项，会进入一个内存操作系统，然后可以把磁盘上的系统挂载到这个内存操作系统上，这样方便我们去处理一些问题。这里阿铭选择第一项，然后按回车。

（3）等待几秒后，会出现一个安装界面。首先选择使用的语言，这里需要选择"中文"和"简体中文"。

（4）单击"继续"按钮后，会弹出如图 2-15 所示的"安装信息摘要"页面。

图 2-15　安装信息摘要

在图 2-15 中有红色提示的项都是有问题的，前面阿铭提到过使用 boot 版的镜像安装 CentOS 需要机器联网，它需要通过网络去下载安装源。所以我们先单击"网络和主机名"，然后单击右侧的"关闭"按钮。它会自动获取 IP 地址。如果你的机器所在的网络环境无法自动获取 IP 地址，则需要手动设置。"主机名"保持默认设置即可，然后单击"完成"按钮回到安装信息摘要界面。稍等几秒钟后，单击"安装源"，弹出的页面如图 2-16 所示，"在网络上"这里填 http://mirrors.163.com/centos/8/BaseOS/x86_64/os/，然后单击"完成"按钮。

图 2-16　安装源

(5) 等待几秒后，安装源那里不再显示红色。单击"软件选择"，如图 2-17 所示，在左侧选择"最小安装"，在右侧不需要选择任何项，然后单击"完成"按钮即可。

图 2-17　软件选择

(6) 单击"安装目的地"按钮，出现"安装目标位置"主界面，选择"自定义"，如图 2-18 所示。

图 2-18　安装目标位置

单击"完成"按钮后，弹出"手动分区"界面，单击 LVM，选择"标准分区"，然后单击左下角的"+"按钮，在弹出的"添加新挂载点"对话框中，如图 2-19 所示，设置"挂载点"为/boot，"期望容量"为 200 MB（简写为 200 M），然后单击"添加挂载点"按钮。

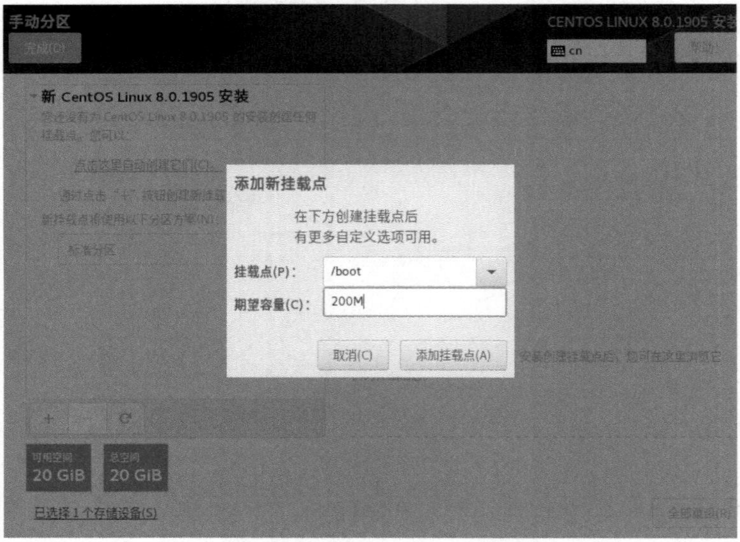

图 2-19　设置/boot 分区

继续单击"+"按钮，再增加 swap 分区，大小为 4 GB，如图 2-20 所示。

继续单击"+"按钮，"挂载点"选择/，"期望容量"留空，如图 2-21 所示，然后单击"添加挂载点"按钮，这样就把剩余空间全部给了/分区。

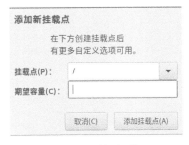

图 2-20　添加 swap 分区　　　　　　图 2-21　添加根分区

小知识　这里阿铭要向大家介绍一下划分磁盘分区的规则。如果你在一家企业工作，那么安装 CentOS 操作系统时，分区要按照公司领导的要求来，如果领导没有要求，就按照阿铭的方法来。具体是这样的：(1) /boot 分区分 200 MB；(2) swap 分区分内存的 2 倍（如果内存大于等于 4 GB，那么 swap 分区分 8 GB 即可，因为分多了也是浪费磁盘空间）；(3)/分区分 20 GB；(4)剩余的空间给/data 分区。在本书中，阿铭并没有单独分/data 分区，这是因为阿铭的虚拟机一共就 20 GB 的空间，毕竟是做实验用，就不再单独分了。

(7) 最终完成分区，如图 2-22 所示。

图 2-22　分区完成

单击左上角的"完成"按钮后，将弹出如图 2-23 所示的"更改摘要"提醒。

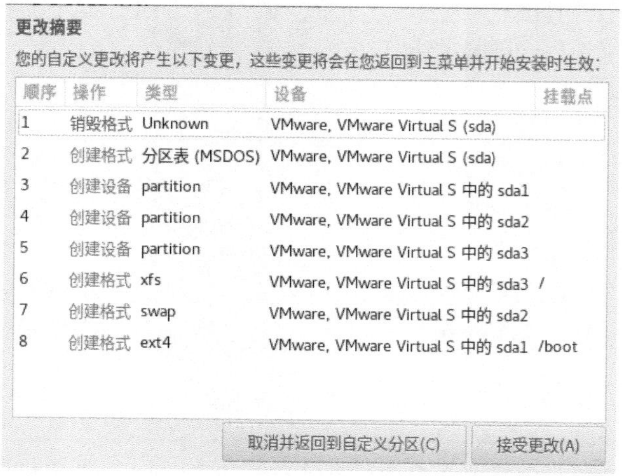

图 2-23　更改摘要

单击"接受更改"按钮，返回最初的"安装信息摘要"界面，此时单击右下角的"开始安装"按钮，开始安装操作系统，如图 2-24 所示。

图 2-24　配置

这时你会发现该页面还有两个感叹号，这是因为我们还没有设置 root 用户的密码，root 用户就是 CentOS 操作系统的超级管理员用户，它的密码是必须要设置的。所以，单击它，进入设置 root 用户密码的界面，如图 2-25 所示。

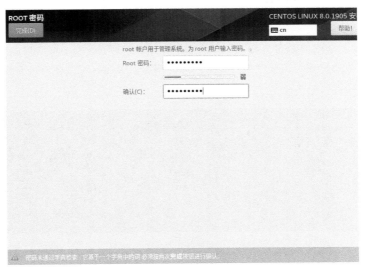

图 2-25　设置 root 用户的密码

root 用户的密码尽量要复杂（最好是大小写字母和数字的组合），否则很容易被暴力破解。设置完 root 用户的密码后，单击"完成"按钮返回刚才的配置界面，会发现两个叹号已经消失。当然，还可以继续设置一个普通用户，但这里我们并没有设置。等待几分钟之后，系统安装完成，它会提示让我们重启，如图 2-26 所示。

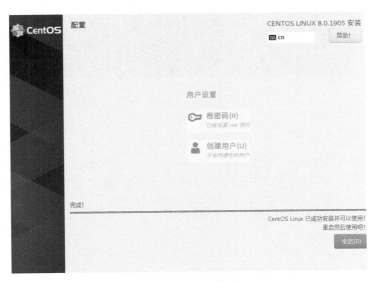

图 2-26　安装完成

单击"重启"按钮，就可以进入 CentOS 8 操作系统了。

2.3 第一次亲密接触

重启 CentOS 后，会出现如图 2-27 所示的黑框，提示我们登录。这个登录界面没有出现任何图形，因为我们没有安装与图形相关的程序包。如果你想使用图形界面，可以在进入系统后安装图形套件，然后切换到图形界面就可以了。

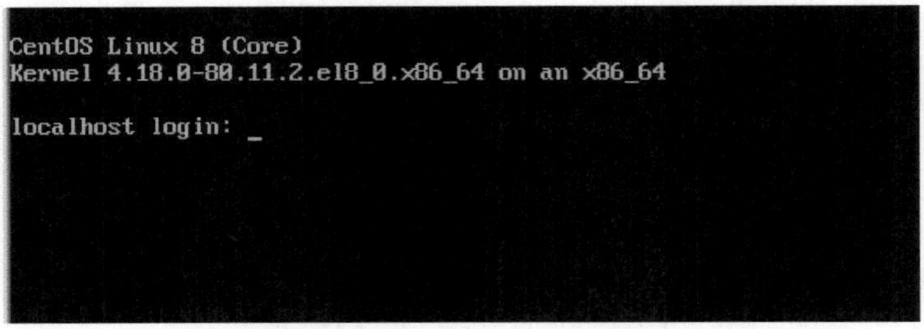

图 2-27 登录

2.3.1 初次使用命令行登录

在如图 2-27 所示的黑框里单击鼠标，在 `localhost login:` 后面输入 root 并按回车，然后输入先前设置的 root 密码，进入 CentOS 系统，如图 2-28 所示。

图 2-28 进入 CentOS 系统

2.3.2 设置网络

由于在安装系统时需要联网下载安装源，所以 CentOS 8 当前已经可以联网了，只不过当前的 IP 地址是自动获取到的。由于前面创建虚拟机时，我们已经将这台机器设置成 NAT 网络模式，因此后续的操作都是基于 NAT 模式，如果是桥接模式，则操作基本类似。

请运行如下命令：

```
# ip add
```

此时将返回如图 2-29 所示的信息。

```
[root@localhost ~]# ip add
1: lo: <LOOPBACK,UP,LOWER_UP> mtu 65536 qdisc noqueue state UNKNOWN group default qlen 1000
    link/loopback 00:00:00:00:00:00 brd 00:00:00:00:00:00
    inet 127.0.0.1/8 scope host lo
       valid_lft forever preferred_lft forever
    inet6 ::1/128 scope host
       valid_lft forever preferred_lft forever
2: ens33: <BROADCAST,MULTICAST,UP,LOWER_UP> mtu 1500 qdisc fq_codel state UP group default qlen 1000
    link/ether 00:0c:29:71:40:b7 brd ff:ff:ff:ff:ff:ff
    inet 192.168.72.128/24 brd 192.168.72.255 scope global dynamic noprefixroute ens33
       valid_lft 1344sec preferred_lft 1344sec
    inet6 fe80::724c:8540:a878:c129/64 scope link noprefixroute
       valid_lft forever preferred_lft forever
[root@localhost ~]#
```

图 2-29　查看 IP 地址

ip add 命令就是用来查看 IP 地址的。这里请大家注意英文字母的大小写，因为 Linux 操作系统是区分大小写的。从图 2-29 中可以看出，这台机器有两个 IP 地址。第一个地址 127.0.0.1 是回环地址，网卡名字叫作 lo，Windows 操作系统也有该地址，用于自己和自己通信。第二个地址 192.168.72.128 就是它自动获取到的 IP 地址，其中 ens33 就是网卡的名字。你获取到的 IP 地址和阿铭的可能不一样，这是因为 VMware 分配的地址段不一样，请大家放心，这并不是你没有配置对。另外，你的网卡名字也不一定是 ens33，这个不一样也是没有关系的。下面阿铭教你怎么看 VMware NAT 网络模式的网段是多少。

首先同时按下 Ctrl 和 Alt 这两个键，释放鼠标，然后单击 VMware 虚拟机左上角菜单栏中的"编辑"，选择"虚拟网络编辑器"，此时会弹出如图 2-30 所示的界面。

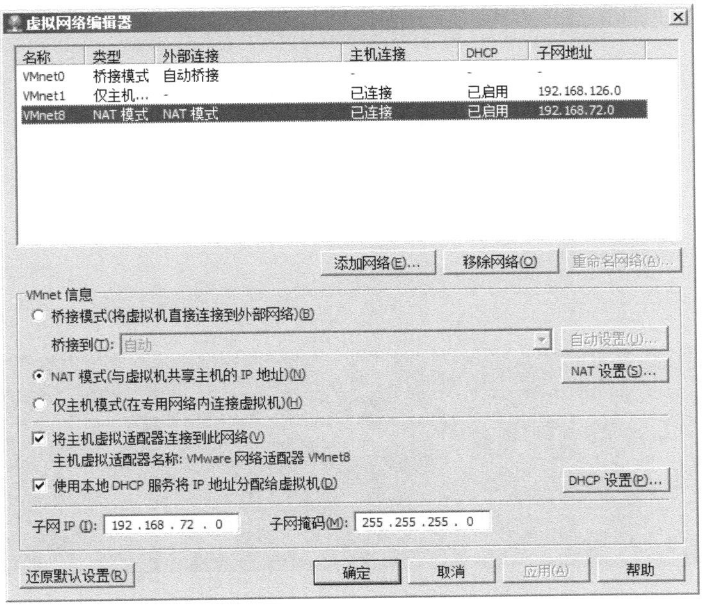

图 2-30　虚拟网络编辑器

选中 VMnet8（NAT 模式），此时下面就可以看到子网 IP 为 192.168.72.0，子网掩码为 255.255.255.0，我们获取到的那个 IP 就在这个子网里面。然后单击右侧的"NAT 设置"按钮，此时会出现如图 2-31 所示的界面。

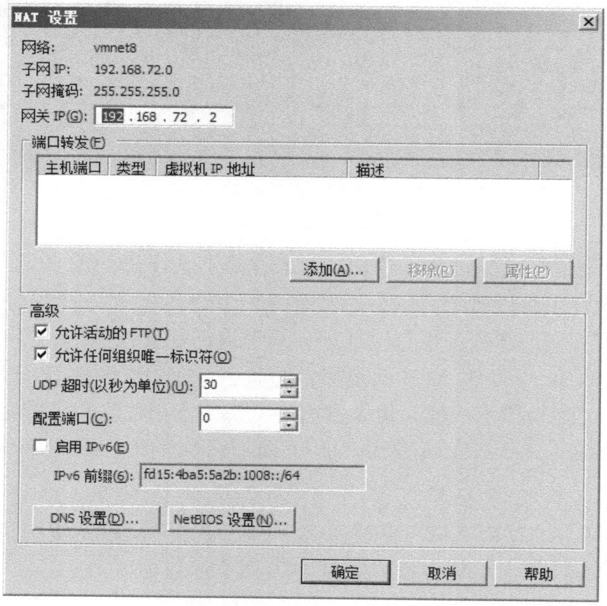

图 2-31　NAT 设置

在这个界面中，我们会看到网关 IP 为 192.168.72.2。请大家记住这个网关地址，因为接下来还会用到它。

我们先来测试一下 CentOS 8 是否可以联网。请大家注意，你的 CentOS 8 能联网的前提是你的物理机可以联网。输入如下命令进行测试：

ping -c 4 www.aminglinux.com

运行结果如图 2-32 所示。

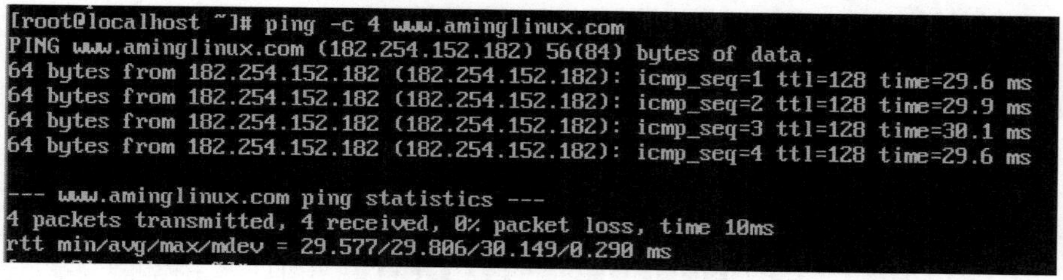

图 2-32　测试网络

ping 命令很多朋友用过，它是用来检测网络连通性的工具。图 2-32 所示的结果表示本机是可以联网的。如果你的结果和阿铭的不同，那说明你的设置很有可能有问题，请添加阿铭微信获取帮助。

虽然 CentOS 8 已经可以联网，但阿铭觉得这还不够，因为你还不会手动给 CentOS 8 设置 IP 地址。在日常的运维工作中，我们是需要手动给 Linux 系统设置 IP 地址的。下面阿铭教你如何手动设置。输入如下命令：

```
# vi  /etc/sysconfig/network-scripts/ifcfg-ens33
```

请大家注意，在 Linux 系统下，命令后面是需要带空格的，这个命令里的 vi 是一个用来编辑文本的命令，第 7 章会详细介绍它。它后面先是一个空格（当然跟多个空格也没错），再是一个文件的存储路径。这个文件是网卡的配置文件，要想修改 IP 地址，就得编辑它。你的网卡配置文件的名字和阿铭的（ifcfg-ens33）可能不一样，这个主要由你的网卡名字决定。按回车后，进入如图 2-33 所示的界面。

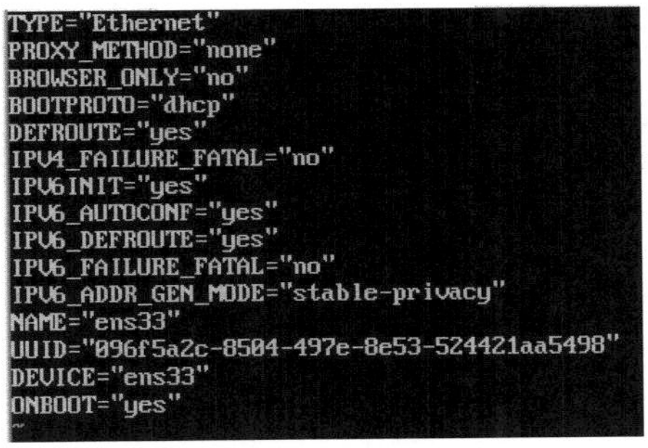

```
TYPE="Ethernet"
PROXY_METHOD="none"
BROWSER_ONLY="no"
BOOTPROTO="dhcp"
DEFROUTE="yes"
IPV4_FAILURE_FATAL="no"
IPV6INIT="yes"
IPV6_AUTOCONF="yes"
IPV6_DEFROUTE="yes"
IPV6_FAILURE_FATAL="no"
IPV6_ADDR_GEN_MODE="stable-privacy"
NAME="ens33"
UUID="096f5a2c-8504-497e-8e53-524421aa5498"
DEVICE="ens33"
ONBOOT="yes"
~
```

图 2-33　网卡配置文件

进入网卡配置文件后，可以使用上、下、左、右方向键去移动光标，但不能直接修改文件内容。要想修改文件内容，需按字母 I 键。我们需要修改的内容有，将 BOOTPROTO="dhcp" 改为 BOOTPROTO="static"，并增加如下几行字符：

```
IPADDR=192.168.72.128
NETMASK=255.255.255.0
GATEWAY=192.168.72.2
DNS1=119.29.29.29
```

这里需要说明的是，BOOTPROTO 用于设置网卡的启动类型，其值为 dhcp 表示自动获取 IP 地址，为 static 表示手动设置静态 IP 地址。添加字符中的 IPADDR 指定 IP 地址（请不要设置和阿铭一样的 IP 地址，因为你的 IP 地址取决于前面自动获取到的地址），NETMASK 指定子网掩码，GATEWAY 指定网关（这个网关就是刚刚阿铭让大家记住的网关地址），DNS1 指定上网用的 DNS IP 地址，这个 119.29.29.29 是国内 DNSpod 公司提供的一个公共 DNS IP 地址。完成以上修改后，按一下 Esc 键，紧接着输入 ":wq" 并按回车，退出刚才的网卡配置文档。然后重启网卡，运行如下两条命令：

```
# nmcli  c  reload  ens33
# nmcli  d  reapply ens33
```

其中，第一条命令的作用是重新加载网卡配置文件，但它并不会马上生效，第二条命令的作用是使第一条命令马上生效。然后查看一下 IP 地址：

```
# ip add
```

如果正确的话，你看到的结果依然如图 2-29 所示。当然，还需要再测试一下网络连通性，此时输入如下命令进行测试：

```
# ping -c 4 www.aminglinux.com
```

2.3.3 学会使用快捷键

在日常运维管理工作中，快捷键可以大大提高我们的工作效率。在 Linux 系统中，常用的快捷键如下。

- **Ctrl+C**：结束（终止）当前命令。假如你输入了一大串字符，但不想运行，则可以按 Ctrl+C 组合键，此时光标将跳入下一行，而刚刚的光标处会留下一个 ^C 的标记，如图 2-34 所示。

```
[root@localhost ~]# alskdjflaksjdflkasjdf^C
[root@localhost ~]#
```

图 2-34　结束命令

- **Tab**：实现自动补全功能。这个键比较重要，使用频率也很高。当你输入命令、文件或目录的前几个字符时，它会自动帮你补全。比如，前面阿铭教大家编辑网卡配置文件时的文件路径很长，这时结合 Tab 键就会很轻松。
- **Ctrl+D**：退出当前终端。同样，你也可以输入命令 exit 实现该功能。
- **Ctrl+Z**：暂停当前进程。这和 Ctrl+C 是有区别的，暂停后，使用 fg 命令恢复该进程，该知识点会在第 10 章中介绍到。
- **Ctrl+L**：清屏，使光标移动到屏幕的第一行。当命令和显示的结果占满整个屏幕后，我们每再运行一个命令，都会显示在最后一行，这样看起来极不方便，此时就可以使用这个快捷键，让光标移动到屏幕第一行，也就是所谓的清屏。
- **Ctrl+A**：可以让光标移动到命令的最前面。有时候一条命令很长，快敲完时发现前面某个字母不对，此时可以直接用这个快捷键把光标定位到行首，然后再用左右方向键微调光标的位置。
- **Ctrl+E**：可以让光标移动到命令的最后面，作用同上一个。

2.3.4 学会查询帮助文档——man 命令

man 命令用于查看命令的帮助文档，其格式为 "man [命令]"。例如，输入如下命令：

```
# man ls
```

就可以查看 ls 命令的帮助文档，如图 2-35 所示。

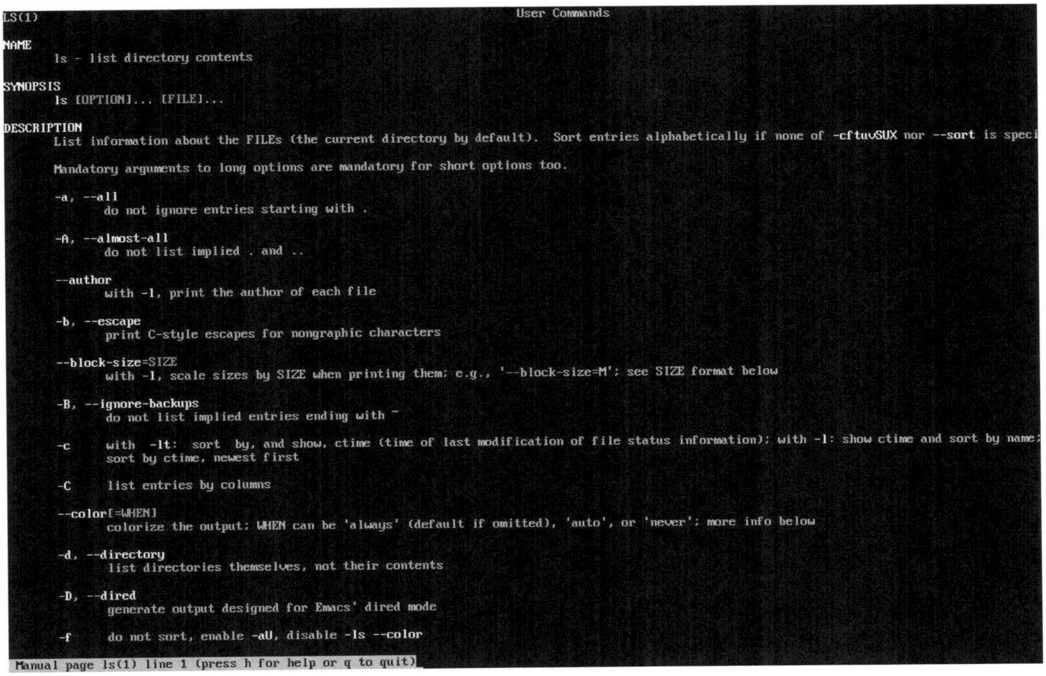

```
LS(1)                                   User Commands

NAME
       ls - list directory contents

SYNOPSIS
       ls [OPTION]... [FILE]...

DESCRIPTION
       List information about the FILEs (the current directory by default).  Sort entries alphabetically if none of -cftuvSUX nor --sort is speci

       Mandatory arguments to long options are mandatory for short options too.

       -a, --all
              do not ignore entries starting with .

       -A, --almost-all
              do not list implied . and ..

       --author
              with -l, print the author of each file

       -b, --escape
              print C-style escapes for nongraphic characters

       --block-size=SIZE
              with -l, scale sizes by SIZE when printing them; e.g., '--block-size=M'; see SIZE format below

       -B, --ignore-backups
              do not list implied entries ending with ~

       -c     with -lt: sort by, and show, ctime (time of last modification of file status information); with -l: show ctime and sort by name;
              sort by ctime, newest first

       -C     list entries by columns

       --color[=WHEN]
              colorize the output; WHEN can be 'always' (default if omitted), 'auto', or 'never'; more info below

       -d, --directory
              list directories themselves, not their contents

       -D, --dired
              generate output designed for Emacs' dired mode

       -f     do not sort, enable -aU, disable -ls --color
Manual page ls(1) line 1 (press h for help or q to quit)
```

图 2-35　man 命令

如果屏幕不能完整显示整个帮助文档，可以按空格键下翻，或者按上下方向键前后移动文本。若想退出帮助文档，则按字母键 Q。当然，要想看明白这个文档，还需要有一定的英文阅读能力。man 命令非常实用，尤其是对于初学者，在我们新学一个命令，总是记不住或记不清它的各个选项的用法时，随手运行一下 man 命令，就可以找到了，非常方便！同时，阿铭相信经常查看英文的文档也会提升你的英文阅读能力。

2.3.5　Linux 系统目录结构

登录 Linux 系统后，在当前命令窗口下输入如下命令：

```
# ls /
```

此时将会出现如图 2-36 所示的界面。

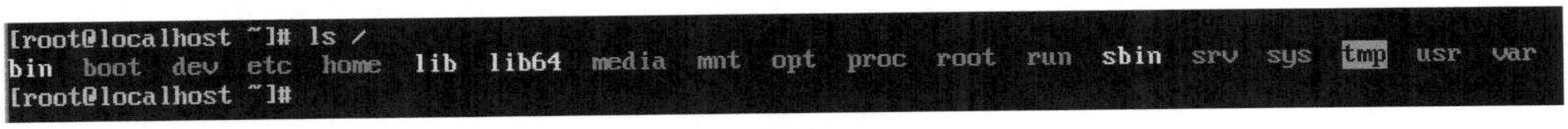

```
[root@localhost ~]# ls /
bin  boot  dev  etc  home  lib  lib64  media  mnt  opt  proc  root  run  sbin  srv  sys  tmp  usr  var
[root@localhost ~]#
```

图 2-36　列出根目录

你的结果可能和阿铭的有所不同，不要紧，目前我们探讨的不是差异，而是相同的地方。其中，ls 是 list 的缩写，该命令用于列出指定目录或者文件。/是 Linux 操作系统里面最核心的一个目录，所有的文件和目录全部在它下面,所以称它为"根目录"。前面讲磁盘分区时,阿铭也是单独给它分了一个区的。大家要逐渐适应 Linux 系统的特性,毕竟它和 Windows 有太多的差异。

通过 2.3.4 节中提到的命令 man ls,可以了解 ls 命令的具体用法。对于 ls 这个最常用的命令,阿铭在这里举几个简单的例子帮你快速掌握其用法:

```
# ls
anaconda-ks.cfg

# ls  -a
.  ..  anaconda-ks.cfg  .bash_logout  .bash_profile  .bashrc  .cshrc  .tcshrcy

# ls  -l
总用量 4
-rw-------. 1 root root 1435 12 月 26 08:10 anaconda-ks.cfg

# ls   anaconda-ks.cfg
anaconda-ks.cfg

# ls   /var/
adm      crash    empty    games    kerberos  local   log    nis    preserve  spool   yp
cache    db       ftp      gopher   lib       lock    mail   opt    run       tmp
```

说明 其中以#开头的行都是运行的命令,#下面的内容是命令运行后的结果。你的结果可能和阿铭的有所不同,但不要紧,这是因为你的系统和阿铭的系统是存在一些差异的。如果有任何异议,请联系阿铭获取帮助。下面阿铭来讲解一下以上几个小案例的含义。

- 后面不加任何选项也不跟目录名或者文件名:会列出当前目录下的文件和目录,不包含隐藏文件。
- 后面加 -a 选项、不加目录名或者文件名:会列出当前目录下所有文件和目录,含有隐藏文件。
- 后面加 -l 选项、不加目录名或者文件名:会列出当前目录下除隐藏文件外的所有文件和目录的详细信息,包含其权限、所属主、所属组以及文件创建日期和时间。
- 后面不加选项、只跟文件名:会列出该文件,通常在使用时都会加上-l 选项,以查看该文件的详细信息。
- 后面不加选项、只跟目录名:会列出指定目录下的文件和目录。

其实,ls 命令的可用项还有很多,阿铭只是介绍了最常用的选项。因为在日常工作和学习中,这些已经足够。如果实在遇到不懂的选项,可以用 man 命令来查看帮助文档。

下面我们接着来讨论 Linux 的目录结构。

- **/bin**:bin 是 Binary 的缩写,该目录下存放的是最常用的命令。
- **/boot**:该目录下存放的是启动 Linux 时使用的一些核心文件,包括一些连接文件以及镜像文件。
- **/dev**:dev 是 Device(设备)的缩写。该目录下存放的是 Linux 的外部设备。在 Linux 中,访问设备的方式和访问文件的方式是相同的。

- **/etc**：该目录下存放的是所有系统管理所需要的配置文件和子目录。
- **/home**：这是用户的家目录。在 Linux 中，每个用户都有一个自己的目录，一般该目录名是以用户的账号命名的。
- **/lib 和 /lib64**：这两个目录下存放的是系统最基本的动态链接共享库，其作用类似于 Windows 里的 DLL 文件，几乎所有的应用程序都需要用到这些共享库。其中 /lib64 为 64 位的软件包的库文件所在目录。
- **/media**：系统会自动识别一些设备（如 U 盘、光驱等），当识别后，Linux 会把识别的设备挂载到该目录下。
- **/mnt**：系统提供该目录是为了让用户临时挂载别的文件系统。我们可以将光驱挂载到 /mnt/ 上，然后进入该目录查看光驱里的内容。
- **/opt**：这是给主机额外安装软件所设置的目录，该目录默认为空。比如，你要安装一个 Oracle 数据库，可以放到该目录下。
- **/proc**：该目录是一个虚拟目录，是系统内存的映射，可以直接访问它来获取系统信息。该目录的内容在内存里，我们可以直接修改里面的某些文件。比如可以通过下面的命令来屏蔽主机的 ping 命令，使其他人无法 ping 你的机器。在日常工作中，你会经常用到类似的用法：

```
# echo 1 > /proc/sys/net/ipv4/icmp_echo_ignore_all
```

- **/root**：该目录是系统管理员的用户家目录。
- **/run**：这个目录和/var/run 其实是同一个目录，里面存放的是一些服务的 pid。一个服务启动完后，是有一个 pid 文件的。至于为什么说是同一个目录，Linux 是如何做到的，4.9 节会详细介绍。
- **/sbin**：s 就是 Super User（超级用户）的意思，该目录存放的是系统管理员使用的系统管理程序。
- **/srv**：该目录存放的是一些服务启动之后需要提取的数据。
- **/sys**：该目录存放的是与硬件驱动程序相关的信息。
- **/tmp**：该目录用来存放一些临时文件。
- **/usr**：这是一个非常重要的目录，类似于 Windows 下的 Program Files 目录，用户的很多应用程序和文件存放在该目录下。在后面的章节中，我们会多次用到这个目录。
- **/usr/bin**：该目录存放的是系统用户使用的应用程序。
- **/usr/sbin**：该目录存放的是 Super User 使用的比较高级的管理程序和系统守护程序。
- **/usr/src**：该目录是内核源代码的默认放置目录。
- **/var**：该目录存放的是不断扩充且经常修改的目录，包括各种日志文件或者 pid 文件，刚刚提到的/var/run 就在这个目录下面。

这些目录中有几个重要的需要大家注意，不要误删除或者随意更改其内部文件。下面阿铭再简单对它们总结一下。

- /etc 目录下是系统的配置文件，如果更改了该目录下的某个文件，可能会导致系统无法正常启动。

- /bin、/sbin、/usr/bin 和 /usr/sbin 目录是系统预设的执行文件的放置目录，其中 /bin 和 /usr/bin 目录下是供系统用户（除 root 外的通用账户）使用的命令，而 /sbin 和 /usr/sbin 目录下则是供 root 用户使用的命令。比如，ls 命令就存放在/bin/目录下。
- /var 也是一个非常重要的目录，系统上运行各个程序时所产生的日志都被记录在该目录下（即 /var/log 目录中）。另外，mail 命令的预设也放置在这里。

2.3.6 如何正确关机、重启

Linux 主要用在服务器领域，而在服务器上执行一项服务是永无止境的，除非遇到特殊情况，否则不会关机。和 Windows 不同，在 Linux 系统下，很多进程是在后台执行的。在屏幕背后，可能有很多人同时在工作。如果直接按下电源开关关机，其他人的数据可能就此中断。更严重的是，若不正常关机，严重时可能会造成文件系统损坏，从而导致数据丢失。

如果要关机，必须要保证当前系统中没有其他用户在登录系统。可以使用 who 命令查看当前是否还有其他人在登录，或者使用命令 ps -aux 查看是否还有后台进程在运行。shutdown、halt、poweroff 都为关机的命令，我们可以使用命令 man shutdown 查看其帮助文档。例如，可以运行如下命令关机（//符号后面的内容为注释）：

```
# shutdown -h 10    // 计算机将在10分钟后关机，且会显示在登录用户的当前屏幕中
# shutdown -h now   // 立即关机
# shutdown -h 20:25 // 系统会在20:25关机
# shutdown -h +10   // 10分钟后关机
# shutdown -r now   // 立即重启
# shutdown -r +10   // 10分钟后重启
# reboot            // 重启，等同于 shutdown -r now
# halt              // 关闭系统，等同于 shutdown -h now 和 poweroff
```

不管是重启系统还是关闭系统，首先要运行 sync 命令，该命令可以把当前内存中的数据写入磁盘中，防止数据丢失。

再来总结一下，关机的命令有 shutdown -h now、halt、poweroff 和 init 0，重启系统的命令有 shutdown -r now、reboot 和 init 6。

2.3.7 忘记 root 密码怎么办

以前阿铭忘记了 Windows 的管理员密码，当时不会用光盘清除密码，最后只能重装系统。现在想来那是多么愚笨的一件事情。同样，如果你忘记了 Linux 系统的 root 密码，该怎么办呢？重新安装系统吗？当然不用！你只需要进入紧急模式（emergency mode）更改 root 密码即可。在 CentOS 6 中，我们是进入单用户模式修改 root 密码的，但在 CentOS 7 和 CentOS 8 中已经没有单用户模式了，而是这个紧急模式，具体操作步骤如下。

1. 重启系统

按 3 秒钟向下的方向键，目的是不让它进入系统，而是停留在开机界面，如图 2-37 所示。

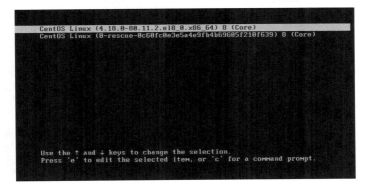

图 2-37　开机界面

按方向键移动光标，定位在第一行，按字母 E 键编辑它，然后进入另外一个界面，此时会出来很多字符，这些是 CentOS 8 启动选项，那么这些字符有什么用呢？我们暂时先放一放，不用太过关心。移动向下的方向键，把光标定位到 linux 开头的行。

2．进入紧急模式

按向右的方向键，将光标移动到 ro 这里，把 ro 改成 rw init=/sysroot/bin/sh，如图 2-38 所示。

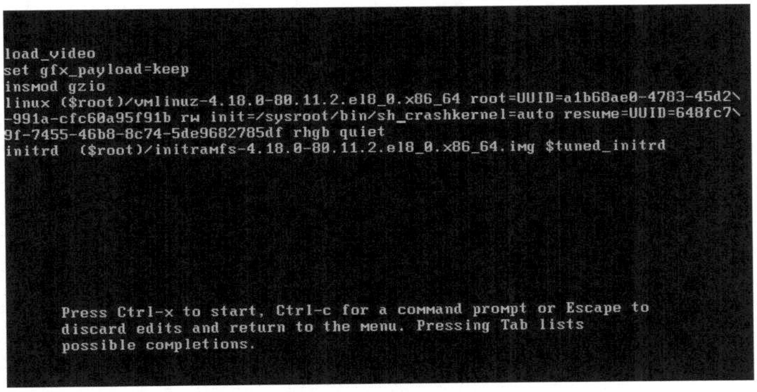

图 2-38　修改 ro

然后同时按 Ctrl 和 X 这两个键，系统就会进入如图 2-39 所示的界面，这样就正式进入了紧急模式。

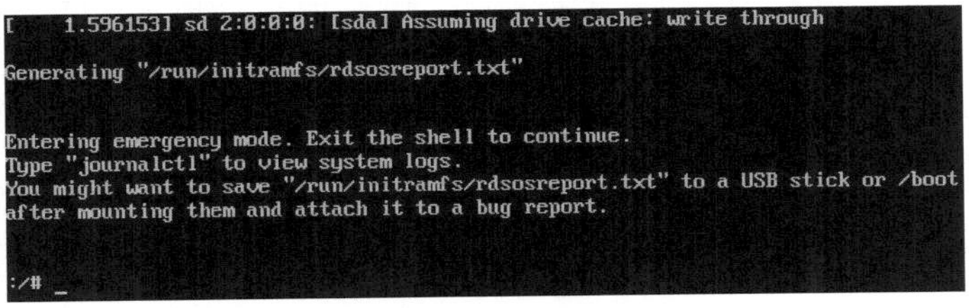

图 2-39　紧急模式

3. 修改 root 密码

首先切换到原始系统，然后修改密码，操作过程如图 2-40 所示。

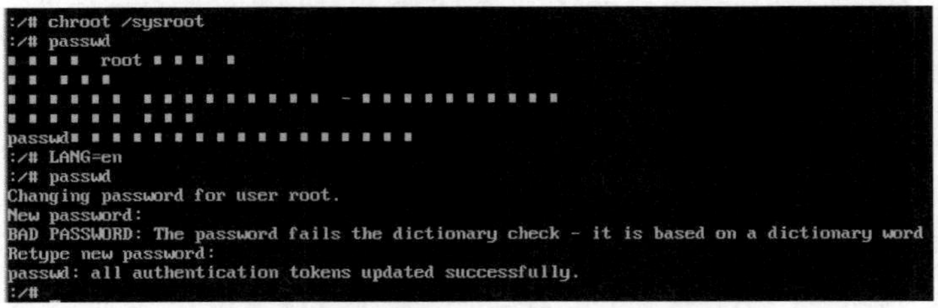

图 2-40 修改密码

其中 chroot 命令用来切换系统，后面的 /sysroot 目录就是原始系统（也就是我们的 CentOS 8 系统），在这个下面才可以修改 root 密码。passwd 命令就是修改 root 密码的命令，5.3.1 节还会介绍它。但运行命令后，返回的结果很奇怪，出现了很多小方块，俗称乱码。其实这些小方块本来是汉字，但是 VMware 并不支持中文。如果大家知道 passwd 命令的用法，此时连续输入两次新密码就可以了。但作为新用户，第一次看到乱码肯定会不知所措，请跟着阿铭一起输入 LANG=en，这个命令就是把当前终端的语言设置为英文。再次运行 passwd 命令，就可以正常显示字符了。

密码虽然修改完了，但是还需要一个额外的操作，相关命令如下：

touch /.autorelabel

注意，这个文件名字一定要写对，否则修改的密码将不能生效。执行这一步的作用是让 SELinux 生效，如果不执行，则之前修改的密码是不会生效的。也就是说，即使你之后输对了密码，也无法登录系统。至于 SELinux 是什么，13.4.1 节会详细介绍。执行完 touch 命令后，同时按 Ctrl 和 D 这两个键，再输入命令 reboot，这样系统会重启，等待几秒后，出现登录界面，此时使用我们新设置的密码登录即可。

2.3.8 学会使用救援模式

救援模式即 rescue 模式，这个模式主要应用于无法进入系统的情况，比如 grub 损坏或者某一个配置文件修改出错。那么，如何使用救援模式呢？具体的操作方法如下。

1. 启动光驱

首先检查你的光驱是否是开机启动。具体方法是把鼠标挪到 VMware 右下角的小光盘图标处，单击它，此时会出现两个选项，选择"设置"选项，会弹出"虚拟机设置"对话框，看一下右侧的"设备状态"，要保证这两个对钩都是打上的，如图 2-41 所示。

图 2-41 设备状态

但此时，重启系统并不会进入光驱启动界面，这还需要我们设置一个 VMware 的 BIOS。由于 VMware 启动很快，往往我们还没有来得及按 F2 键（要进入 BIOS，需要按 F2 键），它就已经进入系统的启动界面了。这里有一个技巧，首先把 CentOS 8 关机，然后在 VMware 左侧选中这台虚拟机并右击，从中选择"电源"→"打开电源时进入固件"，如图 2-42 所示。

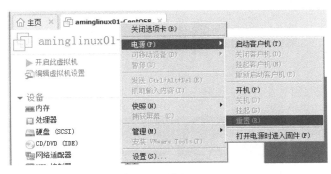

图 2-42　进入 BIOS

进入 BIOS 后，按向右方向键，选择 Boot，然后按"－"或者"+"键调节各个启动对象，其中有硬盘、光驱、网卡等，总之结果是要让 CD-ROM Drive 在最前面，也就是让它第一个启动。最终的结果如图 2-43 所示。

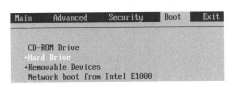

图 2-43　BIOS

设置完这步之后，直接按 F10 键保存设置并退出。

2. 进入救援模式

随后进入光驱启动界面，使用上下方向键选择 Troubleshooting，如图 2-44 所示。

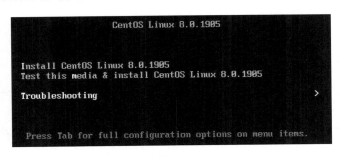

图 2-44　选择 Troubleshooting

按回车后，又出现如图 2-45 所示的界面，使用向下方向键选择 Rescue a CentOS Linux system。

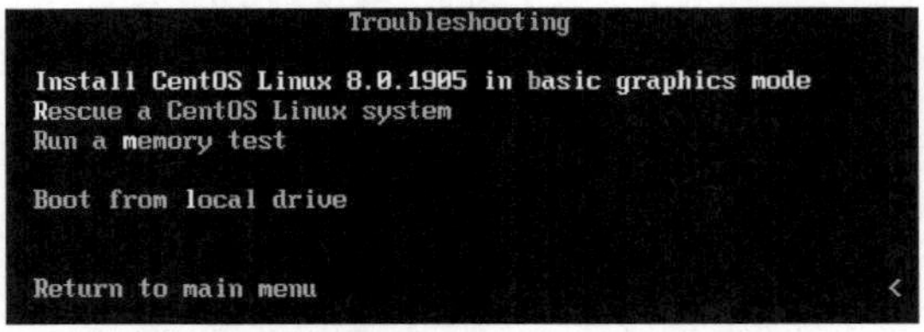

图 2-45　选择 Rescue a CentOS Linux system

按回车后，会出现如图 2-46 所示的界面。

图 2-46　救援选项

图 2-47 中有一些提示，它告诉我们，初始系统在 /mnt/sysimage 目录下面，其实这和上一节的 /sysroot 类似。这里有 4 个选项：选择第 1) 项，将会继续往下走；选择第 2) 项，将会把初始的系统挂载为只读模式，我们不能写磁盘，也就意味着不能再修改配置文件，也不能修改 root 密码；选择第 3) 项，会直接出现一个 shell；而选择第 4) 项，则会重启。

这里选择第 1) 项，所以输入数字 1 并回车，如图 2-47 所示。它又告诉我们：初始系统已经挂载到了 /mnt/sysimage 目录下面，要想进入初始系统下面，需要执行 chroot /mnt/sysimage 命令，请再次按回车获取到 shell。

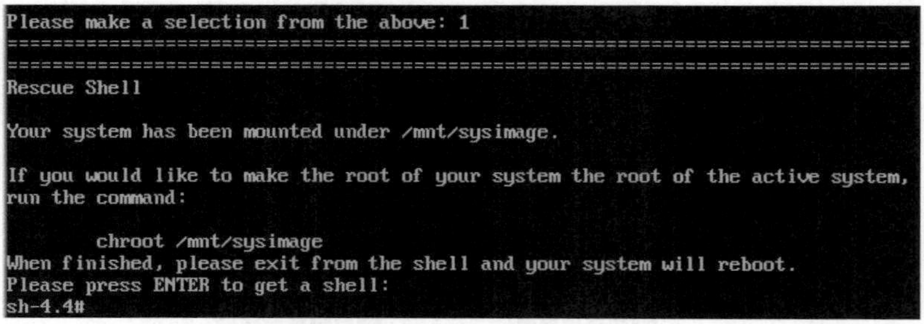

图 2-47　获取 shell

进入初始系统后，执行修改 root 密码的命令 passwd，如图 2-48 所示。

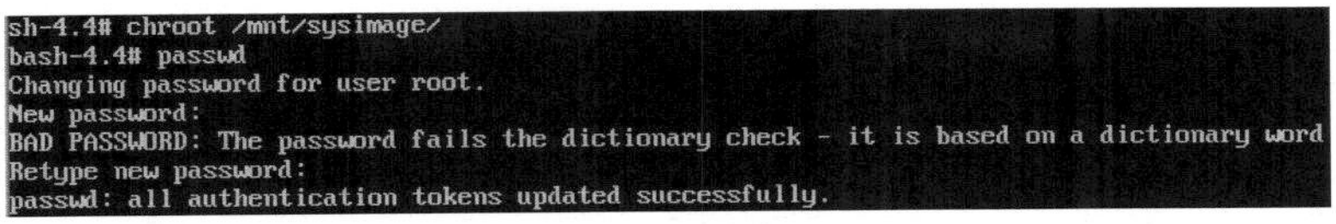

```
sh-4.4# chroot /mnt/sysimage
bash-4.4# passwd
Changing password for user root.
New password:
BAD PASSWORD: The password fails the dictionary check - it is based on a dictionary word
Retype new password:
passwd: all authentication tokens updated successfully.
```

图 2-48　修改 root 密码

其实，执行完 `chroot` 命令之后，会发现命令行的前后有一处变化，即原来的 `sh-4.4` 变成了 `bash-4.4`，这就是因为环境变量发生了变化，第 10 章再讨论这个知识点。当然，救援模式并非只有修改 root 密码这么简单的作用，我们还可以在救援模式下处理一些故障、修复数据等。要想退出救援模式，也很简单，先使用 Ctrl+D 组合键退出原始系统，然后执行 `reboot` 命令即可。但是重启后你会发现，它进入的依然是光驱启动界面。所以，我们还需要再设置一遍 BIOS，让硬盘第一个启动。这里还有一种方法，设置 VMware，关闭光驱即可。

2.4　课后习题

(1) 32 位和 64 位操作系统有什么区别？什么时候安装 32 位或 64 位操作系统？如何查看 Linux 系统是 32 位的还是 64 位的？

(2) swap 分区的作用是什么？如何决定 swap 分区的大小？

(3) 查资料了解 bootloader、grub 的概念，并理解它们的作用。

(4) 如何在安装系统时给 grub 设置密码？

(5) 在安装 Linux 时，你是如何分区的？

第 3 章
远程登录 Linux 系统

Linux 主要应用于服务器领域，而服务器不可能像 PC 机那样放在办公室，它们是放在 IDC 机房的，所以阿铭平时登录 Linux 系统都是通过网络远程登录的。

Linux 系统通过 sshd 服务实现远程登录功能。sshd 服务默认开启了 22 端口，当我们安装完系统时，这个服务已经安装，并且是开机启动的。所以，我们不需要额外配置什么就能直接远程登录 Linux 系统。sshd 服务的配置文件为 /etc/ssh/sshd_config，你可以根据需求修改这个配置文件，比如可以更改启动端口为 11587，注意这个数字不能超过 65535。

如果你安装的是 Windows 操作系统，则需要额外安装一个 Linux 远程登录的终端软件。目前比较常见的终端登录软件有 Xshell、SecureCRT、PuTTY、SSH Secure Shell 等。很多朋友喜欢用 SecureCRT，因为它的功能非常强大，但阿铭喜欢用 PuTTY，因为它小巧且显示的颜色漂亮。最近阿铭也在使用 Xshell，这个软件也非常不错，值得大家研究一下。但不管你使用哪一个客户端软件，最终的目的只有一个——远程登录到 Linux 服务器上。

3.1 安装 PuTTY

PuTTY 是一个免费的、开源的 SSH 客户端软件，它不仅有 Windows 版本，还有 Unix/Linux 版本。PuTTY 的操作和配置都非常简单、易用。

3.1.1 下载 PuTTY

网上曾经报道过，某个中文版的 PuTTY 被别有用心的黑客动了手脚，给植了后门。所以阿铭提醒各位，以后不管下载什么软件，尽量去官方站点下载。当然，你也可以通过阿铭在前言的反馈及服务中提供的途径去下载。打开下载页面后，我们可以看到有很多软件可供下载，如下所示：

- PuTTY（SSH 和 telnet 客户端软件）；
- PSCP（SCP 客户端，用来远程复制文件）；
- PSFTP（SFTP 客户端软件，使用 SSH 协议传输文件）；
- PuTTYtel（一个只有 telnet 功能的客户端软件）；
- Plink（Windows 下的命令行接口，使用它可以在 cmd 下使用 PuTTY）；
- Pageant（SSH 的密钥守护进程，开启该进程后，密钥保存到内存中，连接时不再输入密钥的密码，PuTTY、PSCP、PSFTP 和 Plink 都可以使用它）；
- PuTTYgen（生成密钥对的工具，3.2.2 节会用到它）。

如果你只想用 PuTTY，那只需下载 putty.exe 即可，不过后面我们还会用到 PuTTYgen 和 PSFTP，所以阿铭建议你干脆下载安装包 putty-0.73-installer.msi（版本可能已经更新，下载最新版本即可），然后安装一下，这样所有的软件都全了。

3.1.2 安装

下载安装包后，双击 putty-0.73-installer.msi 进入安装界面，所有配置都保持默认设置，直接单击 Next 按钮，直至安装结束。安装完成后，在"开始"菜单中找到 PuTTY，单击即可打开这个软件。

3.2 远程登录

在第 2 章中，我们已经给 CentOS 设置了 IP 地址（192.168.72.128），并且这个 IP 地址是静态的，即使你的 VMware 重启过，它也不会变。设置 IP 地址的目的除了要使用 yum 工具外，另一个就是远程连接 Linux 操作系统了。

3.2.1 使用密码直接登录

打开 PuTTY 后，请按照如下步骤连接远程 Linux 服务器。

1. 填写远程 Linux 的基本信息

填写 Linux 基本信息的对话框如图 3-1 所示，其中 Host Name(or IP address)这一栏填写服务器 IP，即 192.168.72.128，Port 和 Connection type 这两栏采用默认设置即可。Saved Sessions 这一栏自定义一个名字，主要用来区分主机，因为将来你的主机会很多，写个简单的名字既方便记忆又能快速查找。

2. 定义字符集

计算机的字符集是最麻烦的，尤其是 Linux，搞不好就会乱码。阿铭在第 2 章中教你安装 CentOS 时已经安装了中文语言，所以安装好的系统支持中文。在 PuTTY 这里也要设置支持中文，单击左侧的 Window→Translation，查看右侧的 Character set translation，选择 UTF-8，如图 3-2 所示。再单击左侧的 Session，然后单击右侧的 Save 按钮。

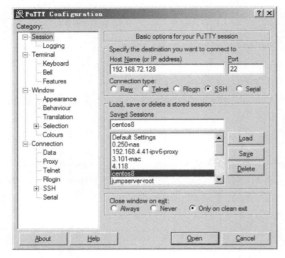 

图 3-1　填写基本信息　　　　　　　　图 3-2　定义字符集

3. 远程连接你的 Linux

保存 Session 后，单击最下方的 Open 按钮。初次登录时，都会弹出一个友情提示，它的意思是要打开的 Linux 还未在本机登记，问我们是否要信任这个 Linux。如果是可信任的，则单击"是"按钮在该主机登记；否则单击"否"按钮或者"取消"按钮。这里我们单击"是"按钮，弹出如下登录提示：

```
login as: root
root@192.168.72.128's password:
Last login: Thu Dec 26 08:13:39 2019
```

输入用户名和密码后，就可以登录 Linux 系统。登录后，会提示至目前最后一次登录系统的时间和地点。然后，我们就可以在 PuTTY 里面进行操作了，这和在 VMware 终端上操作没有区别。而且它还有一个好处，就是可以随意复制、粘贴。之前在终端的窗口里，我们没有办法复制内容，更不能粘贴文本信息。使用 PuTTY，我们还可以通过鼠标滚轮翻查之前显示的历史信息。

3.2.2　使用密钥认证

SSH 服务支持一种安全认证机制，即密钥认证。所谓密钥认证，实际上是使用一对加密的字符串：其中一个称为公钥（public key），用于加密，任何人都可以看到其内容；另一个称为私钥（private key），用于解密，只有拥有者才能看到其内容。通过公钥加密过的密文，使用私钥可以轻松解密，但根据公钥来猜测私钥却十分困难。SSH 的密钥认证就是使用了这一特性。

服务器和客户端都各自拥有自己的公钥和私钥，PuTTY 可以使用密钥认证登录 Linux，具体的操作步骤如下。

1. 生成密钥对

关于密钥对的工作原理，如果感兴趣，可以到网上查一查，阿铭在此不过多介绍。在"开始"菜单中找到 PuTTYgen，单击打开它，如图 3-3 所示。然后单击 Generate 按钮，这样就开始生成密钥了，请来回拨动鼠标，这样有助于快速生成密钥对，大约几秒钟就完成了。图 3-3 中的 Key comment 可以保持不变，也可以自定义，它是对该密钥的简单介绍。Key passphrase 用于给你的密钥设置密码，此项可以留空，但阿铭建议你设置一个，这样安全一些。Confirm passphrase 需要再输入一遍刚刚设置的密码。

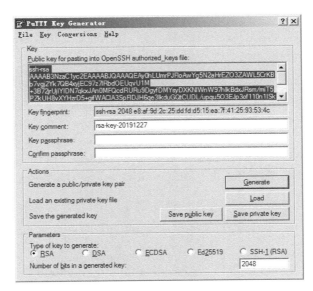

图 3-3　生成密钥对

2. 保存私钥

单击 Save private key 按钮，选择一个存放路径并定义名称，单击"保存"按钮。这个就是私钥，请把它保存到一个比较安全的地方，谨防丢失或被其他人看到。

3. 复制公钥到 Linux

返回刚才生成密钥对的窗口，在 Key 的下方有一个长字符串，这个字符串就是公钥的内容。把整个公钥字符串复制下来，粘贴到 Linux 的文件中。下面请跟着阿铭一起来操作，运行如下命令：

```
# mkdir /root/.ssh         // 创建/root/.ssh 目录，因为这个目录默认是不存在的
# chmod 700 /root/.ssh     // 更改这个目录的权限
# vi /root/.ssh/authorized_keys    // 把公钥内容粘贴到文件/root/.ssh/authorized_keys 里
```

关于 mkdir 和 chmod 这两个命令，阿铭会分别在 4.1.2 节和 4.6.3 节中详细介绍。在 vi 命令之后直接回车，输入 i 进入编辑模式，然后单击鼠标右键就可以粘贴了，这是 PuTTY 工具非常方便的一个功能。粘贴后，按 Esc 键，然后输入:wq 并回车，保存并退出该文件。

4. 关闭 SELinux

关于 SELinux，在第 2 章中我们也提到过，它是 CentOS 的一种安全机制，它的存在虽然让 Linux 系统安全了很多，但也产生了不少麻烦。这里如果不关闭 SELinux，使用密钥登录时会提示 Server refused our key，从而导致不能成功。需要运行如下命令来关闭 SELinux：

    # setenforce 0

这只是暂时关闭，下次重启 Linux 后，SELinux 还会开启。若要永久关闭，必须运行如下命令：

    # vi /etc/selinux/config

按回车后，把光标移动到 SELINUX=enforcing 这一行，输入 i 进入编辑模式，修改为 SELINUX=disabled。按 Esc 键，然后输入:wq 并回车，最后重启系统。

5. 设置 PuTTY 通过密钥登录

当系统重新启动后，打开 PuTTY 软件，在右侧 Saved Sessions 下面找到刚刚保存的 session，单击选中它，然后再单击右侧的 Load 按钮。在左下方单击 SSH 前面的+，然后选择 Auth，查看右侧 Private key file for authentication 下面的长条框，目前为空。单击 Browse 按钮，找到我们刚刚保存好的私钥，单击"打开"按钮。此时这个长条框里就有了私钥的地址（当然，你也可以自行编辑这个路径），如图 3-4 所示。最后，再回到左侧，单击最上面的 Session，再单击右侧的 Save 按钮。

图 3-4　设置密钥

6. 使用密钥验证登录 Linux

保存好 Session 后，单击右下方的 Open 按钮，会出现登录界面，此时你会发现，登录提示内容和原来的有所不同，如下所示：

```
login as: root
Authenticating with public key "rsa-key-20191227"
Passphrase for key "rsa-key-20191227":
Last login: Fri Dec 27 06:42:50 2019 from 192.168.72.1
```

这里不再是输入 root 密码，而是需要输入密钥的密码。如果先前生成密钥对时你没有设置密码，输入 root 后会直接登录系统。有很多朋友在做密钥认证的时候会失败，但只要注意这几点就一定可以成功：

- /root/.ssh 目录权限为 700；
- SELinux 要关闭；
- /root/.ssh/authorized_keys 文件名要写对；
- 文件内容要粘贴对。

假如你还有一台机器需要使用密钥验证登录 Linux，你学会如何设置了吗？PuTTY 的设置方法是一样的，使用同样的私钥，不需要你再次生成密钥对了。另外，把 192.168.72.128 上的文件 /root/.ssh/authorized_keys 复制一份到另一台机器就可以了。请注意，这个文件的名字是固定的。

在本例中，阿铭教大家的是直接使用密钥登录 root 用户，但在工作中很多朋友登录的是普通用户，而不是 root。那普通用户的密钥认证如何设置呢？原理肯定是一样的，同样要先有密钥对，然后把公钥放到服务器上，不过不是在/root/.ssh 目录下面了，而是普通用户家目录下面的.ssh 目录下。那普通用户家目录在哪里？第 5 章讲到用户管理时，阿铭会详细介绍，在这阿铭举一个例子，比如你登录的普通用户为 aming，那么 aming 用户的家目录为/home/aming。还有一点大家要注意，在 Linux 机器上所做的操作（如创建.ssh 目录）也必须以 aming 用户身份操作才可以。

3.3 两台 Linux 相互登录

既然可以在 Windows 上安装一个客户端软件（比如 PuTTY）去登录远程的 Linux，那么在 Linux 上是否也可以登录另一台 Linux 呢？当然可以，只是在 Linux 上也需要安装一个客户端软件。CentOS 自带的客户端软件叫作 openssh-clients。

要想检测 Linux 上是否已安装客户端软件，需要运行如下命令：

```
# ssh -V
OpenSSH_7.8p1, OpenSSL 1.1.1 FIPS  11 Sep 2018
```

如果已安装，则会显示 OpenSSH 的版本信息。如果没有显示类似的信息，请运行如下命令安装：

```
# yum install -y openssh-clients
```

3.3.1 克隆 CentOS

要完成本实验，还需要有一台 Linux 机器，你可以按照 2.2 节再安装一台 CentOS。但阿铭觉得那样做太浪费时间，其实还有一个更好的方法——克隆虚拟机。

首先，关闭正在运行的 CentOS，正确的关机命令是 shutdown -h now 或者 init 0。然后在左侧对应的虚拟机名字上单击鼠标右键，选择"管理"，再选择"克隆"，如图 3-5 所示。

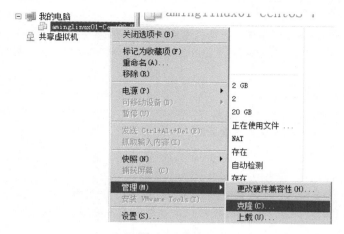

图 3-5 克隆

此时会出现"克隆向导"界面。直接单击"下一步"按钮，再单击"下一步"按钮，会出现"克隆类型"对话框，这里采用默认值即可，即选择"创建链接克隆"，这种类型会节省空间，比较方便。继续单击"下一步"按钮，你可以设定克隆虚拟机的名称和保存的路径。接着单击"完成"和"关闭"按钮，最终完成 CenOS 8 的克隆。此时，不管是在左侧"我的电脑"下面还是在右侧"选项卡"，都多出来一个克隆后的 CentOS 8 虚拟机。

把两台 CentOS 8 全部启动。先登录克隆的虚拟机，输入命令 dhclient，让这台新克隆的 CentOS 8 也自动获取一个 IP 地址。再运行 ip addr 命令，可以看到获取到的 IP 地址为 192.168.72.129，使用 2.3.2 节的方法给这台 CentOS 8 也配置一个静态 IP 地址。

为了便于区分两台 CentOS 8，下面阿铭教你如何设置主机名。我们不妨给第一台起个主机名为 aminglinux-128，第二台为 aminglinux-129。请在第一台 CentOS 8 上运行如下命令：

```
# hostnamectl set-hostname aminglinux-128
```

可以使用快捷键 Ctrl+D 退出当前终端，然后再登录一次，就会发现命令行左边的前缀有所变化了。使用同样的方法，将第二台 CentOS 8 的主机名设置为 aminglinux-129。

3.3.2 使用密码登录

使用前面的方法，通过 PuTTY 远程登录 aminglinux-128，然后在这台机器上执行如下命令：

```
# ssh root@192.168.72.129      // 第一次登录对方机器，有一个提示
The authenticity of host '192.168.188.129 (192.168.72.129)' can't be established.
ECDSA key fingerprint is 26:e3:97:e7:bb:ae:17:33:ea:aa:0c:5f:37:0e:9e:fa.
Are you sure you want to continue connecting (yes/no)
```

这里我们输入 yes，然后回车，又出现一个如下的警告，它的意思是保存了 192.168.72.129 这台机器的信息：

```
Warning: Permanently added '192.168.72.129' (ECDSA) to the list of known hosts.
root@192.168.72.129's password:
```

然后输入 192.168.72.129 的 root 密码后，成功登录 aminglinux-129。

命令中符号 @ 前面的 root 表示要以远程机器哪个用户的身份登录。我们可以省略 root@，即写成 ssh 192.168.72.129，它也表示以 root 用户的身份登录。这个并不是固定的，取决于当前系统的当前用户是谁。我们可以使用如下命令查看当前用户：

```
# whoami
root
```

也可以写成：

```
# who am i
root     pts/1        2019-12-27 07:06 (192.168.72.128)
```

从这两个命令的显示结果可以看出它们的区别：一个是简单显示，一个是复杂显示。后者不仅可以显示当前用户名，还可以显示登录的终端、登录时间以及从哪里登录。

3.3.3 使用密钥登录

既然 PuTTY 支持使用密钥验证的方式登录 Linux 机器，那么 Linux 下的客户端软件也是支持的。下面请跟着阿铭一步一步来操作。

1. 客户端生成密钥对

假如 aminglinux-128 为客户端（以下简称 128），aminglinux-129 为要登录的机器（以下简称 129）。首先，把刚刚登录的 129 退出来，直接使用 Ctrl+D 快捷键即可。然后在 128 上执行如下命令：

```
# ssh-keygen
Generating public/private rsa key pair.
Enter file in which to save the key (/root/.ssh/id_rsa):
```

这个命令用来生成密钥对。首先，它让我们定义私钥的存放路径，默认路径为 /root/.ssh/id_rsa。这里采用默认值即可，直接回车，此时会显示如下信息：

```
Enter passphrase (empty for no passphrase):
```

然后它让我们定义私钥的密码，可以留空，直接回车即可，此时会显示如下信息：

```
Enter same passphrase again:
```

此时它让我们再一次输入密码，输入然后回车，此时会显示如下信息：

```
Your identification has been saved in /root/.ssh/id_rsa.
Your public key has been saved in /root/.ssh/id_rsa.pub.
The key fingerprint is:
```

```
57:15:10:d6:8a:ed:79:83:0b:fc:d7:21:52:5b:ba:83 root@aminglinux-128
The key's randomart image is:
+--[ RSA 2048]----+
|             ++o.|
|            . .. |
|           o..   |
|          ..o. . |
|        S....o+  |
|         .o.++o. |
|           ooooo.|
|           Eoo. .|
|            ..   |
+-----------------+
```

最终生成了密钥对，你可以在 /root/.ssh/ 目录下找到公钥（id_rsa.pub）和私钥（id_rsa）。

2. 把公钥复制到要登录的机器上

首先，我们查看 128 上公钥的内容，此时运行如下命令：

```
# cat /root/.ssh/id_rsa.pub
ssh-rsa
AAAAB3NzaC1yc2EAAAADAQABAAABAQDiAUXQihX9pa1oxml6xRjZhjTRCU+QMHUGXU34Q6gBeK/8QmOhUqPfyASXbV2y6hKH4M
HfX4zQcpnkeTgyeIFuKAxoEX98mx8r4owB7X49OCH+H8JCRsM9FYlAsbH+kvdIa+sNTMqD5jEY5dh+gNINDDNJiw25OcYG9Pe8
Y+5slazPYrCOtjWz+AnXhJ1//r9zO77rxEMJ1jHZdEn62hIou46i8xny+znJScSeWOuJHTgeX5EbXrArgSUOXyubtsGrov83dS
Ua39Kfyk4HvXUOazYI8S3h6ZxUOedOdYmic4EMd5VxYPnrgNEgTCRlP3hx/sOCCroHSWtv+MvREkGd root@aminglinux-128
```

将这些字符串全部复制，然后粘贴到 129 上的文件 /root/.ssh/authorized_keys 里。若之前已经创建过这个文件，并且已经粘贴过 PuTTY 的公钥，则需要另起一行粘贴 128 的公钥。在 129 上执行如下命令：

```
# vi /root/.ssh/authorized_keys
```

如果有内容，可以按字母键 G 把光标定位到文件末尾，然后输入 o 进入编辑模式（这里使用的命令和之前有所不同，请先跟着阿铭操作）。单击鼠标右键即可粘贴 128 的公钥。然后按 Esc 键，输入:wq，再回车。如果你之前并没有设置 PuTTY 的公钥，请继续执行以下命令：

```
# chmod 600 /root/.ssh/authorized_keys
```

3. 登录 Linux

在 128 上执行如下命令：

```
# ssh 192.168.72.129
```

此时不再提示我们输入密码，就可以直接登录到 129 了。这样就可以实现 Linux 通过密钥验证的方式登录 Linux。如果你在生成密钥对时设置了密码，那么这里也会提示你输入密钥密码。为了方便跨机器执行命令，这里我们特意不设置密钥的密码（后面会用到）。

4. 使用 ssh-copy-id

Linux 系统里还有一种更方便实现密钥认证的方法。这次阿铭要让 129 通过密钥认证登录 128。在 129 上执行如下命令：

```
# ssh-keygen
# ssh-copy-id root@192.168.72.128
```

它会提示让我们输入 128 的 root 密码，只要输入对了对方服务器的密码就完成了密钥认证。再次尝试 ssh 登录 128，此时就不再提示我们输入密码，可以直接登录到 129 了。

3.4 课后习题

(1) 远程连接 Linux 服务器，需要 Linux 服务器开启 sshd 服务，那么 sshd 服务默认监听哪个端口？这个端口是否可以自定义呢？如果可以，如何自定义呢？

(2) 常用的远程连接 Linux 的终端工具有哪些？

(3) 手动配置 IP 需要修改哪个配置文件？更改默认的配置文件需要修改哪些地方？

(4) 重启网络服务的命令是什么？

(5) 如何临时关闭 SELinux？如何永久关闭 SELinux？

(6) 查看 Linux 有几块网卡用什么命令？查看网卡 IP 用什么命令？

(7) 我们为什么要使用密钥登录 Linux 呢？

第 4 章
Linux 文件和目录管理

从这一章开始，阿铭介绍的命令会越来越多，希望你能够反复练习每一个命令的每一个选项。在 Windows 下，新建、复制、删除文件或者文件夹都非常简单，但 Linux 需要我们使用命令行进行操作。这样便增加了学习 Linux 系统的难度，不过不用担心，一旦能够熟练使用它们，那你将永远也不会忘记。万事开头难，所以请大家努力吧！

4.1 绝对路径和相对路径

在 Linux 中，什么是一个文件的路径呢？简单地说，就是这个文件存放的地方，例如在上一章提到的 /root/.ssh/authorized_keys 就是一个文件的路径。只要你告诉系统某个文件的路径，系统就可以找到这个文件。

在 Linux 中，存在着绝对路径和相对路径。

- 绝对路径：路径的写法一定是由根目录/写起的，例如 /usr/local/mysql。
- 相对路径：路径的写法不是由根目录/写起的。例如，要使用户首先进入到 /home 目录，然后再进入到 test 目录，需执行的命令为：

```
# cd /home
# cd test
```

此时用户所在的路径为 /home/test。第一个 cd 命令后紧跟 /home，home 前面有斜杠；而第二个 cd 命令后紧跟 test，test 前面没有斜杠。这个 test 是相对于 /home 目录来讲的，所以称为相对路径。

4.1.1 命令 cd

命令 cd（change directory 的简写）是用来变更用户所在目录的，如果该命令后面什么都不跟，就会直接进入当前用户的根目录下。我们做实验用的是 root 账户，所以运行命令 cd 后，会进入 root 账户的根目录/root 下。如果 cd 后面跟目录名，则会直接切换到指定目录下。示例命令如下：

```
# cd /tmp/
# pwd
/tmp
# cd
# pwd
/root
```

上例中，命令 pwd 用于显示当前所在目录。命令 cd 后面只能是目录名，如果跟了文件名，则会报错，例如：

```
# cd /etc/passwd
-bash: cd: /etc/passwd: 不是目录
```

因为/etc/passwd 为一个文件名，所以就报错了。在 Linux 文件系统中，有两个特殊的符号也可以表示目录。"." 表示当前目录，".." 表示当前目录的上一级目录，示例命令如下：

```
# cd /usr/local/lib/
# pwd
/usr/local/lib
# cd .
# pwd
/usr/local/lib
# cd ..
# pwd
/usr/local
```

上例中，首先进入 /usr/local/lib/ 目录，接着输入 "."，用命令 pwd 查看当前目录，还是在 /usr/local/lib/ 目录下，然后输入 ".."，则进入 /usr/local/ 目录（即 /usr/local/lib 目录的上一级目录）。

4.1.2 命令 mkdir

命令 mkdir（make directory 的简写）用于创建目录，这个命令在上一章中用过。该命令的格式为：mkdir [-mp] [目录名称]。其中，-m、-p 为其选项。-m 选项用于指定要创建目录的权限（这个选项不常用，阿铭不作重点解释）。-p 选项很管用，我们做个试验，你就一目了然了。执行如下命令：

```
# mkdir /tmp/test/123
mkdir: 无法创建目录 '/tmp/test/123': 没有那个文件或目录
# mkdir -p /tmp/test/123
# ls /tmp/test
123
```

当我们创建目录 /tmp/test/123 时，会提示无法创建、/tmp/test 目录不存在。在 Linux 中，如果它发现要创建的目录的上一级目录不存在，就会报错。为了解决这个问题，Linux 设置了-p 选项，这个选项可以帮我们创建一大串级联目录，并且当创建一个已经存在的目录时，不会报错。示例命令如下：

```
# ls -ld /tmp/test/123
drwxr-xr-x 2 root root 6 12月 30 07:25 /tmp/test/123
```

```
# mkdir /tmp/test/123
mkdir: 无法创建目录 '/tmp/test/123': 文件已存在
# mkdir -p /tmp/test/123
# ls -ld /tmp/test/123
drwxr-xr-x 2 root root 6 12月 30 07:25 /tmp/test/123
```

在上一章中阿铭已经介绍过 `ls` 命令，但并没有介绍它的 `-d` 选项。这个选项是针对目录的，通常都是和 `-l` 并用，写成 `-ld`。它可以查看指定目录的属性，比如在本例中，它可以查看 /tmp/test/123 目录的创建时间，如果不加 `-d`，则会显示该目录里面的文件和子目录的属性。

4.1.3 命令 `rmdir`

命令 `rmdir`（remove directory 的简写）用于删除空目录，后面可以是一个目录，也可以是多个目录（用空格分隔）。但该命令只能删除目录，不能删除文件，所以阿铭一般不用它，而改用命令 `rm`（remove 的简写），这个命令不仅可以删除目录，还可以删除文件，将在 4.1.4 节中介绍。`rmdir` 和 `mkdir` 具有相同的选项 `-p`，它同样可以级联删除一大串目录，但在级联的目录中，如果某一个目录里还有目录或者文件，那这个命令就不好用了。我们先来看看命令 `rmdir` 的用法，示例命令如下：

```
# ls /tmp/test
123
# rmdir /tmp/test/
rmdir: 删除 '/tmp/test/' 失败: 目录非空
# rmdir /tmp/test/123
# ls /tmp/test
#
```

在上例中，命令 `rmdir` 只能删除空目录，即使加上 `-p` 选项也只能删除一串空目录。可见，这个命令有很大的局限性，偶尔用一下还可以。

4.1.4 命令 `rm`

命令 `rm` 是最常用的，它也有很多选项。你可以通过命令 `man rm` 来获得它的详细帮助信息。这里，阿铭只介绍最常用的两个选项。

- `-r`：删除目录用的选项，类似于 `rmdir`，但可以删除非空目录。下面阿铭先创建一连串的目录，然后尝试删除它们。示例命令如下：

```
# mkdir -p /tmp/test/123
# rm -r /tmp/test/123
rm:是否删除目录 '/tmp/test/123'? y
```

和 `rmdir` 不同的是，在使用 `rm -r` 命令删除目录时，会询问是否删除，如果输入 y，则会删除，如果输入 n，则不删除。

- `-f`：表示强制删除。它不会询问是否删除，而是直接删除。即使后面跟一个不存在的文件或者目录，也不会报错。下面阿铭尝试删除一个不存在的目录，示例命令如下：

```
# rm /tmp/test/123/123
rm: 无法删除 '/tmp/test/123/123': 没有那个文件或目录
# rm -f /tmp/test/123/123
```

上例中，由于 /tmp/test/123/123 这个目录是不存在的，因此直接运行 rm 命令后会报错，加上 -f 选项后，就不会了。但如果要删除一个存在的目录，即使加上 -f 选项也会报错。所以，使用命令 rm 删除目录时，一定要加 -r 选项。请对比下面的示例命令和上面的示例命令，发现两者的区别：

```
# rm -f /tmp/test/123
rm: 无法删除 '/tmp/test/123': 是一个目录
# rm -rf /tmp/test/123
```

关于 rm 命令，阿铭使用最多的是 -rf 选项，这样删除文件或目录比较方便。但请大家千万要注意，rm -rf 命令后面不能加 /，因为它会把你的系统文件全部删除，这是非常危险的！

4.2 环境变量 PATH

在讲环境变量之前，阿铭先介绍一下命令 which，它用于查找某个命令的绝对路径。示例命令如下：

```
# which rmdir
/usr/bin/rmdir
# which rm
alias rm='rm -i'
        /usr/bin/rm
# which ls
alias ls='ls --color=auto'
        /usr/bin/ls
```

其中 rm 和 ls 是两个特殊的命令，因为使用 alias 命令做了别名，所以我们用的 rm 实际上是 rm -i，加上 -i 选项后，删除文件或者命令时都会询问是否确定要删除，这样做比较安全。命令 alias 可以设置命令或文件的别名，阿铭会在 10.1.3 节中详细介绍该命令。阿铭并不常使用命令 which，平时只用它来查询某个命令的绝对路径。

在上面的示例中，用 which 命令查到 rm 命令的绝对路径为 /usr/bin/rm。那么你是否会问："为什么我们使用命令时，只是直接打出了命令，而没有使用这些命令的绝对路径呢？" 这是环境变量 PATH 在起作用。请输入如下命令：

```
# echo $PATH
/usr/local/sbin:/usr/local/bin:/usr/sbin:/usr/bin:/root/bin
```

这里的 echo 命令用来打印$PATH 的值。PATH 前面的$是变量的前缀符号，这些知识点将会在第 10 章中详细介绍。

因为 /bin 目录存在于 PATH 的设定中，所以自然可以找到 ls。但值得注意的是，由于 PATH 里并没有 /root 目录，因此如果你将 ls 移到 /root 目录下，那么再执行 ls 命令时，系统自然就找不到可执行文件了，它会提示 command not found!。示例命令如下：

第 4 章　Linux 文件和目录管理

```
# mv /usr/bin/ls /root/
# ls
-bash: /usr/bin/ls: 没有那个文件或目录
```

命令 mv（move 的简写）用于移动目录或者文件，它还有重命名的作用（这个将在 4.2.2 节中介绍）。那么，该如何解决上面的这种问题呢？有两种方法，一种方法是直接将 /root 这个路径加入到 $PATH 当中，命令如下：

```
# PATH=$PATH:/root
# echo $PATH
/usr/local/sbin:/usr/local/bin:/usr/sbin:/usr/bin:/root/bin:/root
# ls
anaconda-ks.cfg    ls
```

另一种方法是使用绝对路径，命令如下：

```
# /root/ls
anaconda-ks.cfg    ls
```

为了不影响系统使用，建议将 ls 文件还原，命令如下：

```
# mv /root/ls    /usr/bin/
```

4.2.1　命令 cp

cp 是 copy（即复制）的简写，该命令的格式为：cp [选项] [来源文件] [目的文件]。例如，若想把 test1 文件复制成 test2 文件，则可以写为 cp test1 test2。下面介绍命令 cp 的几个常用选项。

- -r：如果要复制一个目录，必须加-r 选项，否则不能复制，这类似于 rm 命令。示例命令如下：

```
# mkdir 123
# cp 123 456
cp: 略过目录"123"
# cp -r 123 456
# ls -ld 123 456
drwxr-xr-x 2 root root 6 12月 30 07:35 123
drwxr-xr-x 2 root root 6 12月 30 07:36 456
```

- -i：这是安全选项，当遇到一个目的文件名已存在的文件时，会询问是否覆盖，这也与 rm 命令类似。在 Red Hat/CentOS 系统中，使用的 cp 命令其实是 cp -i，我们可以通过 which 命令查看，具体如下：

```
# which cp
alias cp='cp -i'
    /bin/cp
```

为了更形象地说明 -i 选项的作用，我们来做一个简单的小试验，命令如下：

```
# cd 123
# ls
# touch 111
```

```
# touch 222
# cp -i 111 222
cp: 是否覆盖 '222'？ n
# echo 'abc' > 111
# echo 'def' > 222
# cat 111 222
abc
def
# /bin/cp 111 222
# cat 111
abc
# cat 222
abc
```

上例中的 touch 可以解释为：如果有这个文件，则改变该文件的访问时间；如果没有这个文件，就创建这个文件。echo 命令用于打印，但这里打印的内容 abc 和 def 并没有显示在屏幕上，而是分别写入了文件 "111" 和 "222"。其中起写入作用的就是符号 ">"，这在 Linux 中叫作重定向，即把前面产生的输出写入到后面的文件中。cat 命令则用于读取一个文件，并把读出的内容打印到当前屏幕上。（重定向将在第 10 章中介绍，cat 命令将在 4.3.1 节中详细介绍，这里你只要明白它们的含义即可。）

4.2.2 命令 mv

mv 是 move（移动）的简写，该命令的格式为：mv [选项] [源文件或目录] [目标文件或目录]。该命令有如下几种情况。

- 目标文件是目录，但该目录不存在。
- 目标文件是目录，且该目录存在。
- 目标文件是文件，且该文件不存在。
- 目标文件是文件，但该文件存在。

当目标文件是目录时，在其存在与不存在的两种情况下，执行 mv 命令后的结果是不一样的。如果该目录存在，则会把源文件或目录移动到该目录中。如果该目录不存在，则会把源目录重命名为给定的目标文件名。

当目标文件是文件时，在其存在与不存在的两种情况下，执行 mv 命令后的结果也是不一样的。如果该文件存在，则会询问是否覆盖。如果该文件不存在，则会把源文件重命名为给定的目标文件名。

下面我们来做几个小试验，示例命令如下：

```
# mkdir /tmp/test_mv
# cd /tmp/test_mv
# mkdir dira dirb
# ls
dira  dirb
# mv dira dirc
# ls
dirb  dirc
```

上例中，阿铭首先创建了一个实验用的目录/tmp/test_mv，然后进入到该目录下进行实验，这样做的目的是保持目录和文件的简洁，后面的实验以此类推。在这里，`mv` 命令的目标文件是目录 dirc，并且该目录不存在，因此就把目录 dira 重命名为 dirc。

下例中，目标文件是目录 dirb，且 dirb 存在，因此会把目录 dirc 移动到目录 dirb 里：

```
# mv dirc dirb
# ls
dirb
# ls dirb
dirc
```

下例中，`mv` 命令的目标文件是文件 filee 且这个文件不存在，因此把文件 filed 重命名为 filee。`mv filee dirb` 命令则将更名后的文件 filee 移动到目录 dirb 里：

```
# touch filed
# ls
dirb  filed
# mv filed filee
# ls
dirb  filee
# mv filee dirb
# ls
dirb
# ls dirb
dirc  filee
```

4.3 几个与文档相关的命令

上面介绍的几个命令几乎都是与目录相关的，下面阿铭继续介绍几个与文档相关的命令。

4.3.1 命令 cat

命令 cat（这并不是某个单词的简写，大家可以通过 `man cat` 命令查看它的解释）是比较常用的一个命令，用于查看一个文件的内容并将其显示在屏幕上。cat 后面可以不加任何选项，直接跟文件名。下面阿铭将介绍它的两个常用选项。

- -n：查看文件时，把行号也显示到屏幕上。示例命令如下（当前目录依然在 /tmp/test_mv）：

```
# echo '111111111' > dirb/filee
# echo '222222222' >> dirb/filee
# cat dirb/filee
111111111
222222222
# cat -n dirb/filee
     1  111111111
     2  222222222
```

上例中出现了符号 >>，它跟前面介绍的符号 > 类似，作用也是重定向，即把前面的内容输入到后面的文件中，但符号 >> 是"追加"的意思。当使用符号 > 时，如果文件中有内容，则会删除文件中原有的内容，而使用符号 >> 则不会。

- -A：显示所有的内容，包括特殊字符。示例命令如下：

```
# cat -A dirb/filee
111111111$
222222222$
```

上例中，若不加 -A 选项，那么每行后面的$符号是看不到的。

4.3.2 命令 tac

和命令 cat 一样，命令 tac（正好是命令 cat 的反序写法）也是把文件的内容显示在屏幕上，只不过是先显示最后一行，然后显示倒数第二行，最后才显示第一行。我们使用命令 tac 来查看刚才创建的文件 dirb/filee，显示的结果和执行命令 cat 后的结果正好是反序，如下所示：

```
# tac dirb/filee
222222222
111111111
```

4.3.3 命令 more

命令 more 也用于查看一个文件的内容，后面直接跟文件名。当文件内容太多，一屏不能全部显示时，用命令 cat 肯定是看不了前面的文件内容，这时可以使用命令 more。当看完一屏后，按空格键可以继续看下一屏，看完所有内容后就会退出，可以按 Ctrl+B 向上翻屏，按 Ctrl+F 向下翻屏（同空格）。如果想提前退出，按 Q 键即可。

4.3.4 命令 less

命令 less 的作用和命令 more 一样，后面直接跟文件名，但命令 less 比 more 要多一些功能。按空格键可以翻页，按 J 键可以向下移动（按一下就向下移动一行），按 K 键可以向上移动。在使用 more 和 less 命令查看某个文件时，你可以按一下 / 键，并输入一个字符串（如 root），然后回车，这样就可以查找这个字符串了。如果想查找多个该字符串，可以按 N 键以显示下一个。另外，也可以用 ? 键替代/键来搜索字符串，唯一不同的是，/ 键是从当前行向下搜索，而 ? 键是从当前行向上搜索。

4.3.5 命令 head

命令 head 用于显示文件的前 10 行内容，后面直接跟文件名。如果加 -n 选项，则代表显示文件的前几行，示例命令如下：

```
# head /etc/passwd
root:x:0:0:root:/root:/bin/bash
bin:x:1:1:bin:/bin:/sbin/nologin
daemon:x:2:2:daemon:/sbin:/sbin/nologin
adm:x:3:4:adm:/var/adm:/sbin/nologin
```

```
lp:x:4:7:lp:/var/spool/lpd:/sbin/nologin
sync:x:5:0:sync:/sbin:/bin/sync
shutdown:x:6:0:shutdown:/sbin:/sbin/shutdown
halt:x:7:0:halt:/sbin:/sbin/halt
mail:x:8:12:mail:/var/spool/mail:/sbin/nologin
operator:x:11:0:operator:/root:/sbin/nologin
# head -n 1 /etc/passwd
root:x:0:0:root:/root:/bin/bash
# head -n2 /etc/passwd
root:x:0:0:root:/root:/bin/bash
bin:x:1:1:bin:/bin:/sbin/nologin
```

大家请注意，选项 -n 后有无空格均可。另外，也可以省略 n，- 后面直接跟数字，示例命令如下：

```
# head -2 /etc/passwd
root:x:0:0:root:/root:/bin/bash
bin:x:1:1:bin:/bin:/sbin/nologin
```

4.3.6　命令 tail

和命令 head 类似，命令 tail 用于显示文件的最后 10 行内容，后面直接跟文件名。如果加 -n 选项，则代表显示文件的最后几行，示例命令如下：

```
# tail /etc/passwd
nobody:x:65534:65534:Kernel Overflow User:/:/sbin/nologin
dbus:x:81:81:System message bus:/:/sbin/nologin
systemd-coredump:x:999:997:systemd Core Dumper:/:/sbin/nologin
systemd-resolve:x:193:193:systemd Resolver:/:/sbin/nologin
tss:x:59:59:Account used by the trousers package to sandbox the tcsd daemon:/dev/null:/sbin/nologin
polkitd:x:998:996:User for polkitd:/:/sbin/nologin
unbound:x:997:995:Unbound DNS resolver:/etc/unbound:/sbin/nologin
sssd:x:996:993:User for sssd:/:/sbin/nologin
sshd:x:74:74:Privilege-separated SSH:/var/empty/sshd:/sbin/nologin
chrony:x:995:992:::/var/lib/chrony:/sbin/nologin
# tail -n2 /etc/passwd
sshd:x:74:74:Privilege-separated SSH:/var/empty/sshd:/sbin/nologin
chrony:x:995:992:::/var/lib/chrony:/sbin/nologin
# tail -2 /etc/passwd
sshd:x:74:74:Privilege-separated SSH:/var/empty/sshd:/sbin/nologin
chrony:x:995:992:::/var/lib/chrony:/sbin/nologin
```

同样，-n 后面有无空格均可，且 n 也可以省略。

另外，命令 tail 的-f 选项也常用，它可以动态显示文件的最后 10 行。如果文件内容在不断增加，使用-f 选项将非常方便和直观。比如 tail -f /var/log/messages 可以动态、实时地查看文件 /var/log/messages 中的内容。

4.4　文件的所有者和所属组

每一个 Linux 目录或者文件，都会有一个所有者（owner）和所属组（group）。所有者是指文件的拥有者，所属组是指这个文件属于哪一个用户组（关于用户、用户组的概念，会在第 5 章中详细介绍，这里你要明白一个用户组下面会有若干个用户）。Linux 这样设置文件属性是为文件的安全着想。

例如，test 文件的所有者是 owner0，而 test1 文件的所有者是 owner1，那么 owner1 很有可能是不可以查看 test 文件的，相应地，owner0 也很有可能不可以查看 test1 文件（之所以说可能，是因为 owner0 和 owner1 有可能属于同一个用户组，而恰好这个用户组对这两个文件都有查看权限）。

有时我们也会有这样的需求：使一个文件能同时被 owner0 和 owner1 查看，这怎么实现呢？这时"所属组"就派上用场了。先创建一个组 owners，让 owner0 和 owner1 同属于这个组，然后建立一个文件 test2，且其所属组为 owners，这样 owner0 和 owner1 就都可以访问 test2 文件。Linux 文件属性不仅规定了所有者和所属组，还规定了所有者、所属组以及其他用户（others）对该文件的权限。我们可以通过 ls -l 命令来查看这些属性，代码如下：

```
# ls -l /etc/passwd
-rw-r--r--. 1 root root 1080 12 月 26 08:08 /etc/passwd
```

其中，第 3 列（用空格划分列）和第 4 列的 root 就是所有者和所属组。

4.5 Linux 文件属性

在上例中，用 ls -l 命令查看当前目录下的文件时，共显示了 9 列内容（用空格划分列），它们都代表什么含义呢？

- **第 1 列**：包含所查看文件的类型、所有者、所属组以及其他用户对该文件的权限。第 1 列共 11 位，其中第 1 位用来描述该文件的类型。上例中我们看到的文件类型是 -，其实除了这个，还有 d、l、b、c、s 等，具体描述如下所示。
  - `-` 表示该文件为普通文件。
  - d 表示该文件为目录。
  - l 表示该文件为链接文件（link file），在 4.9.3 节中即将提到的软链接即为该类型，示例命令如下：

    ```
    # ls -l /etc/rc.local
    lrwxrwxrwx. 1 root root 13 7 月  1 11:29 /etc/rc.local -> rc.d/rc.local
    ```

    上例中，第 1 列 lrwxrwxrwx. 的第 1 位是 l，表示该文件为链接文件，后面阿铭还会介绍它。
  - b 表示该文件为块设备，比如/dev/sda 就是这样的文件，磁盘分区文件就是这种类型。
  - c 表示该文件为串行端口设备文件（又称字符设备文件），比如键盘、鼠标、打印机、tty 终端等都是这样的文件。
  - s 表示该文件为套接字文件（socket），应用于进程之间的通信，后面讲到 MySQL 时会用到该类型的文件。
  - 在文件类型后面紧接着的 9 位，每 3 位为一组，上例中（lrwxrwxrwx.）的这 9 位均为 rwx 这 3 个参数的组合。其中，r 代表可读，w 代表可写，x 代表可执行。前 3 位为所有者的权限，中间 3 位为所属组的权限，最后 3 位为其他非本用户组的用户的权限。下面阿铭举例来说明一下。

假设一个文件的属性为-rwxr-xr--.，它代表的意思是，该文件为普通文件，文件所有者对其可读、可写且可执行，文件所属组对其可读、不可写但可执行，其他用户对其只可读。对于一个目录来讲，打开这个目录即为执行这个目录，所以任何一个用户必须要有 x 权限才能打开并查看该目录下的内容。例如，一个目录的属性为 drwxr--r--.，其所有者为 root，只有 root 有 x 权限，那么除 root 之外的所有用户都不能打开这个目录。

关于前面提到的第 1 列最后 1 位的 "."，阿铭要特别说明一下。老版本 CentOS 5 是没有这个点的，这主要是因为新版本的 ls 命令添加了 SELinux 或者 acl 的属性。如果文件或者目录使用了 SELinux context 的属性，这里会是一个点 "."；如果使用了 acl 的属性，这里会是一个加号 "+"。关于 SELinux 和 acl，阿铭不在此详细介绍，你只要了解是怎么回事即可。

- 第 2 列：表示该文件占用的节点（inode），如果是目录，那么这个数值与该目录下的子目录数量有关。
- 第 3 列：表示该文件的所有者。
- 第 4 列：表示该文件的所属组。
- 第 5 列：表示该文件的大小。
- 第 6 列、第 7 列和第 8 列：表示该文件最后一次被修改的时间（mtime），依次为月、日以及具体时间。
- 第 9 列：表示文件名。

4.6 更改文件的权限

4.5 节讲了那么多的文件属性，你虽然不能一下子明白每列信息所表示的具体含义，但随着后续章节的逐步深入，阿铭相信你一定能理解和掌握它们。

4.6.1 命令 chgrp

chgrp（change group 的简写）命令可以更改文件的所属组，其格式为 chgrp [组名] [文件名]，示例命令如下：

```
# groupadd testgroup
# mkdir /tmp/4_6    // 创建实验用的目录
# cd /tmp/4_6
# touch test1
# ls -l test1
-rw-r--r-- 1 root root 0 12 月 30 07:43 test1
# chgrp testgroup test1
# ls -l test1
-rw-r--r-- 1 root testgroup 0 12 月 30 07:43 test1
```

上例中用到了 groupadd 命令，其含义为增加一个用户组。

chgrp 命令还可以更改目录的所属组，示例命令如下：

```
# mkdir dir2
# touch dir2/test2
# ls -ld dir2
drwxr-xr-x 2 root root 19 12月 30 07:44 dir2
# chgrp testgroup dir2
# ls -ld dir2
drwxr-xr-x 2 root testgroup 19 12月 30 07:44 dir2
# ls -l dir2
总用量 0
-rw-r--r-- 1 root root 0 12月 30 07:44 test2
```

上例中，chgrp 命令只更改了目录本身，而目录下的文件并没有更改。如果要想级联更改子目录以及子文件，加-R 选项可以实现，示例命令如下：

```
# chgrp -R testgroup dir2
# ls -l dir2
总用量 0
-rw-r--r-- 1 root testgroup 0 12月 30 07:44 test2
```

阿铭不常用 chgrp 命令，因为还有一个命令可以替代它，那就是 chown。

4.6.2 命令 chown

chown（change owner 的简写）命令可以更改文件的所有者，其格式为：chown [-R] 账户名 文件名或者 chown [-R] 账户名:组名 文件名。这里的-R 选项只适用于目录，作用是级联更改，即不仅可以更改当前目录，连其中的子目录或者子文件也可以全部更改。示例命令如下：

```
# mkdir dir3
# useradd user1        // 创建用户 user1，useradd 命令会在 5.2.3 节中介绍
# touch dir3/test3     // 在 dir3 目录下创建 test3 文件
# chown user1 dir3
# ls -ld dir3          // dir3 目录的所有者已经由 root 改为 user1
drwxr-xr-x 2 user1 root 19 12月 30 07:46 dir3
# ls -l dir3           // 但是 dir3 目录下的 test3 文件的所有者依旧是 root
总用量 0
-rw-r--r-- 1 root root 0 12月 30 07:46 test3
# chown -R user1:testgroup dir3
# ls -l dir3
总用量 0
-rw-r--r-- 1 user1 testgroup 0 12月 30 07:46 test3
```

上例中，chown -R user1:testgroup 会把 test 目录以及该目录下的文件的所有者都修改成 user1，所属组都修改成 testgroup。

4.6.3 命令 chmod

为了方便更改文件的权限，Linux 使用数字代替 rwx，具体规则为：用 4 表示 r，用 2 表示 w，用 1 表示 x，用 0 表示 -。例如，rwxrwx--- 用数字表示就是 770，其具体算法为：rwx=4+2+1=7，rwx=4+2+1=7，---=0+0+0=0。

命令 chmod（change mode 的简写）用于改变用户对文件/目录的读、写和执行权限，其格式为：chmod [-R] xyz 文件名（这里的 xyz 表示数字）。其中，-R 选项的作用等同于 chown 命令的-R 选项，也表示级联更改。值得注意的是，在 Linux 系统中，一个目录的默认权限为 755，而一个文件的默认权限为 644。下面我们举例说明一下：

```
# ls -ld dir3
drwxr-xr-x 2 user1 testgroup 19 12 月 30 07:46 dir3
# ls -l dir3
总用量 0
-rw-r--r-- 1 user1 testgroup 0 12 月 30 07:46 test3
# chmod 750 dir3
# ls -ld dir3
drwxr-x--- 2 user1 testgroup 19 12 月 30 07:46 dir3
# ls -l dir3/test3
-rw-r--r-- 1 user1 testgroup 0 12 月 30 07:46 dir3/test3
# chmod 700 dir3/test3
# ls -l dir3/test3
-rwx------ 1 user1 testgroup 0 12 月 30 07:46 dir3/test3
# chmod -R 700 dir3
# ls -ld dir3
drwx------ 2 user1 testgroup 19 12 月 30 07:46 dir3
# ls -l dir3
总用量 0
-rwx------ 1 user1 testgroup 0 12 月 30 07:46 test3
```

如果你创建了一个目录，但又不想让其他人看到该目录的内容，则只需将其权限设置成 rwxr-----（即 740）即可。

chmod 命令还支持使用 rwx 的方式来设置权限。从之前的介绍中可以发现，基本上就 9 个属性。我们可以使用 u、g 和 o 来分别表示所有者、所属组和其他用户的属性，用 a 代表 all（即全部）。下面阿铭举例介绍它们的用法，示例命令如下：

```
# chmod u=rwx,og=rx dir3/test3
# ls -l dir3/test3
-rwxr-xr-x 1 user1 testgroup 0 12 月 30 07:46 dir3/test3
```

这样可以把 dir3/test3 的文件权限修改为 rwxr-xr-x。此外，我们还可以针对 u、g、o 和 a，增加或者减少它们的某个权限（读、写或执行），示例命令如下：

```
# chmod u-x dir3/test3
# ls -l dir3
总用量 0
-rw-r-xr-x 1 user1 testgroup 0 12 月 30 07:46 test3
# chmod a-x dir3/test3
# ls -l dir3/test3
-rw-r--r-- 1 user1 testgroup 0 12 月 30 07:46 dir3/test3
# chmod u+x dir3/test3
# ls -l dir3/test3
-rwxr--r-- 1 user1 testgroup 0 12 月 30 07:46 dir3/test3
```

4.6.4 命令 umask

默认情况下，目录的权限值为 755，普通文件的权限值为 644，那么这两个权限值是由谁规定的呢？究其原因，便涉及 umask。

命令 umask 用于改变文件的默认权限，其格式为：umask xxx（这里的 xxx 代表 3 个数字）。如果要查看 umask 的值，只要在命令行输入 umask，然后按回车即可，如下所示：

```
# umask
0022
```

这里 umask 的预设值是 0022，这表示什么含义呢？咱们先来看以下两条规则。

- 若用户建立普通文件，则预设没有可执行权限，只有 r、w 两个权限，最大值为 666（-rw-rw-rw-）。
- 若用户建立目录，则预设所有权限均开放，即 777（drwxrwxrwx）。

umask 数值代表的含义为以上两条规则中的默认值（文件为 666，目录为 777）需要减掉的权限，所以：

```
目录的权限为 rwxrwxrwx - ----w--w- = rwxr-xr-x
普通文件的权限为 rw-rw-rw- - ----w--w- = rw-r--r--
```

umask 的值是可以自定义的，比如设置 umask 为 002，之后当你再次创建目录或者文件时，默认权限分别为：

```
rwxrwxrwx - -------w- = rwxrwxr-x（目录的权限）
rw-rw-rw- - -------w- = rw-rw-r--（文件的权限）
```

示例命令如下：

```
# umask 002
# mkdir dir4
# ls -ld dir4
drwxrwxr-x 2 root root 6 12月 30 07:53 dir4
# touch test4
# ls -l test4
-rw-rw-r-- 1 root root 0 12月 30 07:54 test4
```

这里我们可以看到创建的目录的默认权限变为 775，而文件的默认权限变为 664。如果要把 umask 改回来，具体操作方法如下：

```
# umask 022
# touch test5
# ls -l test5
-rw-r--r-- 1 root root 0 12月 30 07:54 test5
```

关于 umask 的计算方法，有的朋友喜欢换算成数字去做减法，比如 rwxrwxrwx-----w--w-=777 – 022 =755。乍一看这好像没有任何问题，但有时会出错，比如当 umask 值为 033 时，如果使用单纯的数字减法，则文件的默认权限为 666 – 033=633，但实际权限应该为 rw-rw-rw- - ----wx-wx = rw-r--r-- = 644。

可以在 /etc/bashrc 里面更改 umask 的值，默认情况下，root 的 umask 为 022，而一般使用者的则为 002。由于可写的权限非常重要，因此预设会去掉写权限。可能大家一直有一个疑问，阿铭介绍的 umask 值一直都是 3 位数，但为什么系统里面是 4 位呢？为什么最前面还有一个 0 呢？其实这个 0 加与不加没有影响，它表示 umask 数值是八进制的。

4.6.5 修改文件的特殊属性

1. 命令 chattr

命令 chattr（change attribute）的格式为：chattr [+-=][Asaci] [文件或者目录名]，其中，+、- 和 = 分别表示增加、减少和设定。各个权限选项的含义如下。

- **A**：增加该权限后，表示文件或目录的 atime 将不可修改。
- **s**：增加该权限后，会将数据同步写入磁盘中。
- **a**：增加该权限后，表示只能追加不能删除，非 root 用户不能设定该属性。
- **c**：增加该权限后，表示自动压缩该文件，读取时会自动解压。
- **i**：增加该权限后，表示文件不能删除、重命名、设定链接、写入以及新增数据。

以上选项中，常用的为 a 和 i 这两个选项。下面阿铭举例说明其用法，示例命令如下：

```
# chattr +i dir2
# touch dir2/test5
touch: 无法创建"dir2/test5": 权限不够
# chattr -i dir2
# touch dir2/test5
# chattr +i dir2
# rm -f dir2/test5
rm: 无法删除"dir2/test5": 权限不够
```

上例中，给 dir2 目录增加 i 权限后，即使是 root 账户，也不能在 dir2 目录中创建或删除 test5 文件。

下面再来看看 a 权限的作用，示例命令如下：

```
# chattr -i dir2
# touch dir2/test6
# ls dir2
test2  test5  test6
# chattr +a dir2
# rm -f dir2/test6
rm: 无法删除"dir2/test6": 不允许的操作
# touch dir2/test7
# ls dir2
test2  test5  test6  test7
```

上例中，dir2 目录增加 a 权限后，只可以在里面创建文件，而不能删除文件。

文件同样适用以上权限，示例命令如下：

```
# chattr +a dir2/test7
# echo '11111' > dir2/test7
-bash: dir2/test7: 不允许的操作
# echo '11111' >> dir2/test7
# cat dir2/test7
11111
# chattr +i dir2/test6
# echo '11111' >> dir2/test6
-bash: test2/test3: 权限不够
# echo '11111' > dir2/test6
-bash: dir2/test6: 权限不够
# rm -f dir2/test6
rm: 无法删除"dir2/test6": 权限不够
```

2. 命令 lsattr

lsattr（list attribute）命令用于读取文件或者目录的特殊权限，其格式为：lsattr [-aR] [文件/目录名]。下面先来看看-a 和-R 这两个选项的含义。

- **-a**：类似于 ls 命令的-a 选项，即连同隐藏文件一同列出。
- **-R**：连同子目录的数据一同列出。

这个命令的用法和 ls 类似，示例命令如下：

```
# lsattr dir2
---------------- dir2/test2
---------------- dir2/test5
----i----------- dir2/test6
-----a---------- dir2/test7
# lsattr -aR dir2
-----a---------- dir2/.
---------------- dir2/..
---------------- dir2/test2
---------------- dir2/test5
----i----------- dir2/test6
-----a---------- dir2/test7
```

3. set uid、set gid 和 sticky bit

前面介绍权限的时候，我们一直都是用 3 位数，其实最前面还有一位，那就是下面要讲的 set uid、set gid 和 sticky bit。

- **set uid**：该权限针对二进制可执行文件，使文件在执行阶段具有文件所有者的权限。比如，passwd 这个命令就具有该权限。当普通用户执行 passwd 命令时，可以临时获得 root 权限，从而可以更改密码。
- **set gid**：该权限既可以作用在文件上（二进制可执行文件），也可以作用在目录上。当作用在文件上时，其功能和 set uid 一样，会使文件在执行阶段具有文件所属组的权限。给目录设置这个权限后，任何用户在此目录下创建的文件都具有和该目录的所属组相同的组。
- **sticky bit**：可以理解为防删除位。文件是否可以被某用户删除，主要取决于该文件所在的目录是否对该用户具有写权限。如果没有写权限，则这个目录下的所有文件都不能删除，同时也不能添加新的文件。如果希望用户能够添加文件但不能删除该目录下其他用户的文件，则可以对父目录增加该权限。设置该权限后，就算用户对目录具有写权限，也不能删除其他用户的文件。

例如，passwd 命令设置了 set uid 权限，而 /tmp/ 目录则设置了 sticky bit 权限。下面我们来看看它们的权限，示例命令如下：

```
# ls -l /usr/bin/passwd
-rwsr-xr-x. 1 root root 27832 5月  11 2019 /usr/bin/passwd
# ls -ld /tmp/
drwxrwxrwt. 21 root root 4096 12月 30 07:43 /tmp/
```

可以发现，passwd 显示的是 rws 而非传统的 rwx，用数字表示为 4755。/tmp/ 显示的是 rwt 而非 rwx，用数字表示为 1777。那么，这个 4 和 1 是如何计算出来的呢？当有特殊权限时，第一位数字可以是 0、1（--t）、2（-s-）、3（-st）、4（s--）、5（s-t）、6（ss-）或 7（sst）。再回过头来看 passwd，它是 s--，所以是 4；而 /tmp/ 是 --t，所以是 1。

配置这些特殊权限的方法和之前一样。比如，我想给一个文件增加 set uid 权限，那么命令为 chmod u+s filename，而去掉这个权限的命令则为 chmod u-s filename。同理，设置 set gid 权限的命令为 chmod g+s dirname，设置 sticky bit 权限的命令为 chmod o+t dirname。

有时候，你可能会发现 set_uid 上的权限为大写的 S，而不是小写的 s，比如 rwS，这是因为该文件没有 x 权限，不管是大写的 S 还是小写的 s，都表示它存在 set_uid 或者 set_gid 权限，同理 sticky bit 也一样。

4.7　在 Linux 下搜索文件

在 Windows 下有一个搜索工具，可以让我们快速找到文件，这很有用。然而在 Linux 下，搜索功能更加强大。

4.7.1　用 which 命令查找可执行文件的绝对路径

前面已经用过 which 命令，但需要注意的是，which 只能用来查找在 PATH 环境变量中出现的路径下的可执行文件。这个命令比较常用，有时我们不知道某个命令的绝对路径，用 which 查找就很容易知道了。例如，查找 vi 和 cat 的绝对路径，命令如下：

```
# which vi
/usr/bin/vi
# which cat
/usr/bin/cat
```

4.7.2　用 whereis 命令查找文件

whereis 命令通过预先生成的一个文件列表库查找与给出的文件名相关的文件，其格式为 whereis [-bms]［文件名称］，其中各选项的含义如下所示。

- **-b**：只查找二进制文件。
- **-m**：只查找帮助文件（在 man 目录下的文件）。
- **-s**：只查找源代码文件。

例如，用 whereis 查看 ls 的示例命令如下：

```
# whereis ls
ls: /usr/bin/ls /usr/share/man/man1/ls.1.gz
```

可以看到，共找到了两个文件。这个命令类似于模糊查找，只要文件名包含 ls 字符，就会将此文件列出来。此外，阿铭很少用到 whereis 命令。

4.7.3 用 locate 命令查找文件

locate 命令类似于 whereis，也是通过查找预先生成的文件列表库来告诉用户要查找的文件在哪里，后面直接跟文件名。如果你的 Linux 没有这个命令，请安装 mlocate 软件包，安装命令如下：

```
# yum install -y  mlocate
# locate passwd
locate: 无法执行 stat () `/var/lib/mlocate/mlocate.db': 没有那个文件或目录
```

安装好 mlocate 软件包后，初次运行 locate 命令会报错，这是因为系统还没有生成那个查找所需的文件列表库。可以使用 updatedb 命令立即生成（或更新）这个库。如果你的服务器上正执行重要的业务，那么最好不要运行这个命令，因为一旦运行，服务器的压力就会增大。默认情况下，这个数据库每周更新一次。如果使用 locate 命令搜索一个文件，而该文件正好是在两次更新时间段内创建的，那么肯定得不到结果。我们可以到文件 /etc/updatedb.conf 中配置生成（或更新）这个数据库的规则。

locate 命令搜索到的文件列表，不管是目录名还是文件名，只要包含我们要搜索的关键词，就会列出来，所以 locate 不适合精准搜索。这个命令阿铭也不常用。

4.7.4 使用 find 搜索文件

find 这个搜索工具是阿铭使用最多的一个，请务必熟记，其格式为：find [路径] [参数]。下面介绍阿铭常用的几个参数。

- **-atime +n/-n**：表示访问或执行时间大于/小于 n 天的文件。
- **-ctime +n/-n**：表示写入、更改 inode 属性（如更改所有者、权限或者链接）的时间大于/小于 n 天的文件。
- **-mtime +n/-n**：表示写入时间大于/小于 n 天的文件，该参数用得最多。

下面我们先来做个简单的试验，示例命令如下：

```
#  find /tmp/4_6/ -mtime -1
/tmp/4_6/
/tmp/4_6/test1
/tmp/4_6/dir2
/tmp/4_6/dir2/test2
/tmp/4_6/dir2/test5
```

```
/tmp/4_6/dir2/test6
/tmp/4_6/dir2/test7
/tmp/4_6/dir3
/tmp/4_6/dir3/test3
/tmp/4_6/dir4
/tmp/4_6/test4
/tmp/4_6/test5
```

上例中，-mtime -1 表示 mtime 在 1 天之内的文件，单位是天。而-mtime +10 表示 mtime 在 10 天以上的文件。还有一种用法-mmin -10 表示 mtime 在 10 分钟内的文件。有时候，也可以不加 + 或者 -，比如-mtime 10，这表示正好为 10 天，这种用法相对较少。

看到这里，你可能不太理解这三个 time 属性，那么阿铭就先介绍一下它们。文件的 access time（即 atime）是在读取或者执行文件时更改的。文件的 modified time（即 mtime）是在写入文件时随文件内容的更改而更改的。文件的 change time（即 ctime）是在写入文件、更改所有者、权限或链接设置时随 inode 内容的更改而更改的。

其中，inode（索引节点）用来存放档案以及目录的基本信息，包含时间信息、文档名、所有者以及所属组等。inode 是 Unix 操作系统中的一种数据结构，其本质是结构体，在文件系统创建时生成，且个数有限。在 Linux 下，可以通过命令 df -i 来查看各个分区的 inode 总数以及使用情况。

因此，更改文件的内容便会更改 mtime 和 ctime，但是文件的 ctime 可能会在 mtime 未发生任何变化时更改。例如，更改了文件的权限，但是文件内容没有变化。那么如何获得一个文件的 atime、mtime 以及 ctime 呢？stat 命令可用来列出文件的 atime、ctime 和 mtime，示例命令如下：

```
# stat dir2/test2
  文件："dir2/test2"
  大小：0         块：0          IO 块：4096   普通空文件
设备：803h/2051d  Inode：25689396   硬链接：1
权限：(0644/-rw-r--r--)  Uid:(    0/    root)  Gid:( 1000/testgroup)
最近访问：2019-12-30 07:44:10.706789647 -0500
最近更改：2019-12-30 07:44:10.706789647 -0500
最近改动：2019-12-30 07:45:37.978885268 -0500
创建时间：-
```

atime 不一定在访问文件之后被修改，因为在使用 ext3 文件系统时，如果 mount 使用了 noatime 参数，那么就不会更新 atime 的信息。总之，这三个 time 属性值都放在 inode 中。若 mtime、atime 被修改，那么 inode 就一定会改，当然 ctime 也跟着要改了。

下面阿铭继续介绍 find 的常用选项。

❑ **-name filename**：表示直接查找指定文件名的文件，这个选项比较常用，示例命令如下：

```
# find . -name test2   // .表示当前目录，当前目录在 /tmp/4_6 下面
./dir2/test2
# find . -name "test*"  // 支持用 * 通配
./test1
./dir2/test2
./dir2/test5
./dir2/test6
```

```
./dir2/test7
./dir3/test3
./test4
./test5
```

- **-type filetype**：表示通过文件类型查找文件。文件类型在前面已经简单介绍过，相信你已经基本了解了。filetype 包含 f、b、c、d、l、s 等类型，示例命令如下：

```
# find . -type d
.
./dir2
./dir3
./dir4
```

4.8　Linux 文件系统简介

Windows 系统格式化硬盘时，会指定格式 FAT 或者 NTFS，而 Linux 的文件系统格式为 ext3、ext4 或者 xfs。早期的 Linux 使用 ext2 格式，CentOS 5 默认使用 ext3 格式，CentOS 6 默认使用 ext4 格式，而 CentOS 7 和 CentOS 8 默认使用 xfs 格式。ext2 文件系统虽然高效、稳定，但随着 Linux 系统在关键业务中的应用，Linux 文件系统的弱点也逐渐显露出来。ext2 文件系统不是日志文件系统，这在关键行业是一个致命的弱点。

ext3 文件系统是直接从 ext2 文件系统发展而来的，它带有日志功能，可以跟踪记录文件系统的变化，并将变化内容写入日志。写操作首先是对日志记录文件进行操作，若整个写操作由于某种原因（如系统掉电）而中断，则当系统重启时，会根据日志记录来恢复中断前的写操作，而且这个过程费时极短。目前，ext3 文件系统已经非常稳定、可靠，它完全兼容 ext2 文件系统，因此用户可以平滑地过渡到一个日志功能健全的文件系统，这实际上也是 ext3 日志文件系统设计的初衷。

而 ext4 文件系统较 ext3 文件系统又有很多好的特性，其中最明显的是 ext4 支持的最大文件系统容量和单个最大文件大小比 ext3 大许多，二者之间的详细区别阿铭不再介绍。虽然 ext4 支持的单个文件大小已经达到了 16TB，最大文件支持到 40 多亿，但依然还是有瓶颈的，xfs 支持的量级要比 ext4 大得多，所以 CentOS 7 默认采用 xfs 也是必然的，还有一个原因，xfs 的开发者目前受雇于 Red Hat 公司，ext4 的开发者受雇于 Google 公司。

在 Windows 中是不能识别 Linux 文件系统的，但在 Linux 系统中可以挂载 Windows 文件系统。Linux 目前支持 MS-DOS、VFAT、FAT、BSD 等格式，如果你使用的是 Red Hat 或者 CentOS，那么请不要妄图挂载 NTFS 格式的分区到 Linux 下，因为它不支持 NTFS。当有这方面的需求时，我们可以通过安装 ntfs-3g 软件包来解决。

除了 ext3/ext4 文件系统外，有些 Linux 发行版（如 SUSE）默认的文件系统为 ReiserFS，它在处理小于 1KB 的文件时的速度是 ext 文件系统的 10 倍。另外，ReiserFS 空间浪费较少，它不会为一些小文件分配 inode，而是打包存放在同一个磁盘块中。而 ext 是把这些小文件单独存放在不同的块上。例如，块大小为 4KB，那么两个 100 字节的文件会占用两个块，ReiserFS 则只占用一个块。当然，ReiserFS 也有缺点，就是每升级一个版本，都要将磁盘重新格式化一次。

4.9 Linux 文件类型

前面我们简单介绍了普通文件-、目录 d 等文件类型，为了加深理解，阿铭将详细介绍 Linux 的文件类型。

4.9.1 常见文件类型

在 Linux 文件系统中，主要有以下几种类型的文件。

- 普通文件（regular file）：即一般类型的文件，当用命令 ls -l 查看某个目录时，第一个属性为"-"的文件就是普通文件。它又可分成纯文本文件（ASCII）和二进制文件（binary）。纯文本文件的内容可以通过 cat、more、less 等工具直接查看，而二进制文件则不能。例如，我们用的命令 /usr/bin/ls 就是一个二进制文件。
- 目录（directory）：它与 Windows 下的文件夹类似，只不过在 Linux 中我们不将其称为"文件夹"，而称为"目录"。用命令 ls -l 查看的第一个属性值为 d 的文件就是目录。
- 链接文件（link file）：用命令 ls -l 查看的第一个属性为 l 的文件就是链接文件，它类似于 Windows 下的快捷方式。这种文件在 Linux 中很常见，阿铭在日常系统运维工作中也经常用到，所以你要特别留意一下这类文件。
- 设备（device）：与系统周边相关的一些文件，通常都集中在/dev 目录下。这种文件一般分为两种，一种是块（block）设备，就是一些存储数据以提供系统存取的接口设备，简称硬盘。例如，第一块硬盘是/dev/sda1，用命令 ls-l 查看的第一个属性值为 b 的文件就是块设备。另一种是字符（character）设备，是一些串行端口的接口设备，例如键盘、鼠标等，用命令 ls-l 查看的第一个属性为 c 的文件就是字符设备。

4.9.2 Linux 文件后缀名

对于"后缀名"这个概念，相信你并不陌生。在 Linux 系统中，文件的后缀名没有具体意义，加或者不加都无所谓。但是为了便于区分，我们习惯在定义文件名时加一个后缀名。这样当用户看到某个文件名时，就会很快知道它到底是一个什么文件，例如 1.sh、2.tar.gz、my.cnf、test.zip 等。

如果你是首次接触这些文件，也许会很疑惑，但没关系，等深入学习之后，你就会逐渐了解这些文件。在阿铭所列举的几个文件名中，1.sh 代表它是一个 shell 脚本，2.tar.gz 代表它是一个压缩包，my.cnf 代表它是一个配置文件，test.zip 代表它是一个压缩文件。

另外需要知道，早期的 UNIX 系统文件名最多允许 14 个字符，而在新的 UNIX 或者 Linux 系统中，文件名最长可达 255 个字符。

4.9.3 Linux 的链接文件

前面阿铭多次提到了"链接文件"这个概念，它分为硬链接（hard link）和软链接（symbolic link）两种。两种链接的本质区别在于 inode。下面阿铭就来介绍一下这两种链接文件。

- **硬链接**：当系统要读取一个文件时，会先读 inode 信息，然后再根据 inode 中的信息到块区域将数据取出来。硬链接是直接再建立一个 inode 链接到文件放置的块区域，即进行硬链接时该文件内容没有任何变化，只是增加了一个指向该文件的 inode，并不会占用额外的磁盘空间。硬链接有两个限制：(1)不能跨文件系统，因为不同的文件系统有不同的 inode table；(2)不能链接目录。
- **软链接**：与硬链接不同，软链接是建立一个独立的文件，当读取这个链接文件时，它会把读取的行为转发到该文件所链接的文件上。例如，现在有一个文件 a，我们做了一个软链接文件 b（只是一个链接文件，非常小），b 指向 a。之后当读取 b 时，b 就会把读取的动作转发到 a 上，这样就读取了文件 a。当我们删除文件 a 时，链接文件 b 并不会被删除，但如果再次读取 b，就会提示无法打开文件。另外，如果我们删除了 b，那么 a 是不会有任何影响的。

由此看来，似乎硬链接比较安全，因为无论删除哪一个硬链接文件，都会有其他文件指向那个 inode，只要 inode 存在，那么文件的数据块也就存在。但由于硬链接的限制太多了（包括无法做目录的链接），因此用途上比较受限，而软链接的使用方向则较广。那么，如何建立软链接和硬链接呢？这就用到了下面我们要介绍的 ln（link）命令。

ln 命令的格式为：ln [-s] [来源文件] [目的文件]，该命令常用的选项是 -s。如果不加 -s 选项就是建立硬链接，加上 -s 选项就建立软链接。示例命令如下：

```
# mkdir /tmp/4_9
# cd /tmp/4_9
# cp /etc/passwd ./
# ll
总用量 4
-rw-r--r-- 1 root root 1121 12月 30 08:03 passwd
# du -sk   // du 命令用来计算文件或者目录的大小，-k 表示以 KB 为单位，这里的 4，就是 4KB
4      .
# ln passwd passwd-hard
# ll
总用量 8
-rw-r--r-- 2 root root 1121 12月 30 08:03 passwd
-rw-r--r-- 2 root root 1121 12月 30 08:03 passwd-hard
# du -sk
4      .
```

这里的 ll 命令等同于 ls -l，请使用 which 命令查看一下。一开始目录下面只有一个 passwd 文件，目录总大小为 4KB，做了硬链接后，虽然两个文件的大小都为 1121B，但目录的总大小并没有变化。我们不妨先删除源文件，然后再来比较一下，示例命令如下：

```
# rm -f passwd
# ll
总用量 4
-rw-r--r-- 1 root root 1121 12月 30 08:03 passwd-hard
# du -sk
4      .
```

上例中，删除源文件 passwd 后，文件大小依旧不变。这说明硬链接文件并不会复制数据块，额外占用磁盘空间。再来看硬链接的另外一个限制——不允许目录做硬链接，示例命令如下：

```
# mkdir 123
# ln 123 456
ln: "123": 不允许将硬链接指向目录
```

下面我们再来看看软链接的一些特性。首先建立一个测试目录 456，然后复制 /etc/passwd 文件来做测试，再给它做一个软链接文件，示例命令如下：

```
# mkdir 456
# cd 456
# cp /etc/passwd ./
# ln -s passwd  passwd-soft
# ll
总用量 4
-rw-r--r-- 1 root root 1121 12 月 30 08:05 passwd
lrwxrwxrwx 1 root root    6 12 月 30 08:05 passwd-soft -> passwd
# head -n1 passwd-soft
root:x:0:0:root:/root:/bin/bash
# head -n1 passwd
root:x:0:0:root:/root:/bin/bash
# rm -f passwd
# head -n1 passwd-soft
head:无法打开"passwd-soft"读取数据:没有那个文件或目录
# ll
总用量 0
lrwxrwxrwx 1 root root 6 12 月 30 08:05 passwd-soft -> passwd
```

上例中，如果删除源文件，则不能读取软链接文件，而且使用命令 ll 查看后，会发现颜色也有所变化。另外，目录不可以做硬链接，但可以做软链接，示例命令如下：

```
# cd ..
# ln 456 789
ln: "456": 不允许将硬链接指向目录
# ln -s 456 789
# ls -ld 456 789
drwxrwxr-x 2 root root 25 12 月 30 08:06 456
lrwxrwxrwx 1 root root  3 12 月 30 08:07 789 -> 456
```

4.10　课后习题

（1）命令 rmdir -p 用来删除一串目录，比如 rmdir -p /tmp/test/1/2/3。如果 /tmp/1/2/ 目录下除了 3 目录外还有个 4 目录，4 目录里还有 5 目录，那么是否可以成功删除？用命令 rmdir -p 删除一个不存在的目录时，是否会报错呢？

（2）删除一个目录或者文件时，在删除之前会先询问我们是否删除，如果直接回车，是否能删除呢？如果输入的不是 y 也不是 n，会发生什么呢？

（3）如何创建一串目录（如 /home/1/2/3/4）？

（4）使用 mv 命令时，如果目标文件不是目录，但该文件存在，会怎么样？

(5) 使用 `less` 命令查看文件 /etc/passwd，搜索一下共出现了几个 root？按哪个键可以向上/向下逐行移动？

(6) 为什么目录必须要有 x 权限才可以查看目录下面的文件呢？

(7) 如果设置 umask 为 001，那么用户默认创建的目录和文件的权限是什么样子的？

(8) 用 `find` 找出 /var/ 目录下最近一天内变更的文件，再用 `find` 找出 /root/ 目录下一小时内变更的文件。

(9) 用 `find` 找出 /etc/ 目录下一年内从未变更过的文件。

(10) 为什么硬链接不能链接目录？硬链接的文件是否占用空间大小？硬链接文件是否可以跨分区创建？

(11) Linux 系统里，分别用什么符号表示纯文本文件、二进制文件、目录、链接文件、块设备以及字符设备？

(12) 如何把 dira 目录以及该目录下的所有文件和目录修改为所有者为 user1、所属组为 users？

(13) Linux 系统中默认目录的权限是什么？文档的权限是什么？分别用三个数字表示。我们可以通过修改 umask 的值更改目录和文档的默认权限值，那么如何通过 umask 的值得到默认权限值呢？

(14) 修改 dirb 目录的权限，使其所有者可读、可写且可执行，所属组可读且可执行，其他用户不可读、不可写也不可执行，使用什么命令呢？

(15) 如何使文件只能写且不能删除呢？如何使文件不能被删除、重命名、设定链接、写入且新增数据呢？

(16) Linux 下的一个点 "." 和两个点 ".." 分别表示什么？

(17) `cd -` 表示什么含义？

(18) 用 `ls` 命令查看目录或者文件时，第 2 列的数值表示什么意思？如果一个目录的第 2 列的值为 3，那么这个 3 是如何得到的呢？

(19) 如果系统中没有 `locate` 命令，我们需要安装哪个软件包？初次使用 `locate` 命令会报错 can not open `/var/lib/mlocate/mlocate.db`: No such file or directory，我们需要如何做呢？

(20) 当复制一个文件时，如果目标文件存在会询问我们是否覆盖，如何做就不再询问了呢？

(21) 假如一个文件内容一直在增加，如何动态显示这个文件的内容呢？

(22) 更改文件读写执行权限的命令是什么？如何把一个目录下的所有文件（不含目录）的权限改为 644？

(23) 如何查看当前用户的目录？

(24) 假如一个目录可以让任何人可写，那么如何能做到该目录下的文件只允许文件的所有者更改？

(25) 简述软链接和硬链接的区别。

(26) `cat a.txt` 会更改 a.txt 的什么时间？`chmod 644 a.txt` 会更改 a.txt 的什么时间？vi 呢？直接 `touch` 呢？

第 5 章
Linux 系统用户与用户组管理

关于这部分内容，阿铭在 Linux 系统日常管理工作中用得并不多，可这不代表这部分内容不重要。毕竟 Linux 系统是一个多用户系统，每个账号用来干什么，我们必须了如指掌，因为这涉及安全问题。

安装完系统后，如果我们一直使用 root 账号来操作，其实并不安全。因为 root 账号权限太高，容易误操作。阿铭建议你以后在工作中尽量避免直接使用 root 账号登录系统，使用普通用户就可以完成大部分工作。

5.1 认识 /etc/passwd 和 /etc/shadow

这两个文件可以说是 Linux 系统中最重要的文件之一。如果没有这两个文件或者这两个文件出了问题，则无法正常登录系统。下面咱们先来看看/etc/passwd 文件，示例命令如下：

```
# cat /etc/passwd | head
root:x:0:0:root:/root:/bin/bash
bin:x:1:1:bin:/bin:/sbin/nologin
daemon:x:2:2:daemon:/sbin:/sbin/nologin
adm:x:3:4:adm:/var/adm:/sbin/nologin
lp:x:4:7:lp:/var/spool/lpd:/sbin/nologin
sync:x:5:0:sync:/sbin:/bin/sync
shutdown:x:6:0:shutdown:/sbin:/sbin/shutdown
halt:x:7:0:halt:/sbin:/sbin/halt
mail:x:8:12:mail:/var/spool/mail:/sbin/nologin
operator:x:11:0:operator:/root:/sbin/nologin
```

看到上面那条命令，你是不是有点不知所以呢？其实，head 前面的符号|，我们称之为管道符，它的作用是把前面命令的输出结果再输入给后面的命令。管道符在第 10 章中还会介绍，阿铭用得也蛮多的，请掌握它的用法。

5.1.1 解说/etc/passwd

/etc/passwd可以分割成7个字段，每个字段的具体含义如下所示。

- 第1个字段为用户名（如第1行中的root就是用户名），是代表用户账号的字符串。用户名中的字符可以是大小写字母、数字、减号（不能出现在首位）、点或下划线，其他字符不合法。虽然用户名中可以出现点，但不建议使用，尤其是首位。另外，减号也不建议使用，这样容易造成混淆。
- 第2个字段存放的是该账号的口令。这里为什么是x呢？早期的Unix系统口令确实存放在这里，但基于安全因素，后来就将其存放到/etc/shadow中了，这里只用一个x代替。
- 第3个字段为一个数字，这个数字代表用户标识号，也称为uid。系统就是通过这个数字识别用户身份的。这里的0就是root，也就是说我们可以修改test用户的uid为0，那么系统会认为root和test为同一个账户。uid的取值范围是0~65 535（但实际上已经可以支持到4 294 967 294）。0是超级用户（root）的标识号，CentOS 7和CentOS 8的普通用户标识号从1000开始。如果我们自定义建立一个普通用户，那么会看到该账户的标识号是大于或等于1000的。
- 第4个字段也是数字，表示组标识号，也称为gid。这个字段对应着/etc/group中的一条记录，其实/etc/group和/etc/passwd基本类似。
- 第5个字段为注释说明，没有实际意义。通常记录该用户的一些属性，例如姓名、电话、地址等。我们可以使用chfn命令来更改这些信息。
- 第6个字段为用户的家目录，当用户登录时，就处在这个目录下。root的家目录是/root，普通用户的家目录则为/home/username，用户家目录是可以自定义的。比如，建立一个普通用户test1，要想让test1的家目录在/data目录下，只要将/etc/passwd文件中对应该用户那行中的本字段修改为/data即可。
- 最后一个字段为用户的shell。用户登录后，要启动一个进程，用来将用户下达的指令传给内核，这就是shell。Linux的shell有sh、csh、ksh、tcsh、bash等多种，而Red Hat、CentOS的shell就是bash。查看/etc/passwd文件，该字段中除了/bin/bash，还有很多/sbin/nologin，这表示不允许该账号登录。如果想建立一个不允许登录的账号，可以把该字段改成/sbin/nologin，默认是/bin/bash。

5.1.2 解说/etc/shadow

/etc/shadow和/etc/passwd类似，由：分割成9个字段，示例命令如下：

```
# cat /etc/shadow |head -n 3
root:$6$Wu/W4eryssf9B3xQ$jgNuM24oQ9boSTUPaeJ/79GFjLUX912bSDu3ak4OqJIxNj4/SpaK.JXguDYowM00mt3/
    5tvNIoBJ7RNcpH2K.1:18257:0:99999:7:::
bin:*:18078:0:99999:7:::
daemon:*:18078:0:99999:7:::
```

每个字段的含义如下所示。

- 第1个字段为用户名，与/etc/passwd对应。
- 第2个字段为用户密码，是该账号的真正密码。虽然这个密码已经加密，但是有些黑客还是能够解密的。所以将该文件属性设置为 000，但 root 账户还是可以访问或更改的。使用命令 ls -l 查看该文件的权限，示例命令如下：

```
# ls -l /etc/shadow
---------- 1 root root 689 12 月 30 07:46 /etc/shadow
```

- 第 3 个字段为上次更改密码的日期，这个数字以 1970 年 1 月 1 日和上次更改密码的日期为基准计算而来。例如，上次更改密码的日期为 2020 年 1 月 1 日，则这个值就是 365×（2020－1970）＋（2020－1970）/4+1=18263。如果是闰年，则有 366 天。
- 第 4 个字段为要过多少天才可以更改密码，默认是 0，即不受限制。
- 第 5 个字段为密码多少天后到期，即在多少天内必须更改密码。例如，这里设置成 30，则 30 天内必须更改一次密码；否则，将不能登录系统。默认是 99999，可以理解为永远不需要改。
- 第 6 个字段为密码到期前的警告期限。若这个值设置成 7，则表示当 7 天后密码过期时，系统就发出警告，提醒用户他的密码将在 7 天后到期。
- 第 7 个字段为账号失效期限。如果这个值设置为 3，则表示密码已经到期，然而用户并没有在到期前修改密码，那么再过 3 天，这个账号便失效，即锁定。
- 第 8 个字段为账号的生命周期。跟第 3 个字段一样，这个周期是按距离 1970 年 1 月 1 日多少天算的。它表示的含义是账号在这个日期前可以使用，到期后将作废。
- 最后一个字段作为保留用的，没有什么意义。

上面关于密码文件字段的介绍内容偏多并且不太容易记住，在这里阿铭提醒你，这部分内容无须记住，只需要了解即可，因为在工作中我们几乎用不到这些知识点。

5.2 用户和用户组管理

上面介绍了 /etc/passwd 和 /etc/shadow 这两个文件的具体含义，但这些只是理论知识。实际上，对于在 Linux 下如何创建、删除用户和组以及如何更改用户和组的属性，我们一无所知。

5.2.1 新增组的命令 groupadd

命令 groupadd 的格式为 groupadd [-g GID] groupname，示例命令如下：

```
# groupadd grptest1
# tail -n1 /etc/group
grptest1:x:1002:
```

如果不加 -g 选项，则按照系统默认的 gid 创建组。跟 uid 一样，gid 也是从 1000 开始的。我们也可以按如下操作自定义 gid：

```
# groupadd -g 1008 grptest2
# tail -n2 /etc/group
grptest1:x:1002:
grptest2:x:1008:
```

5.2.2 删除组的命令 groupdel

有时，我们会有删除组的需求，此时可进行如下操作：

```
# groupdel grptest2
# tail -n2 /etc/group
slocate:x:21:
grptest1:x:1002:
```

命令 groupdel 没有特殊选项，但有一种情况不能删除组，如下所示：

```
# groupdel user1
groupdel：不能移除用户"user1"的主组
```

上例中，user1 组中包含 user1 账户，只有删除 user1 账户后才可以删除 user1 组。

5.2.3 增加用户的命令 useradd

从字面意思上看，useradd 就是增加用户，该命令的格式为 useradd [-u UID] [-g GID] [-d HOME] [-M] [-s]，其中各个选项的具体含义如下。

- -u：表示自定义 UID。
- -g：表示使新增用户属于某个已经存在的组，后面可以跟组 id，也可以跟组名。
- -d：表示自定义用户的家目录。
- -M：表示不建立家目录。
- -s：表示自定义 shell。

下面我们先来新建一个用户 test10，示例命令如下：

```
# useradd test10
# tail -n1 /etc/passwd
test10:x:1001:1001::/home/test10:/bin/bash
# tail -n1 /etc/group
test10:x:1001:
```

如果 useradd 不加任何选项，直接跟用户名，则会创建一个跟用户名同名的组。当然，很多时候需要我们自己去定义 uid、gid 或者所属的组，示例命令如下：

```
# useradd -u1005 -g 1006 -M -s /sbin/nologin user11
useradd："1006"组不存在
# useradd -u1005 -g 1001 -M -s /sbin/nologin user11
# useradd -u1006 -g grptest1 user12
# tail -n2 /etc/passwd
user11:x:1005:1001::/home/user11:/sbin/nologin
user12:x:1006:1002::/home/user12:/bin/bash
# tail -n2 /etc/group
user1:x:1003:
test10:x:1001:
```

如果 -g 选项后面跟一个不存在的 gid，则会报错，提示该组不存在。刚刚上面说过，加上 -M 选项后，则不建立用户家目录，但在 /etc/passwd 文件中仍然有这个字段。如果你使用命令 ls /home/user11 查看一下，会提示该目录不存在。所以，-M 选项的作用只是不创建那个目录。下面我们来查看 user11 的家目录，会提示我们目录不存在，示例命令如下：

```
# ls /home/user11
ls: 无法访问/home/user11: 没有那个文件或目录
```

5.2.4 删除用户的命令 userdel

命令 userdel 的格式为 userdel [-r] username，其中-r 选项的作用是当删除用户时，一并删除该用户的家目录。下面我们先来看看 user12 的家目录，示例命令如下：

```
# ls -ld /home/user12
drwx------ 2 user12 grptest1 62 1月  2 06:47 /home/user12
```

如果不加-r 选项，则会直接删除用户 user12，但保留其家目录，命令如下所示：

```
# userdel user12
# ls -ld /home/user12
drwx------ 2 user12 grptest1 62 1月  2 06:47 /home/user12
```

此时 user12 的家目录还在，那么我们加上-r 选项后再删除 user1 用户，命令如下所示：

```
# ls -ld /home/user1
drwx------ 2 user1 test10 62 12月 30 07:46 /home/user1
# userdel -r user1
# ls -ld /home/usre1
ls: 无法访问/home/user1: 没有那个文件或目录
```

此时 user1 的家目录已经不复存在。

5.3 用户密码管理

密码对于一个用户来说是非常关键的，而且密码管理是系统管理员的一项非常重要的任务。

5.3.1 命令 passwd

用户创建后，默认是没有设置密码的。只有设置好密码后，才可以登录系统。为了安全，在为用户创建密码时，请尽量设置复杂一些。阿铭建议你按照如下规则设置密码：

- 长度大于 10 个字符；
- 密码中包含大小写字母、数字以及特殊字符*、&、%等；
- 不规则性（不要出现 happy、love、linux、7758520、111111 等单词或者数字）；
- 密码中不要带有自己的名字、电话、生日以及公司名字等。

为用户设置密码时，可以使用命令 passwd，其格式为 passwd [username]。该命令后面若不加用户名，则是为自己设定密码，示例命令如下：

```
# passwd
更改用户 root 的密码 。
新的 密码:
重新输入新的 密码:
passwd: 所有的身份验证令牌已经成功更新。
```

如果你登录的是 root 用户，则后面可以跟普通用户的名字，意思是修改指定用户的密码，示例命令如下：

```
# passwd user11
更改用户 user11 的密码 。
新的 密码:
重新输入新的 密码:
passwd: 所有的身份验证令牌已经成功更新。
```

需要注意的是，只有 root 才可以修改其他用户的密码，普通用户只能修改自己的密码。

5.3.2 命令 mkpasswd

命令 mkpasswd 用于生成密码。我们安装的 Linux 默认是没有这个命令的，因此需要安装一个 expect 软件包，安装命令如下：

```
# yum install -y expect
# mkpasswd
$C7iuod6M
```

有时，我们需要生成指定长度的密码，这个用 mkpasswd 命令也可以满足。比如，生成 12 位长度的密码，示例命令如下：

```
# mkpasswd -l 12
j8nUg/OrddZh
```

当然，我们还可以指定密码中有几个特殊字符或有几个数字，示例命令如下：

```
# mkpasswd -l 12 -s 0 -d 3
yr4jm6SiwZ4p
```

上例中，-s 指定的是特殊字符的个数，-d 指定的是数字的个数。用生成的随机字符串作为密码再好不过了，只不过它不方便记忆。大家是否还记得第 1 章阿铭介绍的 KeePass 工具？大家可以把密码记录在这里，还是很方便的。

5.4 用户身份切换

在 Linux 系统中，有些事情只有 root 用户才能做，普通用户是不能的，这时就需要临时切换到 root 身份。下面阿铭带你做一个小试验，创建 test 用户，并修改其密码，这样我们就可以使用 test 用户登录 Linux 了。具体操作方法如下：

```
# useradd test
# passwd test
更改用户 test 的密码 。
```

新的 密码：
重新输入新的 密码：
passwd: 所有的身份验证令牌已经成功更新。

然后用 test 用户登录 Linux，示例命令如下：

```
login as: test
test@192.168.188.128's password:
$ whoami
test
```

登录后，使用 whoami 命令查看，发现当前用户是 test。普通用户和 root 用户的 shell 提示符有些区别，root 用户是 #，普通用户是 $。

5.4.1 命令 su

命令 su 的格式为 su [-] username，su 后面既可以跟-，也可以不跟。普通用户的 su 命令不加 username 时，结果就是切换到 root 用户。当然，root 用户同样可以使用 su 命令切换到普通用户。该命令加上-后，会初始化当前用户的各种环境变量（关于环境变量这部分内容，阿铭放在第 10 章中讲解）。下面阿铭做个简单的试验来说明加与不加-的区别，示例命令如下：

```
$ pwd
/home/test
$ su
密码：
# pwd
/home/test
# exit
登出
$ su -
密码：
# pwd
/root
```

如果不加-，普通用户切换到 root 用户时，当前目录没有变化；而加上-切换到 root 用户时，当前目录为 root 用户的家目录。这跟直接登录 root 用户是一样的。当由 root 用户切换到普通用户时，是不需要输入密码的。在 root 下切换到普通用户的示例命令如下：

```
# su - test
上一次登录：四 1月  2 07:01:09 EST 2020从 192.168.72.1pts/2 上
$ whoami
test
```

5.4.2 命令 sudo

用 su 可以切换用户身份，而且每个普通用户都能切换到 root 身份。如果某个用户不小心泄露了 root 的密码，那系统岂不是非常不安全？是的。为了改进这个问题，Linux 系统工程师设计了 sudo 这个命令。使用 sudo 命令执行一个只有 root 才能执行的命令是可以办到的，但是需要输入密码。这个密码并不是 root 的密码，而是用户自己的密码。在默认情况下，只有 root 用户才能使用 sudo 命令，普通用户想要使用，是需要 root 预先设定的。我们可以使用 visudo 命令编辑相关的配置文件 /etc/sudoers。如果没有 visudo 这个命令，请使用命令 yum install -y sudo 安装。

默认 root 支持 sudo，是因为配置文件中有一行 root ALL=(ALL) ALL。在该行下面加入 test ALL=(ALL) ALL，就可以让 test 用户拥有 sudo 的特权。这行从左到右，第一段 test 表示一个用户，用于指定让哪个用户有 sudo 特权；第二段 ALL=(ALL) 比较难理解，左边的 ALL 指的是所有的主机，右边的 ALL 指的是获取哪个用户的身份，这段几乎都不用配置；第三段用于设定可以使用 sudo 的命令有哪些。

使用 visudo 命令编辑 /etc/sudoers 配置文件（必须要使用 root 用户），visudo 命令的使用方法和阿铭前面介绍的 vi 命令一样，即输入 i 进入编辑模式，编辑完成后，按 Esc 键，再输入 :wq 完成保存。具体操作方法如下所示：

```
## Allow root to run any commands anywhere
root    ALL=(ALL)       ALL
test    ALL=(ALL)       ALL
```

此时可以验证一下 test 用户的权限了，方法如下（操作是在 root 账号下进行的）：

```
# su test
$ ls   // 当前目录是在/root 下
ls: 无法打开目录'.': 权限不够
$ sudo ls

我们信任您已经从系统管理员那里了解了日常注意事项。
总结起来无外乎这三点：

    #1) 尊重别人的隐私。
    #2) 输入前要先考虑(后果和风险)。
    #3) 权力越大，责任越大。

[sudo] test 的密码：
123   456   anaconda-ks.cfg
```

由于切换到 test 用户后当前目录还是 /root，test 用户没有任何权限，所以使用命令 ls 查看时，会提示权限不够。然而使用命令 sudo ls 输入 test 用户自身的密码后，就有权限了。初次使用 sudo 命令时，会出现上面的一大段提示，当再次使用 sudo 命令时则不再提示。

如果每增加一个用户就需要多设置一行，那这样也太麻烦了，所以可以这样设置：把 # %wheel ALL=(ALL) ALL 前面的 # 去掉，让这一行生效。此设置的意思是，让 wheel 这个组的所有用户都拥有 sudo 的权利。接下来，只要把所有需要设置 sudo 权限的用户都加入到 wheel 这个组中即可。如下所示：

```
## Allows people in group wheel to run all commands
%wheel  ALL=(ALL)       ALL
```

配置文件 /etc/sudoers 中包含许多配置项，可以使用命令 man sudoers 来获得帮助信息。下面阿铭介绍一个很实用的案例，我们的需求是把 Linux 服务器设置成这个样子：只允许使用普通用户登录，而普通用户登录后，可以不输入密码就能用 sudo 切换到 root 用户。阿铭的配置方法是，输入如下命令：

```
# visudo
```

然后在文件的最后加入如下 3 行：

```
User_Alias USER_SU = test, test1, aming
Cmnd_Alias SU = /usr/bin/su
USER_SU ALL=(ALL) NOPASSWD: SU
```

其中第一行设定了一个 user 别名，其实这个 USER_SU 相当于是 test、test1 和 aming 三个用户；第二行设定了一个命令别名，SU 相当于/usr/bin/su；第三行我们刚刚介绍过。保存配置文件后，使用 test、test1、aming 这 3 个用户登录 Linux。执行命令 sudo su -切换到 root 用户，获取 root 用户的所有权利，命令如下所示：

```
# su - test
$ sudo su -
# whoami
root
```

不允许 root 直接登录，这个问题该如何解决呢？其实很简单，就是设置一个复杂到连自己都记不住的密码。不过这样也会有一个问题，就是普通用户可以使用 su 命令切换到 root，然后再修改简单的密码就能直接登录 root 了。其实阿铭还有一个更好的办法，请看下面。

5.4.3　不允许 root 远程登录 Linux

/etc/ssh/sshd_config 为 sshd 服务的配置文件，默认允许 root 用户通过 ssh 远程登录 Linux。要想不允许 root 用户远程登录 Linux，具体操作方法为：修改配置文件/etc/ssh/sshd_config，在文件中查找 PermitRootLogin yes 并修改为 PermitRootLogin no。保存配置文件后，需要重启 sshd 服务，命令如下所示：

```
# systemctl restart sshd.service
```

需要注意的是，阿铭提供的这个方法只适用于通过 ssh 远程登录 Linux 的情况。

5.5　课后习题

（1）查看配置文件/etc/shadow 第一行中 root 账号的第 3 个字段（由:分隔）中的数字，请算一下这个数字是怎么得来的？

（2）写出一个你认为很强大的密码。

（3）查资料弄清楚/sbin/nologin 和/bin/false 的区别。你知道它们分别用在什么场合吗？

（4）当我们创建一个新账号时，系统会修改哪几个文件呢？

（5）如果我们已经创建了一个普通用户 user1，默认这个用户的家目录为 /home/user1，请做试验证明能否通过直接修改/etc/passwd 配置文件中 user1 的家目录那个字段来改变 user1 的家目录呢？（提示：你可以使用 cd ~ 命令进入当前用户的家目录来验证）

（6）/etc/passwd 文件以:为分隔符，第 3、4 个字段分别表示什么含义？如果把某一行的第 3 个字段改为 0，会发生什么呢？

（7）请先新增一个组 group11，然后再新增一个账号 user12，并使该账号所属组为 group11 组。

(8) 如果删除一个组时报错：cannot remove the primary group of user 'aming'，这是什么意思？如何解决该问题呢？

(9) 如何在删除某个用户时一并删除这个用户的家目录？

(10) 如果你的 Linux 没有命令 mkpasswd，则需要安装什么软件包？

(11) 普通用户可以修改自己的密码吗？

(12) 使用 su 命令时，后面加 - 表示什么含义？

(13) sudo 命令的作用是什么？

(14) 创建系统账号时，用户名要符合什么样的规范？

(15) 你知道在 Linux 系统里 uid 最大是多少吗？创建一个普通账号的默认 uid 最小是多少？

(16) 一个用户可以同时属于多个用户组吗？如果可以，如何把一个用户加入到另外的组里？如何同时加入多个组？

第 6 章
Linux 磁盘管理

在 Windows 下,我们可以非常直观地看到系统有多少个分区,每个分区使用多少、还剩多少。那么在 Linux 命令行下,如何进行这些操作呢?在 Linux 下的磁盘里面写数据也是有讲究的。如何分区?如何格式化?如何挂载?如何卸载?下面阿铭一一为大家解答这些问题。

6.1 查看磁盘或者目录的容量

监控磁盘的使用率在日常监控工作中是必须要做的,磁盘被写满是很要命的,严重时会导致磁盘损坏。那么,如何查看磁盘使用率呢?

6.1.1 命令 df

命令 df(disk filesystem 的简写)用于查看已挂载磁盘的总容量、使用容量、剩余容量等,其后可以不加任何参数,显示数据默认以 KB 为单位。示例命令如下:

```
# df
文件系统         1K-块      已用    可用    已用% 挂载点
devtmpfs        910288        0   910288     0% /dev
tmpfs           924728        0   924728     0% /dev/shm
tmpfs           924728     8868   915860     1% /run
tmpfs           924728        0   924728     0% /sys/fs/cgroup
/dev/sda3     16561152  1472276 15088876     9% /
/dev/sda1       194235   121419    58480    68% /boot
tmpfs           184944        0   184944     0% /run/user/0
tmpfs           184944        0   184944     0% /run/user/1006
```

在上例的结果中,/、/boot 是我们在安装系统时划分出来的。/dev、/dev/shm 为内存分区,其大小默认是内存大小的 1/2,如果我们把文件存到此分区下,就相当于存到了内存中,这样的好处是读写非常快，坏处是当系统重启时文件会丢失。后面的 /run、/sys/fs/cgroup 等分区都是 tmpfs，跟 /dev/shm 类似，是临时文件系统，我们不要碰它们。df 命令的常用选项有 -i、-h、-k 和 -m，下面介绍这 4 个选项的用法。为了能更加简洁明了地让大家看到磁盘分区，在下面的示例中阿铭直接把与 tmpfs 相关的分区全部过滤掉了。

- **-i**：表示查看 inode 的使用状况，如果已使用 100%，那么即使磁盘空间有剩余，也会提示磁盘空间已满。示例命令如下：

```
# df -i |grep -v tmpfs    // grep -v 的作用是过滤掉包含 tmpfs 字符串的行
文件系统           Inode 已用(I) 可用(I) 已用(I)% 挂载点
/dev/sda3        8285696   32458 8253238    1% /
/dev/sda1          51200     309   50891    1% /boot
```

- **-h**：表示使用合适的单位显示数据，例如 GB。示例命令如下：

```
# df -h |grep -v tmpfs
文件系统        容量  已用  可用 已用% 挂载点
/dev/sda3       16G  1.5G   15G    9% /
/dev/sda1      190M  119M   58M   68% /boot
```

- **-k**、**-m**：分别表示以 KB 和 MB 为单位显示数据。示例命令如下：

```
#  df -k |grep -v tmpfs
文件系统           1K-块     已用     可用 已用% 挂载点
/dev/sda3       16561152  1472276 15088876    9% /
/dev/sda1         194235   121419    58480   68% /boot
# df -m |grep -v tmpfs
文件系统          1M-块  已用   可用 已用% 挂载点
/dev/sda3         16173  1438  14736    9% /
/dev/sda1           190   119     58   68% /boot
```

简单介绍一下上述信息中各列所表示的含义。如果你的 Linux 和阿铭的虚拟机一样，也是中文显示，那么看字面意思就可以明白了。第 1 列为分区的名字，第 2 列为该分区的总容量，第 3 列为已使用的容量，第 4 列为剩余容量，第 5 列为使用容量的百分比（如果这个数值达到 90%以上，那么就应该引起关注了。因为磁盘分区满了会引起系统崩溃），最后一列为挂载点，阿铭在安装系统时提到过这个词。

6.1.2 命令 du

命令 du（disk useage）用来查看某个目录或文件所占空间的大小，其格式为 du [-abckmsh] [文件或者目录名]。该命令常用的参数有如下几个。

- **-a**：表示把全部文件和目录的大小都列出来。如果命令 du 后面不加任何选项和参数，则只会列出目录（包含子目录）的大小。如果 du 命令不指定单位，则默认显示单位为 KB。示例命令如下：

```
# du /root/
8       /root/.ssh
0       /root/123
```

```
0         /root/456
36        /root/
# du -a /root/
4         /root/.bash_logout
4         /root/.bash_profile
4         /root/.bashrc
4         /root/.cshrc
4         /root/.tcshrc
4         /root/anaconda-ks.cfg
4         /root/.bash_history
4         /root/.ssh/authorized_keys
4         /root/.ssh/known_hosts
8         /root/.ssh
0         /root/123
0         /root/456
36        /root/
```

- **-b**：表示列出的值以 B 为单位输出。
- **-k**：表示以 KB 为单位输出，这和默认不加任何选项的输出值是一样的。
- **-m**：表示以 MB 为单位输出。
- **-h**：表示由系统自动调节输出单位。例如，如果文件太小，可能就几千字节，那么就以 KB 为单位显示；如果文件大到兆字节，就以 GB 为单位显示。若一个文件小于 4KB，那么当使用-k 选项时，也会显示 4KB（后面阿铭再给大家解释原因）。同理，使用-m 选项时，也会有类似问题。示例命令如下：

```
# du -b /etc/passwd
1209      /etc/passwd
# du -k /etc/passwd
4         /etc/passwd
# du -m /etc/passwd
1         /etc/passwd
# du -h /etc/passwd
4.0K      /etc/passwd
```

- **-c**：表示最后加总。这个选项阿铭不常用，示例命令如下：

```
# du -c /root/
8         /root/.ssh
0         /root/123
0         /root/456
36        /root/
36        总用量
```

- **-s**：表示只列出总和。这个选项阿铭用得最多，示例命令如下：

```
# du -s /root/
36        /root/
```

此外，阿铭习惯用 du -sh filename 这样的形式。

6.2 磁盘的分区和格式化

阿铭经常做的一件事就是拿一个全新的磁盘来分区并格式化。作为一个 Linux 系统管理员，对磁盘的操作必须熟练，所以请认真学习该部分内容。

6.2.1 增加虚拟磁盘

在正式介绍 Linux 分区工具之前，阿铭需要先给虚拟机添加一块磁盘，以便我们做后续的试验。给虚拟机添加虚拟磁盘的具体操作步骤如下（软件版本为 VMware Workstation 14）。

(1) 在当前的虚拟机选项卡上单击鼠标右键，选择"设置"，如图 6-1 所示。

图 6-1　打开设置

(2) 此时会弹出"虚拟机设置"对话框。单击下方的"添加"按钮，选择"硬盘"，再单击"下一步"，此时会弹出"添加硬件向导"对话框。

(3) "选择磁盘类型"这里保持默认设置，不用更改任何指标，直接单击"下一步"按钮。

(4) "选择磁盘"对话框里也保持默认设置，直接单击"下一步"按钮。

(5) "指定磁盘容量"这里需要修改一下，设定"最大磁盘大小"为 5GB，然后选择"将虚拟磁盘存储为单个文件"单选按钮，如图 6-2 所示。

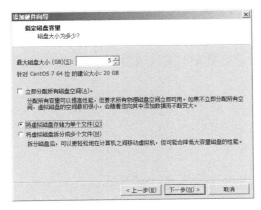

图 6-2　指定磁盘容量

(6) 继续单击"下一步"按钮，然后单击"完成"按钮，最终成功添加新的虚拟磁盘。虽然磁盘已经添加，但暂时还不能被系统识别，需要重启系统才可以。

6.2.2 命令 fdisk

fdisk 是 Linux 下硬盘的分区工具，是一个非常实用的命令，但是此命令只能划分小于 2TB 的分区。该命令的格式为 fdisk [-l] [设备名称]，其选项只有-l。选项-l 后面如果不加设备名称，就会直接列出系统中所有的磁盘设备以及分区表；如果加上设备名称，则会列出该设备的分区表。示例命令如下：

```
# fdisk -l
Disk /dev/sda: 20 GiB, 21474836480 字节, 41943040 个扇区
单元：扇区 / 1 * 512 = 512 字节
扇区大小(逻辑/物理): 512 字节 / 512 字节
I/O 大小(最小/最佳): 512 字节 / 512 字节
磁盘标签类型: dos
磁盘标识符: 0x1d6231bc

设备       启动    起点      末尾     扇区     大小 Id 类型
/dev/sda1   *      2048    411647   409600   200M 83 Linux
/dev/sda2        411648   8800255  8388608    4G 82 Linux swap / Solaris
/dev/sda3       8800256  41943039 33142784 15.8G 83 Linux


Disk /dev/sdb: 5 GiB, 5368709120 字节, 10485760 个扇区
单元：扇区 / 1 * 512 = 512 字节
扇区大小(逻辑/物理): 512 字节 / 512 字节
I/O 大小(最小/最佳): 512 字节 / 512 字节

# fdisk -l /dev/sdb

Disk /dev/sdb: 5 GiB, 5368709120 字节, 10485760 个扇区
单元：扇区 / 1 * 512 = 512 字节
扇区大小(逻辑/物理): 512 字节 / 512 字节
I/O 大小(最小/最佳): 512 字节 / 512 字节
```

从上例中可以看到阿铭新增的磁盘 /dev/sdb 的信息。

fdisk 命令如果不加-l 选项，则会进入另一个模式，在该模式下，可以对磁盘进行分区操作。示例命令如下：

```
# fdisk /dev/sdb
欢迎使用 fdisk (util-linux 2.32.1)。
更改将停留在内存中，直到您决定将更改写入磁盘。
使用写入命令前请三思。

设备不包含可识别的分区表。
创建了一个磁盘标识符为 0xea205440 的新 DOS 磁盘标签。

命令(输入 m 获取帮助):
```

此时如果输入 m，就会列出常用的命令，如下所示：

```
命令(输入 m 获取帮助): m
帮助:

  DOS (MBR)
   a   开关可启动标志
   b   编辑嵌套的 BSD 磁盘标签
   c   开关 dos 兼容性标志

  常规
   d   删除分区
   F   列出未分区的空闲区
   l   列出已知分区类型
   n   添加新分区
   p   打印分区表
   t   更改分区类型
   v   检查分区表
   i   打印某个分区的相关信息

  杂项
   m   打印此菜单
   u   更改 显示/记录 单位
   x   更多功能(仅限专业人员)

  脚本
   I   从 sfdisk 脚本文件加载磁盘布局
   O   将磁盘布局转储为 sfdisk 脚本文件

  保存并退出
   w   将分区表写入磁盘并退出
   q   退出而不保存更改

  新建空磁盘标签
   g   新建一份 GPT 分区表
   G   新建一份空 GPT (IRIX) 分区表
   o   新建一份空 DOS 分区表
   s   新建一份空 Sun 分区表
```

下面介绍其中几个阿铭常用的命令。

❑ p：表示打印当前磁盘的分区情况。示例命令如下：

```
命令(输入 m 获取帮助): p

Disk /dev/sdb: 5 GiB, 5368709120 字节, 10485760 个扇区
单元: 扇区 / 1 * 512 = 512 字节
扇区大小(逻辑/物理): 512 字节 / 512 字节
I/O 大小(最小/最佳): 512 字节 / 512 字节
磁盘标签类型: dos
磁盘标识符: 0xea205440

// 说明：由于还未对/dev/sdb 进行分区，所以并没有显示任何分区信息，你也可以针对/dev/sda 进行演示，
// 不过千万不要真去划分分区，那样你的操作系统就被破坏了
```

- n：表示新建一个分区。
- w：表示保存。
- q：表示退出。
- d：表示删除一个分区。

下面阿铭将对新增的磁盘 /dev/sdb 进行分区操作。阿铭先给它建立第 1 个分区，命令如下所示：

```
命令(输入 m 获取帮助)：n
分区类型
    p   主分区 (0 个主分区，0 个扩展分区，4 空闲)
    e   扩展分区 (逻辑分区容器)
选择 (默认 p)：
```

使用 n 命令新建分区，它会提示我们是要新建 e（扩展分区）还是 p（主分区）。阿铭的选择是 p，于是输入 p，然后回车，命令如下所示：

```
Select (default p): p
分区号 (1-4，默认  1): 1
第一个扇区 (2048-10485759，默认 2048): 2048
上个扇区，+sectors 或 +size{K,M,G,T,P} (2048-10485759，默认 10485759): +1000M

创建了一个新分区 1，类型为"Linux"，大小为 1000 MiB。
```

输入 p 后，会提示输入分区数，这里阿铭写 1，因为是第 1 个分区（当然，你也可以写 2 或 3，最多为 4），此时如果你直接回车，那么会继续提示你必须输入一个数字。输入分区数后紧接着又提示你起始扇区从哪里开始，默认是 2048，可以写 2048 或者直接回车（这里你也可以写大于 2048 的其他数字，不过这样就会造成空间浪费）。然后提示你输入最后一个扇区的数值，即需要给这个分区划分多大空间。关于扇区是多大，不必再细究，你只需要掌握阿铭教给你的方法即可，即写+1000M，这样既方便又不容易出错。用 p 命令查看，得知已经多出了一个分区，命令如下所示：

```
命令(输入 m 获取帮助)：p

Disk /dev/sdb: 5 GiB，5368709120 字节，10485760 个扇区
单元：扇区 / 1 * 512 = 512 字节
扇区大小(逻辑/物理)：512 字节 / 512 字节
I/O 大小(最小/最佳)：512 字节 / 512 字节
磁盘标签类型：dos
磁盘标识符：0xea205440

设备        启动    起点     末尾     扇区     大小  Id  类型
/dev/sdb1           2048  2050047  2048000  1000M  83  Linux
```

按照上面的步骤继续操作，一直创建到主分区 4。如下所示：

```
命令(输入 m 获取帮助)：n
分区类型
    p   主分区 (1 个主分区，0 个扩展分区，3 空闲)
    e   扩展分区 (逻辑分区容器)
选择 (默认 p)：p
分区号 (2-4，默认  2): 2
```

```
第一个扇区 (2050048-10485759, 默认 2050048):
上个扇区, +sectors 或 +size{K,M,G,T,P} (2050048-10485759, 默认 10485759): +1000M

创建了一个新分区 2, 类型为"Linux", 大小为 1000 MiB。

命令(输入 m 获取帮助): n
分区类型
   p   主分区 (2个主分区, 0个扩展分区, 2空闲)
   e   扩展分区 (逻辑分区容器)
选择 (默认 p): p
分区号 (3,4, 默认 3):
第一个扇区 (4098048-10485759, 默认 4098048):
上个扇区, +sectors 或 +size{K,M,G,T,P} (4098048-10485759, 默认 10485759): +1000M

创建了一个新分区 3, 类型为"Linux", 大小为 1000 MiB。

命令(输入 m 获取帮助): n
分区类型
   p   主分区 (3个主分区, 0个扩展分区, 1空闲)
   e   扩展分区 (逻辑分区容器)
选择 (默认 e): p

已选择分区 4
第一个扇区 (6146048-10485759, 默认 6146048):
上个扇区, +sectors 或 +size{K,M,G,T,P} (6146048-10485759, 默认 10485759): +1000M

创建了一个新分区 4, 类型为"Linux", 大小为 1000 MiB。

命令(输入 m 获取帮助): n
要创建更多分区, 请先将一个主分区替换为扩展分区。
```

当创建完 4 个主分区后,如果再想创建新分区,就会出问题,这是因为在 Linux 系统中最多只能创建 4 个主分区。那么如果你想多创建几个分区,该怎么做呢?方法很简单,就是在创建完第 3 个主分区后、创建第 4 个分区时选择扩展分区。我们首先删除掉第 4 个分区,然后再新建分区,命令如下所示:

```
命令(输入 m 获取帮助): d
分区号 (1-4, 默认 4): 4

分区 4 已删除。

命令(输入 m 获取帮助): n
分区类型
   p   主分区 (3个主分区, 0个扩展分区, 1空闲)
   e   扩展分区 (逻辑分区容器)
选择 (默认 e): e

已选择分区 4
第一个扇区 (6146048-10485759, 默认 6146048):
上个扇区, +sectors 或 +size{K,M,G,T,P} (6146048-10485759, 默认 10485759): +2000M

创建了一个新分区 4, 类型为"Extended", 大小为 2 GiB。
```

```
命令(输入 m 获取帮助): p
Disk /dev/sdb: 5 GiB, 5368709120 字节, 10485760 个扇区
单元: 扇区 / 1 * 512 = 512 字节
扇区大小(逻辑/物理): 512 字节 / 512 字节
I/O 大小(最小/最佳): 512 字节 / 512 字节
磁盘标签类型: dos
磁盘标识符: 0xea205440

设备        启动    起点       末尾       扇区       大小    Id  类型
/dev/sdb1          2048     2050047   2048000   1000M   83  Linux
/dev/sdb2          2050048  4098047   2048000   1000M   83  Linux
/dev/sdb3          4098048  6146047   2048000   1000M   83  Linux
/dev/sdb4          6146048  10242047  4096000   2G      5   扩展
```

扩展分区在最后一列显示为 Extended，接下来继续创建分区，如下所示：

```
命令(输入 m 获取帮助): n
所有主分区都在使用中。
添加逻辑分区 5
第一个扇区 (6148096-10242047, 默认 6148096):
上个扇区, +sectors 或 +size{K,M,G,T,P} (6148096-10242047, 默认 10242047): +500M

创建了一个新分区 5，类型为"Linux"，大小为 500 MiB。

命令(输入 m 获取帮助): p
Disk /dev/sdb: 5 GiB, 5368709120 字节, 10485760 个扇区
单元: 扇区 / 1 * 512 = 512 字节
扇区大小(逻辑/物理): 512 字节 / 512 字节
I/O 大小(最小/最佳): 512 字节 / 512 字节
磁盘标签类型: dos
磁盘标识符: 0xea205440

设备        启动    起点       末尾       扇区       大小    Id  类型
/dev/sdb1          2048     2050047   2048000   1000M   83  Linux
/dev/sdb2          2050048  4098047   2048000   1000M   83  Linux
/dev/sdb3          4098048  6146047   2048000   1000M   83  Linux
/dev/sdb4          6146048  10242047  4096000   2G      5   扩展
/dev/sdb5          6148096  7172095   1024000   500M    83  Linux
```

会发现此时再分区就和之前不一样了，你不再需要选择是新建主分区还是扩展分区，而是直接定义分区大小。值得注意的是，当创建完前 3 个主分区后，理应把剩余的磁盘空间全部划分给第 4 个扩展分区，不然剩余的空间就会浪费（在上面的示例中，阿铭其实并没有把剩余的磁盘空间完全划分给扩展分区）。因为创建完扩展分区后，再划分新的分区时，是在已经划分的扩展分区里来分的。

上例中，/dev/sdb4 为扩展分区，这个分区是不可以格式化的。你可以把它看成一个空壳子，能使用的分区为 /dev/sdb5，这是 /dev/sdb4 的子分区，这个子分区称为逻辑分区。如果你发现分区不合理，想删除某个分区，那该怎么办呢？这就用到了 d 命令，刚刚阿铭已经用到过。下面阿铭再继续演示一下：

```
命令(输入 m 获取帮助): d
分区号 (1-5, 默认 5): 1
```

分区 1 已删除。

命令(输入 m 获取帮助): p
Disk /dev/sdb: 5 GiB, 5368709120 字节, 10485760 个扇区
单元: 扇区 / 1 * 512 = 512 字节
扇区大小(逻辑/物理): 512 字节 / 512 字节
I/O 大小(最小/最佳): 512 字节 / 512 字节
磁盘标签类型: dos
磁盘标识符: 0xea205440

```
设备       启动    起点      末尾     扇区     大小 Id 类型
/dev/sdb2         2050048   4098047  2048000  1000M 83 Linux
/dev/sdb3         4098048   6146047  2048000  1000M 83 Linux
/dev/sdb4         6146048  10242047  4096000    2G  5  扩展
/dev/sdb5         6148096   7172095  1024000   500M 83 Linux
```

命令(输入 m 获取帮助): d
分区号 (2-5, 默认 5): 5

分区 5 已删除。

命令(输入 m 获取帮助): p
Disk /dev/sdb: 5 GiB, 5368709120 字节, 10485760 个扇区
单元: 扇区 / 1 * 512 = 512 字节
扇区大小(逻辑/物理): 512 字节 / 512 字节
I/O 大小(最小/最佳): 512 字节 / 512 字节
磁盘标签类型: dos
磁盘标识符: 0xea205440

```
设备       启动    起点      末尾     扇区     大小 Id 类型
/dev/sdb2         2050048   4098047  2048000  1000M 83 Linux
/dev/sdb3         4098048   6146047  2048000  1000M 83 Linux
/dev/sdb4         6146048  10242047  4096000    2G  5  扩展
```

命令(输入 m 获取帮助): n
分区类型
   p   主分区 (2个主分区,1个扩展分区,1空闲)
   l   逻辑分区 (从 5 开始编号)
选择 (默认 p): l

添加逻辑分区 5
第一个扇区 (6148096-10242047, 默认 6148096):
上个扇区, +sectors 或 +size{K,M,G,T,P} (6148096-10242047, 默认 10242047): +500M

创建了一个新分区 5,类型为"Linux",大小为 500 MiB。

命令(输入 m 获取帮助): p
Disk /dev/sdb: 5 GiB, 5368709120 字节, 10485760 个扇区
单元: 扇区 / 1 * 512 = 512 字节
扇区大小(逻辑/物理): 512 字节 / 512 字节
I/O 大小(最小/最佳): 512 字节 / 512 字节
磁盘标签类型: dos
磁盘标识符: 0xea205440

```
设备          启动    起点      末尾      扇区      大小  Id  类型
/dev/sdb2           2050048   4098047   2048000   1000M  83  Linux
/dev/sdb3           4098048   6146047   2048000   1000M  83  Linux
/dev/sdb4           6146048   10242047  4096000      2G   5  扩展
/dev/sdb5           6148096   7172095   1024000    500M  83  Linux

命令(输入 m 获取帮助): d
分区号 (2-5, 默认 5): 4

分区 4 已删除。

命令(输入 m 获取帮助): p
Disk /dev/sdb: 5 GiB, 5368709120 字节, 10485760 个扇区
单元: 扇区 / 1 * 512 = 512 字节
扇区大小(逻辑/物理): 512 字节 / 512 字节
I/O 大小(最小/最佳): 512 字节 / 512 字节
磁盘标签类型: dos
磁盘标识符: 0xea205440

设备          启动    起点      末尾      扇区      大小  Id  类型
/dev/sdb2           2050048   4098047   2048000   1000M  83  Linux
/dev/sdb3           4098048   6146047   2048000   1000M  83  Linux
```

输入 d，会提示要删除哪个分区，你可以选择 1 到 5 之间的任意一个分区。其中，1-3 是主分区（sdb1、sdb2 和 sdb3），4 是扩展分区（sdb4），5 是逻辑分区（sdb5）。如果输入 5，则直接删除逻辑分区 sdb5；但如果输入 4，则会删除整个扩展分区 sdb4，当然也包含 sdb4 里面的逻辑分区 sdb5。在刚才的分区界面中，直接按 Ctrl+C 键退出，这样刚划分的分区便全部取消了，咱们来重新做分区，命令如下所示：

```
命令(输入 m 获取帮助): ^C
您确实要退出吗? Y

fdisk /dev/sdb
欢迎使用 fdisk (util-linux 2.32.1)。
更改将停留在内存中，直到您决定将更改写入磁盘。
使用写入命令前请三思。

设备不包含可识别的分区表。
创建了一个磁盘标识符为 0xf6cc0d7a 的新 DOS 磁盘标签。

命令(输入 m 获取帮助): p
Disk /dev/sdb: 5 GiB, 5368709120 字节, 10485760 个扇区
单元: 扇区 / 1 * 512 = 512 字节
扇区大小(逻辑/物理): 512 字节 / 512 字节
I/O 大小(最小/最佳): 512 字节 / 512 字节
磁盘标签类型: dos
磁盘标识符: 0xf6cc0d7a


命令(输入 m 获取帮助): n
分区类型
   p   主分区 (0个主分区，0个扩展分区，4空闲)
   e   扩展分区 (逻辑分区容器)
```

```
选择 (默认 p): e
分区号 (1-4, 默认  1): 1
第一个扇区 (2048-10485759, 默认 2048):
上个扇区, +sectors 或 +size{K,M,G,T,P} (2048-10485759, 默认 10485759):

创建了一个新分区 1, 类型为"Extended", 大小为 5 GiB。

命令(输入 m 获取帮助): p

Disk /dev/sdb: 5 GiB, 5368709120 字节, 10485760 个扇区
单元: 扇区 / 1 * 512 = 512 字节
扇区大小(逻辑/物理): 512 字节 / 512 字节
I/O 大小(最小/最佳): 512 字节 / 512 字节
磁盘标签类型: dos
磁盘标识符: 0xf6cc0d7a

设备        启动    起点      末尾      扇区   大小  Id  类型
/dev/sdb1           2048   10485759  10483712  5G   5   扩展

命令(输入 m 获取帮助): n
Partition type:
   p   primary (0 primary, 1 extended, 3 free)
   l   logical (numbered from 5)
```

由上例可知，如果把第 1 个分区定为扩展分区，并且把全部空间都划分给该分区，那么再继续分区时，就会默认为添加逻辑分区，如下所示：

```
命令(输入 m 获取帮助): n
所有主分区的空间都在使用中。
添加逻辑分区 5
第一个扇区 (4096-10485759, 默认 4096):
```

我们来连续添加两个 1000MB 的分区，命令如下所示：

```
第一个扇区 (4096-10485759, 默认 4096):
上个扇区, +sectors 或 +size{K,M,G,T,P} (4096-10485759, 默认 10485759): +1000M

创建了一个新分区 5, 类型为"Linux", 大小为 1000 MiB。

命令(输入 m 获取帮助): n
所有主分区的空间都在使用中。
添加逻辑分区 6
第一个扇区 (2054144-10485759, 默认 2054144):
上个扇区, +sectors 或 +size{K,M,G,T,P} (2054144-10485759, 默认 10485759): +1000M

创建了一个新分区 6, 类型为"Linux", 大小为 1000 MiB。

命令(输入 m 获取帮助): p
Disk /dev/sdb: 5 GiB, 5368709120 字节, 10485760 个扇区
单元: 扇区 / 1 * 512 = 512 字节
扇区大小(逻辑/物理): 512 字节 / 512 字节
I/O 大小(最小/最佳): 512 字节 / 512 字节
磁盘标签类型: dos
磁盘标识符: 0xf6cc0d7a
```

```
设备        启动     起点       末尾      扇区    大小  Id  类型
/dev/sdb1         2048   10485759   10483712    5G   5  扩展
/dev/sdb5         4096    2052095    2048000  1000M  83  Linux
/dev/sdb6      2054144    4102143    2048000  1000M  83  Linux
```

分区完成后，需要输入 w 命令来保存我们的配置，命令如下所示：

```
分区表已调整。
将调用 ioctl() 来重新读分区表。
正在同步磁盘。
```

然后使用命令 fdisk -l /dev/sdb 查看分区情况，命令如下所示：

```
# fdisk -l /dev/sdb

Disk /dev/sdb: 5 GiB, 5368709120 字节, 10485760 个扇区
单元：扇区 / 1 * 512 = 512 字节
扇区大小(逻辑/物理): 512 字节 / 512 字节
I/O 大小(最小/最佳): 512 字节 / 512 字节
磁盘标签类型: dos
磁盘标识符: 0xf6cc0d7a

设备        启动     起点       末尾      扇区    大小  Id  类型
/dev/sdb1         2048   10485759   10483712    5G   5  扩展
/dev/sdb5         4096    2052095    2048000  1000M  83  Linux
/dev/sdb6      2054144    4102143    2048000  1000M  83  Linux
```

通过以上操作，相信你已经学会如何分区了。但阿铭要提醒你，一定不要随意分区，因为这非常危险，一不留神就把服务器上的数据全部给分没了。所以，在执行分区操作的时候，请保持百分之二百的细心！

6.3 格式化磁盘分区

虽然分好区了，但磁盘分区暂时还不能用，我们还须对每一个分区进行格式化。所谓格式化，其实就是安装文件系统，Windows 下的文件系统有 FAT32 和 NTFS。前面章节中，阿铭介绍过 CentOS 8 以 XFS 作为默认的文件系统，但我们依然可以给它指定 ext3 或者 ext4 格式。

6.3.1 命令 mke2fs、mkfs.ext2、mkfs.ext3、mkfs.ext4 和 mkfs.xfs

当用 man 命令查询前 4 个命令的帮助文档时，你会发现看到的是同一个帮助文档，这说明这 4 个命令是一样的。下面我们以 mke2fs 命令为例进行介绍。

mke2fs 命令常用的选项如下所示。

- `-b`：表示分区时为每个数据区块设定所占用的空间大小。目前，每个数据区块的大小支持 1024B、2048B 以及 4096B。
- `-i`：表示设定 inode 的大小。
- `-N`：表示设定 inode 的数量。有时默认的 inode 数量不够用，所以要自定义 inode 的数量。

- ❏ -c：表示在格式化前先检测一下磁盘是否有问题。加上这个选项后，运行速度会非常慢。
- ❏ -L：表示预设该分区的标签（label）。
- ❏ -j：表示建立 ext3 格式的分区。如果使用 mkfs.ext3 格式，就不用加这个选项了。
- ❏ -t：用来指定文件系统的类型，可以是 ext2、ext3，也可以是 ext4。示例命令如下：

```
# mke2fs -t ext4 /dev/sdb5
mke2fs 1.44.3 (10-July-2018)
创建含有 256000 个块（每块 4k）和 64000 个 inode 的文件系统
文件系统UUID: ee707477-3db3-4368-8b86-252acbc18a81
超级块的备份存储于下列块：
        32768, 98304, 163840, 229376

正在分配组表： 完成
正在写入 inode 表： 完成
创建日志（4096 个块）完成
写入超级块和文件系统用户统计信息： 已完成
```

指定文件系统格式为 ext4 时，命令 mke2fs -t ext4 /dev/sdb5 等同于 mkfs.ext4 /dev/sdb5。然而，mke2fs 并不支持把分区格式化成 XFS 类型，而只能使用 mkfs.xfs，示例命令如下：

```
# mke2fs -t xfs /dev/sdb6
mke2fs 1.44.3 (10-July-2018)
你的 mke2fs.conf 文件中没有定义类型为 xfs 的文件系统。
正在终止……
# mkfs.xfs /dev/sdb6
meta-data=/dev/sdb6          isize=512    agcount=4, agsize=64000 blks
        =                    sectsz=512   attr=2, projid32bit=1
        =                    crc=1        finobt=1, sparse=1, rmapbt=0
        =                    reflink=1
data    =                    bsize=4096   blocks=256000, imaxpct=25
        =                    sunit=0      swidth=0 blks
naming  =version 2            bsize=4096   ascii-ci=0, ftype=1
log     =internal log         bsize=4096   blocks=1566, version=2
        =                    sectsz=512   sunit=0 blks, lazy-count=1
realtime =none                extsz=4096   blocks=0, rtextents=0
```

在上例中，你是否注意到"块大小=4096"或者 bsize=4096 这项指标呢？这里涉及"块"的概念。磁盘在格式化的时候，会预先规定好每一个块的大小，然后再把所有的空间分割成一个一个的小块。存数据的时候，也是一个块一个块地写入。如果你的磁盘里存储的都是特别小的文件，比如说 1KB 或者 2KB，阿铭建议你在格式化磁盘时把块数值指定得小一点。ext4 文件系统的默认块大小为 4096B（即 4KB）。在格式化时，可以指定块大小为 1024B、2048B 或者 4096B（它们是成倍增加的）。虽然格式化时可以指定块大小超过 4096B，但一旦超过 4096B，就不能正常挂载了。那么，如何指定块大小呢？下面阿铭演示一下具体的操作方法，命令如下所示：

```
# mke2fs -t ext4 -b 8192 /dev/sdb5
警告：块大小 8192 在很多系统中不可用。
mke2fs 1.44.3 (10-July-2018)
/dev/sdb5 有一个 ext4 文件系统
        创建于 Sat Jan 11 00:47:05 2020
```

```
Proceed anyway? (y,N) y
mke2fs: 8192 字节的块对于系统来说太大（最大为 4096）
Proceed anyway? (y,N) y
警告: 8192 字节的块对于系统来说太大（最大为 4096），但仍然强制进行操作
创建含有 128000 个块（每块 8k）和 64000 个 inode 的文件系统
文件系统 UUID: 48a24828-56d2-45fc-b3bf-1cb09f00c896
超级块的备份存储于下列块:
        65528

正在分配组表: 完成
正在写入 inode 表: 完成
创建日志（4096 个块）完成
写入超级块和文件系统用户统计信息: 已完成

# mkfs.xfs -b size=8192 /dev/sdb6   // 重新格式化 sdb6 时，会提示这个分区已经格式化过
mkfs.xfs: /dev/sdb6 appears to contain an existing filesystem (xfs).
mkfs.xfs: Use the -f option to force overwrite.
# mkfs.xfs -f -b size=8192 /dev/sdb6   // 加 -f 选项就可以了
meta-data=/dev/sdb6              isize=512    agcount=4, agsize=32000 blks
         =                       sectsz=512   attr=2, projid32bit=1
         =                       crc=1        finobt=1, sparse=1, rmapbt=0
         =                       reflink=1
data     =                       bsize=8192   blocks=128000, imaxpct=25
         =                       sunit=0      swidth=0 blks
naming   =version 2              bsize=8192   ascii-ci=0, ftype=1
log      =internal log           bsize=8192   blocks=1128, version=2
         =                       sectsz=512   sunit=0 blks, lazy-count=1
realtime =none                   extsz=8192   blocks=0, rtextents=0
```

通过上面的小试验可以发现，如果指定块大小为 8192B，就会提示设置的块大小值太大了，我们可以直接输入 y 强制格式化。你还可以尝试指定其他数字，但需要是 1024 的整数倍（1024、2048、4096 或者 8192）。其中，`mkfs.xfs` 用法有点特殊，你需要注意区分它和 `mke2fs`。另外，还可以给分区指定标签，命令如下所示：

```
# mke2fs -L TEST -t ext4 /dev/sdb5
mke2fs 1.44.3 (10-July-2018)
 /dev/sdb5 有一个 ext4 文件系统
         创建于 Sat Jan 11 00:48:58 2020
Proceed anyway? (y,N) y
创建含有 256000 个块（每块 4k）和 64000 个 inode 的文件系统
文件系统 UUID: e584a0dc-46b9-4d16-ad4d-78bc69786781
超级块的备份存储于下列块:
        32768, 98304, 163840, 229376

正在分配组表: 完成
正在写入 inode 表: 完成
创建日志（4096 个块）完成
写入超级块和文件系统用户统计信息: 已完成
```

这里我们可以使用 -L 选项来指定标签，标签会在挂载磁盘时使用，也可以把标签写入配置文件，这个阿铭稍后介绍。

关于格式化的这部分内容，阿铭建议你，除非有需求，否则不需要指定块大小。也就是说，你只需要记住 -t 和 -L 这两个选项即可。

6.3.2 命令 e2label

该命令用于查看或修改分区的标签，它只支持 ext 格式的文件系统，而不支持 XFS 文件系统。这个命令阿铭很少使用，你只要了解一下即可。示例命令如下：

```
# e2label /dev/sdb5
TEST
# e2label /dev/sdb5 TEST123
# e2label /dev/sdb5
TEST123
```

6.4 挂载/卸载磁盘

前面我们讲到了磁盘的分区和格式化，那么格式化完成后，如何使用这些磁盘呢？这就涉及挂载磁盘了。格式化后的磁盘其实是一个块设备文件，类型为 b。也许你会想，既然这个块文件就是那个分区，那么直接在那个文件中写数据不就相当于写入那个分区了吗？这当然不是。

在挂载某个分区前，需要先建立一个挂载点，这个挂载点是以目录的形式出现的。一旦把某个分区挂载到这个挂载点（目录）下，之后再往这个目录写数据，就都会写到该分区中。所以，在挂载该分区前，挂载点（目录）下必须是个空目录。其实目录不为空并不影响所挂载分区的使用，但一旦挂载上了，该目录下以前的数据就看不到了（数据并没有丢失），除非卸载该分区。

6.4.1 命令 mount

如果不加任何选项，直接运行 mount 命令，会显示如下信息：

```
# mount
sysfs on /sys type sysfs (rw,nosuid,nodev,noexec,relatime)
proc on /proc type proc (rw,nosuid,nodev,noexec,relatime)
devtmpfs on /dev type devtmpfs (rw,nosuid,size=910288k,nr_inodes=227572,mode=755)
securityfs on /sys/kernel/security type securityfs (rw,nosuid,nodev,noexec,relatime)
tmpfs on /dev/shm type tmpfs (rw,nosuid,nodev)
devpts on /dev/pts type devpts (rw,nosuid,noexec,relatime,gid=5,mode=620,ptmxmode=000)
tmpfs on /run type tmpfs (rw,nosuid,nodev,mode=755)
tmpfs on /sys/fs/cgroup type tmpfs (ro,nosuid,nodev,noexec,mode=755)
cgroup on /sys/fs/cgroup/systemd type cgroup (rw,nosuid,nodev,noexec,relatime,xattr,release_agent=/
    usr/lib/systemd/systemd-cgroups-agent,name=systemd)
pstore on /sys/fs/pstore type pstore (rw,nosuid,nodev,noexec,relatime)
bpf on /sys/fs/bpf type bpf (rw,nosuid,nodev,noexec,relatime,mode=700)
cgroup on /sys/fs/cgroup/net_cls,net_prio type cgroup (rw,nosuid,nodev,noexec,relatime,net_cls,net_prio)
cgroup on /sys/fs/cgroup/cpu,cpuacct type cgroup (rw,nosuid,nodev,noexec,relatime,cpu,cpuacct)
cgroup on /sys/fs/cgroup/perf_event type cgroup (rw,nosuid,nodev,noexec,relatime,perf_event)
cgroup on /sys/fs/cgroup/freezer type cgroup (rw,nosuid,nodev,noexec,relatime,freezer)
cgroup on /sys/fs/cgroup/rdma type cgroup (rw,nosuid,nodev,noexec,relatime,rdma)
cgroup on /sys/fs/cgroup/devices type cgroup (rw,nosuid,nodev,noexec,relatime,devices)
```

```
cgroup on /sys/fs/cgroup/hugetlb type cgroup (rw,nosuid,nodev,noexec,relatime,hugetlb)
cgroup on /sys/fs/cgroup/cpuset type cgroup (rw,nosuid,nodev,noexec,relatime,cpuset)
cgroup on /sys/fs/cgroup/memory type cgroup (rw,nosuid,nodev,noexec,relatime,memory)
cgroup on /sys/fs/cgroup/pids type cgroup (rw,nosuid,nodev,noexec,relatime,pids)
cgroup on /sys/fs/cgroup/blkio type cgroup (rw,nosuid,nodev,noexec,relatime,blkio)
configfs on /sys/kernel/config type configfs (rw,relatime)
/dev/sda3 on / type xfs (rw,relatime,attr2,inode64,noquota)
systemd-1 on /proc/sys/fs/binfmt_misc type autofs (rw,relatime,fd=30,pgrp=1,timeout=0,minproto=5,
    maxproto=5,direct,pipe_ino=21502)
mqueue on /dev/mqueue type mqueue (rw,relatime)
hugetlbfs on /dev/hugepages type hugetlbfs (rw,relatime,pagesize=2M)
debugfs on /sys/kernel/debug type debugfs (rw,relatime)
/dev/sda1 on /boot type ext4 (rw,relatime)
tmpfs on /run/user/0 type tmpfs (rw,nosuid,nodev,relatime,size=184944k,mode=700)
```

上述输出的信息量有点大，大家先不用关心这些内容的含义。使用这个命令，可以查看当前系统已经挂载的所有分区、分区文件系统的类型、挂载点及一些选项等信息。如果想知道某个已挂载分区的文件系统类型，直接用 mount 命令查看即可。那么未挂载的分区，该怎么看呢，大家可以使用 blkid 命令查看，6.4.3 节会讲到它。下面我们先建立一个空目录，然后在此目录里新建一个空白文档。示例命令如下：

```
# mkdir /newdir
# touch /newdir/newfile.txt
# ls /newdir/
newfile.txt
```

然后把刚才格式化的/dev/sdb5 挂载到新建的目录/newdir 上，命令如下所示：

```
# mount /dev/sdb5 /newdir/
# ls /newdir/
lost+found
# df -h |grep -v tmpfs
文件系统          1K-块     已用    可用  已用%  挂载点
/dev/sda3          16G     1.4G    15G    9%    /
/dev/sda1          190M    119M    58M    68%   /boot
/dev/sdb5          969M    2.5M    900M   1%    /newdir
```

把 /dev/sdb5 挂载到 /newdir 后，原来在 /newdir 下的 newfile.txt 文档就看不到了，通过命令 df -h 命令可以查看刚刚挂载的分区。

我们也可以使用 LABEL 的方式挂载分区，命令如下所示：

```
# umount /newdir/
# df -h |grep -v tmpfs
文件系统          1K-块     已用    可用  已用%  挂载点
/dev/sda3          16G     1.4G    15G    9%    /
/dev/sda1          190M    119M    58M    68%   /boot
# mount LABEL=TEST123 /newdir
# df -h |grep -v tmpfs
文件系统          1K-块     已用    可用  已用%  挂载点
/dev/sda3          16G     1.4G    15G    9%    /
/dev/sda1          190M    119M    58M    68%   /boot
/dev/sdb5          969M    2.5M    900M   1%    /newdir
```

本例中用到了 umount 命令，这个命令是用来卸载磁盘分区的，阿铭稍后介绍。

mount 命令常用的选项有 -a、-t 和 -o。在介绍 -a 选项前，我们需要先了解一下 /etc/fstab 这个配置文件。

6.4.2 /etc/fstab 配置文件

我们先来查看一下 /etc/fstab 文件的内容，命令如下所示：

```
# cat /etc/fstab

#
# /etc/fstab
# Created by anaconda on Thu Dec 26 08:06:21 2019
#
# Accessible filesystems, by reference, are maintained under '/dev/disk/'.
# See man pages fstab(5), findfs(8), mount(8) and/or blkid(8) for more info.
#
# After editing this file, run 'systemctl daemon-reload' to update systemd
# units generated from this file.
#
UUID=a1b68ae0-4783-45d2-991a-cfc60a95f91b /         xfs     defaults    0 0
UUID=35b3ebc3-77aa-431c-a0ed-83c4994e95e0 /boot     ext4    defaults    1 2
UUID=648fc79f-7455-46b8-8c74-5de9682785df swap      swap    defaults    0 0
```

这个文件中显示了系统启动时需要挂载的各个分区，下面阿铭简单描述一下其中各列的含义。

- 第 1 列是分区的标识，可以是分区的 LABEL、分区的 UUID（在 6.4.3 节中阿铭会着重讲一下这个概念），也可以是分区名（/dev/sda1）。
- 第 2 列是挂载点。
- 第 3 列是分区的格式。
- 第 4 列是 mount 命令的一些挂载参数。一般情况下，直接写 defaults 即可。
- 第 5 列的数字表示是否被 dump 备份。1 表示备份，0 表示不备份。
- 第 6 列的数字表示开机时是否自检磁盘。1 和 2 都表示检测，0 表示不检测。自检时，1 比 2 优先级高，所以先检测 1，再检测 2。如果有多个分区需要开机检测，就都设置成 2，1 检测完后会同时检测 2。在 CentOS 7/CentOS 8 系统里，所有分区中该列的值都是 0。

下面阿铭着重介绍第 4 列的常用选项。

- **async/sync**：async 表示磁盘和内存不同步，系统会每隔一段时间把内存数据写入磁盘中，而 sync 则会时时同步内存和磁盘中的数据。
- **auto/noauto**：表示开机自动挂载/不自动挂载。
- **defaults**：表示按照大多数永久文件系统的默认值设置挂载定义，它包含了 rw、suid、dev、exec、auto、nouser 和 async。
- **ro**：表示按只读权限挂载。
- **rw**：表示按可读可写权限挂载。

- **exec/noexec**：表示允许/不允许可执行文件执行，但千万不要把根分区挂载为 noexec，否则将无法使用系统，甚至连 mount 命令都无法使用。
- **user/nouser**：表示允许/不允许 root 以外的其他用户挂载分区。为了安全，请用 nouser。
- **suid/nosuid**：表示允许/不允许分区有 suid 属性，一般设置 nosuid。
- **usrquota**：表示启动用户的磁盘配额模式。磁盘配额会针对用户限定他们使用的磁盘额度。
- **grquota**：表示启动群组的磁盘配额模式。

学完了 /etc/fstab 的内容，我们就可以自己修改这个文件，增加一行内容来挂载新增分区。例如，阿铭增加了这样一行：

```
LABEL=TEST123         /newdir            ext4    defaults     0 0
```

然后卸载之前已经挂载的 /dev/sdb5，如下所示：

```
# umount /dev/sdb5
# df -h |grep -v tmpfs
文件系统         1K-块      已用    可用    已用%  挂载点
/dev/sda3         16G      1.4G    15G     9%    /
/dev/sda1         190M     119M    58M     68%   /boot
```

使用命令 df -h 查看，会发现已经成功卸载 /dev/sdb5。下面执行命令 mount -a：

```
# mount -a
# df -h |grep -v tmpfs
文件系统         1K-块      已用    可用    已用%  挂载点
/dev/sda3         16G      1.4G    15G     9%    /
/dev/sda1         190M     119M    58M     68%   /boot
/dev/sdb5         969M     2.5M    900M    1%    /newdir
```

使用命令 df -h 查看，会发现多出一个文件 /dev/sdb5 挂载到了 /newdir 下，这就是 mount -a 命令执行的结果。这个 -a 选项会把 /etc/fstab 中出现的所有磁盘分区挂载上。除了 -a 选项外，还有两个常用的选项。

- **-t 选项**：用来指定挂载的分区类型，默认不指定，会自动识别。
- **-o 选项**：用来指定挂载的分区有哪些特性，即上面 /etc/fstab 配置文件中第 4 列的那些。这个选项阿铭经常使用，示例命令如下：

```
# mkdir /newdir/dir1
# mount -o remount,ro,sync /dev/sdb5 /newdir
# mkdir /newdir/dir2
mkdir: 无法创建目录"/newdir/dir2": 只读文件系统
```

由于 -o 选项指定了 ro 参数，所以该分区是只读的。通过 mount 命令可以看到，/dev/sdb5 也有 ro 参数，示例命令如下：

```
# mount |grep sdb5
/dev/sdb5 on /newdir type ext4 (ro,relatime,sync)
```

下面阿铭重新挂载，让它恢复读写，如下所示：

```
# mount -o remount  /newdir     // 这里可以省略掉磁盘分区，只写挂载点
# mkdir /newdir/dir2
# ls /newdir/
dir1  dir2  lost+found
```

6.4.3 命令 blkid

阿铭在日常的运维工作中遇到过这样的情况，一台服务器上新装了两块磁盘：磁盘 a（在服务器上显示为 sdc）和磁盘 b（在服务器上显示为 sdd）。有一次阿铭把这两块磁盘都拔掉了，之后再重新插上，重启机器，结果两块磁盘的编号被调换了，即磁盘 a 显示为 sdd，磁盘 b 显示为 sdc（这是因为阿铭把磁盘插错了插槽）。

我们知道挂载磁盘是通过/dev/sdb1 这样的分区名字来挂载的，如果某分区先前已加入到/etc/fstab 中，那么系统启动后就会挂载错分区。那么，怎样避免这样的情况发生呢？这就用到了 UUID。我们可以通过 blkid 命令获取各分区的 UUID，如下所示：

```
# blkid
/dev/sdb5: LABEL="TEST123" UUID="e584a0dc-46b9-4d16-ad4d-78bc69786781" TYPE="ext4" PARTUUID=
    "f6cc0d7a-05"
/dev/sda1: UUID="35b3ebc3-77aa-431c-a0ed-83c4994e95e0" TYPE="ext4" PARTUUID="1d6231bc-01"
/dev/sda2: UUID="648fc79f-7455-46b8-8c74-5de9682785df" TYPE="swap" PARTUUID="1d6231bc-02"
/dev/sda3: UUID="a1b68ae0-4783-45d2-991a-cfc60a95f91b" TYPE="xfs" PARTUUID="1d6231bc-03"
/dev/sdb6: UUID="2c55aa65-813f-458a-b68c-df0d74127de4" TYPE="xfs" PARTUUID="f6cc0d7a-06"
```

这样可以获得全部磁盘分区的 UUID。如果格式化时指定了 LABEL，则该命令会显示 LABEL 值，文件系统的类型也会显示。当然，这个命令后面可以指定查询哪个分区，示例命令如下：

```
# blkid /dev/sdb5
/dev/sdb5: LABEL="TEST123" UUID="e584a0dc-46b9-4d16-ad4d-78bc69786781" TYPE="ext4"
PARTUUID="f6cc0d7a-05"
```

获得 UUID 后，我们如何使用它呢？用法如下所示：

```
# umount /newdir
# mount UUID="e584a0dc-46b9-4d16-ad4d-78bc69786781" /newdir/
```

UUID 也是支持写入到/etc/fstab 中的，示例命令如下：

```
# tail -1 /etc/fstab
UUID="e584a0dc-46b9-4d16-ad4d-78bc69786781" /newdir ext4   defaults      0 0
```

如果想让某个分区在开机后自动挂载，有两个办法可以实现：一是在 /etc/fstab 中添加一行，如上例中那行；二是把挂载命令写到 /etc/rc.d/rc.local 文件中，系统启动后会执行这个文件中的命令。只要你把想要开机启动的命令统统放到这个文件的最后即可。阿铭经常把挂载的命令放到该文件的最后一行，示例命令如下：

```
# cat /etc/rc.d/rc.local
#!/bin/bash
# THIS FILE IS ADDED FOR COMPATIBILITY PURPOSES
#
```

```
# It is highly advisable to create own systemd services or udev rules
# to run scripts during boot instead of using this file.
#
# In contrast to previous versions due to parallel execution during boot
# this script will NOT be run after all other services.
#
# Please note that you must run 'chmod +x /etc/rc.d/rc.local' to ensure
# that this script will be executed during boot.

touch /var/lock/subsys/local
/usr/bin/mount UUID="e584a0dc-46b9-4d16-ad4d-78bc69786781" /newdir
```

有的朋友可能会遇到这样的情况，把命令写入/etc/rc.d/rc.local 文件里，并没有开机执行，这很有可能是因为系统并没有找到那个命令。所以，为了避免出现此类问题，阿铭建议，对于以后要写入到该文件的命令，应使用绝对路径，比如本例中的 mount 应该写成 /usr/bin/mount。更改完 /etc/rc.d/rc.local 文件后，还需要一步操作：

```
# chmod a+x /etc/rc.d/rc.local
```

这是因为，在 CentOS 8 系统，该文件默认没有执行权限。以上两种方法任选其一，阿铭介绍第 2 种方法其实也是告诉你：如何让一些操作行为随系统启动而自动执行。另外，阿铭建议你在挂载磁盘分区时，尽量使用 UUID 或者 LABEL 这两种方法。

6.4.4 命令 umount

在上面的小试验中，阿铭多次用到 umount 命令。这个命令后面可以跟挂载点，也可以跟分区名（如/dev/sdb1），但是不可以跟 LABEL 和 UUID。示例命令如下：

```
# umount /dev/sdb5
# mount UUID="e584a0dc-46b9-4d16-ad4d-78bc69786781" /newdir
# umount /newdir
# mount UUID="e584a0dc-46b9-4d16-ad4d-78bc69786781" /newdir
```

umount 命令的-l 选项非常有用。因为有时候你会遇到不能卸载的情况，如下所示：

```
# umount /newdir
umount: /newdir: 目标忙。
        (有些情况下通过 lsof(8) 或 fuser(1) 可以
         找到有关使用该设备的进程的有用信息)
```

不能卸载是因为当前目录还在卸载的分区上。解决这个问题的办法有两种：一是进入到其他目录；二是使用 umount 命令的-l 选项，示例命令如下：

```
# umount -l /newdir
# df -h |grep -v tmpfs
文件系统          1K-块      已用      可用   已用% 挂载点
/dev/sda3       16561152 1436184 15124968    9% /
/dev/sda1        194235   121419    58480   68% /boot
```

6.5 建立一个 swap 文件增加虚拟内存

在安装系统时我们就接触了 swap 命令，它类似于 Windows 的虚拟内存，分区时一般指定虚拟内存的大小为实际内存的 2 倍。如果你的实际内存超过 4GB，那么划分 8GB 给虚拟内存就足够日常交换了。如果真遇到了虚拟内存不够用的情况，就必须增加一个虚拟磁盘，因为我们不可能重新给磁盘分区。增加虚拟磁盘的基本思路是：建立 swapfile→格式化为 swap 格式→启用该虚拟磁盘。

首先，建立 swapfile，如下所示：

```
# dd if=/dev/zero of=/tmp/newdisk bs=1M count=1024
记录了 1024+0 的读入
记录了 1024+0 的写出
1073741824 字节(1.1 GB)已复制，6.36177 秒，169 MB/秒
```

阿铭经常用到 dd 命令，所以也要请你掌握它的使用方法：用 if 指定源文件（一般是写 /dev/zero，它是 UNIX 系统特有的一个文件，它可以源源不断地提供 0），of 指定目标文件，bs 定义块的大小，count 定义块的数量。bs 和 count 这两个参数决定了目标文件的大小，即目标文件大小为这两个参数的乘积。在上面的示例中，阿铭用 dd 命令建立了一个大小为 1.1GB 的文件，下面将此文件格式化为 swap 格式，命令如下：

```
# mkswap -f /tmp/newdisk
mkswap: /tmp/newdisk: 不安全的权限 0644，建议使用 0600。
正在设置交换空间版本 1，大小 = 1024 MiB (1073737728 个字节)
无标签，UUID=df739399-cb11-4a92-b8db-9e94e257b815
```

文件格式化后，就可以挂载使用了，如下所示：

```
# free -m
              total        used        free      shared  buff/cache   available
Mem:           1806         235         293           8        1276        1413
Swap:          4095           0        4095
# swapon /tmp/newdisk
swapon: /tmp/newdisk: 不安全的权限 0644，建议使用 0600。  // 虽然提示不安全，但实际已经挂载上
# free -m
              total        used        free      shared  buff/cache   available
Mem:           1806         236         293           8        1276        1412
Swap:          5119           0        5119
```

对比一下前后的 swap 分区，我们发现多了 1024MB 的空间。其中，free 命令用来查看内存的使用情况，-m 选项表示以 MB 为单位显示，阿铭会在第 13 章中详细介绍该命令。

6.6 课后习题

(1) 请查资料了解这些术语并说出它们之间的区别：/dev/hda、/dev/hdb、/dev/sda 和 /dev/sdb。

(2) 为什么命令 du -b /etc/passwd 和命令 du -k /etc/passwd 执行后的结果不一致呢？（提示：通常情况下，1024B=1KB，阿铭的 /etc/passwd 文件的大小为 1181B，以 KB 为单位表示时竟然是 4KB。）

(3) 请查资料了解磁盘的这些概念：heads、sectors 和 cylinders。

(4) 磁盘分区时每一个扇区空间是多大？

(5) 请查资料了解：ide 和 scsi 接口的磁盘有什么区别，scsi 磁盘（sda、sdb）最多可以分多少个逻辑分区。

(6) 把磁盘格式化为 ext4 文件系统时，如果指定块大小不是 1024B、2048B 或 4096B，会发生什么？指定块大小最小是多少，最大又是多少？

(7) 如何查看当前系统里各个分区的文件系统类型？

(8) /dev/zero 和 /dev/null 在 Linux 系统中是什么文件？它们有什么作用？

(9) 在 Linux 系统下，命令 df 和命令 du 主要用来做什么？

(10) 在 Linux 系统下，用什么命令为一个新磁盘分区呢？又用什么命令格式化磁盘？

(11) 如果不能使用 mount 命令挂载磁盘，我们需要使用什么命令获取相关错误信息？

(12) 当卸载某个磁盘或者分区，报错 umount: /newdir: device is busy 时，我们该如何做？

(13) 如何获取某个分区的 UUID？

(14) 如何使用 dd 命令生成一个大小为 500MB 的文件？

(15) 查看内存大小的命令是什么？如何以 MB 为单位显示？

(16) 如何查看各文件系统 inode 的使用情况？

(17) 请使用 VMware 虚拟机分配一块 1GB 的虚拟磁盘，并用 fdisk 分区工具给新增磁盘分 3 个 200MB 的主分区，然后再分 3 个 100MB 的逻辑分区。

(18) 给磁盘分区时，最多可以分几个主分区？最多可以分几个扩展分区？扩展分区和逻辑分区是什么关系？

(19) 阿铭使用命令 fdisk -l /dev/sdb 查看磁盘分区状况时发现有这么几个分区：sdb1、sdb3、sdb5、sdb6 和 sdb7。请你推算一下这个磁盘共有几个主分区和几个逻辑分区？

(20) 如何查看某个分区格式化时指定的块大小（1024B、2048B 或 4096B）？

第 7 章
文本编辑工具 Vim

前面我们多次提到过 vi 命令，它是 Linux 中必不可少的工具。早期的 Unix 都是使用 vi 作为系统默认的编辑器。也许你会问，vi 与 Vim 有什么区别？其实 Vim 是 vi 的升级版。很多 Linux 系统管理员习惯用 vi，因为他们接触 Linux 时用的就是 vi，到后来 Vim 才比较流行。所以无论是用 vi 还是 Vim，只要能达到我们想要的目的即可。

在阿铭看来，vi 和 Vim 的最大区别就是编辑一个文本时 vi 不会显示颜色，而 Vim 会显示颜色。后者显示颜色更便于用户进行编辑，但其他功能两者并没有太大的区别。所以，在 Linux 系统下，使用 vi 还是 Vim 完全取决你的个人喜好。

如果你的系统里没有 Vim 工具，请按如下方法安装：

```
# yum install -y vim-enhanced
```

7.1 Vim 的 3 种常用模式

Vim 有 3 种模式：一般模式、编辑模式和命令模式，这需要我们牢记。

7.1.1 一般模式

当我们使用命令 vim filename 编辑文件时，会默认进入文件的一般模式。在这个模式下，你可以做的操作有：上下移动光标、删除某个字符、删除某行以及复制或粘贴一行或者多行。下面我们先复制一个文件，然后使用 Vim 打开该文件，如下所示：

```
# cp /etc/dnsmasq.conf /tmp/1.txt    // 因为该文件行比较多，适合我们做试验
# vim /tmp/1.txt
```

首先复制一个文件到/tmp/目录下，并改名为 1.txt。然后使用 Vim 工具编辑它，按回车后进入文件

1.txt，该模式就是一般模式。在该模式下，我们可以移动光标的位置，操作方法如表 7-1 所示。

表 7-1 移动光标

按 键	作 用
h 或者向左的方向键	光标向左移动一个字符
l（小写字母 l）或者向右的方向键	光标向右移动一个字符
k 或者向上的方向键	光标向上移动一个字符
j 或者向下的方向键	光标向下移动一个字符
Ctrl+B	文本页面向前翻一页
Ctrl+F	文本页面向后翻一页
数字 0 或者 Shift+6	移动到本行行首
Shift+4	移动到本行行尾
gg	移动到首行
G	移动到尾行
nG（n 是任意数字）	移动到第 n 行

在一般模式下，我们还可以实现对字符或字符串的删除、复制、粘贴等操作，如表 7-2 所示。

表 7-2 删除、复制和粘贴

按 键	作 用
x 和 X	x 表示向后删除一个字符，X 表示向前删除一个字符
nx	向后删除 n 个字符
dd	删除/剪切光标所在的那一行
ndd（n 为 number 的缩写）	删除/剪切光标所在行之后的 n 行
yy	复制光标所在行
p	从光标所在行开始，向下粘贴已经复制或者粘贴的内容
P	从光标所在行开始，向上粘贴已经复制或者粘贴的内容
nyy	从光标所在行开始，向下复制 n 行
u	还原上一步操作
v	按 v 后移动光标会选中指定字符，然后可以实现复制、粘贴等操作

7.1.2 编辑模式

在一般模式下是不可以修改某一个字符的，如果要修改字符，就只能进入编辑模式。从一般模式进入编辑模式，只需按 i、I、a、A、o、O、r 和 R 中的某一个键即可。当进入编辑模式时，在屏幕的尾行会显示 INSERT 或 REPLACE 的字样（如果你的 CentOS 支持中文，则会显示"插入"）。从编辑模式回到一般模式，只需按 Esc 键即可。具体行为对照表如表 7-3 所示。

表 7-3 进入编辑模式

按键	作用
i	在当前字符前插入
I	在光标所在行的行首插入
a	在当前字符后插入
A	在光标所在行的行尾插入
o	在当前行的下一行插入新的一行
O	在当前行的上一行插入新的一行

7.1.3 命令模式

在一般模式下，输入:或者/即可进入命令模式。在该模式下，我们可以搜索某个字符或者字符串，也可以实现保存、替换、退出、显示行号等操作，如表 7-4 所示。

表 7-4 命令模式

命令	作用
/word	在光标之后查找一个字符串 word，按 n 向后继续搜索
?word	在光标之前查找一个字符串 word，按 n 向前继续搜索
:n1,n2s/word1/word2/g	在 n1 和 n2 行之间查找 word1 并替换为 word2，不加 g 则只替换每行的第一个 word1
:1,$s/word1/word2/g	将文档中所有的 word1 都替换为 word2，不加 g 则只替换每行的第一个 word1

命令模式的其他功能，如表 7-5 表示。

表 7-5 命令模式的其他功能

命令	作用
:w	保存文本
:q	退出 Vim
:w!	强制保存，在 root 用户下，即使文本只读也可以完成保存
:q!	强制退出，所有改动不生效
:wq	保存并退出
:set nu	显示行号
:set nonu	不显示行号

7.2 Vim 实践

下面阿铭教你如何在一个空白文档中写入一段文字，然后保存。

首先输入 vim test.txt，直接按回车，进入一般模式，如下所示：

```
# vim test.txt
```

然后按 i 键进入编辑模式，在窗口的左下角会显示"- 插入 -"或者"- INSERT -"，这说明已进入插入模式，允许编辑文档。下面阿铭输入如下文字：

```
This is a test file.
And this is the first time to using "vim".
It's easy to use "vim".
I like to using it, do you like it?
```

编辑后，按 Esc 键，窗口左下角显示的"- 插入 -"或者"- INSERT -"消失，然后输入":wq"，直接按回车保存刚才输入的文字。如下所示：

```
This is a test file.
And this is the first time to using "vim".
It's easy to use "vim".
I like to using it, do you like it?
~
~
:wq
```

此时我们可以查看 test.txt 文档的内容，如下所示：

```
# cat test.txt
This is a test file.
And this is the first time to using "vim".
It's easy to use "vim".
I like to using it, do you like it?
```

Vim 为全键盘操作的编辑器，在各模式下都有很多功能键。阿铭在前面几个表中列出来的都是最常用的功能，你要多加练习，其他不常用的功能也需要了解一下。如果你能全部掌握阿铭列出来的功能，那么基本上算是掌握了 Vim。下面阿铭带着大家一起来练习一下。首先，复制一个示例文本文档，如下：

```
# cp /etc/dnsmasq.conf /tmp/1.txt    // 再次复制该文件
# vim /tmp/1.txt
```

请完成如下操作。

(1) 分别向下、向右、向左、向上移动 6 个字符（6j 6l 6h 6k）。
(2) 分别向下、向上翻两页（分别按两次 Ctrl+F 和 Ctrl+B）。
(3) 把光标移动到第 49 行（49G）。
(4) 把光标移动到行尾，再移动到行首（Shift+4，Shift+6）。
(5) 移动到 1.txt 文件的最后一行（G）。
(6) 移动到文件的首行（gg）。
(7) 搜索文件中出现的 dnsmasq 字符串，并数一下该字符串出现的次数（输入/dnsmsq，然后按 n）。
(8) 把从第 1 行到第 10 行出现的 dnsmasq 都替换成 dns（:1,10s/dnsmasq/dns/g）。
(9) 还原上一步操作（u）。
(10) 把整个文件中所有的 etc 替换成 cte（:1,$s/etc/cte/g）。
(11) 把光标移动到第 25 行，删除字符串 anchors（输入 25G 后回车，然后按 j 向右移动光标找到

anchors，按 v 选中，然后按 x）。

(12) 还原上一步操作（u）。

(13) 删除第 50 行（50G dd）。

(14) 还原上一步操作（u）。

(15) 删除第 37 行至第 42 行的所有内容（37G 6dd）。

(16) 还原上一步操作（u）。

(17) 复制第 48 行的内容并将其粘贴到第 52 行下面（48G yy 52G p）。

(18) 还原上一步操作（按两下 u）。

(19) 复制第 37 行至第 42 行的内容并将其粘贴到第 44 行上面（37G 6yy 44G P）。

(20) 还原上一步操作（按两下 u）。

(21) 把第 37 行至第 42 行的内容移动到第 19 行下面（37G 6dd 19G p）。

(22) 还原上一步操作（按两下 u）。

(23) 把光标移动到首行，把第 1 行内容改为#!/bin/bash（先按 gg 把光标定位到第 1 行，然后按字母 A，进入编辑模式，同时将光标移到行末尾进行修改操作，完成后按 Esc 键）。

(24) 在第 1 行下面插入新的一行，并输入# Hello!（先按 gg 将光标定位到第 1 行，然后按 o 进入编辑模式，同时将光标下移另起一行，输入# Hello!）。

(25) 保存文档并退出（按 Esc 键，输入:wq）。

7.3　课后习题

(1) vi 与 Vim 有什么区别？它们之间有什么关系？

(2) 如何查看当前系统的 Vim 版本？

(3) 如何把文档中出现的 abc 全部替换成 def？如何只替换每行中出现的第一个 abc？

(4) 当搜索某个关键词时，光标定位的关键词所在的行是如何决定的？也就是说，光标是定位到出现关键词的最顶端那行还是最底端那行，还是另外的情况？如何从当前关键词移动到下一个关键词？如何从当前关键词移动到上一个关键词呢？

(5) 当编辑完文档后，按 Esc 键进入命令模式，此时输入命令:x，会怎么样？

(6) 在一般模式下，如何把光标快速向右或向左移动 10 个字符？

(7) vim + filename 表示什么含义？执行 vim +10 filename 将会发生什么？

(8) 用 Vim 打开文档后，如何使光标跳转到第 20 行？如何使光标跳到最后一行呢？

(9) 用 Vim 打开文档后，默认是不显示行号的，如何才能显示行号呢？

(10) 用 Vim 打开文档后，如何把第 20 行至第 50 行中的第一个 abc 替换为 efg？如果想替换所有的 abc 呢？

(11) 用 Vim 打开文档后，如何快速删除前 100 行？

(12) 用 Vim 打开文档后，如何复制一行并将其粘贴到第 20 行的下面？

第 8 章
文档的压缩与打包

在 Windows 下，我们接触最多的压缩文件是.rar 格式的；但在 Linux 下，不能识别.rar 格式，它有自己独特的压缩工具。.zip 格式的文件在 Windows 和 Linux 下都能使用。使用压缩文件，不仅能节省磁盘空间，而且在传输时还能节省网络带宽。

Linux 下最常见的压缩文件通常都是.tar.gz 格式的，除此之外，还有.tar、.gz、.bz2、.zip 等格式。阿铭曾介绍过 Linux 下的文件后缀名可加可不加，但压缩文件最好加上后缀名。这是为了判断压缩文件是由哪种压缩工具压缩的，而后才能正确地解压缩这个文件。下面介绍 Linux 下常见的后缀名所对应的压缩工具。

- **.gz**：表示由 gzip 压缩工具压缩的文件。
- **.bz2**：表示由 bzip2 压缩工具压缩的文件。
- **.tar**：表示由 tar 打包程序打包的文件(tar 并没有压缩功能，只是把一个目录合并成一个文件)。
- **.tar.gz**：可以理解为先由 tar 打包，然后再由 gzip 压缩。
- **.tar.bz2**：可以理解为先由 tar 打包，然后再由 bzip2 压缩。
- **.tar.xz**：可以理解为先由 tar 打包，然后再 xz 压缩。

8.1 gzip 压缩工具

gzip 命令的格式为 gzip [-d#] filename，其中 # 为 1~9 的数字。

- **-d**：该参数在解压缩时使用。
- **-#**：这里的#为数字，表示压缩等级。-1 为最差，-9 为最好，-6 为默认。

下面阿铭通过一个小例子来说明 gzip 的用法，示例命令如下：

```
# mkdir /tmp/8
# cd /tmp/8
```

```
# mkdir test
# mv /tmp/1.txt test/
# cd test
# ls
1.txt
# gzip 1.txt
# ls
1.txt.gz
```

gzip 后面直接跟文件名，表示在当前目录下压缩该文件，而原文件也会消失。解压该压缩文件的方法如下所示：

```
# gzip -d 1.txt.gz
# ls
1.txt
```

命令 gzip -d 后面跟压缩文件表示解压压缩文件。gzip 不支持压缩目录，压缩目录时会报错，如下所示：

```
# cd ..
# gzip test
gzip: test is a directory -- ignored
# ls test
1.txt
```

关于-#选项，我们平时很少用到，使用默认的压缩级别足够了。

8.2　bzip2 压缩工具

bzip2 命令的格式为 bzip2 [-dz] filename，它只有-z（压缩）和-d（解压缩）两个常用选项。压缩级别有 1~9，默认级别是 9。压缩时，加或不加-z 选项都可以压缩文件。示例命令如下：

```
# cd test
# bzip2 1.txt
# ls
1.txt.bz2
# bzip2 -d 1.txt.bz2
# bzip2 -z 1.txt
# ls
1.txt.bz2
```

bzip2 命令也不支持压缩目录，压缩目录时会报错，如下所示：

```
# cd ..
# bzip2 test
bzip2: Input file test is a directory.
```

8.3　xz 压缩工具

xz 命令的格式为 xz [-dz] filename，和 bzip2 类似，阿铭只介绍-z（压缩）和-d（解压缩）这两个常用选项。压缩时，加或不加-z 选项都可以压缩文件。示例命令如下：

```
# bzip2 -d 1.txt.bz2
# xz 1.txt
# ls
1.txt.xz
# xz -d 1.txt.xz
# xz -z 1.txt
# ls
1.txt.xz
```

xz 命令同样也不支持压缩目录，压缩目录时会报错，如下所示：

```
# cd ..
# xz test
xz: test: Is a directory, skipping
```

8.4 tar 打包工具

tar 本身就是一个打包工具，可以把目录打包成一个文件，会把所有文件整合成一个大文件，方便复制或者移动。该命令的格式为 tar [-zjxcvfpP] filename tar，它有多个选项，如下所示，其中不常用的阿铭在括号里做了标注。

- **-z**：表示同时用 gzip 压缩。
- **-j**：表示同时用 bzip2 压缩。
- **-J**：表示同时用 xz 压缩。
- **-x**：表示解包或者解压缩。
- **-t**：表示查看 tar 包里的文件。
- **-c**：表示建立一个 tar 包或者压缩文件包。
- **-v**：表示可视化。
- **-f**：后面跟文件名（即-f filename，表示压缩后的文件名为 filename，或者解压文件 filename。）需要注意的是，在多个参数组合的情况下，请把-f 参数写到最后面。
- **-p**：表示使用原文件的属性，即压缩前文件是什么属性压缩后就还什么属性。（不常用）
- **-P**：表示可以使用绝对路径。（不常用）
- **--exclude filename**：表示在打包或压缩时，不要将 filename 文件包括在内。（不常用）

具体操作过程如下：

```
# cd test
# xz -d 1.txt.xz
# mkdir test111
# touch test111/2.txt
# echo "nihao" > !$
echo "nihao" > test111/2.txt
# cp 1.txt test111/
# yum install tree  // 安装tree命令，用来查看目录树形结构
# tree .
.
|-- 1.txt
`-- test111
```

```
        |-- 1.txt
        `-- 2.txt

1 directory, 3 files
# tar -cvf test111.tar test111
test111/
test111/2.txt
test111/1.txt
# ls
1.txt   test111   test111.tar
```

首先，在 test 目录下建立 test111 目录，然后在 test111 目录下建立 2.txt 文件，并将 nihao 写入到 2.txt 中。接着，用 tar 命令把 test111 打包成 test111.tar（请记住，-f 参数后紧跟打包后的文件名，然后再跟需要打包的目录或者文件）。使用 tar 命令打包后，原文件不会消失。在上例中，阿铭使用了一个特殊符号!$，它表示上一条命令的最后一个参数，这里指 test111/2.txt。

tar 命令不仅可以打包目录，还可以打包文件，打包时可以不加-v 选项，表示不可视化。示例命令如下：

```
# rm -f test111.tar
# tar -cf test.tar test111 1.txt
# ls
1.txt   test111   test.tar
```

其实不管是打包还是解包，是不会删除原来的文件的，而且原来的文件会覆盖当前已经存在的文件或者目录。下面我们先删除原来的 test111 目录，然后解包 test.tar，如下所示：

```
# rm -rf test111
# ls
1.txt   test.tar
# tar -xvf test.tar
test111/
test111/2.txt
test111/1.txt
1.txt
```

在日常管理工作中，你也许会用到--exclude 选项，下面就来简单介绍一下它的用法，示例命令如下：

```
# tar -cvf test111.tar --exclude 1.txt test111    // 不用删除test111.tar，会自动覆盖
test111/
test111/2.txt
```

请注意，上例中 test111.tar 放到了--exclude 选项的前面。该选项除了可以排除文件，也可以排除目录，示例命令如下：

```
# mkdir test111/test222
# tar -cvf test111.tar --exclude test222 test111
test111/
test111/2.txt
test111/1.txt
```

8.4.1 打包的同时使用 gzip 压缩

tar 命令非常好用的一个功能就是可以在打包时直接压缩，它支持 gzip 压缩、bzip2 压缩和 xz 压缩。若使用 -z 选项，则可以压缩成 gzip 格式的文件，示例命令如下：

```
# tar -czvf test111.tar.gz test111
test111/
test111/2.txt
test111/1.txt
# ls
1.txt   test111   test111.tar.gz   test.tar
```

使用 -tf 选项，可以查看包或者压缩包的文件列表，示例命令如下：

```
# tar -tf test111.tar.gz
test111/
test111/2.txt
test111/1.txt
# tar -tf test.tar
test111/
test111/2.txt
test111/1.txt
1.txt
```

使用 -zxvf 选项，可以解压 .tar.gz 格式的压缩包，示例命令如下：

```
# rm -rf test111
# ls
1.txt   test111.tar.gz   test.tar
# tar -zxvf test111.tar.gz
test111/
test111/2.txt
test111/1.txt
# ls
1.txt   test111   test111.tar.gz   test.tar
```

8.4.2 打包的同时使用 bzip2 压缩

和 gzip 压缩不同的是，这里使用 -cjvf 选项来压缩，压缩过程如下：

```
#  tar -cjvf test111.tar.bz2 test111
test111/
test111/2.txt
test111/1.txt
# ls
1.txt   test111   test111.tar.bz2   test111.tar.gz   test.tar
```

使用 -tf 选项来查看压缩包的文件列表，示例命令如下：

```
# tar -tf test111.tar.bz2
test111/
test111/2.txt
test111/1.txt
```

使用-jxvf 选项来解压 .tar.bz2 格式的压缩包，示例命令如下：

```
# tar -jxvf test111.tar.bz2
test111/
test111/2.txt
test111/1.txt
```

关于打包的同时使用 xz 压缩工具压缩，阿铭不再介绍，方法同 8.4.1 节和 8.4.2 节。

8.5　使用 zip 压缩

zip 压缩包在 Windows 和 Linux 中都比较常用，它可以压缩目录和文件。压缩目录时，需要指定目录下的文件。示例命令如下：

```
# zip  1.txt.zip  1.txt
  adding: 1.txt (deflated 64%)
# zip test111.zip test111/*
  adding: test111/1.txt (deflated 64%)
  adding: test111/2.txt (stored 0%)
  adding: test111/test222/ (stored 0%)
```

说明　zip 后面先跟目标文件名，即压缩后的自定义压缩包名，然后跟要压缩的文件或者目录。若你的 CentOS 没有该命令，需要使用 yum 工具安装它，如下所示：

```
# yum install -y  zip
```

思考题　在压缩目录时，如果只写目录名，会发生什么？若目录下还有二级目录甚至更多级目录时，能否也一并压缩二级目录下的文件呢？

做完试验后就会发现，当目录下还有二级目录甚至更多级目录时，zip 命令仅仅是把二级目录本身压缩而已。如果想要一并压缩二级目录下的文件，必须加上-r 选项，如下所示：

```
# zip -r test111.zip test111/
updating: test111/ (stored 0%)
updating: test111/1.txt (deflated 64%)
updating: test111/2.txt (stored 0%)
updating: test111/test222/ (stored 0%)
```

这样就不需要用 test111/*了。

解压.zip 格式的文件时并不使用 zip 命令，而是用 unzip 命令。例如，解压 1.txt.zip 的命令为：

```
# unzip 1.txt.zip
```

若系统中没有 unzip 命令，则需要使用 yum 工具安装它，如下所示：

```
# yum install -y unzip
```

8.6 zcat、bzcat 命令的使用

上面介绍了使用-t 选项可以查看 tar 压缩包的文件列表。对于 gzip2 或者 bzip2 压缩格式的文本文档，我们也可以使用 zcat、bzcat 命令直接查看文档内容。示例命令如下：

```
# cp /etc/passwd ./11.txt
# cp 11.txt 22.txt
# gzip 11.txt
# bzip2 22.txt
# zcat 11.txt.gz
# bzcat 22.txt.bz2
```

这样就可以查看 11.txt 或 22.txt 文件的内容了，大家猜一猜用什么命令可以查看 xz 压缩文件的内容呢？

8.7 课后习题

(1) gzip 命令和 bzip2 命令能否直接压缩目录呢？
(2) 请快速写出使用 gzip 和 bzip2 压缩和解压一个文件的命令。
(3) tar 在打包时，如果想排除多个文件或者目录，该如何操作？
(4) 请试验：如果不加-是否正确，如 tar zcvf 1.tar.gz 1.txt 2.txt？
(5) 如何使用 tar 打包和解包格式为.tar.gz 和.tar.bz2 的压缩包？
(6) 找一个大点的文件，使用 tar 分别把这个文件打成.tar.gz 和.tar.bz2 格式的压缩包，比较一下哪个包会更小，并由此判断是 gzip 压缩效果好还是 bzip2 压缩效果好。
(7) 使用 tar 打包并压缩时，默认压缩级别为几？如何能够改变压缩级别呢？（提示：tar 本身没有这个功能，可以尝试拆分打包和压缩。）

第 9 章
安装 RPM 包或源码包

在 Windows 系统下安装软件很简单，只要双击后缀为.exe 的文件，然后根据提示连续单击"下一步"按钮即可。然而在 Linux 系统下安装软件就没那么容易了，因为我们不是在图形界面下操作。所以，你必须学会如何在 Linux 下安装软件。

前面我们多次提到了 yum 命令，它是 Red Hat 所特有的安装 RPM 程序包的工具。使用 RPM 工具安装某一个程序包时，有可能会因为该程序包依赖另一个程序包而无法安装；而使用 yum 工具时，就可以连同依赖的程序包也一起安装，很方便。在 CentOS 里使用 yum 工具是免费的，但在 Red Hat 里，使用 yum 工具需要付费。在介绍 yum 工具之前，我们先来了解一下 RPM。

9.1 RPM 工具

RPM 是 Red Hat Package Manager 的缩写，由 Red Hat 公司开发。它是以一种数据库记录的方式将我们所需要的套件安装到 Linux 主机的一套管理程序。也就是说，你的 Linux 系统中存在着一个关于 RPM 的数据库，它记录了安装的包以及包与包之间的依赖关系。RPM 包是预先在 Linux 机器上编译并打包的文件，安装非常快捷。但它也有一些缺点，比如安装环境必须要与编译时的环境一致或者相当、包与包之间存在着相互依赖的情况、卸载包时需要先把依赖的包卸载。如果依赖的包是系统所必需的，就不能卸载这个包，否则系统会崩溃。

由于我们在安装 CentOS 8 时下载的 ISO 镜像文件为 boot 版，所以我们无法在该 ISO 镜像文件里找到 RPM 包。需要自己下载。

每个 RPM 包的名称都被-和.分成了若干部分。比如在 acl-2.2.53-1.el8.x86_64.rpm 包中，acl 为包名、2.2.53 为版本信息、1.el8 为发布版本号、x86_64 为运行平台。常见的运行平台有 i386、i586、i686 和 x86_64。需要注意的是，CPU 目前分 32 位和 64 位，i386、i586 和 i686 都为 32 位平台，x86_64 则为 64 位平台。另外，有些 RPM 包并没有写具体的平台而是 noarch（如 adcli-doc-0.8.2-3.el8.noarch.rpm），

这说明这个 RPM 包没有硬件平台限制。

下面介绍一下 RPM 工具常用的命令。

9.1.1 安装 RPM 包

安装 RPM 包的命令如下：

```
# yum install -y wget    // 安装 wget 命令，wget 为下载工具
# wget http://mirrors.aliyun.com/centos/8/BaseOS/x86_64/os/Packages/at-3.1.20-11.el8.x86_64.rpm
# rpm -ivh at-3.1.20-11.el8.x86_64.rpm
Verifying...                          ################################# [100%]
准备中...                             ################################# [100%]
正在升级/安装...
   1:at-3.1.20-11.el8                 ################################# [100%]
```

其中各个选项的含义如下。

- **-i**：表示安装。
- **-v**：表示可视化。
- **-h**：表示显示安装进度。

当然，RPM 工具也支持直接通过网络安装 RPM 包，如下所示：

```
# rpm -ivh http://mirrors.aliyun.com/centos/8/BaseOS/x86_64/os/Packages/bc-1.07.1-5.el8.x86_64.rpm
获取 http://mirrors.aliyun.com/centos/8/BaseOS/x86_64/os/Packages/bc-1.07.1-5.el8.x86_64.rpm
Verifying...                          ################################# [100%]
准备中...                             ################################# [100%]
正在升级/安装...
   1:bc-1.07.1-5.el8                  ################################# [100%]
```

另外，在安装 RPM 包时，常用的附带参数还包括如下几项。

- **--force**：表示强制安装，即使覆盖属于其他包的文件也要安装。
- **--nodeps**：表示当要安装的 RPM 包依赖于其他包时，即使其依赖他包没有安装，也要安装这个包。

9.1.2 升级 RPM 包

升级 RPM 包的命令为 `rpm -Uvh filename`，其中 `-U` 选项表示升级。

9.1.3 卸载 RPM 包

卸载 RPM 包的命令为 `rpm -e filename`，这里的 `filename` 是通过 `rpm` 的查询功能所查询到的，稍后会进行介绍。下面先查找一个已经安装的包，然后使用 `-e` 选项卸载它。示例命令如下：

```
# rpm -qa at
at-3.1.20-11.el8.x86_64
# rpm -e at
```

卸载时，-e 选项后面的 filename 和安装时是有区别的。安装时，是把一个存在的文件作为参数，而卸载时只需要包名即可。

9.1.4 查询一个包是否已安装

查询一个包的命令为 rpm -q RPM 包名，这里的"包名"是不带平台信息和后缀名的。示例命令如下：

```
# rpm -q at
未安装软件包 at
# rpm -ivh at-3.1.20-11.el8.x86_64.rpm
Verifying...                ################################# [100%]
准备中...                    ################################# [100%]
正在升级/安装...
   1:at-3.1.20-11.el8        ################################# [100%]
# rpm -q at
at-3.1.20-11.el8.x86_64
```

我们可以使用命令 rpm -qa 查询当前系统所有已安装的 RPM 包，限于篇幅，这里只列出前 10 个，如下所示：

```
# rpm -qa |head
libevent-2.1.8-5.el8.x86_64
geolite2-city-20180605-1.el8.noarch
rpm-plugin-selinux-4.14.2-25.el8.x86_64
centos-gpg-keys-8.1-1.1911.0.8.el8.noarch
python3-unbound-1.7.3-8.el8.x86_64
filesystem-3.8-2.el8.x86_64
python3-dateutil-2.6.1-6.el8.noarch
ncurses-base-6.1-7.20180224.el8.noarch
python3-libselinux-2.9-2.1.el8.x86_64
glibc-langpack-zh-2.28-72.el8.x86_64
```

9.1.5 得到一个已安装的 RPM 包的相关信息

要得到一个已安装 RPM 包的相关信息，可以使用命令 rpm -qi 包名，这里也不需要加平台信息和后缀名。示例命令如下：

```
# # rpm -qi at
Name         : at
Version      : 3.1.20
Release      : 11.el8
Architecture : x86_64
Install Date : 2020 年 02 月 06 日 星期四 03 时 12 分 20 秒
Group        : System Environment/Daemons
Size         : 131790
License      : GPLv3+ and GPLv2+ and ISC and MIT and Public Domain
Signature    : RSA/SHA256, 2019 年 07 月 01 日 星期一 16 时 40 分 54 秒, Key ID 05b555b38483c65d
Source RPM   : at-3.1.20-11.el8.src.rpm
Build Date   : 2019 年 05 月 11 日 星期六 09 时 12 分 23 秒
Build Host   : x86-02.mbox.centos.org
Relocations  : (not relocatable)
```

```
Packager    : CentOS Buildsys <bugs@centos.org>
Vendor      : CentOS
URL         : http://ftp.debian.org/debian/pool/main/a/at
Summary     : Job spooling tools
Description :
At and batch read commands from standard input or from a specified
file. At allows you to specify that a command will be run at a
particular time. Batch will execute commands when the system load
levels drop to a particular level. Both commands use user's shell.

You should install the at package if you need a utility for
time-oriented job control. Note: If it is a recurring job that will
need to be repeated at the same time every day/week, etc. you should
use crontab instead.
```

9.1.6 列出一个 RPM 包的安装文件

列出一个 RPM 包的安装文件的命令为 rpm -ql 包名，示例命令如下：

```
# # rpm -ql at
/etc/at.deny
/etc/pam.d/atd
/etc/sysconfig/atd
/usr/bin/at
/usr/bin/atq
/usr/bin/atrm
/usr/bin/batch
/usr/lib/.build-id
/usr/lib/.build-id/5b
/usr/lib/.build-id/5b/62f43486550b03dd4fc8620421cdb5a191ddcf
/usr/lib/.build-id/83
/usr/lib/.build-id/83/49b3653cd2bee7e0d8c391862f7c0dd2de32c9
/usr/lib/systemd/system/atd.service
/usr/sbin/atd
/usr/sbin/atrun
/usr/share/doc/at
/usr/share/doc/at/ChangeLog
/usr/share/doc/at/README
/usr/share/doc/at/timespec
/usr/share/licenses/at
/usr/share/licenses/at/COPYING
/usr/share/licenses/at/Copyright
/usr/share/man/man1/at.1.gz
/usr/share/man/man1/atq.1.gz
/usr/share/man/man1/atrm.1.gz
/usr/share/man/man1/batch.1.gz
/usr/share/man/man5/at.allow.5.gz
/usr/share/man/man5/at.deny.5.gz
/usr/share/man/man8/atd.8.gz
/usr/share/man/man8/atrun.8.gz
/var/spool/at
/var/spool/at/.SEQ
/var/spool/at/spool
```

通过上面的命令可以看出，文件 /usr/sbin/atrun 是通过安装 at 这个 RPM 包得来的。那么，如何通过文件去查找它的 RPM 包呢？

9.1.7 列出某个文件属于哪个 RPM 包

列出某个文件属于哪个 RPM 包的命令为 `rpm -qf` 文件的绝对路径，示例命令如下：

```
# rpm -qf /usr/sbin/atrun
at-3.1.20-11.el8.x86_64
```

9.2 yum 工具

如果你使用的 Linux 系统支持 yum 工具，那么使用该工具比使用 RPM 工具更加方便。yum 工具最大的优势在于可以联网去下载所需要的 RPM 包，然后自动安装。如果要安装的 RPM 包有依赖关系，yum 工具会帮我们依次安装所有相关的 RPM 包。下面阿铭介绍一下常用的 yum 命令。

9.2.1 列出所有可用的 RPM 包

使用 `yum list` 命令，可以列出所有的 RPM 包资源，如下所示：

```
# yum list |head -20
上次元数据过期检查: 0:18:34 前，执行于 2020 年 02 月 06 日 星期四 02 时 56 分 59 秒。
已安装的软件包
NetworkManager.x86_64                   1:1.20.0-3.el8                    @anaconda
NetworkManager-libnm.x86_64             1:1.20.0-3.el8                    @anaconda
NetworkManager-team.x86_64              1:1.20.0-3.el8                    @anaconda
NetworkManager-tui.x86_64               1:1.20.0-3.el8                    @anaconda
acl.x86_64                              2.2.53-1.el8                      @anaconda
at.x86_64                               3.1.20-11.el8                       @System
audit.x86_64                            3.0-0.10.20180831git0047a6c.el8   @anaconda
audit-libs.x86_64                       3.0-0.10.20180831git0047a6c.el8   @anaconda
authselect.x86_64                       1.1-2.el8                         @anaconda
authselect-libs.x86_64                  1.1-2.el8                         @anaconda
basesystem.noarch                       11-5.el8                          @anaconda
bash.x86_64                             4.4.19-10.el8                     @anaconda
bc.x86_64                               1.07.1-5.el8                        @System
bind-export-libs.x86_64                 32:9.11.4-26.P2.el8               @anaconda
biosdevname.x86_64                      0.7.3-2.el8                       @anaconda
brotli.x86_64                           1.0.6-1.el8                       @anaconda
bzip2-libs.x86_64                       1.0.6-26.el8                      @anaconda
c-ares.x86_64                           1.13.0-5.el8                      @anaconda
```

限于篇幅，阿铭只列举了 18 个 RPM 包的信息。如上例所示，最左侧是 RPM 包名，中间是版本信息，最右侧是安装信息。如果已安装，最右侧就显示 @AppStream 或者 @ anaconda，它们前面都会有一个 @ 符号，这很好区分。如果未安装，则显示 AppStream、BaseOS。如果你仔细看看，就会发现 yum list 命令会先列出已安装的包（installed package），然后再列出可安装的包（available package）。

9.2.2 搜索 RPM 包

搜索 RPM 包的命令为 yum search [相关关键词]，示例命令如下：

```
# yum search vim
上次元数据过期检查：0:25:30 前，执行于 2020 年 02 月 06 日 星期四 02 时 56 分 59 秒。
============================ 名称 和 概况 匹配：vim ================================
vim-filesystem.noarch : VIM filesystem layout
vim-minimal.x86_64 : A minimal version of the VIM editor
vim-minimal.x86_64 : A minimal version of the VIM editor
vim-common.x86_64 : The common files needed by any version of the VIM editor
vim-X11.x86_64 : The VIM version of the vi editor for the X Window System - GVim
vim-enhanced.x86_64 : A version of the VIM editor which includes recent enhancements
```

除了这样的搜索方法外，阿铭还常通过 grep 来过滤，从而找到相应的 RPM 包，如下所示：

```
# yum list |grep vim
vim-common.x86_64                    2:8.0.1763-13.el8                @AppStream
vim-enhanced.x86_64                  2:8.0.1763-13.el8                @AppStream
vim-filesystem.noarch                2:8.0.1763-13.el8                @AppStream
vim-minimal.x86_64                   2:8.0.1763-13.el8                @anaconda
vim-X11.x86_64                       2:8.0.1763-13.el8                AppStream
```

9.2.3 安装 RPM 包

安装 RPM 包的命令为 yum install [-y] [RPM 包名]，如果不加 -y 选项，则会以与用户交互的方式安装。示例命令如下：

```
# # yum install -y psmisc
上次元数据过期检查：0:30:11 前，执行于 2020 年 02 月 06 日 星期四 02 时 56 分 59 秒。
依赖关系解决。
================================================================================
 软件包           架构            版本              仓库              大小
================================================================================
安装:
 psmisc           x86_64          23.1-3.el8        BaseOS            151 k

事务概要
================================================================================安装  1 软件包

总下载：151 k
安装大小：487 k
下载软件包：
psmisc-23.1-3.el8.x86_64.rpm                                               420
kB/s | 151 kB     00:00
--------------------------------------------------------------------------------
总计                                                                       101
kB/s | 151 kB     00:01
运行事务检查
事务检查成功。
运行事务测试
事务测试成功。
```

```
运行事务
  准备中  :                                                            1/1
  安装    : psmisc-23.1-3.el8.x86_64                                   1/1
  运行脚本: psmisc-23.1-3.el8.x86_64                                   1/1
  验证    : psmisc-23.1-3.el8.x86_64                                   1/1

已安装:
  psmisc-23.1-3.el8.x86_64

完毕!
```

在这个过程中，首先会把需要安装的 RPM 包列出来，如果有依赖关系，也会把所有依赖的包列出来。然后询问用户是否需要安装，输入 y 则安装，输入 n 则不安装。但阿铭觉得这样太麻烦，所以会直接加上 -y 选项，这样就省略了询问用户是否安装的那一步。

9.2.4 卸载 RPM 包

卸载 RPM 包的命令为 yum remove [-y] [RPM 包名]，示例命令如下：

```
# yum remove psmisc
依赖关系解决
================================================================================
 软件包           架构           版本              仓库            大小
================================================================================
移除::
 psmisc           x86_64         23.1-3.el8        @BaseOS         487k

事务概要
================================================================================
移除  1 软件包

将会释放空间: 487 k
确定吗? [y/N]:  y
运行事务检查
事务检查成功。
运行事务测试
事务测试成功。
运行事务
  准备中  :                                                            1/1
  删除    : psmisc-23.1-3.el8.x86_64                                   1/1
  运行脚本: psmisc-23.1-3.el8.x86_64                                   1/1
  验证    : psmisc-23.1-3.el8.x86_64                                   1/1

已移除:
  psmisc-23.1-3.el8.x86_64

完毕!
```

卸载和安装一样，也可以直接加上 -y 选项，从而省略与用户交互的那一步。这里阿铭需要提醒一下，卸载某个 RPM 包时一定要看清楚，不要连其他重要的 RPM 包也一起卸载了，以免影响正常的业务，所以使用 yum remove 命令卸载包时，还是不要加 -y 选项了。

9.2.5 升级 RPM 包

升级 RPM 包的命令为 yum update [-y] [RPM 包]，示例命令如下：

```
# yum update bash
上次元数据过期检查：0:37:08 前，执行于 2020 年 02 月 06 日 星期四 02 时 56 分 59 秒。
依赖关系解决。
无须任何处理。
完毕！
```

只不过阿铭的系统目前没有任何可以升级的 RPM 包。前面介绍了如何使用 yum 工具搜索、安装、卸载以及升级 RPM 包，如果你掌握了这些技能，基本上就可以解决日常工作中遇到的与 RPM 包相关的问题了。当然，yum 工具还有好多其他好用的命令，阿铭不再一一举出，如果你感兴趣，可以使用 man 命令查阅帮助信息。除此之外，阿铭还会教你一些关于 yum 工具的小应用。

9.2.6 更改 yum 仓库为国内镜像站

上面也提到，yum 是从网络获取 RPM 包的，那么它是去哪里下载的 RPM 包呢？大家可以通过查看配置文件/etc/yum.repos.d/CentOS-Base.repo 获得下载地址：

```
# cat /etc/yum.repos.d/CentOS-Base.repo
# CentOS-Base.repo
#
# The mirror system uses the connecting IP address of the client and the
# update status of each mirror to pick mirrors that are updated to and
# geographically close to the client.  You should use this for CentOS updates
# unless you are manually picking other mirrors.
#
# If the mirrorlist= does not work for you, as a fall back you can try the
# remarked out baseurl= line instead.
#
#

[BaseOS]
name=CentOS-$releasever - Base
mirrorlist=http://mirrorlist.centos.org/?release=$releasever&arch=$basearch&repo=BaseOS&infra=$infra
#baseurl=http://mirror.centos.org/$contentdir/$releasever/BaseOS/$basearch/os/
gpgcheck=1
enabled=1
gpgkey=file:///etc/pki/rpm-gpg/RPM-GPG-KEY-centosofficial
```

这里的 mirrorlist.centos.org 为下载 RPM 的地址，该站点在国外，相对来说访问比较慢，我们可以将其更改为国内的镜像站点，比如阿里云的，具体方法如下。

(1) 更改/etc/yum.repos.d/CentOS-Base.repo 文件：

```
# vim /etc/yum.repos.d/CentOS-Base.repo  //改为如下内容
[BaseOS]
name=CentOS-$releasever - Base
baseurl=http://mirrors.aliyun.com/centos/$releasever/BaseOS/$basearch/os/
```

```
gpgcheck=1
enabled=1
gpgkey=file:///etc/pki/rpm-gpg/RPM-GPG-KEY-centosofficial
```

(2) 更改/etc/yum.repos.d/CentOS-AppStream.repo 文件：

```
# vim /etc/yum.repos.d/CentOS-AppStream.repo    // 改为如下内容
[AppStream]
name=CentOS-$releasever - AppStream
baseurl=http://mirrors.aliyun.com/centos/$releasever/AppStream/$basearch/os/
gpgcheck=1
enabled=1
gpgkey=file:///etc/pki/rpm-gpg/RPM-GPG-KEY-centosofficial
```

(3) 刷新 repos 生成缓存，命令如下所示：

```
# yum clean all
# yum makecache
```

然后就可以使用 yum 命令安装所需要的软件包了，比如我们可以安装一个 tftp 的 RPM 包，命令如下所示：

```
# yum install -y tftp
```

9.2.7 利用 yum 工具下载 RPM 包

有时我们需要下载 RPM 包但不安装，而仅仅是复制给其他机器使用。其实，通过 yum 安装 RPM 包时，它需要先下载这个 RPM 包，然后再去安装，所以使用 yum 工具完全可以做到只下载而不安装。

首先需要安装一个 yum 的工具：

```
# yum install -y yum-utils
```

然后使用 yumdownloader 命令就可以直接下载 RPM 包了，它会将 RPM 包下载到当前目录下，当然如果不指定任何选项，它会只下载指定的 RPM 包，而不下载依赖的包。要想连同依赖的包一起下载，还需要指定--resolve 选项，命令如下：

```
# mkdir /tmp/rmps
# cd /tmp/rmps
# yumdownloader  --resolve  zlib-devel
上次元数据过期检查: 0:02:01 前, 执行于 2020 年 02 月 06 日 星期四 05 时 59 分 10 秒。
(1/8): libpkgconf-1.4.2-1.el8.x86_64.rpm                  106 kB/s |  35 kB   00:00
(2/8): pkgconf-m4-1.4.2-1.el8.noarch.rpm                  234 kB/s |  17 kB   00:00
(3/8): pkgconf-1.4.2-1.el8.x86_64.rpm                      93 kB/s |  38 kB   00:00
(4/8): zlib-1.2.11-10.el8.i686.rpm                        795 kB/s | 103 kB   00:00
(5/8): pkgconf-pkg-config-1.4.2-1.el8.x86_64.rpm          107 kB/s |  15 kB   00:00
(6/8): zlib-devel-1.2.11-10.el8.i686.rpm                  324 kB/s |  56 kB   00:00
(7/8): zlib-devel-1.2.11-10.el8.x86_64.rpm                326 kB/s |  56 kB   00:00
(8/8): glibc32-2.28-42.1.el8.x86_64.rpm                   1.8 MB/s | 1.5 MB   00:00
# ls
glibc32-2.28-42.1.el8.x86_64.rpm   pkgconf-m4-1.4.2-1.el8.noarch.rpm
zlib-devel-1.2.11-10.el8.i686.rpm
```

```
libpkgconf-1.4.2-1.el8.x86_64.rpm    pkgconf-pkg-config-1.4.2-1.el8.x86_64.rpm
zlib-devel-1.2.11-10.el8.x86_64.rpm
pkgconf-1.4.2-1.el8.x86_64.rpm       zlib-1.2.11-10.el8.i686.rpm
```

9.3 安装源码包

在 Linux 下安装源码包是最常用的。在日常的管理工作中，阿铭的大部分软件都是通过源码安装的。安装源码包需要我们把源代码编译成可执行的二进制文件。如果你能读懂这些源代码，就可以修改其中的自定义功能，然后再按自己的需求编译。使用源码包除了可以自定义修改源代码外，还可以定制相关的功能，因为源码包在编译时可以附加额外的选项。

源码包的编译用到了 Linux 系统里的编译器。常见的源码包一般都是用 C 语言开发的，因为 C 语言是 Linux 上最标准的程序语言。Linux 上的 C 语言编译器称为 gcc，利用它可以把 C 语言编译成可执行的二进制文件。所以，如果你的机器上没有安装 gcc，就无法编译源码，你可以使用命令 yum install -y gcc 来安装 gcc。

安装源码包通常需要以下 3 个步骤。

(1) **./configure**。这一步可以定制功能，加上相应的选项即可，具体有什么选项可以通过命令 ./configure --help 来查看。这一步会自动检测你的 Linux 系统与相关的套件是否有编译该源码包时所需要的库，因为一旦缺少某个库，就不能完成编译。只有检测通过后，才会生成 Makefile 文件。

(2) **make**。使用这个命令，会根据 Makefile 文件中预设的参数进行编译，这一步其实就是 gcc 在工作。

(3) **make install**。这一步是安装步骤，用于创建相关软件的存放目录和配置文件。

对于以上这 3 个步骤，并不是所有的源码包软件都一样，也就是说，源码包的安装并没有标准的安装步骤。这就需要你拿到源码包解压后，进入目录，找到相关的帮助文档（通常，会以 INSTALL 或者 README 为文件名）。下面阿铭会编译安装一个源码包来帮助你更深刻地理解安装源码包的过程。

9.3.1 下载源码包

下载源码包一定要去官方站点，因为你从其他网站下载的源码包很有可能是被修改过的。我们先把 Nginx 的源码包下载到 /usr/local/src/ 目录下，命令如下所示：

```
# cd /usr/local/src/
# wget http://nginx.org/download/nginx-1.17.8.tar.gz
```

在下载之前，阿铭先进入 /usr/local/src 目录，这是因为阿铭习惯把源码包都放到这个目录下。这样做的好处是方便自己和其他管理员维护。所以，阿铭建议你将下载的源码包都统一放到这个目录下。

9.3.2 解压源码包

解压 .tar.gz 格式的压缩包，这在前面已经介绍过，示例命令如下：

```
# tar -zxvf nginx-1.17.8.tar.gz
```

9.3.3 配置相关的选项并生成 Makefile

首先，进入解压后的源码目录，在配置之前可以查看可用的配置参数，如下所示：

```
# cd nginx-1.17.8
# ./configure --help |less
  --help                             print this message

  --prefix=PATH                      set installation prefix
  --sbin-path=PATH                   set nginx binary pathname
  --modules-path=PATH                set modules path
  --conf-path=PATH                   set nginx.conf pathname
  --error-log-path=PATH              set error log pathname
  --pid-path=PATH                    set nginx.pid pathname
  --lock-path=PATH                   set nginx.lock pathname

  --user=USER                        set non-privileged user for
                                     worker processes
  --group=GROUP                      set non-privileged group for
                                     worker processes
```

限于篇幅，后面的内容阿铭省略了。常用的配置选项有--prefix=PREFIX，它的意思是定义软件包的安装路径。如果你想了解其他配置选项，也可以使用命令 ./configure --help 查看详情。这里阿铭把 Nginx 安装在 /usr/local/nginx 目录下，该选项的配置为 --prefix=/usr/local/nginx。配置过程如下所示：

```
# ./configure --prefix=/usr/local/nginx
checking for OS
 + Linux 4.18.0-147.3.1.el8_1.x86_64 x86_64
checking for C compiler ... found
 + using GNU C compiler
 + gcc version: 8.3.1 20190507 (Red Hat 8.3.1-4) (GCC)
checking for gcc -pipe switch ... found
checking for -Wl,-E switch ... found
checking for gcc builtin atomic operations ... found
checking for C99 variadic macros ... found
checking for gcc variadic macros ... found
checking for gcc builtin 64 bit byteswap ... found
checking for unistd.h ... found
checking for inttypes.h ... found
checking for limits.h ... found
中间省略

./configure: error: the HTTP rewrite module requires the PCRE library.
You can either disable the module by using --without-http_rewrite_module
option, or install the PCRE library into the system, or build the PCRE library
statically from the source with nginx by using --with-pcre=<path> option.
```

不幸的是配置刚开始就报错了，因为 Nginx 需要 pcre 库，该系统并未安装。安装命令如下：

```
# yum install -y pcre-devel
```

安装后再继续上面的步骤，如下所示：

```
# ./configure --prefix=/usr/local/nginx   // 有诸多信息输入,阿铭不再提供
```

此时又有新的错误:

```
./configure: error: the HTTP gzip module requires the zlib library.
You can either disable the module by using --without-http_gzip_module
option, or install the zlib library into the system, or build the zlib library
statically from the source with nginx by using --with-zlib=<path> option.
```

根据提示,很容易解决此问题,安装 zlib 即可:

```
# yum install -y zlib-devel
```

然后继续 ./configure 那一步,最终通过,验证这一步是否成功的命令是:

```
# echo $?
0
```

这里返回值是 0,说明执行成功,否则就没有成功。此时就成功生成 Makefile 了。查看结果如下:

```
# ls -l Makefile
-rw-r--r--. 1 root root 376 2月   6 06:16 Makefile
```

9.3.4 进行编译

生成 Makefile 后,需要进行编译,如下所示:

```
# make
-bash: make: 未找到命令
说明:这是因为我们的系统还未安装 make 命令,安装即可
# yum install -y make
# make
# make
make -f objs/Makefile
make[1]: 进入目录 "/usr/local/src/nginx-1.17.8"
cc -c -pipe  -O -W -Wall -Wpointer-arith -Wno-unused-parameter -Werror -g  -I src/core -I src/event
-I src/event/modules -I src/os/unix -I objs \
    -o objs/src/core/nginx.o \
    src/core/nginx.c
cc -c -pipe  -O -W -Wall -Wpointer-arith -Wno-unused-parameter -Werror -g  -I src/core -I src/event
-I src/event/modules -I src/os/unix -I objs \
```

编译时会出现类似这样杂乱的信息。限于篇幅,阿铭只列出一小部分内容。编译的时间会比较长,这是因为 CPU 高速计算时的使用率很高。编译后再使用命令 echo $?验证是否编译成功,如下所示:

```
# echo $?
0
```

如果验证结果是 0,就可以执行最后一步了。

9.3.5 安装

安装源码包的命令为 make install,如下所示:

```
# make install
make -f objs/Makefile install
make[1]: 进入目录 "/usr/local/src/nginx-1.17.8"
test -d '/usr/local/nginx' || mkdir -p '/usr/local/nginx'
test -d '/usr/local/nginx/sbin' \
    || mkdir -p '/usr/local/nginx/sbin'
test ! -f '/usr/local/nginx/sbin/nginx' \
    || mv '/usr/local/nginx/sbin/nginx' \
        '/usr/local/nginx/sbin/nginx.old'
cp objs/nginx '/usr/local/nginx/sbin/nginx'
test -d '/usr/local/nginx/conf' \
    || mkdir -p '/usr/local/nginx/conf'
cp conf/koi-win '/usr/local/nginx/conf'
cp conf/koi-utf '/usr/local/nginx/conf'
cp conf/win-utf '/usr/local/nginx/conf'
```

当然，你也可以使用命令 echo $? 验证是否已正确安装。执行完这一步，则会在 /usr/local/nginx 目录下增加很多目录。使用 ls 命令查看该目录，如下所示：

```
# ls /usr/local/nginx/
conf  html  logs  sbin
```

到此，Nginx 源码的安装就完成了。其实在日常的源码安装过程中，遇到错误不能完成安装的情况很多，这些错误通常是因为缺少某一个库文件。这需要你仔细琢磨报错信息或者查看当前目录下的 config.log 以得到相关的信息。如果你实在不能解决，请联系阿铭。

9.4 课后习题

(1) 区分 rpm 与 -qi、-qf、-ql 和 -qa 这 4 个不同选项组合的作用。
(2) rpm -qi 后面如果跟一个未安装的包名，会显示什么信息？
(3) vim 命令是由哪个 RPM 包安装来的？
(4) 使用 RPM 工具安装和卸载某个包的命令是什么？
(5) 当安装某个有依赖关系的 RPM 包时，如何忽略依赖关系，强制安装该包？
(6) 如何使用 RPM 工具升级包？
(7) 请使用 yum 工具搜索包含关键词 tidy 的 RPM 包并安装，安装后再使用 yum 工具将其卸载。
(8) 如何使用 yum 工具来下载 RPM 包？
(9) 请到 PHP 的官方网站下载 PHP 的源码包，并动手试试编译安装它。
(10) 查资料指出 yum upgrade 与 yum update 的区别，它们在什么情况下使用？
(11) 如何查看 Linux 系统中（CentOS）是否安装过某个包？
(12) ./configure 完成后，我们并不知道有没有成功，用什么命令可以验证呢？
(13) 如果在 ./configure 这一步出现这样的错误：configure: error: no acceptable C compiler found in $PATH，我们该怎么办？
(14) 有时你会忘记某个编译参数是如何写的，你怎么办？
(15) 查资料使用 iso 镜像文件或者系统安装盘构建 yum 仓库。

第 10 章
shell 基础知识

shell 脚本在日常的 Linux 系统管理工作中是必不可少的。如果不会写 shell 脚本，你就不算是一个合格的管理员。目前，很多单位在招聘 Linux 系统管理员时，shell 脚本的编写是必考的题目。有的单位甚至用 shell 脚本的编写能力来衡量这个 Linux 系统管理员的经验是否丰富。所以，你必须认真学习 shell 脚本并不断练习。只要 shell 脚本写得好，那么相信你的 Linux 求职之路就会轻松得多。阿铭在这一章中只是带你进入 shell 脚本的世界，如果你很感兴趣，可以到网上下载相关的资料或者到书店购买 shell 相关的图书。

在学习 shell 脚本之前，需要你了解很多相关的知识，这些知识是编写 shell 脚本的基础，希望你能够熟练掌握。

10.1 什么是 shell

shell 是系统跟计算机硬件交互时使用的中间介质，它只是系统的一个工具。实际上，在 shell 和计算机硬件之间还有一层东西——系统内核。如果把计算机硬件比作一个人的躯体，那系统内核就是人的大脑。至于 shell，把它比作人的五官似乎更贴切些。言归正传，用户直接面对的不是计算机硬件而是 shell，用户把指令告诉 shell，然后 shell 传输给系统内核，接着内核再去支配计算机硬件去执行各种操作。

阿铭接触的 Linux 发布版本（Red Hat/CentOS）默认安装的 shell 版本是 bash（即 Bourne Again Shell），它是 sh（即 Bourne Shell）的增强版本。Bourn Shell 是最早流行起来的一个 shell 版本。其创始人是 Steven Bourne，为了纪念他而将其命名为 Bourn Shell，简称 sh。那么，这个 bash 有什么特点呢？

10.1.1 记录命令历史

我们执行过的命令 Linux 都会记录，预设可以记录 1000 条历史命令。这些命令保存在用户的家目录的 .bash_history 文件中。但需要注意的是，只有当用户正常退出当前 shell 时，在当前 shell 中运行的

命令才会保存至 .bash_history 文件中。那什么情况才算正常退出？敲 exit 命令或者按 Ctrl + D 快捷键都可以正常退出。而意外断电或者断网就不算正常退出。

!是与命令有关的一个特殊字符，该字符常用的应用有以下 3 个。

- !!：连续两个!表示执行上一条指令。示例命令如下：

```
# pwd
/root
# !!
pwd
/root
```

- !n：这里的 n 是数字，表示执行命令历史中的第 n 条指令。例如，!1002 表示执行命令历史中的第 1002 个命令，如下所示：

```
# history |grep 1002
 1002   pwd
 1015   history |grep 1002
# !1002
pwd
/root
```

上例中的 history 命令如果未改动过环境变量，默认可以把最近执行的 1000 条命令历史打印出来。

- !字符串（字符串大于等于 1）：例如!pw 表示执行命令历史中最近一次以 pw 开头的命令。示例代码如下：

```
# !pw
pwd
/root
```

10.1.2 命令和文件名补全

最开始阿铭就介绍过，按 tab 键可以帮我们补全一个指令、一个路径或者一个文件名。连续按两次 tab 键，系统则会把所有的命令或者文件名都列出来。

10.1.3 别名

前面的章节中也曾提到过 alias，它也是 bash 所特有的功能之一。我们可以通过 alias 把一个常用的并且很长的指令另取名为一个简单易记的指令。如果不想用此功能了，还可以使用 unalias 命令解除别名功能。直接执行 alias 命令，会看到目前系统预设的别名，如下所示：

```
# alias
alias cp='cp -i'
alias egrep='egrep --color=auto'
alias fgrep='fgrep --color=auto'
alias grep='grep --color=auto'
alias l.='ls -d .* --color=auto'
```

```
alias ll='ls -l --color=auto'
alias ls='ls --color=auto'
alias mv='mv -i'
alias rm='rm -i'
alias which='(alias; declare -f) | /usr/bin/which --tty-only --read-alias --read-functions
    --show-tilde --show-dot'
alias xzegrep='xzegrep --color=auto'
alias xzfgrep='xzfgrep --color=auto'
alias xzgrep='xzgrep --color=auto'
alias zegrep='zegrep --color=auto'
alias zfgrep='zfgrep --color=auto'
alias zgrep='zgrep --color=auto'
```

另外，你也可以自定义命令的别名，其格式为 alias [命令别名]=['具体的命令']，示例命令如下：

```
# alias aming='pwd'
# aming
/root
# unalias aming
# aming
bash: aming: command not found...
Failed to search for file: Cannot update read-only repo
```

10.1.4　通配符

在 bash 下，可以使用*来匹配零个或多个字符，用?匹配一个字符。示例命令如下：

```
# ls -d /tmp/4_6/test*
/tmp/4_6/test1   /tmp/4_6/test4   /tmp/4_6/test5
# touch /tmp/4_6/test111
# ls -d /tmp/4_6/test?
/tmp/4_6/test1   /tmp/4_6/test4   /tmp/4_6/test5
```

10.1.5　输入/输出重定向

输入重定向用于改变命令的输入，输出重定向用于改变命令的输出。输出重定向更为常用，它经常用于将命令的结果输入到文件中，而不是屏幕上。输入重定向的命令是<，输出重定向的命令是>。另外，还有错误重定向命令 2>以及追加重定向命令>>，示例命令如下：

```
# mkdir /tmp/10
# cd /tmp/10
# echo "123" > 1.txt
# echo "123" >> 1.txt
# cat 1.txt
123
123
```

10.1.6　管道符

前面已经提过管道符|，它用于将前一个指令的输出作为后一个指令的输入，如下所示：

```
# cat /etc/passwd|wc -l
```

10.1.7 作业控制

当运行进程时,你可以暂停(按 Ctrl+Z 组合键)它,然后使用 fg(foreground 的简写)命令恢复它,或是利用 bg(background 的简写)命令使它到后台运行。此外,你也可以使它终止(按 Ctrl+C 组合键)。示例命令如下:

```
# vi test1.txt
testtestsststststst
```

接下来阿铭使用 vi 命令编辑 test1.txt,随便输入一些内容,按 Esc 键后,使用 Ctrl+Z 组合键暂停任务,如下所示:

```
# vi test1.txt

[1]+  已停止               vi test1.txt
```

此时提示 vi test1.txt 已经停止了,然后使用 fg 命令恢复它,此时就又进入刚才的 vi 窗口了。再次使其暂停,然后输入 jobs,可以看到被暂停或者在后台运行的任务,如下所示:

```
# jobs
[1]+  已停止               vi test1.txt
```

如果想把暂停的任务放在后台重新运行,就使用 bg 命令,如下所示:

```
#  bg
[1]+ vi test1.txt &

[1]+  已停止               vi test1.txt
```

但是 vi 似乎并不支持在后台运行,那阿铭换一个其他的命令,如下所示:

```
# vmstat 1 > /tmp/1.log
^Z   //此处按 ctrl + z
[2]+  已停止               vmstat 1 > /tmp/1.log
# jobs
[1]-  已停止               vi test1.txt
[2]+  已停止               vmstat 1 > /tmp/1.log
# bg 2
[2]+ vmstat 1 > /tmp/1.log &
```

在上面的例子中,又出现了一个新的知识点,那就是多个被暂停的任务会有编号,使用 jobs 命令可以看到两个任务,使用 bg 命令或者 fg 命令时,则需要在任务后面加编号。这里阿铭使用命令 bg 2 把第 2 个暂停的任务放到后台重新运行(需要在命令后边加符号&,且中间有个空格)。本例中的 vmstat 1 是用来观察系统状态的一个命令,阿铭在 13.1.2 节中再介绍。

如何关掉在后台运行的任务呢?如果你没有退出刚才的 shell,那么应该先使用命令 "fg 编号" 把任务调到前台,然后按 Ctrl+C 组合键结束任务。如下所示:

```
# fg 2
vmstat 1 > /tmp/1.log
^C   //此处按 ctrl + c
```

另一种情况则是，关闭了当前的 shell，再次打开另一个 shell 时，使用 jobs 命令并不会显示在后台运行或者被暂停的任务。要想关闭这些任务，则需要先知道它们的 pid。如下所示：

```
# vmstat 1 > /tmp/1.log  &
[1] 32689
[root@localhost 10]# ps aux |grep vmstat
root      32689  0.1  0.0  41192  2012 pts/2    S    22:14   0:00 vmstat 1
root      32691  0.0  0.0   9184  1084 pts/2    R+   22:14   0:00 grep --color=auto vmstat
```

使用&把任务放到后台运行时，会显示 pid 信息。如果忘记这个 pid，还可以使用 ps aux 命令找到那个进程（关于 ps 命令，阿铭会在 13.1.7 节中讲解）。如果想结束该进程，需要使用 kill 命令，如下所示：

```
# kill 32689
# jobs
[1]+  Terminated              vmstat 1 > /tmp/1.log
```

kill 命令很简单，直接在后面加 pid 即可。如果遇到结束不了的进程时，可以在 kill 后面加一个选项，即 kill -9 [pid]。

在该节结束时，大家要记得把后台的 vi 给结束掉，免得以后遇到一些困扰。具体怎么结束，阿铭相信，经过前面的学习，你应该知道答案了。

10.2 变量

阿铭在前面介绍过环境变量 PATH，它是 shell 预设的一个变量。通常，shell 预设的变量都是大写的。变量就是使用一个较简单的字符串来替代某些具有特殊意义的设定以及数据。就拿 PATH 来讲，它就代替了所有常用命令的绝对路径的设定。有了 PATH 这个变量，我们运行某个命令时，就不再需要输入全局路径，直接输入命令名即可。你可以使用 echo 命令显示变量的值，如下所示：

```
# echo $PATH
/usr/local/sbin:/usr/local/bin:/usr/sbin:/usr/bin:/root/bin
# echo $HOME
/root
# echo $PWD
/root
# echo $LOGNAME
root
```

除了 PATH、HOME 和 LOGNAME 外，系统预设的环境变量还有哪些呢？

10.2.1 命令 env

使用 env 命令，可列出系统预设的全部系统变量，如下所示：

```
# env
LS_COLORS=rs=0:di=01;34:ln=01;36:mh=00:pi=40;33:so=01;35:do=01;35:bd=40;33;01:cd=40;33;01:or=40;31
;01:mi=01;05;37;41:su=37;41:sg=30;43:ca=30;41:tw=30;42:ow=34;42:st=37;44:ex=01;32:*.tar=01;31:*.tg
z=01;31:*.arc=01;31:*.arj=01;31:*.taz=01;31:*.lha=01;31:*.lz4=01;31:*.lzh=01;31:*.lzma=01;31:*.tlz=
```

```
01;31:*.txz=01;31:*.tzo=01;31:*.t7z=01;31:*.zip=01;31:*.z=01;31:*.dz=01;31:*.gz=01;31:*.lrz=01;
31:*.lz=01;31:*.lzo=01;31:*.xz=01;31:*.zst=01;31:*.tzst=01;31:*.bz2=01;31:*.bz=01;31:*.tbz=01;31:
*.tbz2=01;31:*.tz=01;31:*.deb=01;31:*.rpm=01;31:*.jar=01;31:*.war=01;31:*.ear=01;31:*.sar=01;31:
*.rar=01;31:*.alz=01;31:*.ace=01;31:*.zoo=01;31:*.cpio=01;31:*.7z=01;31:*.rz=01;31:*.cab=01;31:
*.wim=01;31:*.swm=01;31:*.dwm=01;31:*.esd=01;31:*.jpg=01;35:*.jpeg=01;35:*.mjpg=01;35:*.mjpeg=01;
35:*.gif=01;35:*.bmp=01;35:*.pbm=01;35:*.pgm=01;35:*.ppm=01;35:*.tga=01;35:*.xbm=01;35:*.xpm=01;
35:*.tif=01;35:*.tiff=01;35:*.png=01;35:*.svg=01;35:*.svgz=01;35:*.mng=01;35:*.pcx=01;35:*.mov=01;
35:*.mpg=01;35:*.mpeg=01;35:*.m2v=01;35:*.mkv=01;35:*.webm=01;35:*.ogm=01;35:*.mp4=01;35:*.m4v=01;
35:*.mp4v=01;35:*.vob=01;35:*.qt=01;35:*.nuv=01;35:*.wmv=01;35:*.asf=01;35:*.rm=01;35:*.rmvb=01;
35:*.flc=01;35:*.avi=01;35:*.fli=01;35:*.flv=01;35:*.gl=01;35:*.dl=01;35:*.xcf=01;35:*.xwd=01;
35:*.yuv=01;35:*.cgm=01;35:*.emf=01;35:*.ogv=01;35:*.ogx=01;35:*.aac=01;36:*.au=01;36:*.flac=01;
36:*.m4a=01;36:*.mid=01;36:*.midi=01;36:*.mka=01;36:*.mp3=01;36:*.mpc=01;36:*.ogg=01;36:*.ra=01;
36:*.wav=01;36:*.oga=01;36:*.opus=01;36:*.spx=01;36:*.xspf=01;36:
SSH_CONNECTION=192.168.18.1 62926 192.168.18.119 22
LANG=zh_CN.UTF-8
HISTCONTROL=ignoredups
HOSTNAME=localhost.localdomain
XDG_SESSION_ID=15
USER=root
SELINUX_ROLE_REQUESTED=
PWD=/tmp/10
HOME=/root
SSH_CLIENT=192.168.18.1 62926 22
SELINUX_LEVEL_REQUESTED=
XDG_DATA_DIRS=/root/.local/share/flatpak/exports/share:/var/lib/flatpak/exports/share:/usr/local/share:/usr/share
SSH_TTY=/dev/pts/2
MAIL=/var/spool/mail/root
TERM=xterm
SHELL=/bin/bash
SELINUX_USE_CURRENT_RANGE=
SHLVL=1
LOGNAME=root
DBUS_SESSION_BUS_ADDRESS=unix:path=/run/user/0/bus
XDG_RUNTIME_DIR=/run/user/0
PATH=/usr/local/sbin:/usr/local/bin:/usr/sbin:/usr/bin:/root/bin
HISTSIZE=1000
LESSOPEN=||/usr/bin/lesspipe.sh %s
_=/usr/bin/env
OLDPWD=/root
```

登录不同的用户，这些环境变量的值也不同。当前显示的是 root 用户的环境变量。下面阿铭简单介绍一下常见的环境变量。

- **HOSTNAME**：表示主机的名称。
- **SHELL**：表示当前用户的 shell 类型。
- **HISTSIZE**：表示历史记录数。
- **MAIL**：表示当前用户的邮件存放目录。
- **PATH**：该变量决定了 shell 将到哪些目录中寻找命令或程序。
- **PWD**：表示当前目录。
- **LANG**：这是与语言相关的环境变量，多语言环境可以修改此环境变量。

- **HOME**：表示当前用户的家目录。
- **LOGNAME**：表示当前用户的登录名。

env 命令显示的变量只是环境变量，系统预设的变量其实还有很多，你可以使用 set 命令把系统预设的全部变量都显示出来。

10.2.2 命令 set

set 命令和 env 命令类似，也可以输出环境变量，如下所示：

```
# set
BASH=/bin/bash
BASHOPTS=checkwinsize:cmdhist:complete_fullquote:expand_aliases:extglob:extquote:force_fignore:
    histappend:interactive_comments:login_shell:progcomp:promptvars:sourcepath
BASHRCSOURCED=Y
BASH_ALIASES=()
BASH_ARGC=()
BASH_ARGV=()
BASH_CMDS=()
BASH_COMPLETION_VERSINFO=([0]="2" [1]="7")
BASH_LINENO=()
BASH_REMATCH=()
BASH_SOURCE=()
BASH_VERSINFO=([0]="4" [1]="4" [2]="19" [3]="1" [4]="release" [5]="x86_64-redhat-linux-gnu")
BASH_VERSION='4.4.19(1)-release'
COLUMNS=189
COMP_WORDBREAKS=$' \t\n"\'><=;|&(:'
DBUS_SESSION_BUS_ADDRESS=unix:path=/run/user/0/bus
DIRSTACK=()
EUID=0
FINAL_LIST=
GLUSTER_BARRIER_OPTIONS=$'\n        {enable},\n        {disable}\n'
```

阿铭并没有把全部内容都列出来，set 命令不仅可以显示系统预设的变量，还可以显示用户自定义的变量。比如，我们自定义一个变量，如下所示：

```
# myname=Aming
# echo $myname
Aming
# set |grep myname
myname=Aming
```

虽然你可以自定义变量，但是该变量只能在当前 shell 中生效，如下所示：

```
# echo $myname
Aming
# bash      // 执行该命令，会进入一个子 shell 环境中
# echo $myname

# exit
exit
# echo $myname
Aming
```

使用 bash 命令可以再打开一个 shell，此时先前设置的 myname 变量已经不存在了，退出当前 shell 回到原来的 shell，myname 变量还在。如果想让设置的环境变量一直生效，该怎么做呢？这分以下两种情况。

- 允许系统内所有用户登录后都能使用该变量。具体的操作方法是：在 /etc/profile 文件的最后一行加入 export myname=Aming，然后运行 source /etc/profile 就可以生效了。此时再运行 bash 命令或者切换到其他用户（如 su - test）就可以看到效果。如下所示：

  ```
  # echo "export myname=Aming" >> /etc/profile
  # source !$
  source /etc/profile
  # bash
  # echo $myname
  Aming
  # exit
  exit
  # su - test
  $ echo $myname
  Aming
  ```

- 仅允许当前用户使用该变量。具体的操作方法是：在用户主目录下的 .bashrc 文件的最后一行加入 export myname=Aming，然后运行 source .bashrc 就可以生效了。这时再登录 test 用户，myname 变量则不会生效了。这里 source 命令的作用是将目前设定的配置刷新，即不用注销再登录也能生效。

阿铭在上例中使用 myname=Aming 来设置变量 myname，那么，在 Linux 下设置自定义变量，有哪些规则呢？

- 设定变量的格式为 a=b，其中 a 为变量名，b 为变量的内容，等号两边不能有空格。
- 变量名只能由字母、数字以及下划线组成，而且不能以数字开头。
- 当变量内容带有特殊字符（如空格）时，需要加上单引号。示例命令如下：

  ```
  # myname='Aming Li'
  # echo $myname
  Aming Li
  ```

有一种情况需要你注意，就是变量内容中本身带有单引号，这时就需要加双引号了。示例命令如下：

```
# myname="Aming's"
# echo $myname
Aming's
```

如果变量内容中需要用到其他命令，则运行结果可以使用反引号。示例命令如下：

```
# myname=`pwd`
# echo $myname
/root
```

变量内容可以累加其他变量的内容，但需要加双引号。示例命令如下：

```
# myname="$LOGNAME"Aming
# echo $myname
rootAming
```

如果你不小心把双引号错加为了单引号,则得不到你想要的结果。示例命令如下:

```
# myname='$LOGNAME'Aming
# echo $myname
$LOGNAMEAming
```

通过上面几个例子,也许你已经看出了使用单引号和双引号的区别。使用双引号时,不会取消双引号中特殊字符本身的作用(这里是$),而使用单引号时,里面的特殊字符将全部失去其本身的作用。

在前面的例子中,阿铭多次使用了 bash 命令,如果在当前 shell 中运行 bash 指令,则会进入一个新的 shell,这个 shell 就是原来 shell 的子 shell。你不妨用 pstree 指令来查看一下,示例命令如下:

```
# pstree |grep bash
     |-login---bash
     |-sshd---sshd---bash-+-grep
# bash
# pstree |grep bash
     |-login---bash
     |-sshd---sshd---bash---bash-+-grep
```

如果没有该命令,请运行 yum install psmisc 命令安装,pstree 命令会把 Linux 系统中的所有进程以树结构显示出来。限于篇幅,阿铭没有全部列出,你可以直接输入 pstree 查看。在父 shell 中设定变量后,进入子 shell 时,该变量是不会生效的。如果想让这个变量在子 shell 中生效,则要用到 export 指令。示例命令如下:

```
# abc=123
# echo $abc
123
# bash
# echo $abc

# exit
exit
# export abc
# echo $abc
123
# bash
# echo $abc
123
```

其实 export 命令就是声明一下这个变量,让该 shell 的子 shell 也知道变量 abc 的值是 123。设置变量之后,如果想取消某个变量,只要输入 unset 变量名即可。示例命令如下:

```
# echo $abc
123
# unset abc
# echo $abc
```

10.3 系统环境变量与个人环境变量的配置文件

上面讲了很多系统变量，那么在 Linux 系统中，这些变量存在哪里呢？为什么用户一登录 shell 就自动有了这些变量呢？我们先来看看下面几个文件。

- **/etc/profile**：这个文件预设了几个重要的变量，例如 PATH、USER、LOGNAME、MAIL、INPUTRC、HOSTNAME、HISTSIZE、umask 等。
- **/etc/bashrc**：这个文件主要预设 umask 以及 PS1。这个 PS1 就是我们在输入命令时前面的那串字符。例如，阿铭的 Linux 系统的 PS1 就是[root@localhost ~]#，我们不妨看一下 PS1 的值，如下所示：

```
# echo $PS1
[\u@\h \W]\$
```

其中，\u 指用户，\h 指主机名，\W 指当前目录，\$ 指字符#（如果是普通用户，则显示为$）。

除了以上两个系统级别的配置文件外，每个用户的主目录下还有以下几个隐藏文件。

- **.bash_profile**：该文件定义了用户的个人化路径与环境变量的文件名称。每个用户都可使用该文件输入专属于自己的 shell 信息，当用户登录时，该文件仅执行一次。
- **.bashrc**：该文件包含专属于自己的 shell 的 bash 信息，当登录或每次打开新的 shell 时，会读取该文件。例如，你可以将用户自定义的别名或者自定义变量写到这个文件中。
- **.bash_history**：该文件用于记录命令历史。
- **.bash_logout**：当退出 shell 时，会执行该文件。你可以将一些清理工作放到这个文件中。

10.4 Linux shell 中的特殊符号

在学习 Linux 的过程中，也许你已经接触过某个特殊符号，例如*，它是一个通配符，代表零个或多个字符或数字。下面阿铭就介绍一下常用的特殊字符。

10.4.1 *代表零个或多个任意字符

这个字符前面已经介绍过，这里再次提到，它的用法如下：

```
# ls /tmp/4_6/test*
/tmp/4_6/test1  /tmp/4_6/test111  /tmp/4_6/test4  /tmp/4_6/test5
```

10.4.2 ?只代表一个任意的字符

这个字符的用法如下：

```
# touch /tmp/4_6/testa
# ls -d /tmp/4_6/test?
/tmp/4_6/test1  /tmp/4_6/test4  /tmp/4_6/test5  /tmp/4_6/testa
```

不管是数字还是字母，只要是一个字符，都能匹配出来。

10.4.3 注释符号#

这个符号在 Linux 中表示注释说明，即#后面的内容都会被忽略。用法如下：

```
# abc=123 #aaaaa
# echo $abc
123
```

10.4.4 脱义字符\

这个字符会将后面的特殊符号（如*）还原为普通字符。用法如下：

```
# ls -d test\*
ls: cannot access 'test*': No such file or directory
```

10.4.5 再说管道符|

这个字符前面曾多次出现过，它的作用是将前面命令的输出作为后面命令的输入。注意这里提到的后面的命令，并不是所有的命令都可以，一般针对文档操作的命令比较常用。例如 cat、less、head、tail、grep、cut、sort、wc、uniq、tee、tr、split、sed、awk 等，其中 grep、sed 和 awk 是正则表达式必须掌握的工具，在第 11 章中会详细介绍。管道符的用法如下：

```
# cat testb.txt |wc -l
0
```

在上例中，wc -l 用来计算一个文档有多少行。上面阿铭列出了很多陌生的命令，这些命令在日常的文档处理工作中非常实用，所以阿铭需要先简单介绍一下它们，如果你记不住，也没有关系，以后用到的时候再进一步了解即可。

1. 命令 cut

cut 命令用来截取某一个字段，其格式为 cut -d '分隔字符' [-cf] n，这里的 n 是数字。该命令有如下几个可用选项。

- **-d**：后面跟分隔字符，分隔字符要用单引号括起来。
- **-c**：后面接的是第几个字符。
- **-f**：后面接的是第几个区块。

cut 命令的用法如下：

```
# cat /etc/passwd|cut -d ':' -f 1 |head -5
root
bin
daemon
adm
lp
```

通过上例可以看出，-d 选项后面加冒号作为分隔字符，-f 1 表示截取第一段，-f 和 1 之间的空格可有可无。示例命令如下：

```
# head -n2 /etc/passwd|cut -c2
o
i
# head -n2 /etc/passwd|cut -c1
r
b
# head -n2 /etc/passwd|cut -c1-10
root:x:0:0
bin:x:1:1:
# head -n2 /etc/passwd|cut -c5-10
:x:0:0
x:1:1:
```

通过上例可以看出，-c 选项后面可以是一个数字 n，也可以是一个区间 n1-n2，还可以是多个数字 n1、n2 和 n3。示例命令如下：

```
# head -n2 /etc/passwd|cut -c1,3,10
ro0
bn:
```

2. 命令 sort

sort 命令用作排序，其格式为 sort [-t 分隔符] [-kn1,n2] [-nru]，这里 n1 和 n2 指的是数字，其他选项的含义如下。

- **-t**：后面跟分隔字符，作用跟 cut 命令的-d 选项一样。
- **-n**：表示使用纯数字排序。
- **-r**：表示反向排序。
- **-u**：表示去重复。
- **-kn1,n2**：表示由 n1 区间排序到 n2 区间，可以只写-kn1，即对 n1 字段排序。

如果 sort 不加任何选项，则从首字符向后依次按 ASCII 码值进行比较，最后将它们按升序输出。示例命令如下：

```
# head -n5 /etc/passwd|sort
adm:x:3:4:adm:/var/adm:/sbin/nologin
bin:x:1:1:bin:/bin:/sbin/nologin
daemon:x:2:2:daemon:/sbin:/sbin/nologin
lp:x:4:7:lp:/var/spool/lpd:/sbin/nologin
root:x:0:0:root:/root:/bin/bash
```

-t 选项后面跟分隔符，-k 选项后面跟单个数字表示对第几个区域的字符串排序，-n 选项则表示使用纯数字排序。示例命令如下：

```
# head -n5 /etc/passwd |sort -t: -k3 -n
root:x:0:0:root:/root:/bin/bash
```

```
bin:x:1:1:bin:/bin:/sbin/nologin
daemon:x:2:2:daemon:/sbin:/sbin/nologin
adm:x:3:4:adm:/var/adm:/sbin/nologin
lp:x:4:7:lp:/var/spool/lpd:/sbin/nologin
```

-k选项后面跟数字n1和n2表示对第n1和n2区域内的字符串排序，-r选项则表示反向排序。示例命令如下：

```
# head -n5 /etc/passwd |sort -t: -k3,5 -r
lp:x:4:7:lp:/var/spool/lpd:/sbin/nologin
adm:x:3:4:adm:/var/adm:/sbin/nologin
daemon:x:2:2:daemon:/sbin:/sbin/nologin
bin:x:1:1:bin:/bin:/sbin/nologin
root:x:0:0:root:/root:/bin/bash
```

这里的-k3,5表示对第3区域至第5区域间的字符串排序。

3. 命令wc

wc命令用于统计文档的行数、字符数或词数。该命令的常用选项有-l（统计行数）、-m（统计字符数）和-w（统计词数）。示例命令如下：

```
# wc /etc/passwd
  45   103  2499 /etc/passwd
# wc -l /etc/passwd
45 /etc/passwd
# wc -m /etc/passwd
2499   /etc/passwd
# wc -w /etc/passwd
103 /etc/passwd
```

如果wc不跟任何选项，直接跟文档，则会把行数、词数和字符数依次输出。

4. 命令uniq

uniq命令用来删除重复的行，该命令只有-c选项比较常用，它表示统计重复的行数，并把行数写在前面。我们先来编写一个文件，示例命令如下：

```
# vim testb.txt    // 把下面的内容写入testb.txt并保存
111
222
111
333
```

使用uniq前，必须先给文件排序，否则不管用。示例命令如下：

```
# uniq testb.txt
111
222
111
333
# sort testb.txt |uniq
```

```
111
222
333
# sort testb.txt |uniq -c
2 111
1 222
1 333
```

5. 命令 tee

tee 命令后面跟文件名，其作用类似于重定向 >，但它比重定向多一个功能，即在把文件写入后面所跟文件的同时，还将其显示在屏幕上。该命令常用于管道符 | 后。示例命令如下：

```
# echo "aaaaaaaaaaaaaaaaaaaaaaaaaa" |tee testb.txt
aaaaaaaaaaaaaaaaaaaaaaaaaa
# cat testb.txt
aaaaaaaaaaaaaaaaaaaaaaaaaa
```

6. 命令 tr

tr 命令用于替换字符，常用来处理文档中出现的特殊符号，如 DOS 文档中出现的符号 ^M。该命令常用的选项有以下两个。

- **-d**：表示删除某个字符，后面跟要删除的字符。
- **-s**：表示删除重复的字符。

tr 命令常用于把小写字母变成大写字母，如 tr '[a-z]' '[A-Z]'。示例命令如下：

```
# head -n2 /etc/passwd |tr '[a-z]' '[A-Z]'
ROOT:X:0:0:ROOT:/ROOT:/BIN/BASH
BIN:X:1:1:BIN:/BIN:/SBIN/NOLOGIN
```

tr 命令还可以替换一个字符，示例命令如下：

```
# grep 'root' /etc/passwd |tr 'r' 'R'
Root:x:0:0:Root:/Root:/bin/bash
opeRatoR:x:11:0:opeRatoR:/Root:/sbin/nologin
```

不过替换、删除以及去重复等操作都是针对一个字符来讲的，有一定的局限性。如果是针对一个字符串，tr 命令就不能再使用了，所以你只需简单了解一下即可。以后，你还会学到更多可以实现字符串操作的工具。

7. 命令 split

split 命令用于切割文档，常用的选项为 -b 和 -l。

- **-b**：表示依据大小来分割文档，单位为 B。示例命令如下：

```
# mkdir split_dir
# cd !$
cd split_dir
```

```
# cp /etc/passwd ./
# split -b 500 passwd
# ls
passwd  xaa  xab  xac  xad  xae
```

如果 split 不指定目标文件名，则会以 xaa、xab…这样的文件名来存取切割后的文件。当然，我们也可以指定目标文件名，如下所示：

```
# rm -f xa*
# split -b 500 passwd 123
# ls
123aa  123ab  123ac  123ad  123ae  passwd
```

- **-l**：表示依据行数来分割文档。示例命令如下：

```
# rm -f 123a*
# split -l 10 passwd
# wc -l *
  45 passwd
  10 xaa
  10 xab
  10 xac
  10 xad
   5 xae
  90 total
```

10.4.6 特殊符号$

符号$可以用作变量前面的标识符，还可以和!结合起来使用。示例命令如下：

```
# cd ..
# ls testb.txt
testb.txt
# ls !$
ls testb.txt
testb.txt
```

!$表示上条命令中的最后一个变量，本例中上条命令的最后是 testb.txt，那么在当前命令下输入!$就代表 testb.txt。

10.4.7 特殊符号;

通常，我们都是在一行中输入一个命令，然后回车就表示运行了。如果想在一行中运行两个或两个以上的命令，则需要在命令之间加符号;。示例命令如下：

```
# mkdir testdir ; touch test1.txt ; touch test2.txt; ls -d test*
test1.txt  test2.txt  testb.txt  testdir
```

10.4.8 特殊符号~

符号~表示用户的家目录，root 用户的家目录是 /root，普通用户的是 /home/username。示例命令如下：

```
# cd ~
# pwd
/root
# su aming
$ cd ~
$ pwd
/home/aming
```

10.4.9 特殊符号&

如果想把一条命令放到后台执行，则需要加上符号&，它通常用于命令运行时间较长的情况。比如，可以用在 sleep 后，如下所示：

```
# sleep 30 &
[1] 3808
# jobs
[1]+  运行中               sleep 30 &
```

10.4.10 重定向符号>、>>、2>和 2>>

前面讲过重定向符号>和>>，它们分别表示取代和追加的意思。当我们运行一个命令报错时，报错信息会输出到当前屏幕。如果想重定向到一个文本，则要用重定向符号 2>或者 2>>，它们分别表示错误重定向和错误追加重定向。示例命令如下：

```
# ls aaaa
ls: cannot access 'aaaa': No such file or directory
# ls aaaa 2> /tmp/error
# cat /tmp/error
ls: cannot access 'aaaa': No such file or directory
# ls aaaa 2>> /tmp/error
# cat /tmp/error
ls: cannot access 'aaaa': No such file or directory
ls: cannot access 'aaaa': No such file or directory
```

10.4.11 中括号[ ]

中括号内为字符组合，代表字符组合中的任意一个，可以是一个范围（1-3，a-z），用法如下：

```
# cd /tmp/10
# ls -d test*
test1.txt  test2.txt  testb.txt  testdir
# ls -d test[1-3].txt
test1.txt  test2.txt
# ls -d test[12b].txt
test1.txt  test2.txt  testb.txt
```

```
# ls -d test[1-9].txt
test1.txt   test2.txt
# ls -d test[1-9a-z].txt
test1.txt   test2.txt   testb.txt
```

10.4.12 特殊符号&&和||

前面提到了分号可作为多条命令间的分隔符，其实还有两个可以用于多条命令中间的特殊符号，那就是&&和||。下面阿铭列出以下几种情况：

- command1 ; command2
- command1 && command2
- command1 || command2

使用;时，不管command1是否执行成功，都会执行command2。

使用&&时，只有command1执行成功后，command2才会执行，否则command2不执行。

使用||时，若command1执行成功，则command2不执行，否则执行command2，即command1和command2中总有一条命令会执行。接下来，阿铭要通过做试验来说明&&与||这两个特殊符号的作用：

```
# rm -rf test*
# touch test1 test3
# ls test2 && touch test2
ls: cannot access 'test2': No such file or directory
# ls test2
ls: cannot access 'test2': No such file or directory
```

在本例中，只有当 ls test2 成功执行后，才会执行 touch test2。因为 test2 不存在，ls test2 没有执行成功，所以&&后面的 touch test2 并没有执行。

```
# ls test2 || touch test2
ls: cannot access 'test2': No such file or directory
# ls test*
test1   test2   test3
```

本例中，若 ls test2 执行不成功，则会执行 touch test2。因为 test2 不存在，所以 ls test2 没有执行成功，转而执行||后面的 touch test2，然后增加了 test2 这个文件。

10.5 课后习题

(1) 请设置环境变量 HISTSIZE，使其能够保存10 000条命令历史。

(2) 如果设置 PS1="[\u@\h \W]\$ "，为什么显示的结果和我们预想的不一样？如何才能恢复默认设置？

(3) 如何把当前目录下文件的文件名中的小写字母全部替换为大写字母？

(4) 以:为分隔符，使用 sort 命令对/etc/passwd 文件的第5段排序。

(5) 以:为分隔符，使用 cut 命令截出/etc/passwd 的第3段字符。

(6) 简述这几个文件的作用：/etc/profile、/etc/bashrc、.bashrc 和 .bash_profile。
(7) export 的作用是什么？
(8) Linux 下自定义变量要符合什么样的规则？
(9) 如何把要运行的命令放到后台运行？如何把后台运行的进程调到前台？
(10) 列出当前目录下以 test 开头的文件和目录。
(11) 如何把一个命令的输出内容打印到屏幕上，并重定向到一个文件内？
(12) 假如有个命令很长，如何用一个简单的字符串代替这个复杂的命令呢？请举例说明。
(13) 如何把一个命令放到后台运行，并将其正确输出和错误输出同时重定向到一个文件内？
(14) 如何按照大小（如 10 MB）分隔一个大文件？又如何按照行数（如 10 000 行）分隔呢？
(15) 做试验弄清楚 ;、&& 以及 || 这 3 个符号的含义。
(16) 如果只想让某个用户使用某个变量，如何做？
(17) 使用哪个命令能把系统当中所有的变量以及当前用户定义的自定义变量列出来？

第 11 章 正则表达式

这部分内容可以说是学习 shell 脚本之前的必学内容，这部分内容学得越好，你编写 shell 脚本的能力就会越强。所以你要用心学习，多加练习，练习多了就能熟练掌握 shell 脚本了。如果在本章遇到困难，可以通过阿铭的微信获取帮助。

在计算机科学中，对"正则表达式"的定义是：它使用单个字符串来描述或匹配一系列符合某个句法规则的字符串。在很多文本编辑器或其他工具里，正则表达式通常用来检索和替换那些符合某个模式的文本内容。许多程序设计语言也都支持利用正则表达式进行字符串操作。对于系统管理员来讲，正则表达式贯穿在日常运维工作中，无论是查找某个文档，还是查询某个日志文件并分析其内容，都会用到正则表达式。

其实正则表达式只是一种思想、一种表示方法。只要我们使用的工具支持这种表示方法，那么这个工具就可以处理正则表达式的字符串。常用的工具有 grep、sed、awk 等，其中 grep、sed 和 awk 都是针对文本的行进行操作的，下面阿铭就分别介绍一下这 3 种工具的使用方法。

11.1 grep/egrep 工具的使用

阿铭在前面多次用到了 grep 命令，可见它的重要性。该命令的格式为：grep [-cinvABC] 'word' filename，其常用的选项如下所示。

- **-c**：表示打印符合要求的行数。
- **-i**：表示忽略大小写。
- **-n**：表示输出符合要求的行及其行号。
- **-v**：表示打印不符合要求的行。
- **-A**：后面跟一个数字（有无空格都可以），例如-A2 表示打印符合要求的行及其下面两行。
- **-B**：后面跟一个数字，例如-B2 表示打印符合要求的行及其上面两行。

- **-C**:后面跟一个数字,例如-C2表示打印符合要求的行及其上下各两行。

首先看看-A、-B和-C这3个选项的用法。

- -A2 会把包含 halt 的行以及这行下面的两行都打印出来:

```
# grep -A2 'halt' /etc/passwd
halt:x:7:0:halt:/sbin:/sbin/halt
mail:x:8:12:mail:/var/spool/mail:/sbin/nologin
operator:x:11:0:operator:/root:/sbin/nologin
```

> **说明** 在 CentOS 8 系统中,grep 默认帮我们把匹配到的字符串标注成了红色,这点还是挺贴心的。其实大家可以用 which 命令看一下 grep,你会发现 grep 其实是 grep --color=auto,这个选项就是颜色显示。

- -B2 会把包含 halt 的行以及这行上面的两行都打印出来:

```
# grep -B2 'halt' /etc/passwd
sync:x:5:0:sync:/sbin:/bin/sync
shutdown:x:6:0:shutdown:/sbin:/sbin/shutdown
halt:x:7:0:halt:/sbin:/sbin/halt
```

- -C2 会把包含 halt 的行以及这行上下各两行都打印出来:

```
# grep -C2 'halt' /etc/passwd
sync:x:5:0:sync:/sbin:/bin/sync
shutdown:x:6:0:shutdown:/sbin:/sbin/shutdown
halt:x:7:0:halt:/sbin:/sbin/halt
mail:x:8:12:mail:/var/spool/mail:/sbin/nologin
operator:x:11:0:operator:/root:/sbin/nologin
```

下面阿铭举几个典型实例来帮你更深刻地理解 grep。

11.1.1 过滤出带有某个关键词的行,并输出行号

示例命令如下:

```
# grep -n 'root' /etc/passwd
1:root:x:0:0:root:/root:/bin/bash
10:operator:x:11:0:operator:/root:/sbin/nologin
```

> **说明** 结果每行前面的数字显示为绿色,表示行号。

11.1.2 过滤出不带有某个关键词的行,并输出行号

示例命令如下:

```
# grep -nv 'nologin' /etc/passwd
1:root:x:0:0:root:/root:/bin/bash
```

```
6:sync:x:5:0:sync:/sbin:/bin/sync
7:shutdown:x:6:0:shutdown:/sbin:/sbin/shutdown
8:halt:x:7:0:halt:/sbin:/sbin/halt
45:aminglinux:x:1000:1000:aminglinux:/home/aminglinux:/bin/bash
```

11.1.3 过滤出所有包含数字的行

示例命令如下:

```
# grep '[0-9]' /etc/inittab
# multi-user.target: analogous to runlevel 3
# graphical.target: analogous to runlevel 5
```

说明 某行中只要有一个数字就算匹配到了。

11.1.4 过滤出所有不包含数字的行

示例命令如下:

```
# grep -v '[0-9]' /etc/inittab
# inittab is no longer used.
#
# ADDING CONFIGURATION HERE WILL HAVE NO EFFECT ON YOUR SYSTEM.
#
# Ctrl-Alt-Delete is handled by /usr/lib/systemd/system/ctrl-alt-del.target
#
# systemd uses 'targets' instead of runlevels. By default, there are two main targets:
#
#
# To view current default target, run:
# systemctl get-default
#
# To set a default target, run:
# systemctl set-default TARGET.target
```

说明 和上一例的结果正好相反,某行中只要包含一个数字,就不显示。

11.1.5 过滤掉所有以#开头的行

操作样例文档/etc/sos.conf 的内容如下:

```
[plugins]

#disable = rpm, selinux, dovecot

[tunables]

#rpm.rpmva = off
#general.syslogsize = 15
```

```
# grep -v '^#' /etc/sos.conf
[plugins]


[tunables]
```

> **说明** 这里面是含有空行的。

那么如何将空行删除呢?示例命令如下:

```
# grep -v '^#' /etc/sos.conf |grep -v '^$'
[plugins]
[tunables]
```

在正则表达式中,^表示行的开始,$表示行的结尾,那么空行就可以表示为^$。如何打印出不以英文字母开头的行呢?我们先来自定义一个文件,如下所示:

```
# mkdir /tmp/1
# cd /tmp/1
# vim test.txt   // 内容如下
123
abc
456

abc2323
#laksdjf
Alllllllll
```

接下来看两个例子:

```
# grep '^[^a-zA-Z]' test.txt
123
456
#laksdjf
# grep '[^a-zA-Z]' test.txt
123
456
abc2323
#laksdjf
```

前面也提到过中括号 [] 的应用,如果是数字就用 [0-9] 这样的形式(当遇到类似[15]的形式时,表示只含有 1 或者 5)。如果要过滤数字以及大小写字母,则要写成类似 [0-9a-zA-Z] 的形式。另外,[^字符] 表示除[]内字符之外的字符。请注意,把^写到方括号里面和外面是有区别的。

11.1.6　过滤出任意一个字符和重复字符

示例命令如下:

```
# grep 'r.o' /etc/passwd
root:x:0:0:root:/root:/bin/bash
operator:x:11:0:operator:/root:/sbin/nologin
```

.表示任意一个字符。上例中，r.o 表示把有 r 与 o 之间任意一个字符的行过滤出来。

```
# grep 'ooo*' /etc/passwd
root:x:0:0:root:/root:/bin/bash
lp:x:4:7:lp:/var/spool/lpd:/sbin/nologin
mail:x:8:12:mail:/var/spool/mail:/sbin/nologin
operator:x:11:0:operator:/root:/sbin/nologin
setroubleshoot:x:981:979:::/var/lib/setroubleshoot:/sbin/nologin
```

*表示零个或多个*前面的字符。上例中，ooo* 表示 oo、ooo、oooo...或者更多的 o。

```
# grep '.*' /etc/passwd |wc -l
45
# wc -l /etc/passwd
45 /etc/passwd
```

上例中，.* 表示零个或多个任意字符，空行也包含在内，它会把 /etc/passwd 文件里面的所有行都匹配到，你也可以不加 |wc -l 看一下效果。

11.1.7 指定要过滤出的字符出现次数

示例命令如下：

```
# grep 'o\{2\}' /etc/passwd
root:x:0:0:root:/root:/bin/bash
lp:x:4:7:lp:/var/spool/lpd:/sbin/nologin
mail:x:8:12:mail:/var/spool/mail:/sbin/nologin
operator:x:11:0:operator:/root:/sbin/nologin
setroubleshoot:x:981:979:::/var/lib/setroubleshoot:/sbin/nologin
```

这里用到了符号{}，其内部为数字，表示前面的字符要重复的次数。需要强调的是，{}左右都需要加上转义字符\。另外，使用"{ }"还可以表示一个范围，具体格式为{n1,n2}，其中 n1 < n2，表示重复 n1 到 n2 次前面的字符，n2 还可以为空，这时表示大于等于 n1 次。

除 grep 工具外，阿铭也常常用到 egrep 这个工具，后者是前者的扩展版本，可以完成 grep 不能完成的工作。下面阿铭介绍 egrep 不同于 grep 的几个用法。为了试验方便，阿铭把 test.txt 编辑成如下内容：

```
rot:x:0:0:/rot:/bin/bash
operator:x:11:0:operator:/root:/sbin/nologin
operator:x:11:0:operator:/rooot:/sbin/nologin
roooot:x:0:0:/rooooot:/bin/bash
111111111111111111111111111111
aaaaaaaaaaaaaaaaaaaaaaaaaaaaaa
```

11.1.8 过滤出一个或多个指定的字符

示例命令如下：

```
# egrep 'o+' test.txt
rot:x:0:0:/rot:/bin/bash
operator:x:11:0:operator:/root:/sbin/nologin
operator:x:11:0:operator:/rooot:/sbin/nologin
```

```
roooot:x:0:0:/rooooot:/bin/bash
# egrep 'oo+' test.txt
operator:x:11:0:operator:/root:/sbin/nologin
operator:x:11:0:operator:/rooot:/sbin/nologin
roooot:x:0:0:/rooooot:/bin/bash
# egrep 'ooo+' test.txt
operator:x:11:0:operator:/rooot:/sbin/nologin
roooot:x:0:0:/rooooot:/bin/bash
```

和 grep 不同，这里 egrep 使用的是符号+，它表示匹配 1 个或多个 + 前面的字符，但这个"+"是不支持被 grep 直接使用的。上面的 {} 也类似，可以直接被 egrep 使用，而不用加 \ 转义。示例如下：

```
# egrep 'o{2}' /etc/passwd
root:x:0:0:root:/root:/bin/bash
lp:x:4:7:lp:/var/spool/lpd:/sbin/nologin
mail:x:8:12:mail:/var/spool/mail:/sbin/nologin
operator:x:11:0:operator:/root:/sbin/nologin
setroubleshoot:x:981:979::/var/lib/setroubleshoot:/sbin/nologin
```

11.1.9　过滤出零个或一个指定的字符

示例命令如下：

```
# egrep 'o?' test.txt
rot:x:0:0:/rot:/bin/bash
operator:x:11:0:operator:/root:/sbin/nologin
operator:x:11:0:operator:/rooot:/sbin/nologin
roooot:x:0:0:/rooooot:/bin/bash
1111111111111111111111111111111
aaaaaaaaaaaaaaaaaaaaaaaaaaaaaaa
# egrep 'ooo?' test.txt
operator:x:11:0:operator:/root:/sbin/nologin
operator:x:11:0:operator:/rooot:/sbin/nologin
roooot:x:0:0:/rooooot:/bin/bash
# egrep 'oooo?' test.txt
operator:x:11:0:operator:/rooot:/sbin/nologin
roooot:x:0:0:/rooooot:/bin/bash
```

11.1.10　过滤出字符串 1 或者字符串 2

示例命令如下：

```
# egrep 'aaa|111|ooo' test.txt
operator:x:11:0:operator:/rooot:/sbin/nologin
roooot:x:0:0:/rooooot:/bin/bash
1111111111111111111111111111111
aaaaaaaaaaaaaaaaaaaaaaaaaaaaaaa
```

11.1.11　egrep 中()的应用

示例命令如下：

```
# egrep 'r(oo|at)o' test.txt
operator:x:11:0:operator:/root:/sbin/nologin
operator:x:11:0:operator:/rooot:/sbin/nologin
roooot:x:0:0:/rooooot:/bin/bash
```

这里用()表示一个整体，上例中会把包含 rooo 或者 rato 的行过滤出来，另外也可以把()和其他符号组合在一起，例如(oo)+就表示 1 个或者多个 oo。如下所示：

```
# egrep '(oo)+' test.txt
operator:x:11:0:operator:/root:/sbin/nologin
operator:x:11:0:operator:/rooot:/sbin/nologin
roooot:x:0:0:/rooooot:/bin/bash
```

11.2 sed 工具的使用

其实 grep 工具的功能还不够强大，它实现的只是查找功能，而不能把查找的内容替换。以前用 vim 操作文档的时候，可以查找也可以替换，但只限于在文本内部操作，而不能输出到屏幕上。sed 工具以及后面要介绍的 awk 工具就能把替换的文本输出到屏幕上，而且还有其他更丰富的功能。sed 和 awk 都是流式编辑器，是针对文档的行来操作的。

11.2.1 打印某行

sed 命令的格式为：sed -n 'n'p filename，单引号内的 n 是一个数字，表示第几行。-n 选项的作用是只显示我们要打印的行，无关紧要的内容则不显示。示例命令如下：

```
# sed -n '2'p /etc/passwd
bin:x:1:1:bin:/bin:/sbin/nologin
```

你可以去掉-n 选项对比一下差异。要想把所有行都打印出来，可以使用命令 sed -n '1,$'p filename，如下所示：

```
# sed -n '1,$'p test.txt
rot:x:0:0:/rot:/bin/bash
operator:x:11:0:operator:/root:/sbin/nologin
operator:x:11:0:operator:/rooot:/sbin/nologin
roooot:x:0:0:/rooooot:/bin/bash
111111111111111111111111111111
aaaaaaaaaaaaaaaaaaaaaaaaaaaaaa
```

当然，我们也可以指定一个区间打印，如下所示：

```
# sed -n '1,3'p test.txt
rot:x:0:0:/rot:/bin/bash
operator:x:11:0:operator:/root:/sbin/nologin
operator:x:11:0:operator:/rooot:/sbin/nologin
```

11.2.2 打印包含某个字符串的行

示例命令如下：

```
# sed -n '/root/'p test.txt
operator:x:11:0:operator:/root:/sbin/nologin
```

这种用法就类似于 grep 了，在 grep 中使用的特殊字符（如^、$、.、*等）同样也能在 sed 中使用，如下所示：

```
# sed -n '/^1/'p test.txt
1111111111111111111111111111
# sed -n '/in$/'p test.txt
operator:x:11:0:operator:/root:/sbin/nologin
operator:x:11:0:operator:/rooot:/sbin/nologin
# sed -n '/r..o/'p test.txt
operator:x:11:0:operator:/root:/sbin/nologin
operator:x:11:0:operator:/rooot:/sbin/nologin
roooot:x:0:0:/rooooot:/bin/bash
# sed -n '/ooo*/'p test.txt
operator:x:11:0:operator:/root:/sbin/nologin
operator:x:11:0:operator:/rooot:/sbin/nologin
roooot:x:0:0:/rooooot:/bin/bash
```

sed 命令加上 -e 选项可以实现多个行为，如下所示：

```
# sed -e '1'p -e '/111/'p -n test.txt
rot:x:0:0:/rot:/bin/bash
1111111111111111111111111111
```

11.2.3 删除某些行

示例命令如下：

```
# sed '1'd test.txt
operator:x:11:0:operator:/root:/sbin/nologin
operator:x:11:0:operator:/rooot:/sbin/nologin
roooot:x:0:0:/rooooot:/bin/bash
1111111111111111111111111111
aaaaaaaaaaaaaaaaaaaaaaaaaaaa
# sed '1,3'd test.txt
roooot:x:0:0:/rooooot:/bin/bash
1111111111111111111111111111
aaaaaaaaaaaaaaaaaaaaaaaaaaaa
# sed '/oot/'d test.txt
rot:x:0:0:/rot:/bin/bash
1111111111111111111111111111
aaaaaaaaaaaaaaaaaaaaaaaaaaaa
```

这里参数 d 表示删除的动作，它不仅可以删除指定的单行以及多行，而且可以删除匹配某个字符的行，还可以删除从某一行开始到文档最后一行的所有行。不过，这个操作仅仅是在显示器屏幕上不显示这些行而已，文档还好好的，请不要担心。

11.2.4 替换字符或者字符串

示例命令如下：

```
# sed '1,2s/ot/to/g' test.txt
rto:x:0:0:/rto:/bin/bash
operator:x:11:0:operator:/roto:/sbin/nologin
operator:x:11:0:operator:/rooot:/sbin/nologin
roooot:x:0:0:/rooooot:/bin/bash
11111111111111111111111111111111
aaaaaaaaaaaaaaaaaaaaaaaaaaaaa
```

上例中的参数 s 就表示替换的动作，参数 g 表示本行全局替换，如果不加 g 则只替换本行出现的第一个，这个用法其实和 vim 的替换大同小异。

除了可以使用 / 作为分隔符外，我们还可以使用其他特殊字符，例如 # 和 @。如下所示：

```
# sed 's#ot#to#g' test.txt
rto:x:0:0:/rto:/bin/bash
operator:x:11:0:operator:/roto:/sbin/nologin
operator:x:11:0:operator:/rooto:/sbin/nologin
rooto:x:0:0:/rooooto:/bin/bash
11111111111111111111111111111111
aaaaaaaaaaaaaaaaaaaaaaaaaaaaa
# sed 's@ot@to@g' test.txt
rto:x:0:0:/rto:/bin/bash
operator:x:11:0:operator:/roto:/sbin/nologin
operator:x:11:0:operator:/rooto:/sbin/nologin
roooto:x:0:0:/roooto:/bin/bash
11111111111111111111111111111111
aaaaaaaaaaaaaaaaaaaaaaaaaaaaa
```

现在思考一下：如何删除文档中所有的数字或者字母？示例命令如下：

```
# sed 's/[0-9]//g' test.txt
rot:x:::/rot:/bin/bash
operator:x:::operator:/root:/sbin/nologin
operator:x:::operator:/rooot:/sbin/nologin
rooooot:x:::/rooooot:/bin/bash

aaaaaaaaaaaaaaaaaaaaaaaaaaaaa
```

其中[0-9]表示任意的数字。这里你也可以写成[a-zA-Z]或者[0-9a-zA-Z]。如下所示：

```
# sed 's/[a-zA-Z]//g' test.txt
::0:0:/://
::11:0::/://
::11:0::/://
::0:0:/://
11111111111111111111111111111111
```

11.2.5 调换两个字符串的位置

示例命令如下：

```
# sed 's/\(rot\)\(.*\)\(bash\)/\3\2\1/' test.txt
bash:x:0:0:/rot:/bin/rot
operator:x:11:0:operator:/root:/sbin/nologin
```

```
operator:x:11:0:operator:/rooot:/sbin/nologin
roooot:x:0:0:/rooooot:/bin/bash
11111111111111111111111111111111
aaaaaaaaaaaaaaaaaaaaaaaaaaaaaaaa
```

小括号在 sed 中属于特殊符号，必须在其前面加转义字符\，替换时则写成类似\1、\2 或\3 的形式。上例中用()把想要替换的字符打包成了一个整体。有这个转义字符\，会让这个表达式看起来乱糟糟的，阿铭有个方法可以省略它。如下所示：

```
# sed -r 's/(rot)(.*)(bash)/\3\2\1/' test.txt
bash:x:0:0:/rot:/bin/rot
operator:x:11:0:operator:/root:/sbin/nologin
operator:x:11:0:operator:/rooot:/sbin/nologin
roooot:x:0:0:/rooooot:/bin/bash
11111111111111111111111111111111
aaaaaaaaaaaaaaaaaaaaaaaaaaaaaaaa
```

没错，正如你看到的，就是这个-r 选项让这个表达式更加清晰了，-r 的作用跟 grep 的 -E 的作用是一样的，它让 sed 支持扩展正则，扩展正则其实就是使用了诸如 ()、{}、|、+、? 等特殊符号的正则。

除了调换两个字符串的位置，阿铭还常常用 sed 在某一行前后增加指定内容，如下所示：

```
# sed 's/^.*$/123&/' test.txt
123rot:x:0:0:/rot:/bin/bash
123operator:x:11:0:operator:/root:/sbin/nologin
123operator:x:11:0:operator:/rooot:/sbin/nologin
123roooot:x:0:0:/rooooot:/bin/bash
12311111111111111111111111111111111
123aaaaaaaaaaaaaaaaaaaaaaaaaaaaaaaa
```

11.2.6 直接修改文件的内容

示例命令如下：

```
# sed -i 's/ot/to/g' test.txt
# cat test.txt
rto:x:0:0:/rto:/bin/bash
operator:x:11:0:operator:/roto:/sbin/nologin
operator:x:11:0:operator:/rooto:/sbin/nologin
rooto:x:0:0:/roooto:/bin/bash
11111111111111111111111111111111
aaaaaaaaaaaaaaaaaaaaaaaaaaaaaaaa
```

这样就可以直接更改 test.txt 文件中的内容了。但必须注意，在修改前最好先备份一下文件，以免改错。

关于 sed 工具的用法，阿铭就介绍这么多，这些足够你在日常工作中使用了，当你遇到复杂的需求时，查一下资料就可以找到答案。

11.2.7 sed 练习题

sed 的常用功能基本上都介绍了，只要你多加练习就行。为了能让你更加牢固地掌握 sed 的应用，阿铭留几个练习题，希望你能认真完成。

(1) 把/etc/passwd 复制到/root/test.txt，用 sed 打印所有行。
(2) 打印 test.txt 的第 3 行~第 10 行。
(3) 打印 test.txt 中包含 root 的行。
(4) 删除 test.txt 的第 15 行以及后面的所有行。
(5) 删除 test.txt 中包含 bash 的行。
(6) 将 test.txt 中的 root 替换为 toor。
(7) 将 test.txt 中的/sbin/nologin 替换为/bin/login。
(8) 删除 test.txt 中第 5 行~第 10 行中所有的数字。
(9) 删除 test.txt 中所有的特殊字符（除了数字以及大小写字母）。
(10) 把 test.txt 中第一个单词和最后一个单词调换位置。
(11) 把 test.txt 中出现的第一组数字（1 个或多个）和最后一个单词调换位置。
(12) 把 test.txt 中第一个数字移动到本行末尾。
(13) 在 test.txt 第 20 行到最后一行最前面加 aaa:。

阿铭希望你能尽量多动动脑筋，下面是以上习题的答案，仅作参考。如果有不懂的地方，不要忘记通过阿铭提供的微信求助哦。

(1) /bin/cp /etc/passwd /root/test.txt ; sed -n '1,$'p test.txt
(2) sed -n '3,10'p test.txt
(3) sed -n '/root/'p test.txt
(4) sed '15,$'d test.txt
(5) sed '/bash/'d test.txt
(6) sed 's/root/toor/g' test.txt
(7) sed 's#sbin/nologin#bin/login#g' test.txt
(8) sed '5,10s/[0-9]//g' test.txt
(9) sed 's/[^0-9a-zA-Z]//g' test.txt
(10) sed -r 's/(^[a-zA-Z]+)([^a-zA-Z].*[^a-zA-Z])([a-zA-Z]+$)/\3\2\1/' test.txt
(11) sed -r 's/(^[^0-9]*)([0-9]+)([^0-9].*[^a-zA-Z])([a-zA-Z]+$)/\1\4\3\2/' test.txt
(12) sed -r 's/(^[^0-9]*)([0-9]+)([^0-9].*$)/\1\3\2/' test.txt
(13) sed '20,$s/^.*$/aaa:&/' test.txt

11.3 awk 工具的使用

awk 也是流式编辑器，针对文档中的行来操作，一行一行地执行。awk 兼具 sed 的所有功能，而且更加强大。awk 工具其实是很复杂的（有专门的书来介绍它的应用），对于初学者来说，只要能处理日常管理工作中的问题即可。鉴于此，阿铭仅介绍比较常见的 awk 应用，如果你感兴趣再去深入研究吧！

11.3.1 截取文档中的某个段

示例命令如下：

```
# head -n2 test.txt |awk -F ':' '{print $1}'
root
bin
```

本例中，-F 选项的作用是指定分隔符。如果不加-F 选项，则以空格或者 tab 为分隔符。print 为打印的动作，用来打印某个字段。$1 为第 1 个字段，$2 为第 2 个字段，以此类推。但$0 比较特殊，它表示整行：

```
# head -n2 test.txt |awk -F':' '{print $0}'
root:x:0:0:root:/root:/bin/bash
bin:x:1:1:bin:/bin:/sbin/nologin
```

注意 awk 的格式，-F 后面紧跟单引号，单引号里面为分隔符。print 的动作要用{}括起来，否则会报错。print 还可以打印自定义的内容，但是自定义的内容要用双引号括起来，如下所示：

```
# head -n2 test.txt |awk -F ':' '{print $1"#"$2"#"$3"#"$4}'
root#x#0#0
bin#x#1#1
```

11.3.2 匹配字符或者字符串

示例命令如下：

```
# awk '/oo/' test.txt
root:x:0:0:root:/root:/bin/bash
lp:x:4:7:lp:/var/spool/lpd:/sbin/nologin
mail:x:8:12:mail:/var/spool/mail:/sbin/nologin
operator:x:11:0:operator:/root:/sbin/nologin
postfix:x:89:89::/var/spool/postfix:/sbin/nologin
setroubleshoot:x:992:990::/var/lib/setroubleshoot:/sbin/nologin
```

这跟 sed 的用法类似，能实现 grep 的功能，但没有颜色显示，肯定没有 grep 用起来方便。不过 awk 还有比 sed 更强大的匹配，如下所示：

```
# awk -F ':' '$1 ~/oo/' test.txt
root:x:0:0:root:/root:/bin/bash
setroubleshoot:x:992:990::/var/lib/setroubleshoot:/sbin/nologin
```

它可以让某个段去匹配，这里的~就是匹配的意思。awk 还可以多次匹配，如下所示：

```
# awk -F ':' '/root/ {print $1,$3} /test/ {print $1,$3}' test.txt
root 0
operator 11
test 1006
```

本例中 awk 匹配完 root，再匹配 test，它还可以只打印所匹配的段。

11.3.3 条件操作符

示例命令如下：

```
# awk -F ':' '$3=="0"' /etc/passwd
root:x:0:0:root:/root:/bin/bash
```

awk 中可以用逻辑符号进行判断，比如==就是等于，也可以理解为精确匹配。另外还有>、>=、<、<=、!=等。值得注意的是，在和数字比较时，若把要比较的数字用双引号引起来，那么 awk 不会将其认为是数字，而会认为是字符，不加双引号就会认为是数字。示例命令如下：

```
# awk -F ':' '$3>="500"' /etc/passwd
shutdown:x:6:0:shutdown:/sbin:/sbin/shutdown
halt:x:7:0:halt:/sbin:/sbin/halt
mail:x:8:12:mail:/var/spool/mail:/sbin/nologin
nobody:x:65534:65534:Kernel Overflow User:/:/sbin/nologin
dbus:x:81:81:System message bus:/:/sbin/nologin
systemd-coredump:x:999:997:systemd Core Dumper:/:/sbin/nologin
tss:x:59:59:Account used by the trousers package to sandbox the tcsd daemon:/dev/null:/sbin/nologin
polkitd:x:998:996:User for polkitd:/:/sbin/nologin
geoclue:x:997:995:User for geoclue:/var/lib/geoclue:/sbin/nologin
unbound:x:996:991:Unbound DNS resolver:/etc/unbound:/sbin/nologin
gluster:x:995:990:GlusterFS daemons:/run/gluster:/sbin/nologin
chrony:x:994:989::/var/lib/chrony:/sbin/nologin
libstoragemgmt:x:993:987:daemon account for libstoragemgmt:/var/run/lsm:/sbin/nologin
saslauth:x:992:76:Saslauthd user:/run/saslauthd:/sbin/nologin
dnsmasq:x:986:986:Dnsmasq DHCP and DNS server:/var/lib/dnsmasq:/sbin/nologin
radvd:x:75:75:radvd user:/:/sbin/nologin
clevis:x:985:984:Clevis Decryption Framework unprivileged user:/var/cache/clevis:/sbin/nologin
cockpit-ws:x:984:982:User for cockpit-ws:/:/sbin/nologin
colord:x:983:981:User for colord:/var/lib/colord:/sbin/nologin
sssd:x:982:980:User for sssd:/:/sbin/nologin
setroubleshoot:x:981:979::/var/lib/setroubleshoot:/sbin/nologin
pipewire:x:980:978:PipeWire System Daemon:/var/run/pipewire:/sbin/nologin
gnome-initial-setup:x:979:977::/run/gnome-initial-setup/:/sbin/nologin
insights:x:978:976:Red Hat Insights:/var/lib/insights:/sbin/nologin
sshd:x:74:74:Privilege-separated SSH:/var/empty/sshd:/sbin/nologin
avahi:x:70:70:Avahi mDNS/DNS-SD Stack:/var/run/avahi-daemon:/sbin/nologin
tcpdump:x:72:72::/:/sbin/nologin
```

本例中，阿铭本想把 uid 大于等于 500 的行打印出来，但是结果并不理想。这是因为 awk 把所有的数字都当作字符了，就跟上一章中提到的 sort 排序原理一样。但，如果不加双引号就得到了想要的结果：

```
# awk -F ':' '$3>=500' /etc/passwd
nobody:x:65534:65534:Kernel Overflow User:/:/sbin/nologin
systemd-coredump:x:999:997:systemd Core Dumper:/:/sbin/nologin
polkitd:x:998:996:User for polkitd:/:/sbin/nologin
geoclue:x:997:995:User for geoclue:/var/lib/geoclue:/sbin/nologin
unbound:x:996:991:Unbound DNS resolver:/etc/unbound:/sbin/nologin
gluster:x:995:990:GlusterFS daemons:/run/gluster:/sbin/nologin
chrony:x:994:989::/var/lib/chrony:/sbin/nologin
```

```
libstoragemgmt:x:993:987:daemon account for libstoragemgmt:/var/run/lsm:/sbin/nologin
saslauth:x:992:76:Saslauthd user:/run/saslauthd:/sbin/nologin
dnsmasq:x:986:986:Dnsmasq DHCP and DNS server:/var/lib/dnsmasq:/sbin/nologin
clevis:x:985:984:Clevis Decryption Framework unprivileged user:/var/cache/clevis:/sbin/nologin
cockpit-ws:x:984:982:User for cockpit-ws:/:/sbin/nologin
colord:x:983:981:User for colord:/var/lib/colord:/sbin/nologin
sssd:x:982:980:User for sssd:/:/sbin/nologin
setroubleshoot:x:981:979::/var/lib/setroubleshoot:/sbin/nologin
pipewire:x:980:978:PipeWire System Daemon:/var/run/pipewire:/sbin/nologin
gnome-initial-setup:x:979:977::/run/gnome-initial-setup/:/sbin/nologin
insights:x:978:976:Red Hat Insights:/var/lib/insights:/sbin/nologin
aminglinux:x:1000:1000:aminglinux:/home/aminglinux:/bin/bash
# awk -F ':' '$7!="/sbin/nologin"' /etc/passwd
root:x:0:0:root:/root:/bin/bash
sync:x:5:0:sync:/sbin:/bin/sync
shutdown:x:6:0:shutdown:/sbin:/sbin/shutdown
halt:x:7:0:halt:/sbin:/sbin/halt
aminglinux:x:1000:1000:aminglinux:/home/aminglinux:/bin/bash
```

上例中，!= 表示不匹配，它除了针对某一个段的字符进行逻辑比较外，还可以在两个段之间进行逻辑比较。如下所示：

```
# awk -F ':' '$3<$4' /etc/passwd
adm:x:3:4:adm:/var/adm:/sbin/nologin
lp:x:4:7:lp:/var/spool/lpd:/sbin/nologin
mail:x:8:12:mail:/var/spool/mail:/sbin/nologin
games:x:12:100:games:/usr/games:/sbin/nologin
ftp:x:14:50:FTP User:/var/ftp:/sbin/nologin
```

另外还可以使用 && 和 ||，它们分别表示"并且"和"或者"。&& 的用法如下：

```
# awk -F ':' '$3>"5" && $3<"7"' /etc/passwd
shutdown:x:6:0:shutdown:/sbin:/sbin/shutdown
nobody:x:65534:65534:Kernel Overflow User:/:/sbin/nologin
tss:x:59:59:Account used by the trousers package to sandbox the tcsd daemon:/dev/null:/sbin/nologin
```

|| 的用法如下：

```
# awk -F ':' '$3>1000 || $7=="/bin/bash"' /etc/passwd
root:x:0:0:root:/root:/bin/bash
nobody:x:65534:65534:Kernel Overflow User:/:/sbin/nologin
aminglinux:x:1000:1000:aminglinux:/home/aminglinux:/bin/bash
```

11.3.4　awk 的内置变量

awk 常用的变量有 OFS、NF 和 NR。OFS 和 -F 选项有类似的功能，也是用来定义分隔符的，但是它是在输出的时候定义。NF 表示用分隔符分隔后一共有多少段。NR 表示行号。

OFS 的用法示例如下：

```
# head -5 /etc/passwd |awk -F ':' '{OFS="#"} {print $1,$3,$4}'
root#0#0
```

```
bin#1#1
daemon#2#2
adm#3#4
lp#4#7
```

还有更高级一些的用法：

```
# awk -F ':' '{OFS="#"} {if ($3>=1000) {print $1,$2,$3,$4}}' /etc/passwd
nobody#x#65534#65534
aminglinux#x#1000#1000
```

变量 NF 的具体用法如下：

```
# head -n3 /etc/passwd | awk -F ':' '{print NF}'
7
7
7
# head -n3 /etc/passwd | awk -F ':' '{print $NF}'
/bin/bash
/sbin/nologin
/sbin/nologin
```

这里 NF 是多少段，$NF 是最后一段的值。变量 NR 的具体用法如下：

```
# head -n3 /etc/passwd | awk -F ':' '{print NR}'
1
2
3
```

我们还可以使用 NR 作为判断条件，如下所示：

```
# awk 'NR>40' /etc/passwd
insights:x:978:976:Red Hat Insights:/var/lib/insights:/sbin/nologin
sshd:x:74:74:Privilege-separated SSH:/var/empty/sshd:/sbin/nologin
avahi:x:70:70:Avahi mDNS/DNS-SD Stack:/var/run/avahi-daemon:/sbin/nologin
tcpdump:x:72:72::/:/sbin/nologin
aminglinux:x:1000:1000:aminglinux:/home/aminglinux:/bin/bash
```

NR 也可以配合段匹配一起使用，如下所示：

```
# awk -F ':' 'NR<20 && $1 ~ /roo/' /etc/passwd
root:x:0:0:root:/root:/bin/bash
```

11.3.5 awk 中的数学运算

awk 可以更改段值，示例命令如下：

```
# head -n 3 /etc/passwd |awk -F ':' '$1="root"'
root x 0 0 root /root /bin/bash
root x 1 1 bin /bin /sbin/nologin
root x 2 2 daemon /sbin /sbin/nologin
```

awk 也可以对各个段的值进行数学运算，示例命令如下：

```
# head -n2 /etc/passwd
root:x:0:0:root:/root:/bin/bash
bin:x:1:1:bin:/bin:/sbin/nologin
# head -n2 /etc/passwd |awk -F ':' '{$7=$3+$4}'
# head -n2 /etc/passwd |awk -F ':' '{$7=$3+$4; print $0}'
root x 0 0 root /root 0
bin x 1 1 bin /bin 2
```

awk 还可以计算某个段的总和，示例命令如下：

```
# awk -F ':' '{(tot=tot+$3)}; END {print tot}' /etc/passwd
84699
```

这里的 END 是 awk 特有的语法，表示所有的行都已经执行。其实 awk 连同 sed 都可以写成一个脚本文件，而且有它们特有的语法。在 awk 中使用 if 判断、for 循环都可以，只是阿铭认为在日常管理工作中，没有必要使用那么复杂的语句而已。如下所示：

```
# awk -F ':' '{if ($1=="root") {print $0}}' /etc/passwd
root:x:0:0:root:/root:/bin/bash
```

最后要提醒你一下，阿铭介绍的这些仅仅是正则表达式中最基本的内容，对 sed 和 awk 并没有深入讲解，但足以满足日常工作所需。如果你碰到比较复杂的需求，实在搞不定了，可以来求助阿铭。下面阿铭出几道关于 awk 的练习题，希望你认真完成。

11.3.6 awk 练习题

(1) 用 awk 打印整个 test.txt。（以下操作都是针对 test.txt 的，用 awk 工具实现。）
(2) 查找所有包含 bash 的行。
(3) 用:作为分隔符，查找第 3 个字段等于 0 的行。
(4) 用:作为分隔符，查找第 1 个字段为 root 的行，并把该段的 root 换成 toor。（可以连同 sed 一起使用。）
(5) 用:作为分隔符，打印最后一个字段。
(6) 打印行数大于 20 的所有行。
(7) 用:作为分隔符，打印所有第 3 个字段小于第 4 个字段的行。
(8) 用:作为分隔符，打印第 1 个字段以及最后一个字段，并且中间用@连接（例如，第 1 行应该是这样的形式：root@/bin/bash）。
(9) 用:作为分隔符，把整个文档的第 4 个字段相加，求和。

下面是以上习题的答案，仅作参考。

(1) awk '{print $0}' test.txt
(2) awk '/bash/' test.txt
(3) awk -F':' '$3=="0"' test.txt
(4) awk -F':' '$1=="root"' test.txt |sed 's/root/toor/'
(5) awk -F':' '{print $NF}' test.txt

(6) awk -F':' 'NR>20' test.txt
(7) awk -F':' '$3<$4' test.txt
(8) awk -F':' '{print $1"@"$NF}' test.txt
(9) awk -F':' '{(sum+=$4)}; END {print sum}' test.txt

11.4 课后习题

(1) 如何把/etc/passwd 中用户 uid 大于 500 的行打印出来？

(2) awk 中变量 NR 和 NF 分别表示什么含义？命令 awk -F ':' '{print $NR}' /etc/passwd 会打印出什么结果？

(3) 用 grep 把 1.txt 文档中包含 abc 或者 123 的行过滤出来，并在过滤出来的行前面加上行号。

(4) 命令 grep -v '^$' 1.txt 会过滤出哪些行？

(5) 符号 .、*和*分别表示什么含义？符号+和?表示什么含义？这 5 个符号是否可以在 grep、egrep、sed 以及 awk 中使用？

(6) grep 里面的符号{}用在什么情况下？

(7) sed 有一个选项可以直接更改文本文件，是哪个选项？

(8) sed -i 's/.* ie//;s/["|&].*//' file 这条命令表示什么操作呢？

(9) 如何删除一个文档中的所有数字或者字母？

(10) 截取日志 1.log 的第 1 个字段（以空格为分隔符），按数字排序，然后去重，但是需要保留重复的数量，如何做？

(11) 使用 awk 过滤出 1.log 中第 7 个字段（以空格为分隔符）为 200 并且第 8 个字段为 11897 的行。

(12) 请比较这两个命令的异同：grep -v '^[0-9]' 1.txt 和 grep '^[^0-9]' 1.txt。

(13) awk 中的 $0 表示什么？为什么以下两条命令的 $0 结果不一致呢？

```
awk -F ':' '{print $0}' 1.txt
awk -F ':' '$7=1 {print $0}' 1.txt
```

(14) 使用 grep 过滤某个关键词时，如何把包含关键词的行连同上面一行打印出来？连同下面一行也打印呢？同时打印上下各一行呢？

第 12 章
shell 脚本

shell 脚本在 Linux 系统管理员的运维工作中非常重要，下面就让阿铭带你正式进入 shell 脚本的世界吧！

12.1 什么是 shell 脚本

shell 脚本并不能作为正式的编程语言，因为它是在 Linux 的 shell 中运行的，所以称为 shell 脚本。事实上，shell 脚本就是一些命令的集合。比如，我想实现这样的操作：

(1) 进入 /tmp/ 目录；
(2) 列出当前目录中所有的文件名；
(3) 把所有当前的文件都复制到 /root/ 目录下；
(4) 删除当前目录下所有的文件。

完成以上简单的 4 步需要在 shell 窗口中输入 4 次命令，按 4 次回车，这不算太难。但如果是输入复杂的命令，一次一次敲键盘就会很麻烦。所以我们不妨把所有的操作都记录到一个文档中，然后去调用此文档中的命令，这样一步操作就可以完成。其实这个文档就是 shell 脚本，只是这个 shell 脚本有它特殊的格式。

shell 脚本能帮助我们很方便地管理服务器，因为我们可以指定一个任务计划，定时去执行某个 shell 脚本来满足需求。这对于 Linux 系统管理员来说是一件非常值得自豪的事情。我们可以在 Linux 服务器上部署监控的 shell 脚本，然后脚本中可以加上邮件通知来告之自己出现故障。比如，网卡流量出现异常或者 Web 服务器停止服务时，就可以发一封邮件给管理员。这样可以让管理员及时知道服务器出问题了。

在正式编写 shell 脚本之前，阿铭建议凡是自定义的脚本都放到 /usr/local/sbin/ 目录下。这样做的目的是：一来可以更好地管理文档；二来以后接管你工作的管理员都知道自定义脚本放在哪里，方便维护。

12.1.1 shell 脚本的创建和执行

下面请跟着阿铭编写第一个 shell 脚本，如下所示：

```
# cd /usr/local/sbin/
# vim first.sh      // 加入如下内容
#! /bin/bash

## This is my first shell script.
## Writen by Aming 2020-03-02.

date
echo "Hello world!"
```

shell 脚本通常以.sh 为后缀名。这并不是说不加.sh 的脚本就不能执行，只是大家都有这样一个习惯而已。所以，以后如果发现了以.sh 为后缀的文件，那么只能说它可能是一个 shell 脚本。本例中，脚本文件 first.sh 的第 1 行要以 #! /bin/bash 开头，表示该文件使用的是 bash 语法。如果不设置该行，你的 shell 脚本也可以执行，但是不符合规范。#表示注释，后面跟一些该脚本的相关注释内容，以及作者、创建日期或者版本等。当然，这些注释并非必需的，但阿铭不建议省略。因为随着工作时间的逐渐过渡，写的 shell 脚本也会越来越多，如果有一天你回头查看自己写过的某个脚本，很有可能忘记该脚本是用来干什么的以及什么时候写的，所以写上注释是有必要的。另外，系统管理员并非只有你一个，写上注释有助于其他管理员查看你的脚本。

下面我们执行一下这个脚本，如下所示：

```
# sh first.sh
Mon Mar  2 22:16:56 CST 2020
Hello world!
```

其实 shell 脚本还有一种执行方法，如下所示：

```
# ./first.sh
-bash: ./first.sh: 权限不够
# chmod +x first.sh
# ./first.sh
Mon Mar  2 22:16:56 CST 2020
Hello world!
```

使用该方法运行 shell 脚本的前提是脚本本身有执行权限，所以需要给脚本加一个 x 权限。另外，使用 sh 命令执行一个 shell 脚本时，可以加-x 选项来查看这个脚本的执行过程，这样有利于我们调试这个脚本。如下所示：

```
# sh -x first.sh
+ date
Mon Mar  2 22:17:43 CST 2020
+ echo 'Hello world!'
Hello world!
```

本例中有一个 date 命令，之前阿铭从未介绍过，这个命令在 shell 脚本中使用非常频繁，因此有必要介绍一下它的用法。

12.1.2 命令 date

date 命令在 shell 脚本中最常用的几个用法如下。

- date +%Y：表示以四位数字格式打印年份。
- date +%y：表示以两位数字格式打印年份。
- date +%m：表示月份。
- date +%d：表示日期。
- date +%H：表示小时。
- date +%M：表示分钟。
- date +%S：表示秒。
- date +%w：表示星期。结果显示 0 则表示周日。

下面阿铭举几个比较实用的例子来帮助你掌握 date 命令的用法，示例代码如下：

```
# date +"%Y-%m-%d %H:%M:%S"
2020-03-02 22:18:03
```

有时，在脚本中会用到一天前的日期，如下所示：

```
# date -d "-1 day" +%d
01
```

或者一小时前，如下所示：

```
# date -d "-1 hour" +%H
21
```

甚至一分钟前，如下所示：

```
# date -d "-1 min" +%M
17
```

12.2 shell 脚本中的变量

在 shell 脚本中使用变量会使我们的脚本更加专业，更像是一门语言。如果你写了一个长达 1000 行的 shell 脚本，并且脚本中多次出现某一个命令或者路径，而你觉得路径不对想修改一下，就得一个一个修改，或者使用批量替换的命令修改。这样做很麻烦，并且脚本也显得臃肿了很多。变量就是用来解决这个问题的。定义变量的格式为："变量名=变量的值"。在脚本中引用变量时需要加上符号$，这跟前面介绍的在 shell 中自定义变量是一致的。

下面我们编写第一个与变量相关的脚本，如下所示：

```
# vim variable.sh
#! /bin/bash
```

```
## In this script we will use variables.
## Writen by Aming 2020-03-02.

d=`date +%H:%M:%S`
echo "The script begin at $d."
echo "Now we'll sleep 2 seconds."
sleep 2
d1=`date +%H:%M:%S`
echo "The script end at $d1."
```

本例中使用到了反引号，它的作用是将引号中的字符串当成 shell 命令执行，返回命令的执行结果。d 和 d1 在脚本中作为变量出现。

下面来看看该脚本的执行结果，如下所示：

```
# sh variable.sh
The script begin at 22:23:04.
Now we'll sleep 2 seconds.
The script end at 22:23:06.
```

12.2.1 数学运算

示例命令如下：

```
# vim sum.sh
#! /bin/bash

## For get the sum of two numbers.
## Aming 2020-03-02.

a=1
b=2
sum=$[$a+$b]
echo "$a+$b=$sum"
```

数学计算要用[ ]括起来，并且前面要加符号$。该脚本的结果如下：

```
# sh sum.sh
1+2=3
```

12.2.2 和用户交互

示例脚本如下：

```
# cat read.sh
#! /bin/bash

## Using 'read' in shell script.
## Aming 2020-03-02.

read -p "Please input a number: " x
```

```
read -p "Please input another number: " y
sum=$[$x+$y]
echo "The sum of the two numbers is: $sum"
```

read 命令用于和用户交互，它把用户输入的字符串作为变量值。该脚本的执行过程如下：

```
# sh read.sh
Please input a number: 2
Please input another number: 10
The sum of the two numbers is: 12
```

我们不妨加上 -x 选项再来看看这个执行过程：

```
# sh -x read.sh
+ read -p 'Please input a number: ' x
Please input a number: 22
+ read -p 'Please input another number: ' y
Please input another number: 13
+ sum=35
+ echo 'The sum of the two numbers is: 35'
The sum of the two numbers is: 35
```

12.2.3　shell 脚本预设变量

有时我们会用到类似 /etc/init.d/iptables restart（该命令来源于早期 CentOS 系统）的命令，其中前面的 /etc/init.d/iptables 文件其实就是一个 shell 脚本。脚本后面为什么可以跟一个 restart 字符串呢？这就涉及 shell 脚本的预设变量了。实际上，shell 脚本在执行时，后面可以跟一个或者多个参数。比如下面的脚本：

```
# vim option.sh  // 内容如下
#! /bin/bash

sum=$[$1+$2]
echo "sum=$sum"
```

该脚本的执行结果如下：

```
# sh -x option.sh 1 2
+ sum=3
+ echo sum=3
sum=3
```

你可能会问：脚本中的$1 和$2 是从哪里来的？这其实就是 shell 脚本的预设变量。本例中，$1 和$2 的值就是在执行时分别输入的 1 和 2，$1 就是脚本的第一个参数，$2 是脚本的第二个参数，以此类推。当然一个 shell 脚本的预设变量是没有限制的。

另外还有一个$0，它代表脚本本身的名字。我们不妨把脚本修改一下，如下所示：

```
#! /bin/bash

echo "$1 $2 $0"
```

该脚本的执行结果如下：

```
# sh option.sh  1 2
1 2 option.sh
```

12.3 shell 脚本中的逻辑判断

如果你学过 C 等语言，相信你不会对 if 感到陌生。在 shell 脚本中，我们同样可以使用 if 逻辑判断。

12.3.1 不带 else

具体格式如下：

```
if  判断语句; then
    command
fi
```

示例脚本如下：

```
# cat if1.sh
#! /bin/bash

read -p "Please input your score: " a
if ((a<60)); then
    echo "You didn't pass the exam."
fi
```

if1.sh 中出现了((a<60))这样的形式，这是 shell 脚本中特有的格式，只用一个小括号或者不用都会报错，请记住这个格式。阿铭还会用另外一种格式，后面会介绍到。

该脚本的执行结果如下：

```
# sh if1.sh
Please input your score: 90
# sh if1.sh
Please input your score: 33
You didn't pass the exam.
```

12.3.2 带有 else

具体格式如下：

```
if  判断语句; then
    command
else
    command
fi
```

示例脚本如下：

```
# vim if2.sh    // 内容如下
#! /bin/bash

read -p "Please input your score: " a
if ((a<60)); then
    echo "You didn't pass the exam."
else
    echo "Good! You passed the exam."
fi
```

该脚本的执行结果如下：

```
# sh if2.sh
Please input your score: 80
Good! You passed the exam.
# sh if2.sh
Please input your score: 25
You didn't pass the exam.
```

脚本 if2.sh 和脚本 if1.sh 唯一的区别是：如果输入大于或等于 60 的数字时会有提示。

12.3.3 带有 elif

具体格式如下：

```
if   判断语句 1; then
    command
elif   判断语句 2; then
    command
else
    command
fi
```

示例脚本如下：

```
# vim if3.sh    // 内容如下
#! /bin/bash

read -p "Please input your score: " a
if ((a<60)); then
    echo "You didn't pass the exam."
elif ((a>=60)) && ((a<85)); then
    echo "Good! You pass the exam."
else
    echo "Very good! Your score is very high!"
fi
```

这里的 && 表示"并且"的意思，当然也可以使用||表示"或者"。

该脚本的执行结果如下：

```
# sh if3.sh
Please input your score: 90
```

```
Very good! Your score is very high!
# sh if3.sh
Please input your score: 60
Good! You pass the exam.
```

以上只是简单介绍了 if 语句的结构。判断数值大小除了可以用(())的形式外，还可以使用[]。但是不能使用>、<、=这样的符号了，要使用 -lt（小于）、-gt（大于）、-le（小于或等于）、-ge（大于或等于）、-eq（等于）、-ne（不等于）。下面阿铭就以命令行的形式简单比较一下，不再写 shell 脚本。示例代码如下：

```
# a=10; if [ $a -lt 5 ]; then echo ok; fi
# a=10; if [ $a -gt 5 ]; then echo ok; fi
ok
# a=10; if [ $a -ge 10 ]; then echo ok; fi
ok
# a=10; if [ $a -eq 10 ]; then echo ok; fi
ok
# a=10; if [ $a -ne 10 ]; then echo ok; fi
```

下面是在 if 语句中使用 && 和 || 的情况，示例代码如下：

```
# a=10; if [ $a -lt 1 ] || [ $a -gt 5 ]; then echo ok; fi
ok
# a=10; if [ $a -gt 1 ] || [ $a -lt 10 ]; then echo ok; fi
ok
```

12.3.4　和文件相关的判断

shell 脚本中 if 还经常用于判断文件的属性，比如判断文件是普通文件还是目录，判断文件是否有读、写、执行权限等。if 常用的选项有以下几个。

- **-e**：判断文件或目录是否存在。
- **-d**：判断是不是目录以及目录是否存在。
- **-f**：判断是不是普通文件以及普通文件是否存在。
- **-r**：判断是否有读权限。
- **-w**：判断是否有写权限。
- **-x**：判断是否可执行。

使用 if 判断时的具体格式如下：

```
if [ -e filename ] ; then
    command
fi
```

示例代码如下：

```
# if [ -d /home/ ]; then echo ok; fi
ok
# if [ -f /home/ ]; then echo ok; fi
```

因为/home/是目录而非文件，所以并不会显示 ok。其他示例如下所示：

```
# if [ -f /root/test.txt ]; then echo ok; fi
ok
# if [ -r /root/test.txt ]; then echo ok; fi
ok
# if [ -w /root/test.txt ]; then echo ok; fi
ok
# if [ -x /root/test.txt ]; then echo ok; fi
# if [ -e /root/test1.txt ]; then echo ok; fi
```

12.3.5　case 逻辑判断

在 shell 脚本中，除了用 if 来判断逻辑外，还有一种常用的方式——case。其具体格式如下：

```
case  变量  in
value1)
        command
        ;;
value2)
        command
        ;;
value3)
        command
        ;;
*)
        command
        ;;
esac
```

上面的结构中，不限制 value 的个数，*代表其他值。下面阿铭写一个判断输入数值是奇数还是偶数的脚本，如下所示：

```
# vim case.sh   // 内容如下
#! /bin/bash

read -p "Input a number: " n
a=$[$n%2]
case $a in
  1)
        echo "The number is odd."
        ;;
  0)
        echo "The number is even."
        ;;
  *)
        echo "It's not a number!"
        ;;
esac
```

脚本中$a 的值为 1 或 0，其执行结果如下：

```
# sh case.sh
Input a number: 100
```

```
The number is even.
# sh case.sh
Input a number: 101
The number is odd.
```

12.4　shell 脚本中的循环

　　shell 脚本可以算是一种简易的编程语言，脚本中的循环也是不能缺少的。常用到的循环有 for 循环和 while 循环，下面我们就分别介绍一下这两种循环结构。

12.4.1　for 循环

　　for 循环结构是阿铭在日常运维工作中使用最频繁的循环结构。下面阿铭先写个简单的 for 循环脚本，如下所示：

```
# vim for.sh    // 内容如下
#! /bin/bash

for i in `seq 1 5`; do
    echo $i
done
```

　　脚本中的 seq 1 5 表示从 1 到 5 的一个序列。你可以直接运行这个命令试一下。该脚本的执行结果如下：

```
# sh for.sh
1
2
3
4
5
```

　　通过这个脚本就可以看到 for 循环的基本结构，具体格式如下：

```
for 变量名 in 循环的条件; do
    command
done
```

　　这里"循环的条件"可以是一组字符串或者数字（用一个或者多个空格隔开），也可以是一条命令的执行结果。为了方便演示，阿铭以一条命令的形式给大家举例，命令如下：

```
# for i in 1 2 3 a b; do echo $i; done
1
2
3
a
b
```

　　"循环的条件"还可以引用系统命令的执行结果（如 seq 1 5），但必须用反引号括起来。示例命令如下：

```
# for file in `ls`; do echo $file; done
case.sh
first.sh
for.sh
if1.sh
if2.sh
if3.sh
option.sh
read.sh
sum.sh
variable.sh
```

12.4.2 while 循环

阿铭常常用 while 循环来编写死循环的脚本，用于监控某项服务。while 循环的格式也很简单，如下所示：

```
while  条件; do
       command
done
```

示例脚本如下：

```
# cat while.sh
#! /bin/bash

a=5
while [ $a -ge 1 ]; do
    echo $a
    a=$[$a-1]
done
```

该脚本的执行结果如下：

```
# sh while.sh
5
4
3
2
1
```

另外，你可以用一个冒号代替循环条件，这样可以做到死循环。示例代码如下：

```
while :; do
    command
    sleep 3
done
```

12.5　shell 脚本中的函数

　　shell 脚本中的函数就是把一段代码整理到一个小单元中，并给这个小单元命名，当用到这段代码时直接调用这个小单元的名字即可。有时候脚本中的某段代码总是重复使用，如果将这段代码写成函数,那么每次用到时直接用函数名代替即可,这样不仅节省时间还节省空间。

下面阿铭写一个简单的带有函数功能的 shell 脚本,示例脚本如下:

```
# vim func.sh   // 内容如下
#! /bin/bash

function sum()
{
    sum=$[$1+$2]
    echo $sum
}

sum $1 $2
```

该脚本的执行结果如下:

```
# sh func.sh 1 2
3
```

func.sh 中的 sum() 为自定义的函数。在 shell 脚本中函数的格式如下:

```
function 函数名()
{
    command1
    command2
}
```

值得注意的是,在 shell 脚本中,函数一定要写在最前面,不能出现在中间或者最后。因为函数是要被调用的,如果还没有出现就被调用,肯定会出错。

12.6　shell 脚本中的中断和继续

在 shell 脚本循环的过程中,我们难免会遇到一些特殊需求,比如当循环到某个地方时需要做一些事情,这时候很有可能需要退出循环,或者跳过本次循环,这样的需求如何实现呢?

12.6.1　break

首先有一点你需要明白,break 用在循环中,不管是 for 循环或者 while 循环都可以。在脚本中使用它,表示退出该层循环。之所以说层,是因为有时我们会用到嵌套循环,大循环里面还有小循环,而 break 仅仅是退出那一层循环,它的上层循环并不受影响。下面阿铭给大家写一个 break 的示例,如下所示:

```
# vim break.sh   // 内容如下
#!/bin/bash
for i in `seq 1 5`
do
    echo $i
    if [ $i == 3 ]
    then
        break
    fi
```

```
    echo $i
done
echo aaaaaaa
```

此脚本中，本意是要把 1~5 数值赋予 i，当 i 等于 3 时，就跳出循环，因此后面的 4 和 5 都不会再执行了。该脚本的执行结果如下：

```
# sh break.sh
1
1
2
2
3
aaaaaaa
```

12.6.2 continue

continue 也是使用在循环中的，但和 break 不同的是，当在 shell 脚本中遇到 continue 时，结束的不是整个循环，而是本次循环。具体示例如下：

```
# vim continue.sh    // 内容如下
#!/bin/bash
for i in `seq 1 5`
do
    echo $i
    if [ $i == 3 ]
    then
        continue
    fi
    echo $i
done
echo $i
```

脚本执行结果如下：

```
# sh continue.sh
1
1
2
2
3
4
4
5
5
5
```

当 i 等于 3 的时候，出现了 continue，所以结束本次循环，continue 后面的语句不再执行，继续下一次循环。

12.6.3 exit

其实，还有一个和 break、continue 类似的用法，那就是 exit，它的作用范围更大，表示直接退出整个 shell 脚本。示例脚本如下：

```
# vim exit.sh    // 内容如下
#!/bin/bash
for i in `seq 1 5`
do
    echo $i
    if [ $i == 3 ]
    then
        exit
    fi
    echo $i
done
echo aaaaaaa
```

这个就很容易理解了，脚本执行结果如下：

```
# sh exit.sh
1
1
2
2
3
```

12.7　shell 脚本练习题

以上阿铭所举的例子都是最基础的，如果你想写好 shell 脚本就要多加练习，或者找专门介绍 shell 脚本的书深入地研究一下。下面阿铭将留几个 shell 脚本的练习题，请不要偷懒哦。

(1) 编写 shell 脚本，计算 1~100 的和。

(2) 编写 shell 脚本，输入一个数字 n 并计算 1~n 的和。要求：如果输入的数字小于 1，则重新输入，直到输入正确的数字为止。

(3) 编写 shell 脚本，把/root/目录下的所有目录（只需要一级）复制到/tmp/目录下。

(4) 编写 shell 脚本，批量建立用户 user_00、user_01...user_99。要求：所有用户同属于 users 组。

(5) 编写 shell 脚本，截取文件 test.log 中包含关键词 abc 的行中的第 1 列（假设分隔符为:），然后把截取的数字排序（假设第 1 列为数字），最后打印出重复超过 10 次的列。

(6) 编写 shell 脚本，判断输入的 IP 是否正确。要求：IP 的规则是 n1.n2.n3.n4，其中 1<n1<255，0<n2<255，0<n3<255，0<n4<255）。

下面是以上习题的答案，仅作参考。

(1) # cat 1.sh

```
#! /bin/bash

sum=0
for i in `seq 1 100`; do
    sum=$[$i+$sum]
done
echo $sum
```

(2) # cat 2.sh

```
#! /bin/bash

n=0
while [ $n -lt "1" ]; do
    read -p "Please input a number, it must greater than "1":" n
done

sum=0
for i in `seq 1 $n`; do
    sum=$[$i+$sum]
done
echo $sum
```

(3) # cat 3.sh

```
#! /bin/bash
cd /root
for f in `ls `; do
    if [ -d $f ] ; then
        cp -r $f /tmp/
    fi
done
```

(4) # cat 4.sh

```
#! /bin/bash
groupadd users
for i in `seq -w 0 99`; do
    useradd -g users user_0$i
done
```

说明　seq -w 可以让序列等宽。

(5) # cat 5.sh

```
#! /bin/bash
awk -F':' '$0~/abc/ {print $1}' test.log >/tmp/n.txt
sort -n n.txt |uniq -c |sort -n >/tmp/n2.txt
awk '$1>10 {print $2}' /tmp/n2.txt
```

(6) # cat 6.sh

```
#! /bin/bash
checkip()
{
    if echo $1 |egrep -q '^[0-9]{1,3}\.[0-9]{1,3}\.[0-9]{1,3}\.[0-9]{1,3}$'
    then
        a=`echo $1 | awk -F. '{print $1}'`
        b=`echo $1 | awk -F. '{print $2}'`
        c=`echo $1 | awk -F. '{print $3}'`
        d=`echo $1 | awk -F. '{print $4}'`
```

```
            for n in $a $b $c $d; do
                if [ $n -ge 255 ] || [ $n -le 0 ]; then
                    echo "the number should less than 255 and greate than 0"
                    return 2
                fi
            done

    else
        echo "The IP you input is something wrong, the format is like 192.168.100.1"
        return 1
    fi
}

rs=1
while [ $rs -gt 0 ]; do
    read -p  "Please input the ip:" ip
    checkip $ip
    rs=`echo $?`
done
echo "The IP is right!"
```

12.8 课后习题

(1) shell 脚本中，怎么把某一行当作注释？
(2) 如何执行一个 shell 脚本呢？
(3) 为了方便管理，我们约定把 shell 脚本都放到哪个目录下？
(4) 为了更好地调试 shell 脚本，我们可以加哪个选项来观察 shell 脚本的执行过程？
(5) 使用 date 命令打印 5 天前的日期。要求：日期格式为 *xxxx-xx-xx*。
(6) 请指出下面这个脚本的问题出现在哪里。

```
#! /bin/bash
a = 1
b = 2
echo $a, $b
```

(7) 在 shell 脚本中如何使用数学运算？请举例说明。
(8) shell 脚本中的哪个命令可以实现脚本和用户交互？怎么使用？
(9) 在 shell 中如何进行大小或者等于判断？
(10) 在 shell 脚本中，用什么符号表示"并且"？用什么符号表示"或者"？
(11) 在 shell 脚本中，case 逻辑判断的结构是什么样的？
(12) 列举 shell 脚本中常用的循环结构。
(13) shell 脚本中函数的作用是什么？函数结构是什么样的？
(14) 编写一个 shell 脚本，在一个目录下的所有文件（不含目录）的文件名后面加 ".bak"。
(15) 编写一个 shell 脚本，将当前目录下大于 100 KB 的文件全部移动到 /tmp/ 目录下。
(16) 编写一个 shell 脚本，获取本机的 HOSTNAME、IP 地址以及 DNS 地址。
(17) 编写两个小脚本，验证 break 和 continue 在循环中的作用。

第 13 章
Linux 系统管理技巧

阿铭在前面介绍的内容都是基础知识，如果你想成为一名合格的 Linux 系统管理员，要学的东西还有很多，后续章节会陆续介绍一些工作中常用的技能。只要你熟练掌握这些必备知识，那么绝对可以胜任初级管理员职位。然后你还需要继续在工作中充实自己，只要坚持学习，一两年就可以成为中高级工程师，月薪还是很可观的。

13.1 监控系统的状态

众所周知，生病了需要去医院看病，大夫首先要询问我们哪里不舒服，然后再通过观察和自己的经验，大体上就能判定我们得的是什么病。然而 Linux 不会说话，它不会主动告诉我们哪里出现了问题，需要我们自己去观察。那么如何评估系统运行状态是否良好呢？下面阿铭就介绍一些帮我们分析系统状态的工具。

13.1.1 使用 w 命令查看当前系统的负载

具体用法如下：

```
# w
 22:07:15 up 74 days,  7:52,  1 user,  load average: 0.00, 0.00, 0.00
USER     TTY      FROM             LOGIN@   IDLE   JCPU   PCPU WHAT
root     pts/0    192.168.18.1     22:07    1.00s  0.07s  0.01s w
```

相信所有 Linux 管理员最常用的命令就是这个 w 了，该命令显示的信息很丰富。第 1 行从左至右显示的信息依次为：时间、系统运行时间、登录用户数、平均负载。从第 2 行开始的所有行则是告诉我们：当前登录的用户名及其登录地址等。其实在这些信息中，阿铭认为最应该关注第 1 行中的 load average:后面的 3 个数值。

第 1 个数值表示 1 分钟内系统的平均负载值，第 2 个数值表示 5 分钟内系统的平均负载值，第 3 个数值表示 15 分钟内系统的平均负载值。我们着重看第 1 个值，它表示单位时间段内使用 CPU 的活动进程数（在这里其实就是 1 分钟内），值越大就说明服务器压力越大。一般情况下，这个值只要不超过服务器的 CPU 数量就没有关系。如果服务器的 CPU 数量为 8，那么值小于 8 就说明当前服务器没有压力，否则就要关注一下了。查看服务器有几个 CPU 的方法如下所示：

```
# cat /proc/cpuinfo
processor       : 0
vendor_id       : GenuineIntel
cpu family      : 6
model           : 62
model name      : Intel(R) Xeon(R) CPU E5-2650 v2 @ 2.60GHz
stepping        : 4
microcode       : 0x427
cpu MHz         : 2600.039
cache size      : 20480 KB
physical id     : 0
siblings        : 1
core id         : 0
cpu cores       : 1
apicid          : 0
initial apicid  : 0
fpu             : yes
fpu_exception   : yes
cpuid level     : 13
wp              : yes
flags           : fpu vme de pse tsc msr pae mce cx8 apic sep mtrr pge mca cmov pat pse36 clflush dts mmx fxsr sse sse2 ss syscall nx rdtscp lm constant_tsc arch_perfmon pebs bts nopl xtopology tsc_reliable nonstop_tsc cpuid aperfmperf pni pclmulqdq ssse3 cx16 pcid sse4_1 sse4_2 x2apic popcnt aes xsave avx f16c rdrand hypervisor lahf_lm cpuid_fault pti fsgsbase smep xsaveopt dtherm ida arat pln pts
bugs            : cpu_meltdown spectre_v1 spectre_v2 spec_store_bypass l1tf
bogomips        : 5200.07
clflush size    : 64
cache_alignment : 64
address sizes   : 40 bits physical, 48 bits virtual
power management:

processor       : 1
vendor_id       : GenuineIntel
cpu family      : 6
model           : 62
model name      : Intel(R) Xeon(R) CPU E5-2650 v2 @ 2.60GHz
stepping        : 4
microcode       : 0x427
cpu MHz         : 2600.039
cache size      : 20480 KB
physical id     : 2
siblings        : 1
core id         : 0
cpu cores       : 1
apicid          : 2
initial apicid  : 2
```

```
fpu             : yes
fpu_exception   : yes
cpuid level     : 13
wp              : yes
flags           : fpu vme de pse tsc msr pae mce cx8 apic sep mtrr pge mca cmov pat pse36 clflush dts mmx fxsr
sse sse2 ss syscall nx rdtscp lm constant_tsc arch_perfmon pebs bts nopl xtopology tsc_reliable
nonstop_tsc cpuid aperfmperf pni pclmulqdq ssse3 cx16 pcid sse4_1 sse4_2 x2apic popcnt aes xsave avx
f16c rdrand hypervisor lahf_lm cpuid_fault pti fsgsbase smep xsaveopt dtherm ida arat pln pts
bugs            : cpu_meltdown spectre_v1 spectre_v2 spec_store_bypass l1tf
bogomips        : 5200.07
clflush size:   64
cache_alignment : 64
address sizes   : 40 bits physical, 48 bits virtual
power management:
```

上例中，/proc/cpuinfo 这个文件记录了 CPU 的详细信息。目前市面上的服务器有很多是 2 颗多核 CPU，在 Linux 看来，它就是 2×n 个 CPU（这里的 n 为单颗物理 CPU 上有几核）。假如 n 是 4，则查看这个文件时会显示 8 段类似的信息，而最后一段信息的 processor:后面会显示 7。所以查看当前系统有几个 CPU，我们可以使用命令 grep -c 'processor' /proc/cpuinfo。然而查看有几颗物理 CPU 时，则需要查看关键字 physical id。

另外一个查看 CPU 信息的命令为 lscpu，如下所示：

```
# lscpu
Architecture:          x86_64
CPU op-mode(s):        32-bit, 64-bit
Byte Order:            Little Endian
CPU(s):                2
On-line CPU(s) list:   0,1
Thread(s) per core:    1
Core(s) per socket:    1
Socket(s):             2
NUMA node(s):          1
Vendor ID:             GenuineIntel
CPU family:            6
Model:                 62
Model name:            Intel(R) Xeon(R) CPU E5-2650 v2 @ 2.60GHz
Stepping:              4
CPU MHz:               2600.039
BogoMIPS:              5200.07
Hypervisor vendor:     VMware
Virtualization type:   full
L1d cache:             32K
L1i cache:             32K
L2 cache:              256K
L3 cache:              20480K
NUMA node0 CPU(s):     0,1
Flags:                 fpu vme de pse tsc msr pae mce cx8 apic sep mtrr pge mca cmov pat pse36 clflush
dts mmx fxsr sse sse2 ss syscall nx rdtscp lm constant_tsc arch_perfmon pebs bts nopl xtopology
tsc_reliable nonstop_tsc cpuid aperfmperf pni pclmulqdq ssse3 cx16 pcid sse4_1 sse4_2 x2apic popcnt
aes xsave avx f16c rdrand hypervisor lahf_lm cpuid_fault pti fsgsbase smep xsaveopt dtherm ida arat
pln pts
```

13.1.2 用 vmstat 命令监控系统的状态

vmstat 的具体用法如下：

```
# vmstat
procs -----------memory---------- ---swap-- -----io---- -system-- ------cpu-----
 r  b   swpd   free    buff  cache   si   so    bi    bo   in   cs us sy id wa st
 3  0      0 938948   4184 645672    0    0    61   128   90  182  1  1 98  0  0
```

命令 w 查看的是系统整体上的负载，通过看那个数值可以知道当前系统有没有压力，但它无法判断具体是哪里（CPU、内存、磁盘等）有压力，所以这就用到了 vmstat。vmstat 命令打印的结果共分为 6 部分：procs、memory、swap、io、system 和 cpu。请重点关注一下 r、b、si、so、bi、bo 这几列信息。

❏ procs 显示进程的相关信息。

- **r**（run）：表示运行或等待 CPU 时间片的进程数。大家不要误认为等待 CPU 时间片意味着进程没有运行，实际上某一时刻 1 个 CPU 只能有一个进程占用，其他进程只能排队等着，此时这些排队等待 CPU 资源的进程依然是运行状态。该数值如果长期大于服务器 CPU 的个数，则说明 CPU 资源不够用了。
- **b**（block）：表示等待资源的进程数，这里的资源指的是 I/O、内存等。举个例子，当磁盘读写非常频繁时，写数据就会非常慢，此时 CPU 运算很快就结束了，但进程需要把计算的结果写入磁盘，这样进程的任务才算完成，那此时这个进程只能慢慢地等待磁盘了，这样这个进程就是这个 b 状态。该数值如果长时间大于 1，则需要关注一下了。

❏ memory 显示内存的相关信息。

- **swpd**：表示切换到交换分区中的内存数量，单位为 KB。
- **free**：表示当前空闲的内存数量，单位为 KB。
- **buff**：表示（即将写入磁盘的）缓冲大小，单位为 KB。
- **cache**：表示（从磁盘中读取的）缓存大小，单位为 KB。

❏ swap 显示内存的交换情况。

- **si**：表示由交换区写入内存的数据量，单位为 KB。
- **so**：表示由内存写入交换区的数据量，单位为 KB。

❏ io 显示磁盘的使用情况。

- **bi**：表示从块设备读取数据的量（读磁盘），单位为 KB。
- **bo**：表示写入块设备的数据的量（写磁盘），单位为 KB。

❏ system 显示采集间隔内发生的中断次数。

- **in**：表示在某一时间间隔内观测到的设备每秒的中断次数。
- **cs**：表示每秒产生的上下文切换次数。

- cpu 显示 CPU 的使用状态。
  - us：显示用户态下所花费 CPU 的时间百分比。
  - sy：显示系统花费 CPU 的时间百分比。
  - id：表示 CPU 处于空闲状态的时间百分比。
  - wa：表示 I/O 等待所占用 CPU 的时间百分比。
  - st：表示被偷走的 CPU 所占百分比（一般都为 0，不用关注）。

在以上所介绍的各个参数中，阿铭经常会关注 r、b 和 wa 这 3 列。io 部分的 bi 和 bo 也是要经常参考的对象，如果磁盘 IO 压力很大，则这两列的数值会比较高。另外，当 si 和 so 两列的数值比较高并且不断变化时，就说明内存不够了，内存中的数据频繁交换到交换分区中，这往往对系统性能影响极大。

我们使用 vmstat 查看系统状态时，通常都是使用如下形式：

```
# vmstat 1 5
```

或者：

```
# vmstat 1
```

前一条命令表示每隔 1 秒输出一次状态，共输出 5 次；后一条命令表示每隔 1 秒输出一次状态且一直输出，除非按 Ctrl+C 键结束。

13.1.3 用 top 命令显示进程所占的系统资源

具体用法如下：

```
# top
top - 22:28:30 up 2 days,  8:14,  1 user,  load average: 0.00, 0.00, 0.00
Tasks: 154 total,   2 running, 152 sleeping,   0 stopped,   0 zombie
%Cpu(s):  2.6 us,  7.7 sy,  0.0 ni, 87.2 id,  0.0 wa,  2.6 hi,  0.0 si,  0.0 st
MiB Mem :   3770.4 total,   2086.4 free,    437.3 used,   1246.8 buff/cache
MiB Swap:   4060.0 total,   4060.0 free,      0.0 used.   2893.2 avail Mem

  PID USER      PR  NI    VIRT    RES    SHR S  %CPU  %MEM     TIME+ COMMAND
28123 root      20   0   60948   3948   3308 R   5.6   0.1   0:00.03 top
    1 root      20   0  246944  14540   9144 S   0.0   0.4   3:42.49 systemd
    2 root      20   0       0      0      0 S   0.0   0.0   0:04.89 kthreadd
    3 root       0 -20       0      0      0 I   0.0   0.0   0:00.00 rcu_gp
    4 root       0 -20       0      0      0 I   0.0   0.0   0:00.00 rcu_par_gp
    6 root       0 -20       0      0      0 I   0.0   0.0   0:00.00 kworker/0:0H-kblockd
    8 root       0 -20       0      0      0 I   0.0   0.0   0:00.00 mm_percpu_wq
    9 root      20   0       0      0      0 S   0.0   0.0  31:45.82 ksoftirqd/0
   10 root      20   0       0      0      0 R   0.0   0.0  34:36.15 rcu_sched
   11 root      rt   0       0      0      0 S   0.0   0.0  16:37.79 migration/0
   12 root      rt   0       0      0      0 S   0.0   0.0   0:45.63 watchdog/0
   13 root      20   0       0      0      0 S   0.0   0.0   0:00.00 cpuhp/0
   14 root      20   0       0      0      0 S   0.0   0.0   0:00.00 cpuhp/1
   15 root      rt   0       0      0      0 S   0.0   0.0   0:46.99 watchdog/1
   16 root      rt   0       0      0      0 S   0.0   0.0  14:44.19 migration/1
```

top 命令用于动态监控进程所占的系统资源，结果每隔 3 秒变一次。它的特点是把占用系统资源（CPU、内存、磁盘 I/O 等）最高的进程放到最前面。上例中，top 命令打印出了很多信息，包括系统负载（load average）、进程数（Tasks）、CPU 使用情况、内存使用情况以及交换分区使用情况。这些内容其实可以通过其他命令来查看，用 top 重点查看的还是下面的进程使用系统资源的详细状况，其中你需要关注%CPU、%MEM 和 COMMAND 这几项所代表的意义。RES 这一项为进程所占的内存大小，而%MEM 这一项为使用内存的百分比。在 top 状态下，按 Shift+M 键可以按照内存使用大小排序。按数字 1 可以列出所有核 CPU 的使用状态，按 Q 键可以退出 top。

另外，阿铭经常用到命令 top -bn1，它表示非动态打印系统资源的使用情况，可以用在 shell 脚本中。示例如下：

```
# top -bn1 |head
top - 22:29:37 up 2 days,  8:15,  1 user,  load average: 0.00, 0.00, 0.00
Tasks: 155 total,   1 running, 154 sleeping,   0 stopped,   0 zombie
%Cpu(s):  0.0 us,  5.6 sy,  0.0 ni, 91.7 id,  0.0 wa,  2.8 hi,  0.0 si,  0.0 st
MiB Mem :   3770.4 total,   2086.1 free,    437.6 used,   1246.8 buff/cache
MiB Swap:   4060.0 total,   4060.0 free,      0.0 used.   2893.0 avail Mem

   PID USER      PR  NI    VIRT    RES    SHR S  %CPU %MEM     TIME+ COMMAND
 28137 root      20   0   60944   3944   3392 R   6.2  0.1   0:00.02 top
     1 root      20   0  246944  14540   9144 S   0.0  0.4   3:42.49 systemd
     2 root      20   0       0      0      0 S   0.0  0.0   0:04.89 kthreadd
```

和 top 命令唯一的区别就是，它一次性输出所有信息而非动态显示。

13.1.4　用 sar 命令监控系统状态

sar 命令很强大，它可以监控系统中几乎所有资源的状态，比如平均负载、网卡流量、磁盘状态、内存使用等。与其他系统状态监控工具不同，它可以打印历史信息，可以显示当天从零点开始到当前时刻的系统状态信息。如果你的系统没有安装这个命令，请使用命令 yum install -y sysstat 安装。初次使用 sar 命令时会报错，是因为 sar 工具还没有生成相应的数据库文件（无须实时监控，因为不用去查询那个库文件）。它的数据库文件在/var/log/sa/目录下。因为这个命令太复杂，所以阿铭只介绍以下两个方面。

1. 查看网卡流量 sar -n DEV

具体用法如下：

```
# sar -n DEV 1 5
Linux 4.18.0-80.el8.x86_64 (localhost.localdomain)   03/03/20    _x86_64_   (2 CPU)

22:31:30        IFACE   rxpck/s   txpck/s    rxkB/s    txkB/s   rxcmp/s   txcmp/s  rxmcst/s   %ifutil
22:31:31       virbr0      0.00      0.00      0.00      0.00      0.00      0.00      0.00      0.00
22:31:31           lo      0.00      0.00      0.00      0.00      0.00      0.00      0.00      0.00
22:31:31        ens33      1.00      1.00      0.06      0.18      0.00      0.00      0.00      0.00

22:31:31        IFACE   rxpck/s   txpck/s    rxkB/s    txkB/s   rxcmp/s   txcmp/s  rxmcst/s   %ifutil
22:31:32       virbr0      0.00      0.00      0.00      0.00      0.00      0.00      0.00      0.00
```

22:31:32	lo	0.00	0.00	0.00	0.00	0.00	0.00	0.00	0.00
22:31:32	ens33	12.00	23.00	0.70	2.69	0.00	0.00	0.00	0.00
22:31:32	IFACE	rxpck/s	txpck/s	rxkB/s	txkB/s	rxcmp/s	txcmp/s	rxmcst/s	%ifutil
22:31:33	virbr0	0.00	0.00	0.00	0.00	0.00	0.00	0.00	0.00
22:31:33	lo	0.00	0.00	0.00	0.00	0.00	0.00	0.00	0.00
22:31:33	ens33	1.00	2.00	0.06	0.71	0.00	0.00	0.00	0.00
22:31:33	IFACE	rxpck/s	txpck/s	rxkB/s	txkB/s	rxcmp/s	txcmp/s	rxmcst/s	%ifutil
22:31:34	virbr0	0.00	0.00	0.00	0.00	0.00	0.00	0.00	0.00
22:31:34	lo	0.00	0.00	0.00	0.00	0.00	0.00	0.00	0.00
22:31:34	ens33	1.00	2.00	0.06	0.71	0.00	0.00	0.00	0.00
22:31:34	IFACE	rxpck/s	txpck/s	rxkB/s	txkB/s	rxcmp/s	txcmp/s	rxmcst/s	%ifutil
22:31:35	virbr0	0.00	0.00	0.00	0.00	0.00	0.00	0.00	0.00
22:31:35	lo	0.00	0.00	0.00	0.00	0.00	0.00	0.00	0.00
22:31:35	ens33	1.00	1.00	0.06	0.60	0.00	0.00	0.00	0.00
Average:	IFACE	rxpck/s	txpck/s	rxkB/s	txkB/s	rxcmp/s	txcmp/s	rxmcst/s	%ifutil
Average:	virbr0	0.00	0.00	0.00	0.00	0.00	0.00	0.00	0.00
Average:	lo	0.00	0.00	0.00	0.00	0.00	0.00	0.00	0.00
Average:	ens33	3.20	5.80	0.19	0.98	0.00	0.00	0.00	0.00

你的结果可能和阿铭的不一样，这是因为网卡名字不一样，总之这个命令会把网卡信息打印出来，这里的 1 5 和 vmstat 用法一样，表示每隔 1 秒打印一次，共打印 5 次。IFACE 这一列表示设备名称，rxpck/s 这一列表示每秒收取的包的数量，txpck/s 这一列表示每秒发送出去的包的数量，rxkB/s 这一列表示每秒收取的数据量（单位为 KB），txkB/s 这一列表示每秒发送的数据量（后面几列不需要关注）。

如果有一天服务器丢包非常严重，那么你就应该查一下网卡流量是否异常了。如果 rxpck/s 那一列的数值大于 4000，或者 rxkB/s 那一列的数值大于 5000000，则很有可能是被攻击了。正常的服务器网卡流量不会这么高，除非是你自己在复制数据。

另外也可以使用 -f 选项查看某一天的网卡流量历史，后面跟文件名。在 Red Hat 或者 CentOS 发行版中，sar 的库文件一定在 /var/log/sa/ 目录下，如果你刚安装 syssta 包，该目录下还未生成任何文件，其用法如下所示：

```
# sar -n DEV -f /var/log/sa/sa03
```

2. 查看历史负载 sar -q

具体用法如下：

```
# sar -q
Cannot open /var/log/sa/sa03: No such file or directory
```

如果报如上错误，可以重启 syssta 服务，命令为 systemctl restart sysstat。即使生成该库文件，但依然还不能正常显示结果，因为它每隔 10 分钟才会记录一次数据。这个命令有助于我们查看服务器在过去某个时间的负载状况。其实阿铭介绍 sar 命令，只是为了让你学会查看网卡流量（这是非常有用的）。如果你感兴趣可以 man 一下，它的用法还有很多。

13.1.5 用 nload 命令查看网卡流量

sar 虽然可以查看网卡流量，但是不够直观，还有一个更好用的工具，那就是 nload。系统并没有默认安装它，其安装方法如下：

```
# yum install -y epel-release; yum install -y nload
```

安装过程阿铭不再贴出来。关于上面的命令，也许你有疑问，为什么不直接写两个包呢？这是因为要想安装 nload，前提是先安装 epel-release 包，nload 包是在 epel 这个扩展源里面的。以后在工作中，你一定会经常使用 epel 扩展源安装一些软件包，非常方便。安装完之后，直接运行 nload 命令，然后回车就会出现如图 13-1 所示的界面。

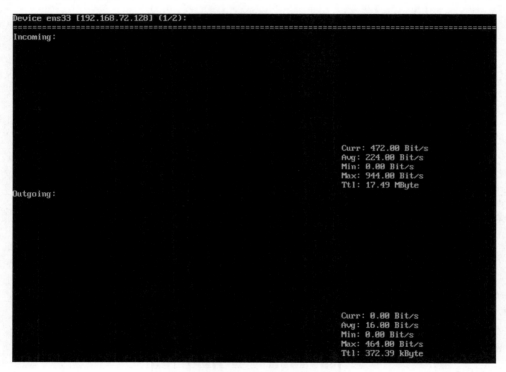

图 13-1 nload 命令的运行结果

最上面一行是网卡名字以及 IP 地址，按向右箭头可以查看其他网卡的网络流量。输出结果分为两部分，Incoming 为进入网卡的流量，Outgoing 为从网卡出去的流量，我们关注的当然是 Curr 那行的数据，其单位也可以动态自动调整，非常人性化。按 Q 键退出该界面。

13.1.6 用 free 命令查看内存使用状况

具体用法如下：

```
              total        used        free      shared  buff/cache   available
Mem:        1849532      230972     1346700        8852      271860     1460708
Swap:       2097148           0     2097148
```

free 命令可以查看当前系统的总内存大小以及内存使用的情况。

- **total**：内存总大小。
- **used**：真正使用的实际内存大小。
- **free**：剩余物理内存大小（没有被分配，纯剩余）。
- **shared**：共享内存大小，不用关注它。
- **buff/cache**：分配给 buffer 和 cache 的内存总共有多大。关于 buffer 和 cache 大家也许有一些疑惑，因为两者的字面意思很相近。阿铭教你一个容易区分这两者的方法，buffer 和 cache 都是一部分内存，内存的作用就是缓解 CPU 和 IO（如，磁盘）的速度差距，你可以这样理解：数据经过 CPU 计算，即将要写入磁盘，这时用的内存为 buffer；CPU 要计算时，需要把数据从磁盘中读出来，临时先放到内存中，这部分内存就是 cache。
- **available**：系统可使用的内存有多大，它包含了 free。Linux 系统为了让应用运行得更快，会预先分配一部分内存（buffer/cache）给某些应用使用，虽然这部分内存并没有真正被使用，但也已经分配出去了。然而，当另外一个服务要使用更多内存时，是可以把这部分预先分配的内存拿来用的。所以还没有被占用的这部分 buffer 和 cache 再加上 free 就是 available。

这个 free 命令显示的结果中，其实有一个隐藏的公式：total=used+free+buff/cache。另外，available 是由 free 这部分内存和 buff/cache 还未被占用的那部分内存组成。used 那部分内存和 buff/cache 被占用的内存是没有关系的。

free 命令还可以加 -m 和 -g 选项（分别以 MB 和 GB 为单位）打印内存的使用状况，甚至还支持 -h 选项。示例命令如下：

```
# free -m
              total        used        free      shared  buff/cache   available
Mem:           1806         225        1315           8         265        1426
Swap:          2047           0        2047
# free -g
              total        used        free      shared  buff/cache   available
Mem:              1           0           1           0           0           1
Swap:             1           0           1
# free -h
              total        used        free      shared  buff/cache   available
Mem:          1.8Gi       225Mi       1.3Gi       8.0Mi       265Mi       1.4Gi
Swap:         2.0Gi          0B       2.0Gi
```

13.1.7 用 ps 命令查看系统进程

系统管理员一定要知道你所管理的系统都有哪些进程在运行，在 Windows 下只要打开任务管理器即可查看。那么在 Linux 下如何查看呢？其实使用前面介绍的 top 命令就可以，但是查看起来没有 ps 命令方便，它是专门显示系统进程的命令，如下所示：

```
# ps aux
USER         PID %CPU %MEM    VSZ   RSS TTY      STAT START   TIME COMMAND
root           1  0.1  0.7 178496 13248 ?        Ss   20:32   0:01 /usr/lib/systemd/systemd --switched-root
--system --deserialize 17
root           2  0.0  0.0      0     0 ?        S    20:32   0:00 [kthreadd]
root           3  0.0  0.0      0     0 ?        I<   20:32   0:00 [rcu_gp]
root           4  0.0  0.0      0     0 ?        I<   20:32   0:00 [rcu_par_gp]
root           6  0.0  0.0      0     0 ?        I<   20:32   0:00 [kworker/0:0H-kblockd]
root           7  0.0  0.0      0     0 ?        I    20:32   0:00 [kworker/u256:0-events_unbound]
root           8  0.0  0.0      0     0 ?        I<   20:32   0:00 [mm_percpu_wq]
root           9  0.0  0.0      0     0 ?        S    20:32   0:00 [ksoftirqd/0]
root          10  0.0  0.0      0     0 ?        R    20:32   0:00 [rcu_sched]
root          11  0.0  0.0      0     0 ?        S    20:32   0:00 [migration/0]
root          12  0.0  0.0      0     0 ?        S    20:32   0:00 [watchdog/0]
root          13  0.0  0.0      0     0 ?        S    20:32   0:00 [cpuhp/0]
root          15  0.0  0.0      0     0 ?        S    20:32   0:00 [kdevtmpfs]
root          16  0.0  0.0      0     0 ?        I<   20:32   0:00 [netns]
root          17  0.0  0.0      0     0 ?        S    20:32   0:00 [kauditd]
root          18  0.0  0.0      0     0 ?        S    20:32   0:00 [khungtaskd]
root          19  0.0  0.0      0     0 ?        S    20:32   0:00 [oom_reaper]
root          20  0.0  0.0      0     0 ?        I<   20:32   0:00 [writeback]
root          21  0.0  0.0      0     0 ?        S    20:32   0:00 [kcompactd0]
root          22  0.0  0.0      0     0 ?        SN   20:32   0:00 [ksmd]
root          23  0.0  0.0      0     0 ?        SN   20:32   0:00 [khugepaged]
root          24  0.0  0.0      0     0 ?        I<   20:32   0:00 [crypto]
root          25  0.0  0.0      0     0 ?        I<   20:32   0:00 [kintegrityd]
```

阿铭也经常看到有人喜欢用命令 ps -elf，但它们显示的信息基本上是一样的。ps 命令还有更多的用法，你只要会用这个命令就足够了。下面介绍几个系统进程的参数。

- **PID**：表示进程的 ID，这个 ID 很有用。在 Linux 中，内核管理进程就得靠 PID 来识别和管理某一个进程。比如我想终止某一个进程，则用命令 "kill 进程的 PID"。有时这样并不能终止进程，需要加 -9 选项，即 "kill -9 进程的 PID"，但这样有点暴力，严重的时候会丢数据，所以尽量还是别用。

- **STAT**：进程的状态。进程状态分为以下几种（不要求记住，但要了解）。
  - **D**：不能中断的进程（通常为IO）。
  - **R**（run）：正在运行中的进程，其中包括等待CPU时间片的进程。
  - **S**（sleep）：已经中断的进程。通常情况下，系统的大部分进程处于这个状态。
  - **T**：已经停止或者暂停的进程。如果我们正在运行一个命令，比如说sleep 10，我们按一下Ctrl+Z暂停进程时，用ps命令查看就会显示T这个状态。
  - **W**：（内核2.6xx以后不可用），没有足够的内存页分配给进程。
  - **X**：已经死掉的进程（这个好像从来不会出现）。
  - **Z**：僵尸进程，即杀不掉、打不死的垃圾进程，不过没有关系，因为一般只占用系统一点资源。如果占用太多（一般不会出现），就需要重视了。
  - **<**：高优先级进程。
  - **N**：低优先级进程。

- **L**：该进程有内存分页被锁。
- **s**：主进程，后面阿铭讲到Nginx或者php-fpm服务的时候，你就能更好地理解它了。
- **l**：多线程进程。
- **+**：在前台运行的进程，比如在当前终端执行的ps aux就是前台进程。

ps 命令是阿铭在工作中用得非常多的一个命令，所以请记住它。阿铭经常会将 ps 连同管道符一起使用，用来查看某个进程或者进程的数量。示例命令如下：

```
# ps aux |grep -c sshd
4
# ps aux |grep sshd
root         814  0.0  0.3  92304  6648 ?        Ss   20:33   0:00 /usr/sbin/sshd -D
-oCiphers=aes256-gcm@openssh.com,chacha20-poly1305@openssh.com,aes256-ctr,aes256-cbc,aes128-gcm@op
enssh.com,aes128-ctr,aes128-cbc
-oMACs=hmac-sha2-256-etm@openssh.com,hmac-sha1-etm@openssh.com,umac-128-etm@openssh.com,hmac-sha2-
512-etm@openssh.com,hmac-sha2-256,hmac-sha1,umac-128@openssh.com,hmac-sha2-512
-oGSSAPIKexAlgorithms=gss-gex-sha1-,gss-group14-sha1-
-oKexAlgorithms=curve25519-sha256,curve25519-sha256@libssh.org,ecdh-sha2-nistp256,ecdh-sha2-nistp3
84,ecdh-sha2-nistp521,diffie-hellman-group-exchange-sha256,diffie-hellman-group14-sha256,diffie-he
llman-group16-sha512,diffie-hellman-group18-sha512,diffie-hellman-group-exchange-sha1,diffie-hellm
an-group14-sha1
-oHostKeyAlgorithms=rsa-sha2-256,rsa-sha2-256-cert-v01@openssh.com,ecdsa-sha2-nistp256,ecdsa-sha2-
nistp256-cert-v01@openssh.com,ecdsa-sha2-nistp384,ecdsa-sha2-nistp384-cert-v01@openssh.com,rsa-sha
2-512,rsa-sha2-512-cert-v01@openssh.com,ecdsa-sha2-nistp521,ecdsa-sha2-nistp521-cert-v01@openssh.c
om,ssh-ed25519,ssh-ed25519-cert-v01@openssh.com,ssh-rsa,ssh-rsa-cert-v01@openssh.com
-oPubkeyAcceptedKeyTypes=rsa-sha2-256,rsa-sha2-256-cert-v01@openssh.com,ecdsa-sha2-nistp256,ecdsa-
sha2-nistp256-cert-v01@openssh.com,ecdsa-sha2-nistp384,ecdsa-sha2-nistp384-cert-v01@openssh.com,rs
a-sha2-512,rsa-sha2-512-cert-v01@openssh.com,ecdsa-sha2-nistp521,ecdsa-sha2-nistp521-cert-v01@open
ssh.com,ssh-ed25519,ssh-ed25519-cert-v01@openssh.com,ssh-rsa,ssh-rsa-cert-v01@openssh.com
-oCASignatureAlgorithms=rsa-sha2-256,ecdsa-sha2-nistp256,ecdsa-sha2-nistp384,rsa-sha2-512,ecdsa-sh
a2-nistp521,ssh-ed25519,ssh-rsa
root        1709  0.0  0.5 151200  9368 ?        Ss   20:54   0:00 sshd: root [priv]
root        1713  0.0  0.2 151200  5300 ?        S    20:54   0:00 sshd: root@pts/0
root        1745  0.0  0.0  12320  1080 pts/0    R+   20:57   0:00 grep --color=auto sshd
```

上例中的 4 不准确，需要减掉 1。因为使用 grep 命令时，grep 命令本身也算一个进程。

13.1.8　用 netstat 命令查看网络状况

具体用法如下：

```
# netstat -lnp
Active Internet connections (only servers)
Proto Recv-Q Send-Q Local Address           Foreign Address         State       PID/Program name
tcp        0      0 0.0.0.0:22              0.0.0.0:*               LISTEN      814/sshd
tcp6       0      0 :::22                   :::*                    LISTEN      814/sshd
udp        0      0 0.0.0.0:68              0.0.0.0:*                           1648/dhclient
udp        0      0 127.0.0.1:323           0.0.0.0:*                           766/chronyd
udp6       0      0 ::1:323                 :::*                                766/chronyd
raw6       0      0 :::58                   :::*                    7           796/NetworkManager
Active UNIX domain sockets (only servers)
```

```
Proto RefCnt Flags      Type       State      I-Node   PID/Program name      Path
unix  2     [ ACC ]     SEQPACKET  LISTENING  21770    1/systemd             /run/systemd/coredump
unix  2     [ ACC ]     STREAM     LISTENING  25846    783/sssd_nss          /var/lib/sss/pipes/nss
unix  2     [ ACC ]     SEQPACKET  LISTENING  21557    1/systemd             /run/udev/control
unix  2     [ ACC ]     STREAM     LISTENING  24964    1/systemd             /var/run/.heim_org.h5l.kcm-socket
unix  2     [ ACC ]     STREAM     LISTENING  24966    1/systemd             /run/dbus/system_bus_socket
unix  2     [ ACC ]     STREAM     LISTENING  12679    1/systemd             /run/systemd/journal/stdout
unix  2     [ ACC ]     STREAM     LISTENING  32410    1496/systemd          /run/user/0/systemd/private
unix  2     [ ACC ]     STREAM     LISTENING  32419    1496/systemd          /run/user/0/bus
unix  2     [ ACC ]     STREAM     LISTENING  25795    763/sssd              /var/lib/sss/pipes/private/
                                                                             sbus-monitor
unix  2     [ ACC ]     STREAM     LISTENING  25816    780/sssd_be           /var/lib/sss/pipes/private/
                                                                             sbus-dp_implicit_files.780
unix  2     [ ACC ]     STREAM     LISTENING  25804    761/VGAuthService     /var/run/vmware/guestServicePipe
unix  2     [ ACC ]     STREAM     LISTENING  21476    1/systemd             /run/systemd/private
Active Bluetooth connections (only servers)
Proto  Destination       Source              State        PSM DCID   SCID      IMTU    OMTU Security
Proto  Destination       Source              State        Channel
```

若没有此命令，请使用 yum install net-tools 安装。由于书本页面有限，显示的字符已经换行，看起来有点乱。显示的结果中，上面那一部分是 tcp/ip，下面一部分是监听的 socket（unix 开头的行）。netstat 命令用来打印网络连接状况、系统所开放端口、路由表等信息。阿铭最常用的两种用法是 netstat -lnp（打印当前系统启动有哪些端口）和 netstat -an（打印网络连接状况），它们非常有用，请一定要记住。示例如下：

```
# netstat -an |head -n 20   // 为了节省空间，只显示前 20 行
Active Internet connections (servers and established)
Proto Recv-Q Send-Q Local Address           Foreign Address         State
tcp        0      0 0.0.0.0:22              0.0.0.0:*               LISTEN
tcp        0     52 192.168.72.128:22       192.168.72.1:52219      ESTABLISHED
tcp6       0      0 :::22                   :::*                    LISTEN
udp        0      0 0.0.0.0:68              0.0.0.0:*
udp        0      0 127.0.0.1:323           0.0.0.0:*
udp6       0      0 ::1:323                 :::*
raw6       0      0 :::58                   :::*                    7
Active UNIX domain sockets (servers and established)
Proto RefCnt Flags      Type       State         I-Node   Path
unix  2     [ ACC ]     SEQPACKET  LISTENING     21770    /run/systemd/coredump
unix  2     [ ACC ]     STREAM     LISTENING     25846    /var/lib/sss/pipes/nss
unix  2     [ ACC ]     SEQPACKET  LISTENING     21557    /run/udev/control
unix  3     [ ]         DGRAM                    12656    /run/systemd/notify
unix  2     [ ]         DGRAM                    12658    /run/systemd/cgroups-agent
unix  12    [ ]         DGRAM                    12670    /run/systemd/journal/dev-log
unix  2     [ ]         DGRAM                    25475    /var/run/chrony/chronyd.sock
unix  2     [ ACC ]     STREAM     LISTENING     24964    /var/run/.heim_org.h5l.kcm-socket
unix  2     [ ACC ]     STREAM     LISTENING     24966    /run/dbus/system_bus_socket
```

最右侧为网络连接的状态，如果你对 TCP 三次握手比较熟悉，那么应该不会对最后这一列的字符串感到陌生。如果你管理是一台提供 Web 服务（80 端口）的服务器，那么就可以使用命令 netstat -an |grep 80 来查看当前连接 Web 服务的有哪些 IP 了。

13.2 抓包工具

有时你也许想看一下某个网卡上都有哪些数据包，尤其是当你初步判定服务器上有流量攻击时，使用抓包工具来抓取数据包就可以知道有哪些 IP 在攻击了。

13.2.1 tcpdump 工具

具体用法如下：

```
# tcpdump -nn -i ens33
tcpdump: verbose output suppressed, use -v or -vv for full protocol decode
listening on ens33, link-type EN10MB (Ethernet), capture size 262144 bytes
09:41:46.647812 IP 192.168.72.128.22 > 192.168.72.1.52219: Flags [P.], seq 3649233742:3649233954, ack 443629343, win 251, length 212
09:41:46.647976 IP 192.168.72.1.52219 > 192.168.72.128.22: Flags [.], ack 212, win 253, length 0
09:41:46.648337 IP 192.168.72.128.22 > 192.168.72.1.52219: Flags [P.], seq 212:504, ack 1, win 251, length 292
09:41:46.648493 IP 192.168.72.128.22 > 192.168.72.1.52219: Flags [P.], seq 504:668, ack 1, win 251, length 164
09:41:46.648562 IP 192.168.72.1.52219 > 192.168.72.128.22: Flags [.], ack 668, win 252, length 0
09:41:46.648651 IP 192.168.72.128.22 > 192.168.72.1.52219: Flags [P.], seq 668:928, ack 1, win 251, length 260
09:41:46.648744 IP 192.168.72.128.22 > 192.168.72.1.52219: Flags [P.], seq 928:1092, ack 1, win 251, length 164
09:41:46.648800 IP 192.168.72.1.52219 > 192.168.72.128.22: Flags [.], ack 1092, win 256, length 0
09:41:46.648875 IP 192.168.72.128.22 > 192.168.72.1.52219: Flags [P.], seq 1092:1368, ack 1, win 251, length 276
09:41:46.648978 IP 192.168.72.128.22 > 192.168.72.1.52219: Flags [P.], seq 1368:1532, ack 1, win 251, length 164
09:41:46.649035 IP 192.168.72.1.52219 > 192.168.72.128.22: Flags [.], ack 1532, win 254, length 0
09:41:46.649128 IP 192.168.72.128.22 > 192.168.72.1.52219: Flags [P.], seq 1532:1808, ack 1, win 251, length 276
09:41:46.649206 IP 192.168.72.128.22 > 192.168.72.1.52219: Flags [P.], seq 1808:1972, ack 1, win 251, length 164
09:41:46.649297 IP 192.168.72.1.52219 > 192.168.72.128.22: Flags [.], ack 1972, win 253, length 0
09:41:46.649433 IP 192.168.72.128.22 > 192.168.72.1.52219: Flags [P.], seq 1972:2248, ack 1, win 251, length 276
09:41:46.649531 IP 192.168.72.128.22 > 192.168.72.1.52219: Flags [P.], seq 2248:2412, ack 1, win 251, length 164
09:41:46.649591 IP 192.168.72.1.52219 > 192.168.72.128.22: Flags [.], ack 2412, win 251, length 0
09:41:46.649675 IP 192.168.72.128.22 > 192.168.72.1.52219: Flags [P.], seq 2412:2688, ack 1, win 251, length 276
09:41:46.649760 IP 192.168.72.128.22 > 192.168.72.1.52219: Flags [P.], seq 2688:2852, ack 1, win 251, length 164
09:41:46.649809 IP 192.168.72.1.52219 > 192.168.72.128.22: Flags [.], ack 2852, win 256, length 0
```

回车后会出现密密麻麻的一堆字符串，在按 Ctrl+C 组合键之前，这些字符串一直在刷屏，刷屏越快说明网卡上的数据包越多。如果没有 tcpdump 命令，需要使用命令 yum install -y tcpdump 安装。上例中，我们只需要关注第 3 列和第 4 列，它们显示的信息是哪一个 IP+端口号在连接哪一个 IP+端口号。后面的信息是该数据包的相关信息，如果不懂也没有关系。

-i 选项后面跟设备名称，如果想抓取其他网卡的数据包，后面则要跟其他网卡的名字。-nn 选项的作用是让第 3 列和第 4 列显示成"IP+端口号"的形式，如果不加-nn 选项则显示"主机名+服务名称"。

阿铭在 shell 脚本中也经常会用到 tcpdump 命令。你可能会问，shell 脚本是自动执行的，那我们如何按快捷键 Ctrl+C 结束抓包呢？tcpdump 还有其他的选项可以使用。

```
# tcpdump -nn -i ens33 -c 100
```

-c 的作用是指定抓包数量，抓够了就自动退出，不用我们人为取消。阿铭再给大家列几个常用的示例：

```
# tcpdump -nn -i ens33 port 22      // 这样指定只抓22 端口的包
# tcpdump -nn -i ens33 tcp and not port 22    // 指定抓tcp 的包，但是不要22 端口的
# tcpdump -nn -i ens33 port 22 and port 53    // 只抓22 和53 端口的包
```

13.2.2　wireshark 工具

也许你在 Windows 下使用过 wireshark 这个抓包工具，它的功能非常强大。在 Linux 平台我们同样也可以使用它，只不过是以命令行的形式。wireshark 的具体选项阿铭不再详细介绍，在日常工作中，tcpdump 其实就已经够我们使用了。下面的用法是阿铭在工作中使用比较多的，希望你能掌握这些用法：

```
# tshark -n -t a -R http.request -T fields -e "frame.time" -e "ip.src" -e "http.host" -e "http.request.method" -e "http.request.uri"
```

我们要执行的命令是 tshark，你的 CentOS 默认是没有这个命令的，请使用如下命令安装：

```
# yum install -y wireshark
```

然后再看看上面的抓包命令 tshark，这条命令用于 Web 服务器，可以显示如下信息：

```
Jun 26, 2020 09:11:44.017592529 CST" 116.179.32.105 ask.apelearn.com
GET      /question/96924473532
```

这类似于 Web 访问日志。若服务器没有配置访问日志，可以临时使用该命令查看一下当前服务器上的 Web 请求。在这里要注意的是，如果你的机器上没有开启 Web 服务，是不会显示任何内容的。

```
# tshark -n -i eth1 -R 'mysql.query' -T fields -e "ip.src" -e "mysql.query"
```

上面的命令会抓取 eth1 网卡 mysql 的查询都有哪些，不过这种方法仅仅适用于 mysql 的端口为 3306 的情况，如果不是 3306，请使用下面的方法：

```
// 这是一行命令，并非换行
# tshark -i eth1 port 3307  -d tcp.port==3307,mysql -z "proto,colinfo,mysql.query,mysql.query"
```

13.3　Linux 网络相关

其实，Linux 的网络知识挺多的，阿铭在本节只把常用的一些技能教给大家。比如，如何设置 IP、如何设置主机名、如何设置 DNS 等。

13.3.1 用 `ifconfig` 命令查看网卡 IP

前面阿铭曾用 ip addr 这个命令来查看过系统的 IP 地址。其实在 CentOS 7 之前，我们使用最多的命令是 ifconfig，它类似于 Windows 的 ipconfig 命令，后面不加任何选项和参数时，只打印当前网卡 IP 的相关信息（如子网掩码、网关等）。在 Windows 下设置 IP 非常简单，然而在命令窗口下如何设置呢？这就需要修改配置文件 /etc/sysconfig/network-scripts/ifcfg-xxx 了，这里的 xxx 指的是网卡的名字，可以使用 ip addr 命令查看所有网卡。如果你的系统里没有 ifconfig 命令，可以使用 yum install -y net-tools 安装。

如果 Linux 上有多个网卡，而你只想重启某一个网卡的话，可以使用如下命令：

```
# ifdown ens33; ifup ens33
```

ifdown 即停用网卡，ifup 即启动网卡。需要大家注意的是，如果我们远程登录服务器，当使用命令 ifdown ens33 时，很有可能后面的命令 ifup ens33 并不会运行。这样会导致我们断网而无法连接服务器，所以请尽量使用命令 systemctl restart network 来重启网卡。或者使用 nmcli 也可以实现同样的效果：

```
# nmcli c down ens33; nmcli c up ens33
```

13.3.2 给一个网卡设定多个 IP

在 Linux 系统中，网卡是可以设定多重 IP 的，阿铭就曾经为一台服务器的网卡设定了 5 个 IP。多重 IP 的设置过程如下：

```
# cd /etc/sysconfig/network-scripts/
# cp ifcfg-ens33 ifcfg-ens33:1
```

然后编辑 ifcfg-ens33:1 这个配置文件。一定要注意 DEVICE 要写成 ens33:1，如下所示：

```
# vi ifcfg-ens33:1    // 编辑为类似如下内容
TYPE="Ethernet"
PROXY_METHOD="none"
BROWSER_ONLY="no"
BOOTPROTO="static"
DEFROUTE="yes"
IPV4_FAILURE_FATAL="no"
IPV6INIT="yes"
IPV6_AUTOCONF="yes"
IPV6_DEFROUTE="yes"
IPV6_FAILURE_FATAL="no"
IPV6_ADDR_GEN_MODE="stable-privacy"
NAME="ens33:1"
UUID="0f632d9e-f3a1-40f9-8116-3340e2db6074"
DEVICE="ens33:1"
ONBOOT="yes"
IPADDR=192.168.72.129
NETMASK=255.255.255.0
```

其实就是改一下 NAME、DEVICE、IPADDR，另外 DNS1 和 GATEWAY 可以删除，设置完毕重启网卡，如下所示：

```
# ifdown ens33 && ifup ens33
```

之后再查看网卡 IP，如下所示：

```
# ifconfig
ens33: flags=4163<UP,BROADCAST,RUNNING,MULTICAST>  mtu 1500
        inet 192.168.72.128  netmask 255.255.255.0  broadcast 192.168.72.255
        inet6 fe80::454b:a2e5:64e5:67a3  prefixlen 64  scopeid 0x20<link>
        ether 00:0c:29:15:7f:b9  txqueuelen 1000  (Ethernet)
        RX packets 66415  bytes 76169910 (72.6 MiB)
        RX errors 0  dropped 0  overruns 0  frame 0
        TX packets 15584  bytes 2655575 (2.5 MiB)
        TX errors 0  dropped 0 overruns 0  carrier 0  collisions 0

ens33:1: flags=4163<UP,BROADCAST,RUNNING,MULTICAST>  mtu 1500
        inet 192.168.72.129  netmask 255.255.255.0  broadcast 192.168.72.255
        ether 00:0c:29:15:7f:b9  txqueuelen 1000  (Ethernet)
```

从上面可以看到，多了一个 ens33:1。

13.3.3 查看网卡连接状态

示例命令如下：

```
# mii-tool ens33
ens33: negotiated 1000baseT-FD flow-control, link ok
```

这里显示 link ok，就说明网卡为连接状态。如果显示 no link，则说明网卡坏了或者没有连接网线。还有一个命令也可以查看网卡的状态，如下：

```
# ethtool ens33
Settings for ens33:
    Supported ports: [ TP ]
    Supported link modes:   10baseT/Half 10baseT/Full
                            100baseT/Half 100baseT/Full
                            1000baseT/Full
    Supported pause frame use: No
    Supports auto-negotiation: Yes
    Supported FEC modes: Not reported
    Advertised link modes:  10baseT/Half 10baseT/Full
                            100baseT/Half 100baseT/Full
                            1000baseT/Full
    Advertised pause frame use: No
    Advertised auto-negotiation: Yes
    Advertised FEC modes: Not reported
    Speed: 1000Mb/s
    Duplex: Full
    Port: Twisted Pair
    PHYAD: 0
    Transceiver: internal
```

```
Auto-negotiation: on
MDI-X: off (auto)
Supports Wake-on: d
Wake-on: d
Current message level: 0x00000007 (7)
            drv probe link
Link detected: yes
```

如果网卡没有连接，则最后一行 `Link detected` 显示为 no。

13.3.4 更改主机名

在第 3 章的时候，阿铭就已经介绍过如何更改主机名。安装完系统后，主机名默认为 `localhost.localdomain`，使用 `hostname` 命令就可以查看 Linux 的主机名，如下所示：

```
# hostname
localhost.localdomain
```

使用 `hostname` 命令也可以更改主机名，如下所示：

```
# hostname Aming
# hostname
Aming
```

下次登录时，命令提示符[root@localhost ~]中的 `localhost` 就会更改成 `Aming`。不过这个修改只是保存在了内存中，之后重启，主机名还是会变成改动之前的名称。所以更改主机名的同时还需要更改相关的配置文件/etc/hostname。下面阿铭再介绍一种更改主机名的方法，这种方法会自动更改文件内容，如下所示：

```
# hostnamectl set-hostname aminglinux-123
# hostname
aminglinux-123
# cat /etc/hostname
aminglinux-123
```

13.3.5 设置 DNS

DNS 是用来解析域名的。平时我们访问网站时都是直接输入一个网址，然后 DNS 把这个网址解析到一个 IP。关于 DNS 的概念，阿铭不再详细介绍，如果你感兴趣就去网上查一下。

在 Linux 下设置 DNS 非常简单，只要把 DNS 地址写到配置文件 /etc/resolv.conf 中即可。如下所示：

```
# cat /etc/resolv.conf
# Generated by NetworkManager
nameserver 119.29.29.29
```

第一行以 # 开头的行没有实际意义，仅仅是一个注释，它的意思是，这个配置文件中的 DNS IP 地址是由 NetworkManager 服务生成的。那么为什么这个 DNS 由它生成呢？你是否还有印象，我们在定义网卡配置文件的时候，就有一行 DNS1=119.29.29.29，其实就是因为这行配置，该配置文件里才有了 nameserver 的 IP 地址。resolv.conf 有它固有的格式，一定要写成 nameserver IP 的格式。阿铭建议你写两个或多个 namserver，系统默认会用第一个 namserver 去解析域名，当第一个解析不成功时使用第二个。

说到这，你是否有疑惑：既然两个地方都可以定义 DNS 的 IP 地址，那么到底在哪里定义呢？阿铭给出的答案是：如果只是临时修改 DNS IP 地址，就直接修改/etc/resolv.conf；如果是想永久生效的话，还是要修改网卡的配置文件。

在 Linux 下还有一个特殊文件/etc/hosts 也能解析域名，不过需要我们在里面手动添加 IP 和域名这些内容。它的作用是临时解析某个域名，非常有用。该文件的内容如下：

```
# cat /etc/hosts
127.0.0.1       localhost localhost.localdomain localhost4 localhost4.localdomain4
::1             localhost localhost.localdomain localhost6 localhost6.localdomain6
```

请用 Vim 编辑该文件，增加一行 192.168.72.1 www.baidu.com，保存文件后再 ping 一下，www.baidu.com 就会连接到 192.168.72.1 了。如下所示：

```
# ping -c 2 www.baidu.com
PING www.baidu.com (192.168.72.1) 56(84) bytes of data.
64 bytes from www.baidu.com (192.168.72.1): icmp_seq=1 ttl=64 time=0.531 ms
64 bytes from www.baidu.com (192.168.72.1): icmp_seq=2 ttl=64 time=0.392 ms

--- www.baidu.com ping statistics ---
2 packets transmitted, 2 received, 0% packet loss, time 54ms
rtt min/avg/max/mdev = 0.392/0.461/0.531/0.072 ms
```

/etc/hosts 的格式很简单，每一行分别为一条记录，分成两部分，第一部分是 IP，第二部分是域名。关于 hosts 文件，有以下几点需要你注意：

- 一个 IP 后面可以跟多个域名，可以是几十个甚至上百个；
- 每一行只能有一个 IP，也就是说一个域名不能对应多个 IP；
- 如果有多行出现相同的域名（对应的 IP 不一样），那么会按最前面出现的记录来解析。

13.4　Linux 的防火墙

Linux 下的防火墙功能非常丰富，但阿铭在日常的运维工作中，使用防火墙的情况并不多。接下来，阿铭打算把一些常用的知识点介绍给大家。

13.4.1　SELinux

SELinux 是 Linux 系统特有的安全机制。因为这种机制的限制太多，配置也特别烦琐，所以几乎没有人真正应用它。安装完系统，我们一般都要把 SELinux 关闭，以免引起不必要的麻烦。临时关闭 SELinux 的方法为：

```
# setenforce 0
```

但这仅仅是临时的，要想永久关闭，需要更改配置文件 /etc/selinux/config，需要把 SELINUX= enforcing 改成 SELINUX=disabled，更改后的配置文件如下所示：

```
# cat /etc/selinux/config

# This file controls the state of SELinux on the system.
# SELINUX= can take one of these three values:
#     enforcing - SELinux security policy is enforced.
#     permissive - SELinux prints warnings instead of enforcing.
#     disabled - No SELinux policy is loaded.
SELINUX=disabled
# SELINUXTYPE= can take one of three two values:
#     targeted - Targeted processes are protected,
#     minimum - Modification of targeted policy. Only selected processes are protected.
#     mls - Multi Level Security protection.
SELINUXTYPE=targeted
```

更改完该配置文件后，重启系统方可生效。可以使用 getenforce 命令获得当前 SELinux 的状态，如下所示：

```
# getenforce
Disabled
```

阿铭的 SELinux 早就关闭了，所以会显示为 Disabled，如果还没有关闭则会默认输出 enforcing。当使用 setenforce 0 这个命令后，再执行 getenforce 命令会输出 permissive。

13.4.2　netfilter

在之前的 CentOS 版本（比如 CentOS 6）中，防火墙为 netfilter，从 CentOS 7 开始，防火墙为 firewalld。很多朋友把 Linux 的防火墙叫作 iptables，其实这样叫并不太恰当，iptables 仅仅是一个工具。对于 CentOS 7 或者 CentOS 8 上的 firewalld，阿铭目前在工作中使用得并不多。当然，即使是 firewalld，同样也支持之前版本的命令用法，也就是说它是向下兼容的。

关于这一节的内容，阿铭是这样安排的。首先大概讲一下之前版本 iptables 的常用用法，然后再介绍一下 firewalld 的一些用法。下面阿铭先教你如何把 firewalld 关闭，然后开启之前版本的 iptables。示例命令如下：

```
# systemctl stop firewalld     // 关闭 firewalld 服务
# systemctl disable firewalld    // 禁止 firewalld 服务开机启动，后面将会详细讲解
Removed symlink /etc/systemd/system/dbus-org.fedoraproject.FirewallD1.service.
Removed symlink /etc/systemd/system/basic.target.wants/firewalld.service.
# yum install -y iptables-services  // 安装 iptables-services，这样就可以使用之前版本的 iptables 了
# systemctl enable iptables    // 让它开机启动
Created symlink from /etc/systemd/system/basic.target.wants/iptables.service to
/usr/lib/systemd/system/iptables.service.
# systemctl start iptables    // 启动 iptables 服务
```

到此，咱们就可以使用之前版本的 iptables 了。CentOS 上默认设有 iptables 规则，这个规则虽然很安全，但对于我们来说不但没有用，还会造成某些影响，所以阿铭建议你先清除规则，然后把清除

后的规则保存一下。示例命令如下：

```
# iptables -nvL
Chain INPUT (policy ACCEPT 0 packets, 0 bytes)
 pkts bytes target     prot opt in     out     source               destination
   21  1620 ACCEPT     all  --  *      *       0.0.0.0/0            0.0.0.0/0           state RELATED,ESTABLISHED
    0     0 ACCEPT     icmp --  *      *       0.0.0.0/0            0.0.0.0/0
    0     0 ACCEPT     all  --  lo     *       0.0.0.0/0            0.0.0.0/0
    0     0 ACCEPT     tcp  --  *      *       0.0.0.0/0            0.0.0.0/0           state NEW tcp dpt:22
    0     0 REJECT     all  --  *      *       0.0.0.0/0            0.0.0.0/0           reject-with icmp-host-prohibited

Chain FORWARD (policy ACCEPT 0 packets, 0 bytes)
 pkts bytes target     prot opt in     out     source               destination
    0     0 REJECT     all  --  *      *       0.0.0.0/0            0.0.0.0/0           reject-with icmp-host-prohibited

Chain OUTPUT (policy ACCEPT 16 packets, 1536 bytes)
 pkts bytes target     prot opt in     out     source               destination
# iptables -F
# service iptables save
iptables: Saving firewall rules to /etc/sysconfig/iptables:[  OK  ]
```

上例中，-nvL 选项表示查看规则，-F 选项表示清除当前规则，但清除只是临时的，重启系统或者重启 iptalbes 服务后还会加载已经保存的规则，所以需要使用 service iptables save 保存一下规则。通过上面的命令输出，我们也可以看到，防火墙规则保存在 /etc/sysconfig/iptables 中，你可以查看一下这个文件。

1. netfilter 的 5 个表

filter 表主要用于过滤包，是系统预设的表，这个表也是阿铭用得最多的表。该表内建 3 个链：INPUT、OUTPUT 以及 FORWARD。INPUT 链作用于进入本机的包，OUTPUT 链作用于本机送出的包，FORWARD 链作用于那些跟本机无关的包。

nat 表主要用于网络地址转换，它也有 3 个链。PREROUTING 链的作用是在包刚刚到达防火墙时改变它的目的地址（如果需要的话），OUTPUT 链的作用是改变本地产生的包的目的地址，POSTROUTING 链的作用是在包即将离开防火墙时改变其源地址。该表阿铭仅偶尔会用到。

mangle 表主要用于给数据包做标记，然后根据标记去操作相应的包。这个表阿铭几乎不怎么用，除非你想成为一个高级网络工程师，否则不需要太关注。

raw 表可以实现不追踪某些数据包。默认系统的数据包都会被追踪，但追踪势必消耗一定的资源，所以可以用 raw 表来指定某些端口的包不被追踪。这个表，阿铭从来没用过。

security 表在 CentOS 6 中是没有的，它用于强制访问控制（MAC）的网络规则。可以说这个表阿铭都没有深入研究过，更别说使用了。所以，你暂时不用理会它。

2. netfilter 的 5 个链

5 个链分别为 PREROUTING、INPUT、FORWARD、OUTPUT、POSTROUTING。

❑ **PREROUTING**：数据包进入路由表之前。

- **INPUT**：通过路由表后目的地为本机。
- **FORWARDING**：通过路由表后，目的地不为本机。
- **OUTPUT**：由本机产生，向外转发。
- **POSTROUTIONG**：发送到网卡接口之前。

具体的数据包流向，可以参考图 13-2。

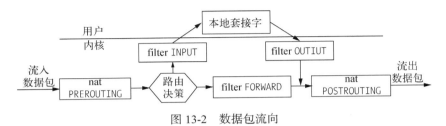

图 13-2　数据包流向

表和链对应的关系图 13-3 所示。

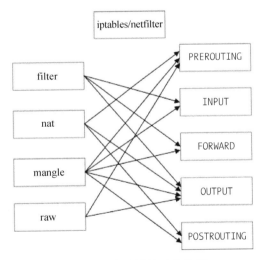

图 13-3　表和链的对应关系

3. iptables 基本语法

iptables 是一个非常复杂和功能丰富的工具，所以它的语法也是很有特点的。下面阿铭就给大家介绍几种常用的语法。

(1) 查看规则以及清除规则，其用法如下：

```
# iptables -t nat -nvL
Chain PREROUTING (policy ACCEPT 0 packets, 0 bytes)
 pkts bytes target     prot opt in     out     source               destination
```

```
Chain INPUT (policy ACCEPT 0 packets, 0 bytes)
 pkts bytes target     prot opt in     out     source               destination

Chain POSTROUTING (policy ACCEPT 4 packets, 384 bytes)
 pkts bytes target     prot opt in     out     source               destination

Chain OUTPUT (policy ACCEPT 4 packets, 384 bytes)
 pkts bytes target     prot opt in     out     source               destination
```

-t 选项后面跟表名。-nvL 表示查看该表的规则，其中-n 表示不针对 IP 反解析主机名，-L 表示列出，-v 表示列出更加详细的信息。如果不加-t 选项，则打印 filter 表的相关信息，如下所示：

```
# iptables -nvL
Chain INPUT (policy ACCEPT 252 packets, 19329 bytes)
 pkts bytes target     prot opt in     out     source               destination

Chain FORWARD (policy ACCEPT 0 packets, 0 bytes)
 pkts bytes target     prot opt in     out     source               destination

Chain OUTPUT (policy ACCEPT 222 packets, 24340 bytes)
 pkts bytes target     prot opt in     out     source               destination
```

上例和-t filter 打印的信息是一样的。在清除规则的命令中，阿铭用得最多的就是下面两个：

```
# iptables -F
# iptables -Z
```

这里-F 表示把所有规则全部清除，如果不加-t 指定表，则默认只清除 filter 表的规则。-Z 表示把包以及流量计数器置零（这个阿铭认为很有用）。

(2) 增加/删除一条规则，其用法如下：

```
# iptables -A INPUT -s 192.168.72.1 -p tcp --sport 1234 -d 192.168.72.128 --dport 80 -j DROP
```

这里没有加-t 选项，所以针对的是 filter 表。这条规则中各个选项的作用如下。

- **-A/-D**：表示增加/删除一条规则。
- **-I**：表示插入一条规则，其实效果跟-A 一样。
- **-p**：表示指定协议，可以是 tcp、udp 或者 icmp。
- **--dport**：跟-p 一起使用，表示指定目标端口。
- **--sport**：跟-p 一起使用，表示指定源端口。
- **-s**：表示指定源 IP（可以是一个 IP 段）。
- **-d**：表示指定目的 IP（可以是一个 IP 段）。
- **-j**：后面跟动作，其中 ACCEPT 表示允许包，DROP 表示丢掉包，REJECT 表示拒绝包。
- **-i**：表示指定网卡（不常用，但偶尔能用到）。

下面阿铭再多举几个例子来帮你理解这些概念：

```
# iptables -I INPUT -s 1.1.1.1 -j DROP
```

上例表示插入一条规则，把来自 1.1.1.1 的所有数据包丢掉。下例表示删除刚刚插入的规则：

```
# iptables -D INPUT -s 1.1.1.1 -j DROP
```

注意删除一条规则时，此规则必须和插入时的规则一致。也就是说，两条 iptables 命令，除了-I 和-D 不一样外，其他地方都一样。

下例表示把来自 2.2.2.2 并且是使用 TCP 协议到本机 80 端口的数据包丢掉：

```
# iptables -I INPUT -s 2.2.2.2 -p tcp --dport 80 -j DROP
```

注意，--dport/--sport 必须和-p 选项一起使用，否则会出错。

下例表示把发送到 10.0.1.14 的 22 端口的数据包丢掉：

```
# iptables -I OUTPUT -p tcp --dport 22 -d 10.0.1.14 -j DROP
```

下例表示把来自 192.168.1.0/24 这个网段且作用在 ens33 上的包放行：

```
# iptables -A INPUT -s 192.168.1.0/24 -i ens33 -j ACCEPT
# iptables -nvL |grep '192.168.1.0/24'
0        0 ACCEPT      all  --  ens33  *       192.168.1.0/24       0.0.0.0/0
```

有时候当服务器上的 iptables 过多，你想删除某一条规则，但又不容易掌握创建时的规则。其实有一种比较简单的方法，先查看 iptables 规则，示例命令如下：

```
# iptables -nvL --line-numbers
Chain INPUT (policy ACCEPT 309 packets, 23689 bytes)
num   pkts bytes target     prot opt in     out     source               destination
1        0     0 ACCEPT     all  --  ens33  *       192.168.1.0/24       0.0.0.0/0
```

然后删除某一条规则，使用如下命令：

```
# iptables -D INPUT 1
```

这里-D 后面依次跟链名、规则 num。这个 num 就是查看 iptables 规则时第 1 列的值。随后再查看刚才的规则，会发现已经没有了，如下所示：

```
# iptables -nvL --line-numbers
```

iptables 还有一个选项经常用到，即-P（大写）选项，它表示预设策略。其用法如下：

```
# iptables -P INPUT DROP
```

-P 后面跟链名，策略内容或为 DROP，或为 ACCEPT，默认是 ACCEPT。注意：如果你在连接远程服务器，千万不要随便执行这个命令，因为一旦输入命令并回车，远程连接就会断开。

这个策略一旦设定后，只有使用命令 iptables -P INPUT ACCEPT 才能恢复成原始状态。下面阿铭针对一个小需求介绍一下如何设定 iptables 规则。

需求：只针对 filter 表，预设策略 INPUT 链 DROP，其他两个链 ACCEPT，然后针对 192.168.72.0/24 开通 22 端口，对所有网段开放 80 端口，对所有网段开放 21 端口。

这个需求不算复杂，但是因为有多条规则，所以最好写成脚本的形式。脚本内容如下：

```
# vi /usr/local/sbin/iptables.sh    // 写入如下内容
#! /bin/bash

ipt="/usr/sbin/iptables"
$ipt -F
$ipt -P INPUT DROP
$ipt -P OUTPUT ACCEPT
$ipt -P FORWARD ACCEPT
$ipt -A INPUT -s 192.168.72.0/24 -p tcp --dport 22 -j ACCEPT
$ipt -A INPUT -p tcp --dport 80 -j ACCEPT
$ipt -A INPUT -p tcp --dport 21 -j ACCEPT
```

完成脚本的编写后，直接运行 /bin/bash /usr/local/sbin/iptables.sh 即可。如果想开机启动时初始化防火墙规则，则需要在 /etc/rc.d/rc.local 中添加一行 /bin/bash /usr/local/sbin/iptables.sh。执行过程如下：

```
# sh /usr/local/sbin/iptables.sh
# iptables -nvL
Chain INPUT (policy DROP 0 packets, 0 bytes)
 pkts bytes target     prot opt in     out     source               destination
   20  1580 ACCEPT     tcp  --  *      *       192.168.72.0/24      0.0.0.0/0           tcp dpt:22
    0     0 ACCEPT     tcp  --  *      *       0.0.0.0/0            0.0.0.0/0           tcp dpt:80
    0     0 ACCEPT     tcp  --  *      *       0.0.0.0/0            0.0.0.0/0           tcp dpt:21
```

运行脚本后，查看规则就是这样的，这里可以看到阿铭的第一条规则中已经有 20 个包（第一列）被放行过了。

关于 icmp 的包有一个比较常见的应用，如下所示：

```
# iptables -I INPUT -p icmp --icmp-type 8 -j DROP
```

这里 --icmp-type 选项要跟 -p icmp 一起使用，后面指定类型编号。这个 8 指的是能在本机 ping 通其他机器，而其他机器不能 ping 通本机，请牢记。

4. nat 表的应用

其实，Linux 的 iptables 功能是十分强大的。阿铭的一位老师曾经这样形容 Linux 的网络功能：只有想不到，没有做不到！也就是说，只要是你能够想到的关于网络的应用，Linux 都能帮你实现。你在日常生活中应该接触过路由器，它的功能就是分享上网。本来一根网线过来（其实只有一个公网 IP），通过路由器后，路由器分配一个网段（私网 IP），这样连此接路由器的多台 PC 都能连接因特网，而远端的设备认为你的 IP 就是那个连接路由器的公网 IP。这个路由器的功能其实就是由 Linux 的 iptables 实现的，而 iptables 又是通过 nat 表作用而实现的。

在这里，阿铭举一个例子来说明 iptables 是如何实现这个功能的。假设你的机器上有两块网卡 eth0 和 eth1，其中 eth0 的 IP 为 10.0.2.68，eth1 的 IP 为 192.168.1.1。eth0 连接了因特网，但 eth1 没有连接。现在有另一台机器（192.168.1.2）和 eth1 是互通的，那么如何设置才能让连接 eth1 的这台机器连接因特网，和 10.0.2.68 互通呢？方法很简单，如下所示：

```
# echo "1" > /proc/sys/net/ipv4/ip_forward
# iptables -t nat -A POSTROUTING -s 192.168.1.0/24 -o eth0 -j MASQUERADE
```

这里，第一个命令涉及内核参数相关的配置文件，它的目的是打开路由转发功能，否则无法实现我们的应用。第二个命令则是 iptables 对 nat 表做了一个 IP 转发的操作。-o 选项后面跟设备名，表示出口的网卡；MASQUERADE 表示伪装。关于 nat 表，阿铭不想多讲，你只要学会这个路由转发功能即可，其他的东西交给网络工程师去学习吧，毕竟你将来是要做 Linux 系统工程师的。

5. 保存和备份 iptables 规则

前面阿铭提到过，咱们设定的防火墙规则只保存在内存中，并没有保存到某一个文件中。也就是说，当系统重启后以前设定的规则就没有了，所以设定好规则后要先保存一下。命令如下：

```
# service iptables save
iptables: Saving firewall rules to /etc/sysconfig/iptables:[ ok ]
```

它会提示你防火墙规则保存在/etc/sysconfig/iptables 文件内，这个文件就是 iptables 的配置文件。所以日后如果你遇到备份防火墙规则的任务，只要复制一份这个文件的副本即可。

有时我们需要清除防火墙的所有规则，使用命令 iptables -F 固然可以，但最好的办法还是停止防火墙服务，如下所示：

```
# service iptables stop
Redirecting to /bin/systemctl stop iptables.service
```

这样防火墙就失效了，但是一旦重新设定规则（哪怕只有一条），防火墙服务会自动开启。下面阿铭介绍一个用来备份防火墙规则的命令，如下所示：

```
# sh /usr/local/sbin/iptables.sh
# iptables-save > myipt.rule
# cat myipt.rule
# Generated by xtables-save v1.8.2 on Fri Jun 26 15:27:41 2020
*security
:INPUT ACCEPT [809:137209]
:FORWARD ACCEPT [0:0]
:OUTPUT ACCEPT [682:88704]
COMMIT
# Completed on Fri Jun 26 15:27:41 2020
# Generated by xtables-save v1.8.2 on Fri Jun 26 15:27:41 2020
*raw
:PREROUTING ACCEPT [133:10536]
:OUTPUT ACCEPT [111:20700]
COMMIT
# Completed on Fri Jun 26 15:27:41 2020
# Generated by xtables-save v1.8.2 on Fri Jun 26 15:27:41 2020
*mangle
:PREROUTING ACCEPT [133:10536]
:INPUT ACCEPT [133:10536]
:FORWARD ACCEPT [0:0]
:OUTPUT ACCEPT [111:20700]
:POSTROUTING ACCEPT [111:20700]
COMMIT
# Completed on Fri Jun 26 15:27:41 2020
# Generated by xtables-save v1.8.2 on Fri Jun 26 15:27:41 2020
*nat
:PREROUTING ACCEPT [0:0]
```

```
:INPUT ACCEPT [0:0]
:POSTROUTING ACCEPT [0:0]
:OUTPUT ACCEPT [0:0]
COMMIT
# Completed on Fri Jun 26 15:27:41 2020
# Generated by xtables-save v1.8.2 on Fri Jun 26 15:27:41 2020
*filter
:INPUT DROP [108:8568]
:FORWARD ACCEPT [0:0]
:OUTPUT ACCEPT [111:20700]
-A INPUT -s 192.168.72.0/24 -p tcp -m tcp --dport 22 -j ACCEPT
-A INPUT -p tcp -m tcp --dport 80 -j ACCEPT
-A INPUT -p tcp -m tcp --dport 21 -j ACCEPT
COMMIT
# Completed on Fri Jun 26 15:27:41 2020
```

先执行一下刚才的 iptables 脚本，使用 iptables-save 命令重定向到一个文件里。若想要恢复这些规则，使用下面的命令即可：

```
# iptables-restore < myipt.rule
```

13.4.3　firewalld

介绍完了 netfilter，阿铭觉得也有必要再说一下 firewalld，毕竟这个才是 CentOS 8 上默认的防火墙。在上一节中，阿铭把 firewalld 服务给禁掉了，打开了 iptables 服务，现在再反过来关闭 iptables 服务，打开 firewalld 服务。操作如下所示：

```
# iptables -P INPUT ACCEPT
# yum remove -y iptables
# systemctl enable firewalld
Created symlink /etc/systemd/system/dbus-org.fedoraproject.FirewallD1.service →
/usr/lib/systemd/system/firewalld.service.
Created symlink /etc/systemd/system/multi-user.target.wants/firewalld.service →
/usr/lib/systemd/system/firewalld.service.
# systemctl start firewalld
```

首先将 INPUT 链的默认策略设置为 ACCEPT，因为前面的实验中有将其设置为 DROP。在前面介绍的 iptables 相关的命令，其实也是可以继续使用的，只不过在 CentOS 8 中不用那么操作，而是有 firewalld 自己的命令。

firewalld 有两个基础概念，分别是 zone 和 service，每一个 zone 里面有不同的 iptables 规则，默认一共有 9 个 zone，而默认的 zone 为 public。获取系统所有的 zone，命令如下所示：

```
# firewall-cmd --get-zones
block dmz drop external home internal public trusted work
```

如下命令可以查看系统默认的 zone：

```
# firewall-cmd --get-default-zone
public
```

下面阿铭简单介绍一下上面提到的 9 个 zone。

- `drop`（丢弃）：任何接收的网络数据包都被丢弃，没有任何回复。仅能有发送出去的网络连接。
- `block`（限制）：任何接收的网络连接都被 IPv4 的 `icmp-host-prohibited` 信息和 IPv6 的 `icmp6-adm-prohibited` 信息所拒绝。
- `public`（公共）：在公共区域内使用，不能相信网络内的其他计算机不会对你的计算机造成危害，只能接收经过选取的连接。
- `external`（外部）：特别是为路由器启用了伪装功能的外部网。你不能信任来自网络的其他计算，不能相信它们不会对你的计算机造成危害，只能接收经过选择的连接。
- `dmz`（非军事区）：用于你的非军事区内的计算机，此区域内可公开访问，可以有限地进入你的内部网络，仅仅接收经过选择的连接。
- `work`（工作）：用于工作区。你可以基本相信网络内的其他计算机不会危害你的计算机。仅仅接收经过选择的连接。
- `home`（家庭）：用于家庭网络。你可以基本信任网络内的其他计算机不会危害你的计算机。仅仅接收经过选择的连接。
- `internal`（内部）：用于内部网络。你可以基本上信任网络内的其他计算机不会威胁你的计算机。仅仅接受经过选择的连接。
- `trusted`（信任）：可接受所有的网络连接。

对于以上 9 个 zone 简单了解即可，阿铭相信你在日常工作中使用它们的机会不会太多。下面介绍几个关于 zone 的命令：

```
# firewall-cmd --set-default-zone=work   // 设定默认的 zone 为 work
success
# firewall-cmd --get-zone-of-interface=ens33   // 查看指定网卡所在的 zone
Work
# firewall-cmd --zone=public --add-interface=lo   // 给指定网卡设置 zone
success
# firewall-cmd --zone=dmz --change-interface=lo   // 针对网卡更改 zone
success
# firewall-cmd --zone=dmz  --remove-interface=lo   // 针对网卡删除 zone
Success
# firewall-cmd --get-active-zones   // 查看系统所有网卡所在的 zone
Work
   interfaces: ens33
```

阿铭觉得 firewalld 工具的开发者可能是想简化用户的使用过程，所以提供了这 9 种 zone，这 9 种 zone 中，总有一个是适合我们的使用场景的。那到底 zone 是什么？每一种 zone 之间到底有什么区别呢？下面阿铭再给大家介绍一个概念——service。其实，之所以有 9 种 zone，是因为每一个 zone 里面都使用了不同的 service，而 service 就是针对一个服务（端口）做 iptables 规则。执行如下命令列出当前系统所有的 service：

```
# firewall-cmd --get-service
RH-Satellite-6 amanda-client amanda-k5-client amqp amqps apcupsd audit bacula bacula-client bb bgp bitcoin bitcoin-rpc bitcoin-testnet bitcoin-testnet-rpc bittorrent-lsd ceph ceph-mon cfengine cockpit
```

```
condor-collector ctdb dhcp dhcpv6 dhcpv6-client distcc dns dns-over-tls docker-registry docker-swarm
dropbox-lansync elasticsearch etcd-client etcd-server finger freeipa-4 freeipa-ldap freeipa-ldaps
freeipa-replication freeipa-trust ftp ganglia-client ganglia-master git grafana gre high-availability
http https imap imaps ipp ipp-client ipsec irc ircs iscsi-target isns jenkins kadmin kdeconnect kerberos
kibana klogin kpasswd kprop kshell ldap ldaps libvirt libvirt-tls lightning-network llmnr managesieve
matrix mdns memcache minidlna mongodb mosh mountd mqtt mqtt-tls ms-wbt mssql murmur mysql nfs nfs3
nmea-0183 nrpe ntp nut openvpn ovirt-imageio ovirt-storageconsole ovirt-vmconsole plex pmcd pmproxy
pmwebapi pmwebapis pop3 pop3s postgresql privoxy prometheus proxy-dhcp ptp pulseaudio puppetmaster
quassel radius rdp redis redis-sentinel rpc-bind rsh rsyncd rtsp salt-master samba samba-client samba-dc
sane sip sips slp smtp smtp-submission smtps snmp snmptrap spideroak-lansync spotify-sync squid ssdp
ssh steam-streaming svdrp svn syncthing syncthing-gui synergy syslog syslog-tls telnet tentacle tftp
tftp-client tile38 tinc tor-socks transmission-client upnp-client vdsm vnc-server wbem-http wbem-https
wsman wsmans xdmcp xmpp-bosh xmpp-client xmpp-local xmpp-server zabbix-agent zabbix-server
```

这些 service 都是由一个个配置文件定义的，配置文件的模板在 /usr/lib/firewalld/services/ 目录下，真正生效的配置在 /etc/firewalld/services 目录下面（默认为空）：

```
# ls /usr/lib/firewalld/services/
amanda-client.xml          dhcpv6-client.xml       git.xml                    kpasswd.xml              murmur.xml
prometheus.xml             sip.xml                 tentacle.xml
amanda-k5-client.xml       dhcpv6.xml              grafana.xml                kprop.xml                mysql.xml
proxy-dhcp.xml             slp.xml                 tftp-client.xml
amqps.xml                  dhcp.xml                gre.xml                    kshell.xml               nfs3.xml
ptp.xml                    smtp-submission.xml     tftp.xml
amqp.xml                   distcc.xml              high-availability.xml      ldaps.xml                nfs.xml
pulseaudio.xml             smtps.xml               tile38.xml
apcupsd.xml                dns-over-tls.xml        https.xml                  ldap.xml                 nmea-0183.xml
puppetmaster.xml           smtp.xml                tinc.xml
audit.xml                  dns.xml                 http.xml                   libvirt-tls.xml          nrpe.xml
quassel.xml                snmptrap.xml            tor-socks.xml
bacula-client.xml          docker-registry.xml     imaps.xml                  libvirt.xml              ntp.xml
radius.xml                 snmp.xml                transmission-client.xml
bacula.xml                 docker-swarm.xml        imap.xml                   lightning-network.xml    nut.xml
rdp.xml                    spideroak-lansync.xml   upnp-client.xml
bb.xml                     dropbox-lansync.xml     ipp-client.xml             llmnr.xml                openvpn.xml
redis-sentinel.xml         spotify-sync.xml        vdsm.xml
bgp.xml                    elasticsearch.xml       ipp.xml                    managesieve.xml          ovirt-imageio.xml
redis.xml                  squid.xml               vnc-server.xml
bitcoin-rpc.xml            etcd-client.xml         ipsec.xml                  matrix.xml               ovirt-storageconsole.xml
RH-Satellite-6.xml         ssdp.xml                wbem-https.xml
bitcoin-testnet-rpc.xml    etcd-server.xml         ircs.xml                   mdns.xml                 ovirt-vmconsole.xml
rpc-bind.xml               ssh.xml                 wbem-http.xml
bitcoin-testnet.xml        finger.xml              irc.xml                    memcache.xml             plex.xml
rsh.xml                    steam-streaming.xml     wsmans.xml
bitcoin.xml                freeipa-4.xml           iscsi-target.xml           minidlna.xml             pmcd.xml
rsyncd.xml                 svdrp.xml               wsman.xml
bittorrent-lsd.xml         freeipa-ldaps.xml       isns.xml                   mongodb.xml              pmproxy.xml
rtsp.xml                   svn.xml                 xdmcp.xml
ceph-mon.xml               freeipa-ldap.xml        jenkins.xml                mosh.xml                 pmwebapis.xml
salt-master.xml            syncthing-gui.xml       xmpp-bosh.xml
ceph.xml                   freeipa-replication.xml kadmin.xml                 mountd.xml               pmwebapi.xml
samba-client.xml           syncthing.xml           xmpp-client.xml
cfengine.xml               freeipa-trust.xml       kdeconnect.xml             mqtt-tls.xml             pop3s.xml
samba-dc.xml               synergy.xml             xmpp-local.xml
```

cockpit.xml	ftp.xml	kerberos.xml	mqtt.xml	pop3.xml
samba.xml	syslog-tls.xml	xmpp-server.xml		postgresql.xml
condor-collector.xml	ganglia-client.xml	kibana.xml	mssql.xml	
sane.xml	syslog.xml	zabbix-agent.xml		privoxy.xml
ctdb.xml	ganglia-master.xml	klogin.xml	ms-wbt.xml	
sips.xml	telnet.xml	zabbix-server.xml		

阿铭刚刚说过，每个 zone 里面都有不同的 service，那么如何查看一个 zone 下面有哪些 service 呢？相关命令如下：

```
# firewall-cmd --list-services    // 查看当前 zone 下有哪些 service
cockpit dhcpv6-client ssh
# firewall-cmd --zone=public --list-services    // 查看指定 zone 下有哪些 service
```

一个 zone 下面有某个 service，意味着这个 service 是被信任的。比如，当前 zone 下面有 ssh，那么 ssh 服务（也就是22）端口是放行的。我们可以给一个 zone 添加一个 service，命令如下：

```
# firewall-cmd --zone=public --add-service=http    // 把 http 增加到 public zone 下面
success
# firewall-cmd --zone=public --list-service
cockpit dhcpv6-client http ssh
```

对于每个 zone 来说，都有自己的配置文件，你可以查看目录/usr/lib/firewalld/zones/下面对应的文件，这些就是 zone 的配置文件：

```
# ls /usr/lib/firewalld/zones/
block.xml  dmz.xml  drop.xml  external.xml  home.xml  internal.xml  public.xml  trusted.xml  work.xml
```

刚刚阿铭教给你一个命令，可在一个 zone 里面增加一个 service，但这种方法仅仅在内存中生效，并没有修改配置文件，如果想修改配置文件，需要加一个选项：

```
# firewall-cmd --zone=public --add-service=http --permanent
success
```

一旦更改了某个 zone 的配置文件，则会在/etc/firewalld/zones/目录下面生成对应 zone 的配置文件（.xml 后缀的文件），其实这个目录下面的配置文件才是真正的配置文件。阿铭在上面介绍的目录，可以说是所有 zone 的模板配置文件。

下面阿铭举一个实际的例子，帮助你明白 zone 和 service 两个概念。需求：假如服务器上配置了一个 FTP 服务，但端口并非默认的 21，而是 1121，并且需要在 work zone 下面放行 FTP。具体的做法如下：

```
# cp /usr/lib/firewalld/services/ftp.xml /etc/firewalld/services/    // 这个和上面阿铭提到的情况一样，
                                                                      // /usr/lib/firewalld/services/目录下面为所有 service 的模板配置文件
# vi /etc/firewalld/services/ftp.xml    // 把里面的 21 改为 1121
# cp /usr/lib/firewalld/zones/work.xml /etc/firewalld/zones/
# vi /etc/firewalld/zones/work.xml    // 在里面增加一行 FTP 相关的配置，内容如下
<?xml version="1.0" encoding="utf-8"?>
<zone>
  <short>Work</short>
  <description>For use in work areas. You mostly trust the other computers on networks to not harm your computer. Only selected incoming connections are accepted.</description>
  <service name="ssh"/>
```

```
<service name="ftp"/>
<service name="dhcpv6-client"/>
<service name="cockpit"/>
</zone>
# firewall-cmd --reload   // 重新加载
```

再来验证一下 work zone 里面的 service 是否有 FTP：

```
# firewall-cmd --zone=work --list-services
cockpit dhcpv6-client ftp ssh
```

上面的方法还是有点啰唆，有没有像上一节中 iptables 命令那样简单的方式呢？当然有，下面阿铭再给大家找几个典型例子。

1）放行指定端口的命令如下：

```
# firewall-cmd --set-default-zone=public  // 将默认 zone 设置为 public
# firewall-cmd --zone=public --add-port 1000/tcp --permanent    // 如果不指定--zone 默认就是 public，增加 tcp 的 1000 端口，增加--permanent 是为了让其永久生效，否则重启后就失效了
success
# firewall-cmd --reload   // 使其规则生效
# firewall-cmd --list-all    // 列出当前具体规则，可以看到刚刚增加的 1000 端口
public (active)
  target: default
  icmp-block-inversion: no
  interfaces: ens33
  sources:
  services: cockpit dhcpv6-client http ssh
  ports: 1000/tcp
  protocols:
  masquerade: no
  forward-ports:
  source-ports:
  icmp-blocks:
  rich rules:
```

2）添加多个端口的命令如下：

```
# firewall-cmd --add-port 3000-3010/tcp --permanent    // 3000-3010 指定一个范围
success
# firewall-cmd --reload
# firewall-cmd --list-all |grep ports   // 用 grep 过滤只含有 ports 字符的行
  ports: 1000/tcp 3000-3010/tcp
  forward-ports:
  source-ports:
# firewall-cmd  --add-port 80/tcp --add-port 8080/tcp  --permanent   // 如果要增加多个 port，那就要写多个--add-port
# firewall-cmd --reload
```

3）删除指定端口的命令如下：

```
# firewall-cmd --remove-port 8080/tcp  --permanent
success
# firewall-cmd --reload
success
```

```
# firewall-cmd --list-all |grep ports
  ports: 1000/tcp 3000-3010/tcp 80/tcp
  forward-ports:
  source-ports:
```

4）针对某个 IP 开放指定端口的命令如下：

```
# firewall-cmd --permanent --add-rich-rule="rule family="ipv4" source address="192.168.72.166" port protocol="tcp" port="6379" accept"
success
# firewall-cmd --reload
success
# firewall-cmd --list-all
public (active)
  target: default
  icmp-block-inversion: no
  interfaces: ens33
  sources:
  services: cockpit dhcpv6-client http ssh
  ports: 1000/tcp 3000-3010/tcp 80/tcp
  protocols:
  masquerade: no
  forward-ports:
  source-ports:
  icmp-blocks:
  rich rules:
        rule family="ipv4" source address="192.168.72.166" port port="6379" protocol="tcp" accept
# firewall-cmd --permanent --add-rich-rule="rule family="ipv4" source address="192.168.0.0/24" accept"
// 放行指定网段
success
# firewall-cmd --reload
success
# firewall-cmd --list-all
public (active)
  target: default
  icmp-block-inversion: no
  interfaces: ens33
  sources:
  services: cockpit dhcpv6-client http ssh
  ports: 1000/tcp 3000-3010/tcp 80/tcp
  protocols:
  masquerade: no
  forward-ports:
  source-ports:
  icmp-blocks:
  rich rules:
        rule family="ipv4" source address="192.168.72.166" port port="6379" protocol="tcp" accept
        rule family="ipv4" source address="192.168.0.0/24" accept
```

5）删除某条规则的命令如下：

```
# firewall-cmd --permanent --remove-rich-rule="rule family="ipv4" source address="192.168.0.0/24" accept"
success
# firewall-cmd --reload
```

关于 firewalld，阿铭就介绍这些。这部分内容要是仔细研究还是蛮多的，但阿铭觉得毕竟在工作中使用得并不多，了解这些内容足够了。

13.5 Linux 系统的任务计划

其实大部分系统管理工作都是通过定期自动执行某个脚本来完成的，那么如何定期执行某个脚本呢？这就要借助 Linux 的 cron 功能了。这部分内容很重要，请大家牢记！

13.5.1 命令 crontab

Linux 任务计划功能的操作都是通过 crontab 命令来完成的，其常用的选项有以下几个。

- **-u**：表示指定某个用户，不加-u 选项则为当前用户。
- **-e**：表示制定计划任务。
- **-l**：表示列出计划任务。
- **-r**：表示删除计划任务。

下面请跟着阿铭来创建第一个任务计划，如下所示：

```
# crontab -e
no crontab for root - using an empty one
```

这里使用 crontab -e 来编写任务计划，这实际上是使用 vim 工具打开了 crontab 的配置文件，我们写下如下内容：

```
01 10 05 06 3 echo "ok" > /root/cron.log
```

这里每个字段的数字分别表示什么呢？从左到右依次为：分、时、日、月、周和命令行。上例表示在 6 月 5 日（这一天必须是星期三）的 10 点 01 分执行命令：echo "ok" > /root/cron.log。

命令 crontab -e 实际上是打开了/var/spool/cron/username 文件（如果用户是 root，则打开的是 /var/spool/cron/root）。打开这个文件使用了 vim 编辑器，所以保存时在命令行模式下输入:wq 即可。但是请千万不要直接去编辑那个文件，否则会出错，所以一定要使用命令 crontab -e 来编辑。

查看已经设定的任务计划使用 crontab -l 命令，如下所示：

```
# crontab -l
01 10 05 06 3 echo "ok" > /root/cron.log
```

删除任务计划要使用 crontab -r 命令，这个删除选项最好还是少用，因为它会一下子把全部计划都删除掉。如果你想只删除一条计划，可以使用-e 选项进入 crontab 进行编辑。-r 选项用法如下所示：

```
# crontab -r
# crontab -l
no crontab for root
```

13.5.2 cron 练习题

cron 的内容不算太难，但需要你牢固掌握。下面阿铭给出一些练习题，帮助你熟悉 cron 的应用。

(1) 每天凌晨 1 点 20 分清除/var/log/slow.log 这个文件。
(2) 每周日 3 点执行/bin/sh /usr/local/sbin/backup.sh。
(3) 每月 14 日 4 点 10 分执行/bin/sh /usr/local/sbin/backup_month.sh。
(4) 每隔 8 小时执行 ntpdate time.windows.com。
(5) 每天的 1 点、12 点和 18 点执行/bin/sh /usr/local/sbin/test.sh。
(6) 每天的 9 点到 18 点执行/bin/sh /usr/local/sbin/test2.sh。

下面是以上习题的答案，仅作参考。

(1) `20 1 * * *  echo "" >/var/log/slow.log`
(2) `0 3 * * 0  /bin/sh /usr/local/sbin/backup.sh`
(3) `10 4 14 * *  /bin/sh /usr/local/sbin/backup_month.sh`
(4) `0 */8 * * *  ntpdate time.windows.com`
(5) `0 1,12,18 * * *  /bin/sh /usr/local/sbin/test.sh`
(6) `0 9-18 * * *  /bin/sh /usr/local/sbin/test2.sh`

练习完上面的题目，你可能会有一些小疑问。这里要简单说明一下，每隔 8 小时就是用全部小时（0~23）去除以 8，结果算出来应该是 0、8 和 16 这 3 个数。当遇到多个数（分钟、小时、月、周）时，则需要用逗号隔开，比如第 5 题中的 1,12,18。时间段是可以用 n-m 的方式表示的，比如第 6 题中的 9-18。

设置好了所有的任务计划后，我们需要查看一下 crond 服务是否已经启动，如下所示：

```
# systemctl status crond
● crond.service - Command Scheduler
   Loaded: loaded (/usr/lib/systemd/system/crond.service; enabled; vendor preset: enabled)
   Active: active (running) since Fri 2020-06-26 15:41:17 CST; 1h 22min ago
 Main PID: 820 (crond)
    Tasks: 1 (limit: 11353)
   Memory: 1.9M
   CGroup: /system.slice/crond.service
           └─820 /usr/sbin/crond -n

6月 26 15:41:17 aminglinux-123 systemd[1]: Started Command Scheduler.
6月 26 15:41:17 aminglinux-123 crond[820]: (CRON) STARTUP (1.5.2)
6月 26 15:41:17 aminglinux-123 crond[820]: (CRON) INFO (Syslog will be used instead of sendmail.)
6月 26 15:41:17 aminglinux-123 crond[820]: (CRON) INFO (RANDOM_DELAY will be scaled with factor 8% if used.)
6月 26 15:41:17 aminglinux-123 crond[820]: (CRON) INFO (running with inotify support)
6月 26 16:01:01 aminglinux-123 CROND[2042]: (root) CMD (run-parts /etc/cron.hourly)
6月 26 17:01:01 aminglinux-123 CROND[4032]: (root) CMD (run-parts /etc/cron.hourly)
```

看 Active 那行，如果是启动状态显示为 active(running)，未启动则显示为 inactive (dead)。

13.6 Linux 系统服务管理

也许你配置过 Windows 开机启动的服务，其中有些服务在日常的管理工作中用不到，我们就要把它停止，一来可以节省资源，二来可以减少安全隐患。在 Linux 上同样也有相关的工具来管理系统的服务。

13.6.1 chkconfig 服务管理工具

CentOS 6 上的服务管理工具为 chkconfig，Linux 系统所有的预设服务都可以通过查看 /etc/init.d/ 目录得到，如下所示：

```
# ls /etc/init.d/
functions   README
```

只有屈指可数的几个文件，这是因为从 CentOS 7 起已经不再延续 CentOS 6 版本的服务管理方案了。但是我们依然可以继续使用 chkconfig 这个命令。系统的预设服务都可以通过这样的命令实现：service 服务名 start|stop|restart。这里的服务名就是/etc/init.d/目录下的这些文件了。使用 chkconfig 启动某服务除了可以使用命令 service xxx start 外，还可以使用命令/etc/init.d/xxx start。

我们可以使用命令 chkconfig --list 列出所有的服务及其每个级别的开启状态，如下所示：

```
# chkconfig --list

注: 该输出结果只显示 SysV 服务，并不包含原生 systemd 服务。SysV 配置数据可能被原生 systemd 配置覆盖。
    要列出 systemd 服务，请执行 'systemctl list-unit-files'。查看在具体 target 启用的服务请执行
    'systemctl list-dependencies [target]'。
```

这里也会看到一个提示，它提示我们该命令输出的内容并没有包含 CentOS 8 的原生 systemd 服务，而这里仅仅列出来 SysV 服务。这也是 /etc/init.d/ 目录下面只有一两个启动脚本的根本原因。也就是说，早期 CentOS 版本（7 之前）采用的服务管理都是 SysV，而从 7 开始换成了 systemd。

使用 chkconfig 命令列出来的服务有 7 个运行级别（数字 0~6），这为系统启动级别（CentOS 7 之前版本的用法，而从 CentOS 7 开始已经不再严格区分级别的概念了）。其中 0 作为 shutdown 动作，1 作为重启至单用户模式，6 为重启。在一般的 Linux 系统实现中，都使用了 2、3、4、5 几个级别。在 CentOS 系统中，2 表示无 NFS 支持的多用户模式，3 表示完全多用户模式（也是最常用的级别），4 保留给用户自定义，5 表示图形登录方式。现在我们只是看到了各服务在每个级别下的开启状态，那么如何去更改某级别下的开启状态呢？相关命令如下：

```
# chkconfig --level 3 xxx off
```

这里用--level 指定级别，后面 xxx 是服务名，然后是 off 或者 on。选项--level 后面还可以指定多个级别，如下所示：

```
# chkconfig --level 345 xxx off
```

另外还可以省略级别，默认是针对级别 2、3、4 和 5 操作的，如下所示：

```
# chkconfig xxx on
```

chkconfig 还有一个功能,就是可以把某个服务加入系统服务或者删除,即可以使用"chkconfig --add 服务名"或者"chkconfig --del 服务名"这样的形式,并且可以在 chkconfig --list 的结果中查找到。

```
# chkconfig --del xxx
# chkconfig --add xxx
```

这个功能常用于把自定义的启动脚本加入到系统服务当中。关于 chkconfig 工具,阿铭就先介绍这么多,毕竟 systemd 才是本书的主角。

13.6.2 systemd 服务管理

上一节阿铭提到过,从 CentOS 7 开始不使用 SysV 而改为 systemd 了,这是因为 systemd 支持多个服务并发启动,而 SysV 只能一个一个地启动,这样最终导致的结果是 systemd 方式启动会快很多。但毕竟阿铭使用 CentOS 很多年,突然这样一变化还是有点不太习惯,接下来的知识点也会让你觉得 systemd 有点复杂。我们不妨对比着 chkconfig 工具来学习一下 systemd。首先是列出系统所有的服务,如下所示:

```
# systemctl list-units --all --type=service
UNIT                              LOAD      ACTIVE   SUB     DESCRIPTION
  atd.service                     loaded    active   running Job spooling tools
  auditd.service                  loaded    active   running Security Auditing Service
  chronyd.service                 loaded    active   running NTP client/server
● cloud-init-local.service        not-found inactive dead    cloud-init-local.service
  cpupower.service                loaded    inactive dead    Configure CPU power relat>
  crond.service                   loaded    active   running Command Scheduler
  dbus.service                    loaded    active   running D-Bus System Message Bus
● display-manager.service         not-found inactive dead    display-manager.service
  dnf-makecache.service           loaded    inactive dead    dnf makecache
  dracut-cmdline.service          loaded    inactive dead    dracut cmdline hook
  dracut-initqueue.service        loaded    inactive dead    dracut initqueue hook
  dracut-mount.service            loaded    inactive dead    dracut mount hook
  dracut-pre-mount.service        loaded    inactive dead    dracut pre-mount hook
  dracut-pre-pivot.service        loaded    inactive dead    dracut pre-pivot and clea>
  dracut-pre-trigger.service      loaded    inactive dead    dracut pre-trigger hook
  dracut-pre-udev.service         loaded    inactive dead    dracut pre-udev hook
  dracut-shutdown.service         loaded    active   exited  Restore /run/initramfs on>
  ebtables.service                loaded    inactive dead    Ethernet Bridge Filtering>
  emergency.service               loaded    inactive dead    Emergency Shell
  firewalld.service               loaded    active   running firewalld - dynamic firew>
  getty@tty1.service              loaded    active   running Getty on tty1
  import-state.service            loaded    active   exited  Import network configurat>
  initrd-cleanup.service          loaded    inactive dead    Cleaning Up and Shutting >
  initrd-parse-etc.service        loaded    inactive dead    Reload Configuration from>
  initrd-switch-root.service      loaded    inactive dead    Switch Root
  initrd-udevadm-cleanup-db.service loaded  inactive dead    Cleanup udevd DB
  ip6tables.service               loaded    inactive dead    IPv6 firewall with ip6tab>
```

太多了，阿铭仅仅列出来一部分。那这些服务对应的启动脚本文件在哪里呢？

```
# ls /usr/lib/systemd/system/
arp-ethers.service              multi-user.target.wants             sysinit.target.wants
atd.service                     NetworkManager-dispatcher.service   sys-kernel-config.mount
auditd.service                  NetworkManager.service              sys-kernel-debug.mount
autovt@.service                 NetworkManager-wait-online.service  syslog.socket
basic.target                    network-online.target               syslog.target.wants
basic.target.wants              network-pre.target                  systemd-ask-password-console.path
bluetooth.target                network.target                      systemd-ask-password-console.service
```

文件同样很多，阿铭仅仅列出来一部分。你会发现这个目录下面的文件有点奇怪，有的是目录，有的是文件，有的以 .service 为后缀，有的以 .target 为后缀，当然还有其他的格式，这些东西到底是什么？有没有不知所以的感觉？其实阿铭和你一样，有点晕晕的，还是先来看与服务相关的知识点吧，下面是阿铭整理的一些常用命令：

```
# systemctl enable crond.service   // 让某个服务开机启动（.service 可以省略）
# systemctl disable crond.service  // 不让开机启动
# systemctl status crond.service   // 查看服务状态
# systemctl start crond.service    // 启动某个服务
# systemctl stop crond.service     // 停止某个服务
# systemctl restart crond.service  // 重启某个服务
# systemctl is-enabled crond       // 查看某个服务是否开机启动
```

其实关于服务的用法还有不少，但阿铭认为有上面这些就够用了。下面再介绍两个概念，等你看完这部分内容，对于上面不知所以的文件就会有些眉目了。我们先来说一个很重要的概念——unit。刚刚阿铭执行命令 ls /usr/lib/systemd/system 的时候，下面有很多文件，其实可以把它们归类为下面这几大类。

- **service**：系统服务。
- **target**：多个 unit 组成的组。
- **device**：硬件设备。
- **mount**：文件系统挂载点。
- **automount**：自动挂载点。
- **path**：文件或路径。
- **scope**：不是由 systemd 启动的外部进程。
- **slice**：进程组。
- **snapshot**：systemd 快照。
- **socket**：进程间通信的套接字。
- **swap**：swap 文件。
- **timer**：定时器。

以上每种类型的文件都为一个 unit，正是这些 unit 才组成了系统的各个资源（各个服务、各个设备等）。下面阿铭给大家介绍几个和 unit 相关的命令：

```
# systemctl list-units       // 列出正在运行（active）的 unit
# systemctl list-units --all  // 列出所有的 unit（包括失败的、inactive 的）
# systemctl list-units --all --state=inactive  // 列出所有 inactive 的 unit
```

13.6 Linux 系统服务管理

```
# systemctl list-units --all --type=service    // 列出所有状态的 service
# systemctl list-units --type=service    // 列出状态为 active 的 service
# systemctl is-active crond.service    // 查看某个 unit 是否 active
```

关于 unit，阿铭不再多解释，毕竟我们平时在工作中几乎用不到它。下面再来看另外一个概念——target。target 类似于 CentOS 6 里面的启动级别，但 target 支持多个 target 同时启动。target 其实是多个 unit 的组合，系统启动说白了就是启动多个 unit，为了管理方便，就使用 target 来管理这些 unit。查看当前系统的所有 target：

```
# systemctl list-unit-files --type=target    // 注意和前面命令的区分
UNIT FILE                STATE
basic.target             static
bluetooth.target         static
cryptsetup-pre.target    static
cryptsetup.target        static
ctrl-alt-del.target      disabled
default.target           indirect
emergency.target         static
exit.target              disabled
final.target             static
getty-pre.target         static
getty.target             static
graphical.target         static
halt.target              disabled
hibernate.target         static
hybrid-sleep.target      static
initrd-fs.target         static
```

查看一个 target 包含的所有 unit，如下所示：

```
# systemctl list-dependencies multi-user.target
multi-user.target
● ├─atd.service
● ├─auditd.service
● ├─chronyd.service
● ├─crond.service
● ├─dbus.service
● ├─dnf-makecache.timer
● ├─firewalld.service
● ├─irqbalance.service
● ├─kdump.service
● ├─NetworkManager.service
● ├─plymouth-quit-wait.service
● ├─plymouth-quit.service
● ├─rsyslog.service
● ├─sshd.service
● ├─sssd.service
```

因为内容太长，阿铭并没有全部列出来，你可以在自己的 CentOS 8 上全部列出来，显示效果还是很不错的，它以树形的方式列出来，一目了然。下面还有几个关于 target 的命令：

```
# systemctl get-default    // 查看系统默认的 target
multi-user.target
# systemctl set-default multi-user.target    // 设置默认的 target
```

上面提到的 multi-user.target 等同于 CentOS 6 的运行级别 3，其实还有其他几个 target 对应 0~6 运行级别，如表 13-1 所示。

表 13-1 运行级别和 target 的对比

SysV 运行级别	systemd target	备 注
0	poweroff.target	关闭系统
1	rescure.target	单用户模式
2	multiuser.target	用户自定义级别，通常识别为级别 3
3	multiuser.target	多用户，无图形
4	multiuser.target	用户自定义级别，通常识别为级别 3
5	graphical.target	多用户，有图形，比级别 3 就多了一个图形
6	reboot.target	重启

介绍完了 unit 和 target，阿铭再带着你一起梳理一下 service、unit 以及 target 之间的联系：

(1) 一个 service 属于一种 unit；
(2) 多个 unit 一起组成了一个 target；
(3) 一个 target 里面包含了多个 service，你可以查看文件 /usr/lib/systemd/system/sshd.service 里面 [install] 部分的内容，它就定义了该 service 属于哪一个 target。

13.7 Linux 下的数据备份工具 rsync

作为一个系统管理员，数据备份是非常重要的。阿铭有一次没有做好备份策略，结果磁盘坏了，数据全部丢失。所以在以后的系统维护工作中，你一定要时刻牢记给数据做备份。

在 Linux 系统下数据备份的工具很多，但阿铭只用一种，那就是 rsync，从字面意思上可以理解为 remote sync（远程同步）。rsync 不仅可以远程同步数据（类似于 scp），而且可以本地同步数据（类似于 cp），但不同于 cp 或 scp 的一点是，它不会覆盖以前的数据（如果数据已经存在），而是先判断已经存在的数据和新数据的差异，只有数据不同时才会把不相同的部分覆盖。如果你的 Linux 没有 rsync 命令，请使用命令 yum install -y rsync 安装。

下面阿铭先举一个例子，然后再详细讲解 rsync 的用法：

```
# rsync -av /etc/passwd /tmp/1.txt
sending incremental file list
passwd

sent 1,205 bytes  received 35 bytes  2,480.00 bytes/sec
total size is 1,113  speedup is 0.90
```

上例将会把 /etc/passwd 同步到 /tmp/ 目录下，并改名为 1.txt。如果是远程复制，数据备份就是这样的形式——IP:path，比如 192.168.72.128:/root/。具体用法如下：

```
# rsync -av /etc/passwd   192.168.72.128:/tmp/1.txt
The authenticity of host '192.168.72.128 (192.168.72.128)' can't be established.
ECDSA key fingerprint is SHA256:gFHUJnoZAjOcnG95pt7Zg9iaPZGDiOrbZyssZtRoQhA.
Are you sure you want to continue connecting (yes/no/[fingerprint])? yes
Warning: Permanently added '192.168.72.128' (ECDSA) to the list of known hosts.
root@192.168.72.128's password:
sending incremental file list

sent 45 bytes   received 12 bytes   8.77 bytes/sec
total size is 1,113   speedup is 19.53
```

首次连接时会提示是否要继续连接，我们输入 yes 继续。当建立连接后，需要输入密码。如果手动执行这些操作比较简单，但若是写在脚本中该怎么办呢？这就涉及添加信任关系了，该部分内容稍后会详细介绍。

13.7.1 rsync 的命令格式

rsync 的命令格式如下：

```
rsync [OPTION]... SRC DEST
rsync [OPTION]... SRC [USER@]HOST:DEST
rsync [OPTION]... [USER@]HOST:SRC DEST
rsync [OPTION]... [USER@]HOST::SRC DEST
rsync [OPTION]... SRC [USER@]HOST::DEST
```

在阿铭前面举的两个例子中，第一个例子为第一种格式，第二个例子为第二种格式。但不同的是，阿铭并没有加 user@host，如果不加默认指的是 root。第三种格式是从远程目录同步数据到本地。第四种和第五种格式使用了两个冒号，这种格式和其他格式的验证方式不同。

13.7.2 rsync 常用选项

rsync 命令各选项的含义如下。

- **-a**：这是归档模式，表示以递归方式传输文件，并保持所有属性，它等同于-rlptgoD。-a 选项后面可以跟一个--no-OPTION，表示关闭-rlptgoD 中的某一个，比如-a--no-l 等同于-rptgoD。
- **-r**：表示以递归模式处理子目录。它主要是针对目录来说的，如果单独传一个文件不需要加-r 选项，但是传输目录时必须加。
- **-v**：表示打印一些信息，比如文件列表、文件数量等。
- **-l**：表示保留软连接。
- **-L**：表示像对待常规文件一样处理软连接。如果是 SRC 中有软连接文件，则加上该选项后，将会把软连接指向的目标文件复制到 DST。
- **-p**：表示保持文件权限。
- **-o**：表示保持文件属主信息。
- **-g**：表示保持文件属组信息。
- **-D**：表示保持设备文件信息。

- **-t**：表示保持文件时间信息。
- **--delete**：表示删除 DST 中 SRC 没有的文件。
- **--exclude=PATTERN**：表示指定排除不需要传输的文件，等号后面跟文件名，可以是万用字符模式（如*.txt）。
- **--progress**：表示在同步的过程中可以看到同步的过程状态，比如统计要同步的文件数量、同步的文件传输速度等。
- **-u**：表示把 DST 中比 SRC 还新的文件排除掉，不会覆盖。
- **-z**：加上该选项，将会在传输过程中压缩

选项虽然多，但阿铭常用的选项也就-a、-v、-z、--delete 和--exclude 这几个，请牢记它们！下面阿铭将会针对这些选项做一系列小试验。

1. 建立目录和文件

过程如下所示：

```
# mkdir rsync
# cd rsync
# mkdir test1
# cd test1
# touch 1 2 3 /root/123.txt
# ln -s /root/123.txt ./123.txt
# ls -l
总用量 0
-rw-r--r-- 1 root root  0 6月  26 17:30 1
lrwxrwxrwx 1 root root 13 6月  26 17:30 123.txt -> /root/123.txt
-rw-r--r-- 1 root root  0 6月  26 17:30 2
-rw-r--r-- 1 root root  0 6月  26 17:30 3
# cd ..
```

阿铭建立这些文件的目的就是为后续试验做一些准备工作。

2. 使用-a 选项

首先来看看-a 选项的用法，如下所示：

```
# rsync -a test1 test2
# ls test2
test1
# ls test2/test1/
1  123.txt  2  3
```

这里有一个问题，就是本来想把 test1 目录直接复制成 test2 目录，可结果 rsync 却新建了 test2 目录，然后把 test1 放到 test2 当中。为了避免这样的情况发生，可以这样做：

```
# rm -rf test2
# rsync -a test1/ test2/
# ls -l test2/
总用量 0
-rw-r--r-- 1 root root  0 6月  26 17:30 1
lrwxrwxrwx 1 root root 13 6月  26 17:30 123.txt -> /root/123.txt
```

```
-rw-r--r-- 1 root root  0 6月  26 17:30 2
-rw-r--r-- 1 root root  0 6月  26 17:30 3
```

这里加一个斜杠就好了，所以阿铭建议你在使用 rsync 备份目录时，要养成加斜杠的习惯。前面已经讲了 -a 选项等同于 -rlptgoD，且 -a 还可以和 --no-OPTIN 一并使用。下面再来看看 -l 选项的作用，如下所示：

```
# rm -rf test2
# rsync -av --no-l test1/ test2/
sending incremental file list
created directory test2
skipping non-regular file "123.txt"
./
1
2
3

sent 234 bytes  received 144 bytes  756.00 bytes/sec
total size is 13  speedup is 0.03
```

上例中使用了 -v 选项，跳过了非普通文件 123.txt。其实 123.txt 是一个软连接文件，如果不使用 -l 选项，系统则不理会软连接文件。虽然加 -l 选项能复制软连接文件，但软连接的目标文件却没有复制。有时我们需要复制软连接文件所指向的目标文件，这又该怎么办呢？

3. 使用 -L 选项

具体用法如下：

```
# rm -rf test2
# rsync -avL test1/  test2/
sending incremental file list
created directory test2
./
1
123.txt
2
3

sent 265 bytes  received 123 bytes  776.00 bytes/sec
total size is 0  speedup is 0.00
# ls -l test2/
总用量 0
-rw-r--r-- 1 root root  0 6月  26 17:30 1
-rw-r--r-- 1 root root  0 6月  26 17:30 123.txt
-rw-r--r-- 1 root root  0 6月  26 17:30 2
-rw-r--r-- 1 root root  0 6月  26 17:30 3
```

上例加上 -L 选项就可以把 SRC 中软连接的目标文件复制到 DST。

4. 使用 -u 选项

首先查看一下 test1/1 和 test2/1 的创建时间（肯定是一样的），然后使用 touch 修改一下 test2/1 的创建时间（此时 test2/1 要比 test1/1 的创建时间晚一些）。如果不加 -u 选项，会把 test2/1 的创建时间变成和 test1/1 一样，如下所示：

```
# ll test1/1   test2/1
-rw-r--r-- 1 root root 0 6月  26 17:30 test1/1
-rw-r--r-- 1 root root 0 6月  26 17:30 test2/1
```

从上例可以看出二者的创建时间是一样的。下面修改 test2/1 的创建时间，然后不加 -u 同步，如下所示：

```
# echo "1111" > test2/1
# ll test2/1
-rw-r--r-- 1 root root 5 6月  26 17:33 test2/1
# rsync -a test1/1 test2/
# ll test2/1
-rw-r--r-- 1 root root 0 6月  26 17:30 test2/1
```

这里 test2/1 的创建时间还是和 test1/1 一样。下面加上 -u 选项，如下所示：

```
# echo "1111" > test2/1
# ll test2/1
-rw-r--r-- 1 root root 5 6月  26 17:34 test2/1
# rsync -avu test1/ test2/
sending incremental file list
./
123.txt -> /root/123.txt

sent 134 bytes  received 22 bytes  312.00 bytes/sec
total size is 13  speedup is 0.08
# ll test1/1   test2/1
-rw-r--r-- 1 root root 0 6月  26 17:30 test1/1
-rw-r--r-- 1 root root 5 6月  26 17:34 test2/1
```

加上 -u 选项后，不会再把 test1/1 同步为 test2/1 了。

5. 使用 --delete 选项

首先删除 test1/123.txt，如下所示：

```
# rm -f test1/123.txt
# ls test1/
1  2  3
```

然后把 test1/目录同步到 test2/目录下，如下所示：

```
# rsync -av test1/ test2/
sending incremental file list
./
1

sent 130 bytes  received 38 bytes  336.00 bytes/sec
total size is 0  speedup is 0.00
# ls test2/
1  123.txt  2  3
```

上例中，test2/目录并没有删除 123.txt。下面加上 --delete 选项，示例如下：

```
# rsync -av --delete test1/ test2/
sending incremental file list
deleting 123.txt

sent 84 bytes   received 23 bytes    214.00 bytes/sec
total size is 0  speedup is 0.00
# ls test2/
1 2 3
```

这里 test2/ 目录下的 123.txt 也被删除了。

另外还有一种情况,就是如果在 DST 中增加文件了,而 SRC 当中没有这些文件,同步时加上 --delete 选项后同样会删除新增的文件。如下所示:

```
# touch test2/4
# ls test1/
1 2 3
# ls test2/
1 2 3 4
# rsync -a --delete test1/ test2/
# ls test1/
1 2 3
# ls test2/
1 2 3
```

6. 使用 --exclude 选项

具体用法如下:

```
# touch test1/4
# rsync -a --exclude="4" test1/ test2/
# ls test1/
1 2 3 4
# ls test2/
1 2 3
```

该选项还可以与匹配字符 * 一起使用,如下所示:

```
# touch test1/1.txt test1/2.txt
# ls test1/
1 1.txt  2 2.txt  3 4
# rsync -a --progress --exclude="*.txt" test1/ test2/
sending incremental file list
./
4
              0 100%    0.00kB/s    0:00:00 (xfr#1, to-chk=0/5)
# ls test2/
1 2 3 4
```

上例中,阿铭也使用了 --progress 选项,它主要是用来观察 rsync 同步过程状态的。

总而言之,平时你使用 rsync 同步数据时,使用 -a 选项基本上就可以达到想要的效果了。当有个别需求时,也会用到 --no-OPTION、-u、 -L、--delete、--exclude 以及 --progress 等选项。其他选项阿铭都没有介绍，如果在以后的工作中遇到特殊需求，可以查一下 rsync 的 man 文档。

13.7.3　rsync 应用实例

上面列举了许多小案例，都是为了让大家熟悉 rsync 各个选项的基本用法。本节正式介绍 rsync 的实际应用，请大家认真学习。在正式试验前，你需要准备两台 Linux 机器，因为下面的小案例都是从一台机器复制文件到另一台机器。前面阿铭也带着大家克隆过一台虚拟机，所以把那台克隆的虚拟机打开即可，阿铭的两台机器 IP 地址分别为 192.168.72.128 和 192.168.72.129。

1. 通过 ssh 的方式

在之前介绍的 rsync 的 5 种命令格式中，第二种和第三种（一个冒号）就属于通过 ssh 的方式备份数据。这种方式其实就是让用户登录到远程机器，然后执行 rsync 的任务：

```
# rsync -avL test1/  192.168.72.129:/tmp/test2/
The authenticity of host '192.168.72.129 (192.168.72.129)' can't be established.
ECDSA key fingerprint is SHA256:gFHUJnoZAjOcnG95pt7Zg9iaPZGDiOrbZyssZtRoQhA.
Are you sure you want to continue connecting (yes/no/[fingerprint])? yes
Warning: Permanently added '192.168.72.129' (ECDSA) to the list of known hosts.
root@192.168.72.129's password:
sending incremental file list
created directory /tmp/test2
./
1
1.txt
2
2.txt
3
4

sent 377 bytes  received 166 bytes   98.73 bytes/sec
total size is 0  speedup is 0.00
```

这种方式就是前面介绍的第二种方式了，是通过 ssh 复制的数据，需要输入 192.168.72.129 那台机器 root 用户的密码。

当然，也可以使用第三种方式复制，如下所示：

```
# rsync -avL 192.168.72.129:/tmp/test2/ ./test3/
root@192.168.72.129's password:
receiving incremental file list
created directory ./test3
./
1
1.txt
2
2.txt
3
4

sent 141 bytes  received 389 bytes   117.78 bytes/sec
total size is 0  speedup is 0.00
```

以上两种方式如果写入脚本，做备份麻烦，要输入密码，但我们可以通过密钥（不设立密码）验证。下面阿铭具体介绍一下通过密钥登录远程主机的方法。

你可以根据 3.3.3 节，把 128 机器上的公钥内容放到 129 机器下的 authorized_keys 里面，这样 128 机器登录 129 机器时不再输入密码，如下所示：

```
# ssh 192.168.72.129
Last login: Fri Jun 26 15:46:33 2020 from 192.168.72.1
```

现在不用输入密码也可以登录主机 129 了。下面先从 129 主机退出来，再从主机 128 上执行一下 rsync 命令试试吧：

```
# rsync -avL test1/  192.168.72.129:/tmp/test4/
sending incremental file list
created directory /tmp/test4
./
1
1.txt
2
2.txt
3
4

sent 377 bytes  received 166 bytes  362.00 bytes/sec
total size is 0  speedup is 0.00
```

2. 通过后台服务的方式

这种方式可以理解为：在远程主机上建立一个 rsync 的服务器，在服务器上配置好 rsync 的各种应用，然后将本机作为 rsync 的一个客户端连接远程的 rsync 服务器。下面阿铭就介绍一下如何配置一台 rsync 服务器。

在 128 主机上建立并配置 rsync 的配置文件/etc/rsyncd.conf，如下所示（请把你的 rsyncd.conf 编辑成如下内容）：

```
# vim /etc/rsyncd.conf
port=873
log file=/var/log/rsync.log
pid file=/var/run/rsyncd.pid
address=192.168.72.128

[test]
path=/root/rsync
use chroot=true
max connections=4
read only=no
list=true
uid=root
gid=root
auth users=test
secrets file=/etc/rsyncd.passwd
hosts allow=192.168.72.0/24
```

其中配置文件分为两部分：全局配置部分和模块配置部分。全局部分就是几个参数，比如阿铭的 rsyncd.conf 中的 port、log file、pid file 和 address 都属于全局配置；而[test]以下部分就是模块配置部分了。一个配置文件中可以有多个模块，模块名可自定义，格式就像阿铭的 rsyncd.conf 中的这样。其实模块中的一些参数（如 use chroot、max connections、udi、gid、auth users、secrets file 以及 hosts allow 都可以配置成全局参数。当然阿铭并未给出所有的参数，你可以通过命令 man rsyncd.conf 获得更多信息。

下面就简单解释一下这些参数的作用。

- **port**：指定在哪个端口启动 rsyncd 服务，默认是 873 端口。
- **log file**：指定日志文件。
- **pid file**：指定 pid 文件，这个文件的作用涉及服务的启动、停止等进程管理操作。
- **address**：指定启动 rsyncd 服务的 IP。假如你的机器有多个 IP，就可以指定由其中一个启动 rsyncd 服务，如果不指定该参数，默认是在全部 IP 上启动。
- **[]**：指定模块名，里面内容自定义。
- **path**：指定数据存放的路径。
- **use chroot true|false**：表示在传输文件前，首先 chroot 到 path 参数所指定的目录下。这样做的原因是实现额外的安全防护，但缺点是需要 roots 权限，并且不能备份指向外部的符号连接所指向的目录文件。默认情况下 chroot 值为 true，如果你的数据当中有软连接文件，阿铭建议你设置成 false。
- **max connections**：指定最大的连接数，默认是 0，即没有限制。
- **read only ture|false**：如果为 true，则不能上传到该模块指定的路径下。
- **list**：表示当用户查询该服务器上的可用模块时，该模块是否被列出，设定为 true 则列出，设定为 false 则隐藏。
- **uid/gid**：指定传输文件时以哪个用户/组的身份传输。
- **auth users**：指定传输时要使用的用户名。
- **secrets file**：指定密码文件，该参数连同上面的参数如果不指定，则不使用密码验证。注意，该密码文件的权限一定要是 600。
- **hosts allow**：表示被允许连接该模块的主机，可以是 IP 或者网段，如果是多个，中间用空格隔开。

编辑 secrets file 并保存后要赋予 600 权限，如果权限不对，则不能完成同步，如下所示：

```
# vi /etc/rsyncd.passwd    // 写入如下内容
test:test123
# chmod 600 /etc/rsyncd.passwd
```

启动 rsyncd 服务，如下所示：

```
# rsync --daemon --config=/etc/rsyncd.conf
```

启动后可以查看一下日志，并查看端口是否启动，如下所示：

```
# cat /var/log/rsync.log
2020/06/26 17:43:11 [4680] rsyncd version 3.1.3 starting, listening on port 873
# netstat -lnp |grep rsync
tcp        0      0 192.168.72.128:873      0.0.0.0:*          LISTEN      4680/rsync
```

如果想开机启动 rsyncd 服务，请把 /usr/bin/rsync --daemon --confg=/etc/rsyncd.conf 写入 /etc/rc.d/rc.local 文件。

为了不影响实验过程，还需要把两台机器的 firewalld 服务关闭，并设置为不开机启动，操作过程如下所示：

```
# systemctl stop firewalld ; systemctl disable firewalld    // 两台机器都执行
Removed /etc/systemd/system/multi-user.target.wants/firewalld.service.
Removed /etc/systemd/system/dbus-org.fedoraproject.FirewallD1.service.
# rsync -avL test@192.168.72.128::test/test1/ /tmp/test5/
Password:
receiving incremental file list
created directory /tmp/test5
./
1
1.txt
2
2.txt
3
4

sent 141 bytes  received 377 bytes  8.56 bytes/sec
total size is 0  speedup is 0.00
```

阿铭刚刚提到了选项 use chroot，默认为 true。首先在主机 128 的 /root/rsync/test1/ 目录下创建一个软连接文件，如下所示：

```
# ln -s /etc/passwd  /root/rsync/test1/test.txt
# ls -l /root/rsync/test1/test.txt
lrwxrwxrwx 1 root root 11 6月  26 17:47 /root/rsync/test1/test.txt -> /etc/passwd
```

然后再到主机 129 上执行同步，如下所示：

```
# rsync -avL test@192.168.72.128::test/test1/ /tmp/test6/
Password:
receiving incremental file list
symlink has no referent: "/test1/test.txt" (in test)
created directory /tmp/test6
./
1
1.txt
2
2.txt
3
4
```

```
sent 141 bytes   received 436 bytes   42.74 bytes/sec
total size is 0  speedup is 0.00
rsync error: some files/attrs were not transferred (see previous errors) (code 23) at main.c(1659)
[generator=3.1.3]
```

从上例可以看出，如果设置 use chroot 为 true，则同步软连接文件会有问题。下面阿铭把主机 128 的 rsync 配置文件修改一下，把 true 改为 false，如下所示：

```
# sed -i 's/use chroot=true/use chroot=false/'  /etc/rsyncd.conf
# grep 'use chroot' /etc/rsyncd.conf
use chroot=false
```

然后再到主机 129 上再次执行同步，如下所示：

```
# rsync -avL test@192.168.72.128::test/test1/ /tmp/test7/
Password:
receiving incremental file list
created directory /tmp/test7
./
1
1.txt
2
2.txt
3
4
test.txt

sent 160 bytes   received 1,556 bytes   137.28 bytes/sec
total size is 1,113  speedup is 0.65
```

这样问题就解决了。另外，修改完 rsyncd.conf 配置文件后不需要重启 rsyncd 服务，这是 rsync 的一个特定机制，配置文件是即时生效的。

上面的例子中，阿铭都有输入密码，这意味着我们还是不能写入脚本中自动执行。其实这种方式可以不用手动输入密码，它有两种实现方式。

(1) 指定密码文件

在客户端（即主机 129）上编辑一个密码文件：

```
# vim /etc/pass
```

加入 test 用户的密码：

```
# vim /etc/pass   // 写入如下内容
test123
```

修改密码文件的权限：

```
# chmod 600 /etc/pass
```

在同步时指定密码文件，就可以省去输入密码的步骤，如下所示：

```
# rsync -avL test@192.168.72.128::test/test1/  /tmp/test8/ --password-file=/etc/pass
receiving incremental file list
created directory /tmp/test8
./
1
1.txt
2
2.txt
3
4
test.txt

sent 160 bytes  received 1,556 bytes   149.22 bytes/sec
total size is 1,113  speedup is 0.65
```

(2) 在 rsync 服务端不指定用户

在服务端（即主机 128）上修改配置文件 rsyncd.conf，删除关于认证用户的配置项（auth user 和 secrets file 这两行），如下所示：

```
# sed -i 's/auth users/#auth users/;s/secrets file/#secrets file/' /etc/rsyncd.conf
```

上例是在 auth users 和 secrets file 这两行的最前面加一个#，这表示将这两行作为注释，使其失去意义。在前面阿铭未曾讲过 sed 的这种用法，它是用分号把两个替换的子命令块替换了。

然后我们再到客户端主机 129 上进行测试，如下所示：

```
# rsync -avL test@192.168.72.128::test/test1/ /tmp/test9/
receiving incremental file list
created directory /tmp/test9
./
1
1.txt
2
2.txt
3
4
test.txt

sent 160 bytes  received 1,556 bytes   163.43 bytes/sec
total size is 1,113  speedup is 0.65
```

注意，这里不用再加 test 这个用户了，默认是以 root 的身份复制的。现在登录时已经不需要输入密码了。

13.8 Linux 系统日志

日志记录了系统每天发生的各种各样的事情，比如监测系统状况、排查系统故障等。你可以通过日志来检查错误发生的原因，或者受到攻击时攻击者留下的痕迹。日志的主要功能是审计和监测，还可以实时地监测系统状态，监测和追踪侵入者等。

13.8.1 /var/log/messages

阿铭常查看的日志文件为 /var/log/messages，它是核心系统日志文件，包含了系统启动时的引导消息，以及系统运行时的其他状态消息。I/O 错误、网络错误和其他系统错误都会记录到这个文件中。其他信息，比如某个人的身份切换为 root，以及用户自定义安装的软件（如 Apache）的日志也会在这里列出。

通常情况下，/var/log/messages 是做故障诊断时首先要查看的文件。那你肯定会说，这么多日志都记录到这个文件中，如果服务器上有很多服务，岂不是这个文件很快就会写得很大？没错，但是系统有一个日志轮询的机制，每星期切换一个日志，切换后的日志名字类似于 messages-20200301，会存放在 /var/log/ 目录下面，连同 messages 一共有 5 个这样的日志文件。这里的 20200301 就是日期，它表示日志切割的年月日。这是通过 logrotate 工具的控制来实现的，它的配置文件是 /etc/logrotate.conf（如果没有特殊需求，请不要修改这个配置文件），如下所示：

```
# cat /etc/logrotate.conf
# see "man logrotate" for details
# rotate log files weekly
weekly

# keep 4 weeks worth of backlogs
rotate 4

# create new (empty) log files after rotating old ones
create

# use date as a suffix of the rotated file
dateext

# uncomment this if you want your log files compressed
#compress

# RPM packages drop log rotation information into this directory
include /etc/logrotate.d

# system-specific logs may be also be configured here.
```

这个配置文件里面的内容还是很容易明白的，都带有解释。除了 logrotate.conf 外，在 /etc/logrotate.d/ 下面还有一些子配置文件，如下所示：

```
# ls /etc/logrotate.d
bootlog  btmp  chrony  dnf  sssd  syslog  up2date  wtmp.
# cat /etc/logrotate.d/syslog
/var/log/cron
/var/log/maillog
/var/log/messages
/var/log/secure
/var/log/spooler
{
    missingok
    sharedscripts
```

```
        postrotate
            /usr/bin/systemctl kill -s HUP rsyslog.service >/dev/null 2>&1 || true
        endscript
}
```

其中 syslog 就是 messages 日志相关的配置文件了。/var/log/messages 是由 rsyslogd 这个守护进程产生的，其服务为 rsyslog.service，如果停止这个服务则系统不会产生 /var/log/messages，所以这个服务不要停止。rsyslog 服务的配置文件为 /etc/rsyslog.conf，这个文件定义了日志的级别。若没有特殊需求，这个配置文件是不需要修改的，详细内容阿铭不再阐述。如果你感兴趣，请使用命令 man rsyslog.conf 获得更多关于它的信息。

13.8.2 dmesg

除了关注 /var/log/messages 外，你还应该多关注一下 dmesg 这个命令，它可以显示硬件（如，磁盘、网卡等）相关信息。如果你的某个硬件有问题（比如网卡），用这个命令也是可以看到的：

```
# dmesg |tail
[    8.671924] RAPL PMU: hw unit of domain pp0-core 2^-0 Joules
[    8.671925] RAPL PMU: hw unit of domain package 2^-0 Joules
[    8.671926] RAPL PMU: hw unit of domain dram 2^-0 Joules
[    8.671927] RAPL PMU: hw unit of domain pp1-gpu 2^-0 Joules
[   10.555690] NET: Registered protocol family 40
[   14.545496] IPv6: ADDRCONF(NETDEV_UP): ens33: link is not ready
[   14.551791] e1000: ens33 NIC Link is Up 1000 Mbps Full Duplex, Flow Control: None
[   14.557466] IPv6: ADDRCONF(NETDEV_UP): ens33: link is not ready
[   14.557477] IPv6: ADDRCONF(NETDEV_CHANGE): ens33: link becomes ready
[ 4202.922934] hrtimer: interrupt took 19983639 ns
```

13.8.3 安全日志

关于安全方面的日志，阿铭简单介绍几个命令或者日志。

last 命令用来查看登录 Linux 的历史信息，具体用法如下：

```
# last |head
root     pts/1        192.168.72.128   Fri Jun 26 17:41   still logged in
root     pts/0        192.168.72.1     Fri Jun 26 15:46   still logged in
reboot   system boot  4.18.0-147.3.1.e Fri Jun 26 15:41   still running
root     pts/3        192.168.72.1     Fri Jun 26 15:33 - 15:40  (00:06)
root     pts/2        192.168.72.1     Fri Jun 26 15:30 - 15:40  (00:10)
root     pts/0        192.168.72.1     Fri Jun 26 15:13 - 15:40  (00:27)
root     pts/2        192.168.72.1     Fri Jun 26 15:07 - 15:13  (00:05)
root     pts/1        192.168.72.1     Fri Jun 26 09:39 - 15:40  (06:01)
root     pts/0        192.168.120.106  Fri Jun 26 08:54 - 15:08  (06:14)
root     tty1                          Fri Jun 26 08:33 - 15:40  (07:07)
```

上例中，从左至右依次为用户名称、登录终端、登录客户端 IP、登录日期及时长。last 命令输出的信息实际上是读取了二进制日志文件 /var/log/wtmp，只是这个文件不能直接使用 cat、Vim、head、tail 等工具查看。

另外/var/log/secure 也是和登录信息有关的日志文件。该日志文件记录验证和授权等方面的信息，比如 ssh 登录系统成功或者失败时，相关的信息都会记录在这个日志里。

最后，阿铭建议你以后在日常的管理工作中，要养成多看日志的习惯，尤其是一些应用软件的日志。比如 Nginx、MySQL、PHP（后续内容会讲到）等常用的软件，看它们的错误日志，可以帮助你排查问题以及监控它们的运行状况是否良好。

13.9 xargs 与 exec

xargs 和 exec 可以实现相同的功能，exec 主要是和 find 一起配合使用，而 xargs 比 exec 的用处更多。

13.9.1 xargs 应用

阿铭平时也经常使用 xargs，很方便。在前面的例子中阿铭曾经使用过这个命令，现在就来详细介绍一下：

```
# echo "121212121212" > 123.txt
# ls 123.txt | xargs cat
121212121212
```

上例表示把管道符前面的输出作为 xargs 后面的命令的输入。它的好处在于可以把原本两步或者多步才能完成的任务仅用一步完成。xargs 常常和 find 命令一起使用，比如查找当前目录创建时间大于 10 天的文件，然后再删除，如下所示：

```
# find . -mtime +10 |xargs rm
```

这种应用是最为常见的。xargs 后面的 rm 也可以加选项，当为目录时，就需要加-r 选项了。xargs 还有一个神奇的功能，比如我现在要查找当前目录下所有后缀为.txt 的文件，然后把这些文件变成.txt_bak。正常情况下必须写脚本才能实现，但是使用 xargs 就能一步完成，如下所示：

```
# mkdir test
# cd test
# touch 1.txt 2.txt 3.txt 4.txt 5.txt
# ls
1.txt  2.txt  3.txt  4.txt  5.txt
# ls *.txt |xargs -n1 -i{} mv {} {}_bak
# ls
1.txt_bak  2.txt_bak  3.txt_bak  4.txt_bak  5.txt_bak
```

上例中，xargs -n1 -i{}类似于 for 循环，-n1 表示逐个对象进行处理，-i{}表示用{}取代前面的对象，mv {} {}_bak 相当于 mv 1.txt 1.txt_bak。刚开始接触这个命令时，你也许觉得难以理解，多练习一下就会熟悉了。阿铭建议你记住这个应用，非常实用。

13.9.2 exec 应用

使用 find 命令时，阿铭经常使用-exec 选项，它可以达到和 xargs 同样的效果。比如查找当前目录创建时间大于 10 天的文件并删除，如下所示：

```
# find . -mtime +10 -exec rm -rf {} \;
```

这个命令中也是用{}替代前面 find 出来的文件。后面的 \ 作为 ; 的转义符，否则 shell 会把分号作为该行命令的结尾。

-exec 同样可以实现上面批量更改文件名的需求，如下所示：

```
# ls
1.txt_bak  2.txt_bak  3.txt_bak  4.txt_bak  5.txt_bak
# find ./*_bak -exec mv {} {}_bak \;
# ls
1.txt_bak_bak  2.txt_bak_bak  3.txt_bak_bak  4.txt_bak_bak  5.txt_bak_bak
```

13.10　screen 工具介绍

有时我们要执行一个命令或者脚本，需要几小时甚至几天，在这个过程中，如果中途断网或出现其他意外情况怎么办？当然，你可以把命令或者脚本放到后台运行，不过也不保险。下面阿铭就介绍两种方法来避免这类状况发生。

13.10.1　使用 nohup

首先写一个 sleep.sh 脚本，然后把它放到后台执行，如下所示：

```
# vim /usr/local/sbin/sleep.sh    // 内容如下
#! /bin/bash
sleep 1000
[root@localhost ~]# nohup sh /usr/local/sbin/sleep.sh &
[1] 19997
```

上例中，直接在 sleep.sh 后面加&虽然可以在后台运行，但是当退出该终端时，这个脚本很有可能也会退出。所以在前面加上 nohup 就没有问题了，执行后会在当前目录下生成一个 nohup 的文件，该脚本所有相关的输出信息都会写到 nohup 文件里。它的作用就是防止进程意外中断。

13.10.2　screen 工具的使用

简单来说，screen 是一个可以在多个进程之间多路复用一个物理终端的窗口管理器。screen 中有会话的概念，用户可以在一个 screen 会话中创建多个 screen 窗口，在每一个 screen 窗口中就像操作一个真实的 SSH 连接窗口一样。下面阿铭介绍 screen 的一个简单应用。

首先打开一个会话，直接输入 screen 命令，然后回车进入 screen 会话窗口。如果你的系统中没有 screen 命令，请用命令 yum install -y epel-release; yum install -y screen 安装。它的使用也很简单，直接输入如下命令，就可以进入一个虚拟终端：

```
# screen
```

接着查看已经打开的 screen 会话，如下所示：

```
# screen -ls
There is a screen on:
        5567.pts-1.aminglinux-123       (Attached)
1 Socket in /run/screen/S-root.
```

然后按 Ctrl+A 键，再按 d 退出该 screen 会话（只是退出，并没有结束，结束 screen 会话要按 Ctrl+D 键或者输入 exit）。退出后如果还想再次登录某个 screen 会话，可以使用命令 sreen -r [screen 编号]，这个编号就是上例中那个 5567。如果当前只打开了一个 screen 会话，后面的编号是可以省略的。当你有某个需要长时间运行的命令，或者脚本时，就打开一个 screen 会话，然后运行该任务，按 Ctrl+A 键，再按 d 退出会话。这样不影响终端窗口上的任何操作。

13.11 课后习题

(1) 如何查看当前 Linux 系统有几颗物理 CPU 以及每颗 CPU 的核数？

(2) 查看系统负载有两个常用的命令，是哪两个？查看到的结果中 load average 后面的 3 个数值表示什么含义呢？

(3) vmstat r, b, si, so, bi, bo 这几列表示什么含义呢？

(4) Linux 系统里，你知道如何区分 buffer 和 cache 吗？

(5) 使用 top 查看系统资源占用情况时，哪一列表示内存占用呢？

(6) 如何实时查看网卡流量？如何查看历史网卡流量？

(7) 如何查看当前系统都有哪些进程？

(8) 用 ps 命令查看系统进程时，有一列为 STAT，如果当前进程的 stat 为 Ss 表示什么含义？如果为 Z 又表示什么含义？

(9) 如何查看系统都开启了哪些端口？

(10) 如何查看网络连接状况？

(11) 如果想修改 IP，需要编辑哪个配置文件？修改完配置文件后，如何重启网卡使配置生效？

(12) 能否给一个网卡配置多个 IP？如果能，怎么配置？

(13) 如何查看某个网卡是否连接着交换机？

(14) 如何查看当前主机的主机名？如何修改主机名？如果想重启后修改依旧生效，需要修改哪个配置文件呢？

(15) 设置 DNS 需要修改哪个配置文件？

(16) 使用 iptables 写一条规则，把来源 IP 为 192.168.1.11 访问本机 80 端口的包拒绝。

(17) 如何把 iptable 的规则保存到一个文件中做？如何恢复？

(18) 如何备份某个用户的任务计划？

(19) 任务计划格式中，前面 5 个数字分别表示什么含义？

(20) 怎样才能把系统中不用的服务关掉？

(21) 如何让某个服务（假如服务名为 nginx）只在 3、5 两个运行级别开启（其他级别关闭）？

(22) rsync 的同步命令中，下面两种方式有什么不同呢？

```
rsync -av /dira/ ip:/dirb/
rsync -av /dira/ ip::dirb
```

(23) 使用 rsync 同步数据时，如果要同步的源中有软连接，如何把软连接的目标文件或者目录同步？

(24) 某个账号登录 Linux 后，系统会在哪些日志文件中记录相关信息？

(25) 网卡或者硬盘有问题时，我们可以通过哪个命令查看相关信息？

(26) 分别使用 xargs 和 exec，把当前目录下所有后缀名为.txt 的文件的权限修改为 777。

(27) 有一个脚本的运行时间可能超过 2 天，如何做才能使其不间断地运行，并随时观察该脚本运行时的输出信息？

(28) 在 Linux 系统下如何按照下列要求抓包：只过滤出访问 HTTP 服务的、目标 IP 为 192.168.0.111 的包，一共抓 1000 个包，并且保存到 1.cap 文件中。

(29) 使用 rsync 同步数据时，如何过滤出所有后缀名为.txt 的文件？

(30) 使用 rsync 同步数据时，如果目标文件比源文件还新，则忽略该文件，如何做？

(31) 在 Linux 命令行模式下如果想要访问某个网站，并且该网站域名还没有解析，如何做？

(32) 自定义解析域名时，我们可以编辑哪个文件？一个 IP 是否可以对应多个域名？一个域名 z 是否对应多个 IP？

(33) 我们可以使用哪个命令查看系统的历史负载（比如说两天前的）？

(34) 在 Linux 下如何指定 DNS 服务器来解析某个域名？

(35) 使用 rsync 同步数据时，假如我们采用的是 ssh 方式，并且目标机器的 sshd 端口并不是默认的 22 端口，那我们如何做？

(36) rsync 同步时，如何删除目标数据多出来的数据，即源上不存在，但目标却存在的文件或者目录？

(37) 使用 free 查看内存使用情况时，哪个数值表示真正可用的内存量？

(38) 有一天你突然发现公司网站访问速度变得非常慢，你该怎么办呢？（提示：服务器可以登录，你可以从系统负载和网卡流量入手。）

(39) rsync 使用服务模式时，如果我们指定了一个密码文件，那么这个密码文件的权限应该设置成多少？

第 14 章 LNMP 环境配置

如果你想成为一名合格的系统管理员，仅掌握 Linux 的基础知识是远远不够的，你还需要长时间积累一定的工作经验。所谓的工作经验就是对一些运行在 Linux 系统上的软件的配置和应用，以及解决在工作中遇到的问题。这就好比 Windows 上的 Office 软件，大部分人都会安装，但是真正会用的人却不多。究其原因，不是因为 Office 软件太难，而是因为很少有人花费很长的时间去使用和研究。

LNMP 中的 L 指的是 Linux，N 指的是 Nginx（一种 Web 服务软件），M 指的是 MySQL，P 指的是 PHP，目前对这种环境的应用非常多。Nginx 的设计初衷是提供一种快速、高效、多并发的 Web 服务软件。MySQL 是最为流行的一款关系型数据库，几乎所有的互联网或者技术型公司都会用到。PHP 是一种脚本语言，与 C 语言类似，是常用的网站编程语言。本章将带着大家搭建一个 Linux+Nginx+MySQL+PHP 的环境，用来运行 PHP 语言编写的网站程序。

14.1 安装 MySQL

我们平时是通过源码包安装 MySQL 的，但是由于它的编译时间比较长，因此阿铭建议你安装二进制免编译包，前文也介绍过源码包，所以相信你应该不会太陌生。源码包都是可以更改的由 C 或者 C++语言编写的源码文件，而免编译的二进制包就是把已经编译过的文件再打包后提供给我们。其实 Windows 上的安装程序（比如 QQ、360 安全卫士等）就是类似的安装包。你可以到 MySQL 的官方网站下载，具体下载哪个版本根据你的平台和需求而定。目前 MySQL 主流版本为 5.7 和 8.0，但使用 8.0 版本的应用占比还是比较少的，所以本章阿铭以 5.7 版本作为演示。

14.1.1 下载软件包

你可以到 MySQL 官方网站去下载 MySQL 的包，也可以到阿铭指定的网站下载，这个地址里面会提供本书中用到的所有软件包的下载地址，而且是在不断更新的。随着时间的推移，有的软件包更新了，下载地址也会变更。

在本节，阿铭使用的是免编译二进制包。需要注意，这个软件包是区分平台的。CentOS 7 之前的版本都有区分 32 位和 64 位，但如果你使用的是 CentOS 7 或者 CentOS 8，那么直接选择 64 的包下载。在阿铭提供的下载地址中，带有 x86_64 字样的就是 64 位的包，带有 i686 字样的就是 32 位的包。要想查看你的 Linux 是多少位的，方法如下：

```
# uname -i
x86_64
```

然后下载源码包，如下所示：

```
# cd /usr/local/src/        // 建议你以后把所有软件包都放到这个目录下面
# wget http://mirrors.163.com/mysql/Downloads/MySQL-5.7/mysql-5.7.29-linux-glibc2.12-x86_64.tar.gz
//注意，这里是一整条命令，并没有换行，若该地址失效，请到阿铭提供的地址找最新下载地址
```

14.1.2 初始化

初始化过程如下：

```
# tar zxf mysql-5.7.29-linux-glibc2.12-x86_64.tar.gz    // 解压
# [ -d /usr/local/mysql ] && mv /usr/local/mysql /usr/local/mysql_old
# mv mysql-5.7.29-linux-glibc2.12-x86_64 /usr/local/mysql    // 挪动位置
# useradd -s /sbin/nologin mysql      // 建立 MySQL 用户，因为启动 MySQL 需要该用户
# cd /usr/local/mysql
# mkdir -p /data/mysql      // 创建 datadir，数据库文件会放到这里面
# chown -R mysql:mysql /data/mysql      // 更改权限，不更改后续操作就会出问题
# vim /etc/my.cnf   //写入如下内容
[mysqld]

innodb_buffer_pool_size = 128M
log_bin = aminglinux
basedir = /usr/local/mysql
datadir = /data/mysql
port = 3306
server_id = 128
socket = /tmp/mysql.sock
join_buffer_size = 128M
sort_buffer_size = 2M
read_rnd_buffer_size = 2M
sql_mode=NO_ENGINE_SUBSTITUTION,STRICT_TRANS_TABLES
# /usr/local/mysql/bin/mysqld --initialize --user=mysql //初始化，如果有 libaio.so.1: cannot open
shared object file: No such file or directory 这样的错误提示，请安装 libaio 包，命令如下
# yum install -y libaio
```

在上例的第二条命令中，阿铭用到了一个特殊符号 &&，它在这里的意思是当前面的命令执行成功时，才会执行后面，类似于一条 if 判断。意思是，如果/usr/local/mysql 目录已经存在，就要改一下它的名字，以免影响后面的操作，因为如果/usr/local/mysql 目录存在，那么后面的步骤就会失败。Mysqld --initialize 命令是用来初始化数据的，会在/data/mysql 下面生成一堆目录和文件。在该命令执行时会输出一些信息，其中有一行一定要记下来：

```
A temporary password is generated for root@localhost: y,aK3!ouXm6t
```

这是在告诉我们，它生成了一个临时的密码，等会我们需要使用该密码登录 MySQL。

14.1.3 MySQL 配置文件

在上一节初始化时提供了一个配置文件 my.cnf，下面阿铭简单解释一下其含义。其中，basedir 是 MySQL 包所在的路径；datadir 是定义的存放数据的地方，在默认情况下，错误日志也会记录在这个目录下面；port 定义 MySQL 服务监听的端口，如果不定义就是默认的 3306；server_id 定义该 MySQL 服务的 ID 号，这个参数在做主从配置的时候会用到，后续会介绍；socket 定义 MySQL 服务监听的套接字地址，在 Linux 系统下面，很多服务除了可以监听一个端口（通过 TCP/IP 的方式通信），还可以监听套接字，两个进程就可以通过这个套接字文件通信。

复制启动脚本文件并修改其属性，如下所示：

```
# cp support-files/mysql.server /etc/init.d/mysqld
# chmod 755 /etc/init.d/mysqld
```

然后修改启动脚本，如下所示：

```
# vim /etc/init.d/mysqld
```

需要修改的地方有 datadir=/data/mysql（前面初始化数据库时定义的目录）。把启动脚本加入系统服务项，设定开机启动并启动 MySQL，如下所示：

```
# chkconfig --add mysqld    // 把 mysqld 服务加入到系统服务列表中，第 13 章已经介绍过
# chkconfig mysqld on       // 使其开机就启动
# service mysqld start      // 启动服务
Starting MySQL.Logging to '/data/mysql/aminglinux-123.err'.
 SUCCESS!
```

如果启动不了，请到 /data/mysql/ 目录下查看错误日志，这个日志名通常是"主机名.err"，比如阿铭演示的这个错误日志名为 /data/mysql/aminglinux-123.err。检查 MySQL 是否启动的命令为：

```
# ps aux |grep mysqld  // 结果应该大于 2 行
# netstat -lnp|grep 3306  // 看看有没有监听 3306 端口
```

此时的 MySQL 还不能用，还需要设置一个新的 root 密码，如下所示：

```
# /usr/local/mysql/bin/mysqladmin -uroot -p'y,aK3!ouXm6t' password 'aminglinux.com'
mysqladmin: [Warning] Using a password on the command line interface can be insecure.
Warning: Since password will be sent to server in plain text, use ssl connection to ensure password
safety. SUCCESS!
```

它的输出为一个警告，不用在意。-p 后面为临时密码，password 后面为新密码。

14.2 安装 PHP

早些年的 PHP 5.x 版本至少流行了有十年之久，但该版本已经于 2019 年 1 月停止更新，所以不再

建议使用，除非网站程序必须要求 5.x。阿铭编写此书时主流版本为 7.2、7.3 和 7.4，所以将以 7.4 版本作为演示对象，其安装过程如下所示。

(1) 下载 PHP 源码包，命令如下：

```
# cd /usr/local/src
# wget http://cn2.php.net/distributions/php-7.4.7.tar.gz
```

(2) 解压源码包，创建账号，命令如下：

```
# tar zxf php-7.4.7.tar.gz
# useradd -s /sbin/nologin php-fpm
```

该账号用来运行 php-fpm 服务。在 LNMP 环境中，PHP 以 php-fpm 服务的形式出现，独立存在于 Linux 系统中，方便管理。

(3) 配置编译选项，命令如下：

```
# cd php-7.4.7
# ./configure --prefix=/usr/local/php-fpm --with-config-file-path=/usr/local/php-fpm/etc
--enable-fpm --with-fpm-user=php-fpm --with-fpm-group=php-fpm
--with-mysqli=/usr/local/mysql/bin/mysql_config --with-mysql-sock=/tmp/mysql.sock  --with-iconv-dir
--with-zlib-dir  --enable-soap  --enable-ftp --enable-mbstring --enable-exif --disable-ipv6
--with-pear --with-curl --with-openssl
```

由于 PHP 的编译参数比较多，阿铭觉得暂时也不需要解释太多，大体意思就是：编译 PHP 可以指定我们需要的功能模块，跟前面的 httpd 类似，至于需要哪些，这取决于你所在的公司需要什么功能。阿铭提供的这些功能模块比较常用，如果没有特殊要求，直接使用这些参数即可。执行这一步时阿铭遇到了几个错误，如下所示。

❑ 错误 1

configure: error: Package requirements (libxml-2.0 >= 2.7.6) were not met

其解决办法如下：

```
# yum install -y libxml2-devel
```

❑ 错误 2

error: Package requirements (openssl >= 1.0.1) were not met

其解决办法如下：

```
# yum install -y openssl openssl-devel
```

❑ 错误 3

error: Package requirements (sqlite3 > 3.7.4) were not met

其解决办法如下：

```
# yum install -y sqlite-devel
```

❏ 错误 4

error: Package requirements (libcurl >= 7.15.5) were not met

其解决办法如下:

```
# yum install -y libcurl-devel
```

❏ 错误 5

error: Package requirements (oniguruma) were not met

其解决办法如下:

```
# cd /usr/local/src/
# wget https://github.com/kkos/oniguruma/archive/v6.9.4.tar.gz -O oniguruma-6.9.4.tar.gz
# yum install -y autoconf automake libtool libtool-ltdl-devel
# tar -zxf oniguruma-6.9.4.tar.gz
# cd oniguruma-6.9.4
# ./autogen.sh
# ./autogen.sh
# ./configure --prefix=/usr
# make && make install
```

解决以上所有错误后,最终 ./configure 运行结束,出现如下提示:

```
+--------------------------------------------------------------------+
| License:                                                           |
| This software is subject to the PHP License, available in this     |
| distribution in the file LICENSE. By continuing this installation  |
| process, you are bound by the terms of this license agreement.     |
| If you do not agree with the terms of this license, you must abort |
| the installation process at this point.                            |
+--------------------------------------------------------------------+

Thank you for using PHP.
```

然后编译和安装,如下所示:

```
# make
# make install
```

执行 make 命令的时间会在 5 分钟以上,请耐心等待。对于以上的每一个步骤,如果没有完全执行正确,那么其下一步是无法进行的。判断执行是否正确的方法为:使用命令 echo $? 查看结果是否为 0,如果不是则表示没有正确执行。

(4) 修改配置文件,命令如下:

```
# cp php.ini-production /usr/local/php-fpm/etc/php.ini
# vim /usr/local/php-fpm/etc/php-fpm.conf
```

把如下内容写入该文件:

```
[global]
pid = /usr/local/php-fpm/var/run/php-fpm.pid
```

```
error_log = /usr/local/php-fpm/var/log/php-fpm.log
[www]
listen = /tmp/php-fcgi.sock
listen.mode = 666
user = php-fpm
group = php-fpm
pm = dynamic
pm.max_children = 50
pm.start_servers = 20
pm.min_spare_servers = 5
pm.max_spare_servers = 35
pm.max_requests = 500
rlimit_files = 1024
```

保存配置文件后，检验配置是否正确的方法如下：

```
# /usr/local/php-fpm/sbin/php-fpm -t
```

如果显示 `test is successful`，则说明配置没有问题，否则就要根据提示检查配置文件。

(5) 启动 php-fpm，命令如下：

```
# cp ./sapi/fpm/init.d.php-fpm /etc/init.d/php-fpm
# chmod 755 /etc/init.d/php-fpm
# service php-fpm start
```

设置 php-fpm 开机启动的命令如下：

```
# chkconfig php-fpm on
```

检测 php-fpm 是否启动的命令如下：

```
# ps aux |grep php-fpm
```

执行这条命令后，可以看到启动了很多个进程（大概二十多个）。

14.3 安装 Nginx

从官方网站可以看到 Nginx 更新速度很快，这说明目前使用 Nginx 的用户越来越多了。但阿铭不建议你安装最新版本的 Nginx，因为新版本难免会有一些 Bug 或者漏洞。阿铭建议你安装最近发布的 stable 版本，阿铭写作本书时，最近的 stable 版本为 1.18。具体的下载安装步骤如下所示。

(1) 下载和解压 Nginx，命令如下：

```
# cd /usr/local/src/
# wget http://nginx.org/download/nginx-1.18.0.tar.gz
# tar zxvf nginx-1.18.0.tar.gz
```

(2) 配置编译选项，命令如下：

```
# cd nginx-1.18.0
# ./configure --prefix=/usr/local/nginx
```

(3) 编译和安装 Nginx，命令如下：

```
# make
# make install
```

因为 Nginx 的安装文件比较小，所以可以很快安装完，而且也不会出什么错误。

(4) 编写 Nginx 启动脚本，并加入系统服务，命令如下：

```
# vim /usr/lib/systemd/system/nginx.service    // 写入如下内容

[Unit]
Description=nginx - high performance web server
After=network.target remote-fs.target nss-lookup.target

[Service]
Type=forking
ExecStart=/usr/local/nginx/sbin/nginx
ExecReload=/usr/local/nginx/sbin/nginx -s reload
ExecStop=/usr/local/nginx/sbin/nginx -s stop

[Install]
WantedBy=multi-user.target
```

载入系统服务列表：

```
# systemctl daemon-reload
```

使 Nginx 开机启动，请执行如下命令：

```
# systemctl enable nginx.service
```

(5) 更改 Nginx 的配置文件。

首先把原来的配置文件清空，操作方法如下：

```
# > /usr/local/nginx/conf/nginx.conf
```

重定向符号 > 之前就介绍过，单独使用该符号时，可以把一个文本文档快速清空。然后编辑配置文件：

```
# vim /usr/local/nginx/conf/nginx.conf    // 写入如下内容

user nobody nobody;
worker_processes 2;
error_log /usr/local/nginx/logs/nginx_error.log crit;
pid /usr/local/nginx/logs/nginx.pid;
worker_rlimit_nofile 51200;

events
{
    use epoll;
    worker_connections 6000;
}
```

```
http
{
    include mime.types;
    default_type application/octet-stream;
    server_names_hash_bucket_size 3526;
    server_names_hash_max_size 4096;
    log_format combined_realip '$remote_addr $http_x_forwarded_for [$time_local]'
    ' $host "$request_uri" $status'
    ' "$http_referer" "$http_user_agent"';
    sendfile on;
    tcp_nopush on;
    keepalive_timeout 30;
    client_header_timeout 3m;
    client_body_timeout 3m;
    send_timeout 3m;
    connection_pool_size 256;
    client_header_buffer_size 1k;
    large_client_header_buffers 8 4k;
    request_pool_size 4k;
    output_buffers 4 32k;
    postpone_output 1460;
    client_max_body_size 10m;
    client_body_buffer_size 256k;
    client_body_temp_path /usr/local/nginx/client_body_temp;
    proxy_temp_path /usr/local/nginx/proxy_temp;
    fastcgi_temp_path /usr/local/nginx/fastcgi_temp;
    fastcgi_intercept_errors on;
    tcp_nodelay on;
    gzip on;
    gzip_min_length 1k;
    gzip_buffers 4 8k;
    gzip_comp_level 5;
    gzip_http_version 1.1;
    gzip_types text/plain application/x-javascript text/css text/htm
    application/xml;

    server
    {
        listen 80;
        server_name localhost;
        index index.html index.htm index.php;
        root /usr/local/nginx/html;

        location ~ \.php$
        {
            include fastcgi_params;
            fastcgi_pass unix:/tmp/php-fcgi.sock;
            fastcgi_index index.php;
            fastcgi_param SCRIPT_FILENAME /usr/local/nginx/html$fastcgi_script_name;
        }
    }
}
```

关于配置文件各个参数的含义，阿铭就不再多解释了，很多配置可以根据字面意思猜到含义。保存配置文件后，需要先检验一下其是否有错误，命令如下：

```
# /usr/local/nginx/sbin/nginx  -t
```

如果显示如下内容,则说明配置正确:

```
nginx: the configuration file /usr/local/nginx/conf/nginx.conf syntax is ok
nginx: configuration file /usr/local/nginx/conf/nginx.conf test is successful
```

否则,需要根据错误提示修改配置文件。

(6) 启动 Nginx,命令如下:

```
# systemctl start nginx.service
```

如果不能启动,请查看/usr/local/nginx/logs/error.log 文件,检查 Nginx 是否已启动,命令如下:

```
# ps aux |grep nginx
```

(7) 测试是否正确解析 PHP。

首先创建测试文件,操作方法如下:

```
# vim /usr/local/nginx/html/2.php
```

其内容如下:

```
<?php
    echo "test php scripts.";
?>
```

执行如下命令测试文件:

```
# curl localhost/2.php
test php scripts.
```

这说明 PHP 解析正常。

14.4 Nginx 配置

这一节所讲述的内容为工作中使用较多的部分,你一开始学起来会比较吃力,因为不太明白很多概念是什么意思。阿铭的建议是,一定要跟着去动手操作,根据结果来理解需求的本质,只要理解了自然就明白了。

14.4.1 默认虚拟主机

先来解释"虚拟主机"。早期的 Linux 服务器上,一个服务器只能运行一个网站,也就是说只能跑一个域名。但随着技术的发展,一个服务器上可以跑多个域名,这样就帮我们节省了成本。其实,这里的服务器就叫作主机,早期一个主机对应一个站点。现在不同了,一个主机可以跑多个站点,所以就有了虚拟主机的概念。我们可以把一台服务器虚拟出多个主机出来,这样就实现了一台服务器跑多个站点。

既然一台服务器上可以有多个虚拟主机，每个虚拟主机都会定义一个域名（当然也可以定义多个），那么只要把这个域名解析指向到该台服务器，我们自然就可以访问这个站点了。说到这儿，你可能又有新的问题：什么叫解析指向？如果你会用浏览器访问一个站点，那么肯定不难理解下面阿铭的解释。咱们访问一个网站，需要先在浏览器里输入域名，然后就能访问到网站内容了。这个过程是需要浏览器和远程服务器通信的，网站内容就是从服务器上读取到的。而这个服务器在哪儿是由你访问的域名来决定的，而域名之所以能决定服务器在哪里，就是因为这个域名做了解析指向。对服务器的 IP 地址做域名解析，这个行为是由 DNS 服务器来完成的。

假如你访问的域名指向了你的服务器，而你又在这台服务器上做了配置标记了这个域名（接下来阿铭会讲解如何标记），这样这个域名就能被正常访问。但如果没有在服务器上给这个域名做标记，会发生什么呢？按理说，没有做标记的域名是不合法的，是不能正常返回结果的。

上面讲了那么多关于域名的东西，阿铭的目的就是让你更容易理解"默认虚拟主机"的概念。Nginx 是支持多个虚拟主机的，也就是说可以在一个服务器上运行多个站点，标记多个域名。但如果没有标记的域名也指向了这台服务器，那总得有处理这个域名的一个虚拟主机吧，这个虚拟主机就叫作"默认虚拟主机"。通俗点讲，你的服务器上有很多域名，很多站点，很多虚拟主机，这些域名是在 Nginx 的配置文件中做过标记的，是"名花有主"、一一对应的，每个域名都能对应着自己的虚拟主机。但是，有一个特殊的域名也指向了服务器，却没有跟它对应的虚拟主机。这时候，Nginx 就会把这个域名直接丢给一个特殊的虚拟主机来处理，这个特殊的虚拟主机就是"默认虚拟主机"。

在 Nginx 中第一个被加载的虚拟主机就是默认主机。当然，我们也可以用一个配置来标记默认虚拟主机。也就是说，如果没有这个标记，第一个虚拟主机就为默认虚拟主机。

修改主配置文件 nginx.conf，在结束符号}前面加入一行配置，修改内容如下：

```
    include vhost/*.conf;
}
```

意思是会加载 /usr/local/nginx/conf/vhost/ 下面的所有以 .conf 结尾的文件，这样我们就可以把所有虚拟主机配置文件都放到 vhost 目录下面了。执行如下命令创建虚拟主机配置文件：

```
# mkdir /usr/local/nginx/conf/vhost
# cd /usr/local/nginx/conf/vhost
# vim default.conf   // 写入如下内容
server
{
    listen 80 default_server;   # 有这个 default_server 标记的就是默认虚拟主机
    server_name aaa.com;
    index index.html index.htm index.php;
    root /data/nginx/default;
}
# /usr/local/nginx/sbin/nginx -t
nginx: the configuration file /usr/local/nginx/conf/nginx.conf syntax is ok
nginx: configuration file /usr/local/nginx/conf/nginx.conf test is successful
# /usr/local/nginx/sbin/nginx -s reload   // 更改配置文件后，重载
# mkdir -p /data/nginx/default
# echo "default_server" > /data/nginx/default/index.html   // 创建索引页
```

```
# curl -x127.0.0.1:80 aaa.com     // 访问 aaa.com
default_server
# curl -x127.0.0.1:80 1212.com    // 访问一个没有定义过的域名，也会访问到 aaa.com
default_server
```

14.4.2　用户认证

再来创建一个新的虚拟主机：

```
# cd /usr/local/nginx/conf/vhost/
# vim test.com.conf    // 加入如下内容
server
{
    listen 80;
    server_name test.com;
    index index.html index.htm index.php;
    root /data/nginx/test.com;

    location /
    {
        auth_basic             "Auth";
        auth_basic_user_file   /usr/local/nginx/conf/htpasswd;
    }
}

# yum install -y httpd-tools    // 安装 httpd-tools，目的是为了安装下面的 htpasswd 命令
# htpasswd -cm /usr/local/nginx/conf/htpasswd aming    // 创建 aming 用户
New password:
Re-type new password:
Adding password for user aming
// htpasswd 命令为创建用户的工具，-c 为 create（创建），-m 指定密码加密方式为 MD5，
// /usr/local/nginx/conf/htpasswd 为密码文件，aming 为要创建的用户。第一次执行该命令需要加-c，
// 第二次再创建新的用户时，就不用加-c 了，否则密码文件会被重置，之前的用户被清空
# /usr/local/nginx/sbin/nginx -t
nginx: the configuration file /usr/local/nginx/conf/nginx.conf syntax is ok
nginx: configuration file /usr/local/nginx/conf/nginx.conf test is successful
# /usr/local/nginx/sbin/nginx -s reload
```

核心配置语句就两行，auth_basic 打开认证，auth_basic_user_file 指定用户密码文件，当然前提是这个用户密码文件存在。而生成用户密码文件的工具需要借助 httpd 的 htpasswd，Nginx 不自带这个工具。下面可以使用 curl 命令来验证：

```
# mkdir /data/nginx/test.com
# echo "test.com" > /data/nginx/test.com/index.html
# curl -I -x127.0.0.1:80 test.com
HTTP/1.1 401 Unauthorized
Server: nginx/1.18.0
Date: Sat, 27 Jun 2020 02:07:38 GMT
Content-Type: text/html
Content-Length: 179
Connection: keep-alive
WWW-Authenticate: Basic realm="Auth"
```

说明：状态码为 401 说明，该网站需要验证。
curl -uaming:lishiming -x127.0.0.1:80 test.com   // 使用 curl 的 -u 指定用户名密码就可以正常访问了
test.com

下面我们在 Windows 上来访问并验证用户认证。首先打开 Windows 的 hosts 文件，该文件类似 Linux 上的 /etc/hosts。Windows 上的 hosts 文件所在路径为 C:\Windows\System32\drivers\etc\hosts，第一次编辑它会提示用什么方式打开，选择"记事本"或者"写字板"都可以。在最下面增加一行：并加入一行（你的 IP 地址可能和阿铭的不一样，请自行更改）：

192.168.72.128   test.com

然后在浏览器中访问 test.com，出现如图 14-1 所示的验证对话框。

图 14-1　验证

输入用户名 aming 和其密码，就可以访问了。如果是针对某个目录做用户认证，需要修改 location 后面的路径：

```
location /admin/
{
    auth_basic              "Auth";
    auth_basic_user_file    /usr/local/nginx/conf/htpasswd;
}
```

14.4.3　域名或链接重定向

重定向也可以叫作跳转，这个用法比较普遍，一个网站可能会有多个域名，比如小明公司的网站可以通过两个域名访问：域名 A 和域名 B。用域名 A 访问的时候，浏览器里面的网址直接变成了域名 B，这其实就是域名跳转的过程。域名跳转有什么作用呢？在阿铭看来主要有两方面：第一，一个站点有多个域名会对 SEO 有影响，说白了就是对百度搜索关键词的排名有影响，如果把多个域名全部跳转到一个指定的域名，这样以这个域名为中心，就可以把权重集中在这个域名上，搜索关键词的排名也就靠前了；第二，如果之前的某个域名不再使用了，但是搜索引擎还留着之前老域名的链接，这意味着用户可能会搜到我们的网站并且单击老的域名，故需要把老域名做个跳转跳到新域名，这样用户搜索的时候，也可以访问到网站。

下面阿铭将 test1.com 和 test2.com 重定向到 test.com，配置如下：

```
# vi test.com.conf   // 更改为如下内容
server
```

```
{
    listen 80;
    server_name test.com test1.com test2.com;
    index index.html index.htm index.php;
    root /data/nginx/test.com;

    if ($host != 'test.com' ) {
        rewrite  ^/(.*)$  http://test.com/$1  permanent;
    }

}
```

在 Nginx 配置中，server_name 后面可以跟多个域名，permanent 为永久重定向，状态码为 301。另外还有一个常用的 redirect，叫作临时重定向，状态码为 302。那么什么时候使用 301 或者 302 呢？阿铭给你一个简单的法则：如果跳转域名就用 301，如果仅跳转链接就用 302。测试过程如下：

```
# /usr/local/nginx/sbin/nginx -t
nginx: the configuration file /usr/local/nginx/conf/nginx.conf syntax is ok
nginx: configuration file /usr/local/nginx/conf/nginx.conf test is successful
# /usr/local/nginx/sbin/nginx -s reload
# curl -x127.0.0.1:80   test1.com/123.txt -I
HTTP/1.1 301 Moved Permanently
Server: nginx/1.18.0
Date: Sat, 27 Jun 2020 02:32:05 GMT
Content-Type: text/html
Content-Length: 169
Connection: keep-alive
Location: http://test.com/123.txt
```

下面再来看看链接跳转。有一个需求，需要将 http://test.com/a.html 跳转到 http://test.com/b.html，看看如何实现吧。测试过程如下：

```
# vi test.com.conf   // 更改为如下内容
server
{
    listen 80;
    server_name test.com;
    index index.html index.htm index.php;
    root /data/nginx/test.com;
    rewrite /a.html /b.html redirect;
}
# /usr/local/nginx/sbin/nginx -t
nginx: the configuration file /usr/local/nginx/conf/nginx.conf syntax is ok
nginx: configuration file /usr/local/nginx/conf/nginx.conf test is successful
# /usr/local/nginx/sbin/nginx -s reload
# curl -I -x127.0.0.1:80 test.com/a.html
HTTP/1.1 302 Moved Temporarily
Server: nginx/1.18.0
Date: Sat, 27 Jun 2020 02:38:07 GMT
Content-Type: text/html
Content-Length: 145
Location: http://test.com/b.html
Connection: keep-alive
```

如果是相同域名的链接跳转，可以省略域名，只写链接，比如本例中阿铭只写了/a.html 和/b.html。最终测试出来状态码为 302，这是因为我们使用了临时重定向的控制 flag rediect。

14.4.4 Nginx 的访问日志

访问日志作用很大，不仅可以记录网站的访问情况，还可以在网站有异常发生时帮助我们定位问题，比如网站被攻击时，可以通过查看日志看到一些规律。先来看看 Nginx 的日志格式：

```
# grep -A2 log_format /usr/local/nginx/conf/nginx.conf
    log_format combined_realip '$remote_addr $http_x_forwarded_for [$time_local]'
    ' $host "$request_uri" $status'
    ' "$http_referer" "$http_user_agent"';
```

Nginx 需要在主配置文件中定义日志格式，然后在虚拟主机里面调用。配置文件中的 combined_realip 为日志格式的名字，后面可以调用它；$remote_addr 为访问网站的用户的出口 IP；$http_x_forwarded_for 为代理服务器的 IP，如果使用了代理，则会记录代理的 IP；$time_local 为当前的时间；$host 为访问的主机名；$request_uri 为访问的 URL 地址；$status 为状态码；$http_referer 为 referer 地址；$http_user_agent 为 user_agent。

然后再到虚拟主机配置文件中指定访问日志的路径：

```
# vi test.com.conf    // 修改配置文件
server
{
    listen 80;
    server_name test.com test1.com test2.com;
    index index.html index.htm index.php;
    root /data/nginx/test.com;

    if ($host != 'test.com' ) {
        rewrite ^/(.*)$ http://test.com/$1 permanent;
    }
        access_log /tmp/1.log combined_realip;
}
```

使用 access_log 来指定日志的存储路径，最后面指定日志的格式名字，测试过程如下：

```
# /usr/local/nginx/sbin/nginx -t
nginx: the configuration file /usr/local/nginx/conf/nginx.conf syntax is ok
nginx: configuration file /usr/local/nginx/conf/nginx.conf test is successful
# /usr/local/nginx/sbin/nginx -s reload
# curl -x127.0.0.1:80  test.com/111
<html>
<head><title>404 Not Found</title></head>
<body>
<center><h1>404 Not Found</h1></center>
<hr><center>nginx/1.18.0</center>
</body>
</html>
# cat /tmp/1.log
127.0.0.1 - [27/Jun/2020:10:47:10 +0800] test.com "/111" 404 "-" "curl/7.61.1"
```

在 13.8.1 节中，阿铭介绍系统日志/var/log/messages 时，提到过其支持日志切割，即每周一个日志，这样做的目的是为了防止日志无限制增大。同样地，Nginx 的日志也需要做切割，要想切割 Nginx 日志需要借助系统的切割工具或者自定义脚本。在这里，阿铭提供一个 Nginx 的日志切割脚本：

```bash
# vim /usr/local/sbin/nginx_log_rotate.sh    // 写入如下内容
#! /bin/bash
## 假设 nginx 的日志存放路径为/data/logs/
d=`date -d "-1 day" +%Y%m%d`
logdir="/data/logs"
nginx_pid="/usr/local/nginx/logs/nginx.pid"
cd $logdir
for log in `ls *.log`
do
    mv $log $log-$d
done
/bin/kill -HUP `cat $nginx_pid`
```

写完脚本后，还需要增加任务计划：

```
0 0 * * * /bin/bash /usr/local/sbin/nginx_log_rotate.sh
```

该脚本会在 0 点 0 分执行，其大概的意思是：修改 /data/logs/ 下所有访问日志的名字，改为以昨天日期为后缀的名字，比如 test.com.log-20200530，改完名字后还要重新生成新的日志，这里使用 kill -HUP pid 来完成。

14.4.5　配置静态文件不记录日志并添加过期时间

一个网站会有很多元素，尤其是图片、JS、CSS 等静态的文件非常多，用户每请求一个页面就会访问诸多的图片、JS 等静态元素，这些元素的请求会被记录在日志中。如果一个站点访问量很大，那么访问日志文件增长会非常快，一天就可以达到几吉字节（GB）。这不仅会对服务器的磁盘空间造成影响，更重要的是会影响磁盘的读写速度。阿铭一开始也说了，访问日志很重要，我们又不能不记录。还好把这些巨量的静态元素请求记录到日志里的意义并不大，所以可以限制记录这些静态元素，并且把日志按天归档，一天一个日志，这样也可以防止单个日志文件过大。Nginx 的日志如果不记录静态文件，那么其配置并不复杂，虚拟主机配置文件改写如下：

```
vi
server
{
    listen 80;
    server_name test.com test1.com test2.com;
    index index.html index.htm index.php;
    root /data/nginx/test.com;

    if ($host != 'test.com' ) {
        rewrite ^/(.*)$ http://test.com/$1 permanent;
    }
    location ~ .*\.(gif|jpg|jpeg|png|bmp|swf)$
    {
        expires      7d;
        access_log off;
```

```
        }
        location ~ .*\.(js|css)$
        {
            expires      12h;
            access_log off;
        }
        access_log /tmp/1.log combined_realip;
}
```

使用location ~可以指定对应的静态文件，expires 配置过期时间，而 access_log 配置为 off 就可以不记录访问日志了。平时我们访问一个网站时，很多元素为静态的小图片，那这些小图片完全可以缓存在咱们的计算机里，这样再次访问该站点时，速度就会很快。那到底能缓存多久呢？如果服务器上的某个图片更改了，那么应该访问新的图片才对。这就涉及一个静态文件缓存时长的问题，也叫作"缓存过期时间"。下面阿铭来模拟一下：

```
# /usr/local/nginx/sbin/nginx -t
nginx: the configuration file /usr/local/nginx/conf/nginx.conf syntax is ok
nginx: configuration file /usr/local/nginx/conf/nginx.conf test is successful
# echo "111111111111" > /data/nginx/test.com/1.js    // 创建JS文件
# echo "2222222222222" > /data/nginx/test.com/2.jpg  // 创建JPG文件
# touch /data/nginx/test.com/1.jss    // 创建一个对比的文件
# curl -I -x127.0.0.1:80 test.com/1.js   // 访问JS类型的文件，缓存过期时间为12小时
HTTP/1.1 200 OK
Server: nginx/1.18.0
Date: Sun, 28 Jun 2020 13:44:07 GMT
Content-Type: application/javascript
Content-Length: 13
Last-Modified: Sun, 28 Jun 2020 13:43:51 GMT
Connection: keep-alive
ETag: "5ef89e97-d"
Expires: Mon, 29 Jun 2020 01:44:07 GMT
Cache-Control: max-age=43200
Accept-Ranges: bytes

# curl -I -x127.0.0.1:80 test.com/2.jpg   // 访问JPG类型的文件，缓存过期时间为7天
HTTP/1.1 200 OK
Server: nginx/1.18.0
Date: Sun, 28 Jun 2020 13:44:21 GMT
Content-Type: image/jpeg
Content-Length: 14
Last-Modified: Sun, 28 Jun 2020 13:43:56 GMT
Connection: keep-alive
ETag: "5ef89e9c-e"
Expires: Sun, 05 Jul 2020 13:44:21 GMT
Cache-Control: max-age=604800
Accept-Ranges: bytes

# curl -I -x127.0.0.1:80 test.com/1.jss
HTTP/1.1 200 OK
Server: nginx/1.18.0
Date: Sun, 28 Jun 2020 13:44:38 GMT
Content-Type: application/octet-stream
```

```
Content-Length: 0
Last-Modified: Sun, 28 Jun 2020 13:44:01 GMT
Connection: keep-alive
ETag: "5ef89ea1-0"
Accept-Ranges: bytes
```

可以很清楚地看到 Cache-control 对应着缓存过期时间，另外也可以看一下访问日志：

```
# cat /tmp/1.log
127.0.0.1 - [27/Jun/2020:10:47:10 +0800] test.com "/111" 404 "-" "curl/7.61.1"
127.0.0.1 - [28/Jun/2020:21:44:38 +0800] test.com "/1.jss" 200 "-" "curl/7.61.1"
```

虽然阿铭访问了 JS 以及 JPG，但都没有记录到访问日志中，效果实现了。

14.4.6　Nginx 防盗链

我们先来聊一个案例。2009 年的时候，阿铭负责运维的一个业务 5d6d（早已经死翘翘了）为免费论坛，谁都可以申请，期间有一个站长申请了一个站点专门来存放图片。由于缺少经验，阿铭并没有给该业务做防盗链，导致这个网站的图片随便被别的网站借用，以致该网站访问量巨大，最终业务带宽在一个月内飙升了 300MB/s。当发现带宽异常时，我们通过抓包找到了对应的站点，随后给服务器做了防盗链，并且删除了有问题的图片，这样才把带宽恢复到正常值。但那个月的带宽费用确实让公司出血了。

通过这个真实案例，你可以体会到做防盗链是多么有价值。防盗链，通俗讲，就是不让别人盗用你网站上的资源。这个资源，通常指的是图片、视频、歌曲、文档等。讲解防盗链配置之前，阿铭再给你讲述一下 referer 的概念，上面讲解日志格式时曾提到过它。你通过 A 网站的一个页面 http://a.com/a.html 里面的链接去访问 B 网站的一个页面 http://b.com/b.html，那么这个 B 网站页面的 referer 就是 http://a.com/a.html。也就是说，一个 referer 其实就是一个网址。Nginx 配置防盗链由于和过期时间、不记录日志有部分重合，因此可以把两部分组合在一起：

```
location ~* ^.+\.(gif|jpg|png|swf|flv|rar|zip|doc|pdf|gz|bz2|jpeg|bmp|xls)$
{
    expires 7d;
    valid_referers none blocked server_names  *.test.com ;
    if ($invalid_referer) {
        return 403;
    }
    access_log off;
}
```

测试过程如下：

```
# /usr/local/nginx/sbin/nginx -t
nginx: the configuration file /usr/local/nginx/conf/nginx.conf syntax is ok
nginx: configuration file /usr/local/nginx/conf/nginx.conf test is successful
# /usr/local/nginx/sbin/nginx -s reload

# curl -x127.0.0.1:80 -I -e "http://aaa.com/1.txt" test.com/2.jpg
HTTP/1.1 403 Forbidden
```

```
Server: nginx/1.18.0
Date: Sun, 28 Jun 2020 14:06:14 GMT
Content-Type: text/html
Content-Length: 153
Connection: keep-alive
// 使用-e 来定义 referer，这个 referer 一定要以 http://开头，否则不管用

# curl -x127.0.0.1:80 -I -e "http://test.com/1.txt" test.com/2.jpg
HTTP/1.1 200 OK
Server: nginx/1.18.0
Date: Sun, 28 Jun 2020 14:06:30 GMT
Content-Type: image/jpeg
Content-Length: 14
Last-Modified: Sun, 28 Jun 2020 13:43:56 GMT
Connection: keep-alive
ETag: "5ef89e9c-e"
Expires: Sun, 05 Jul 2020 14:06:30 GMT
Cache-Control: max-age=604800
Accept-Ranges: bytes
```

可以看到不仅仅有过期时间，还有防盗链的功能。

14.4.7 访问控制

对于一些比较重要的网站内容，除了可以使用用户认证限制访问之外，还可以通过其他一些方法做到限制，比如限制 IP，或者限制 user_agent。限制 IP 指的是限制访问网站的来源 IP，而限制 user_agent 通常用来限制恶意或者不正常的请求。

下面再来介绍一下 user_agent。user_agent 翻译为中文叫作"用户代理"，其实可以理解为浏览器标识，当用 curl 访问时，user_agent 为"curl/7.29.0"，用 Chrome 浏览器访问时，user_agent 为"Mozilla/5.0 (Windows NT 6.1; Win64; x64) AppleWebKit/537.36 (KHTML, like Gecko) Chrome/83.0.4103.116 Safari/537.36"。阿铭在工作中经常针对 user_agent 来限制一些访问，比如限制一些不太友好的搜索引擎"爬虫"，你之所以能在百度搜到阿铭的论坛，就是因为百度会派一些"蜘蛛爬虫"来抓取网站数据。"蜘蛛爬虫"抓取数据类似于用户用浏览器访问网站，当"蜘蛛爬虫"太多或者访问太频繁时，就会浪费服务器资源。另外，也可以限制恶意请求，这种恶意请求我们通常称作 cc 攻击，它的原理很简单，就是用很多用户的计算机同时访问同一个站点，当访问量或者频率达到一定层次，就会耗尽服务器资源，从而使之不能正常提供服务。这种 cc 攻击其实有很明显的规律，其中发起这些恶意请求的 user_agent 相同或者相似，那我们就可以通过限制 user_agent 来起到防攻击的作用。

Nginx 也需要限制某些 IP 不能访问或者只允许某些 IP 访问。比如，我们有个需求是只允许 192.168.72.1 和 127.0.0.1 访问 admin 目录，配置文件如下：

```
location /admin/
{
    allow 192.168.72.1;
    allow 127.0.0.1;
    deny all;
}
```

假如来源 IP 为 192.168.72.129，它会从上到下逐一去匹配，第一个 IP（192.168.72.1）不匹配，第二个 IP（127.0.0.1）不匹配，直到第三行（all）的时候才匹配到，匹配的这条规则为 deny（也就是拒绝访问），所以最终会返回一个 403 的状态码。测试过程如下：

```
# mkdir /data/nginx/test.com/admin/
# echo "123" > /data/nginx/test.com/admin/1.html
# curl -x127.0.0.1:80 test.com/admin/1.html
123
# curl -x192.168.72.128:80 test.com/admin/1.html
<html>
<head><title>403 Forbidden</title></head>
<body>
<center><h1>403 Forbidden</h1></center>
<hr><center>nginx/1.18.0</center>
</body>
</html>
```

配置文件中的 IP 也可以为 IP 段，比如可以写成 allow 192.168.72.0/24。如果只拒绝某几个 IP，就可以写成这样了：

```
location /admin/
{
    deny 192.168.72.1;
    deny 127.0.0.1;
}
```

如果是黑名单的形式，就不需要写 allow all 了，因为默认就是允许所有。除了这种简单地限制目录外，也可以根据正则匹配来限制。对于使用 PHP 语言编写的网站，有一些目录是有上传文件需求的，比如阿铭在前面列举的那个防盗链案例，因为服务器可以上传图片，并且没有做防盗链，所以被人家当成了一个图片存储服务器，并且盗用带宽流量。如果网站代码有漏洞，让黑客上传了一个用 PHP 代码写的木马，由于网站可以执行 PHP 程序，最终就会让黑客拿到服务器权限。为了避免这种情况发生，我们需要把能上传文件的目录直接禁止解析 PHP 代码（不用担心会影响网站访问，若这种目录也需要解析 PHP，那说明程序员不合格），Nginx 禁止某个目录解析 PHP 的配置如下：

```
location ~ .*(abc|image)/.*\.php$
{
    deny all;
}
```

小括号里面的竖线为分隔符，是"或者"的意思，把该分隔符放在 abc 和 image 之间就可以使 URL 中带有 abc 或者 image 字符串，并且是 PHP 的请求拒绝访问网站。

在 Nginx 配置里，也可以针对 user_agent 做一些限制，阿铭平时用得非常多。配置如下：

```
if ($http_user_agent ~ 'Spider/3.0|YoudaoBot|Tomato')
{
    return 403;
}
```

其中 ~ 为匹配符号，只要 user_agent 中含有 Spider/3.0、YoudaoBot、Tomato 字符串，都会被拒绝，return 403 为直接返回 403 状态码，当然也可以把它替换为 deny all。

14.4.8　Nginx 解析 PHP

前面阿铭讲了很多 Nginx 的配置，一直都还没有提到和 PHP 相关的东西。在 LNMP 中，PHP 是以一个服务（php-fpm）的形式存在的，首先要启动 php-fpm 服务，然后 Nginx 再和 php-fpm 通信。也就是说，处理 PHP 脚本解析的工作是由 php-fpm 来完成的，Nginx 仅仅是一个"搬运工"，它把用户的请求传递给 php-fpm，php-fpm 处理完成后把结果传递给 Nginx，Nginx 再把结果返回给用户。那么 Nginx 是如何和 PHP 联系起来的呢？其实，在上面阿铭给大家的 nginx.conf 中已经有所展示。下面是 test.com.conf 的内容，其中包含了 PHP 相关的配置：

```
server
{
    listen 80;
    server_name test.com test1.com test2.com;
    index index.html index.htm index.php;
    root /data/nginx/test.com;

    if ($host != 'test.com' ) {
        rewrite ^/(.*)$ http://test.com/$1 permanent;
    }

    location ~ \.php$
    {
        include fastcgi_params;
        fastcgi_pass unix:/tmp/php-fcgi.sock;
        fastcgi_index index.php;
        fastcgi_param SCRIPT_FILENAME /data/nginx/test.com$fastcgi_script_name;
    }
    access_log /tmp/1.log combined_realip;
}
```

其中 `fastcgi_pass` 用来指定 php-fpm 的地址，如果 php-fpm 监听的是一个 `tcp:port` 的地址（比如 127.0.0.1:9000），那么也需要在这里改成 `fastcgi_pass 127.0.0.1:9000`。这个地址一定要和 php-fpm 服务监听的地址匹配，否则会报 502 错误。

还有一个地方也需要注意，factcgi_param SCRIPT_FILENAME 后面跟的路径为该站点的根目录，和前面定义的 root 那个路径保持一致。如果这里配置不对，访问 PHP 页面会出现 404 错误。

14.4.9　Nginx 代理

Nginx 的代理功能非常实用，这也是 Nginx 越来越受欢迎的一个原因。一家公司有很多台服务器，为了节省成本，不能为所有服务器都分配公网 IP，而如果一个没有公网 IP 的服务器要提供 Web 服务，就可以通过代理来实现，其代理过程如图 14-2 所示。

图 14-2　Nginx 代理

如果 Nginx 后面有多台 Web 服务器，并且 Nginx 同时代理这些服务器，那么 Nginx 就起到一个负载均衡的作用，这个功能在生产环境中用得也特别多。先来看一下如何配置 Nginx 的代理：

```
# cd /usr/local/nginx/conf/vhost
# vim proxy.conf    // 写入如下内容
server
{
    listen 80;
    server_name ask.apelearn.com;

    location /
    {
        proxy_pass      http://47.104.7.242/;
        proxy_set_header Host    $host;
        proxy_set_header X-Real-IP      $remote_addr;
        proxy_set_header X-Forwarded-For $proxy_add_x_forwarded_for;
    }
}
```

前两行不用解释，和普通的虚拟主机是一样的，不同的是后面 proxy 相关的语句。proxy_pass 指定要代理的域名所在的服务器 IP，这里的 IP 就是阿铭的论坛所在服务器 IP。后面的三行为定义发往后端 Web 服务器的请求头，第二行必须有，否则代理不成功，它表示后端 Web 服务器的域名和当前配置文件中的 server_name 保持一致；第三行和第四行可以省略，前面在讲述 Nginx 日志格式的时候介绍过这两个参数，表示的含义是一样的。配置文件保存后，重新加载 Nginx 服务并验证，命令如下：

```
# /usr/local/nginx/sbin/nginx -t
nginx: the configuration file /usr/local/nginx/conf/nginx.conf syntax is ok
nginx: configuration file /usr/local/nginx/conf/nginx.conf test is successful
# /usr/local/nginx/sbin/nginx -s reload
# curl -x127.0.0.1:80 ask.apelearn.com -I
HTTP/1.1 200 OK
Server: nginx/1.18.0
Date: Sun, 28 Jun 2020 14:20:43 GMT
Content-Type: text/html; charset=UTF-8
Connection: keep-alive
X-Powered-By: PHP/5.4.16
P3P: CP="CURa ADMa DEVa PSAo PSDo OUR BUS UNI PUR INT DEM STA PRE COM NAV OTC NOI DSP COR"
Set-Cookie: ape__Session=jio8hb84ods47o12d88tviti27; expires=Sun, 28-Jun-2020 14:24:07 GMT; path=/; domain=.apelearn.com
Expires: Thu, 19 Nov 1981 08:52:00 GMT
Cache-Control: no-store, no-cache, must-revalidate, post-check=0, pre-check=0
Pragma: no-cache
Vary: Accept-Encoding

# curl ask.apelearn.com -I
HTTP/1.1 200 OK
Server: nginx
Date: Sun, 28 Jun 2020 14:19:31 GMT
Content-Type: text/html; charset=UTF-8
Connection: keep-alive
```

```
X-Powered-By: PHP/5.4.16
P3P: CP="CURa ADMa DEVa PSAo PSDo OUR BUS UNI PUR INT DEM STA PRE COM NAV OTC NOI DSP COR"
Set-Cookie: ape__Session=976hk1s873jdbdn8iq2v6jhge2; expires=Sun, 28-Jun-2020 14:24:31 GMT; path=/;
domain=.apelearn.com
Expires: Thu, 19 Nov 1981 08:52:00 GMT
Cache-Control: no-store, no-cache, must-revalidate, post-check=0, pre-check=0
Pragma: no-cache
Vary: Accept-Encoding
```

这样看是没有问题的，阿铭虚拟机上的 Nginx 版本为 1.18.0，而阿铭论坛服务器上用的 Nginx 版本并没有显示。把服务器上的环境版本暴露出来并不安全，因为这样别有用心的人会直接获取到服务器上的软件版本信息，如果正好该版本有漏洞，那么他就可以直接攻击了。关于如何关掉版本信息，阿铭不在本章描述。下面阿铭再提供一个负载均衡的示例，在编写 Nginx 虚拟主机配置文件之前，先来查看一下 www.qq.com 域名对应的 IP，使用 dig 命令（使用 `yum install bind-utils` 安装）：

```
# dig @8.8.8.8 www.qq.com

; <<>> DiG 9.11.13-RedHat-9.11.13-3.el8 <<>> @8.8.8.8 www.qq.com
; (1 server found)
;; global options: +cmd
;; Got answer:
;; ->>HEADER<<- opcode: QUERY, status: NOERROR, id: 59151
;; flags: qr rd ra; QUERY: 1, ANSWER: 4, AUTHORITY: 0, ADDITIONAL: 1

;; OPT PSEUDOSECTION:
; EDNS: version: 0, flags:; udp: 512
;; QUESTION SECTION:
;www.qq.com.            IN  A

;; ANSWER SECTION:
www.qq.com.         159  IN    CNAME  public-v6.sparta.mig.tencent-cloud.net.
public-v6.sparta.mig.tencent-cloud.net.  98 IN A   111.30.164.236
public-v6.sparta.mig.tencent-cloud.net.  98 IN A   111.30.171.191
public-v6.sparta.mig.tencent-cloud.net.  98 IN A   111.30.171.194

;; Query time: 147 msec
;; SERVER: 8.8.8.8#53(8.8.8.8)
;; WHEN: 日 6 月 28 22:29:01 CST 2020
;; MSG SIZE  rcvd: 139
```

可以看到有三个 IP，这三个 IP 都可以访问到 www.qq.com。先来验证一下：

```
# curl -x111.30.164.236:80 www.qq.com -I
HTTP/1.1 302 Moved Temporarily
Server: nginx
Date: Sun, 28 Jun 2020 14:30:26 GMT
Content-Type: text/html
Content-Length: 154
Connection: keep-alive
Location: https://www.qq.com/

# curl -x111.30.171.191:80 www.qq.com -I
HTTP/1.1 302 Moved Temporarily
```

```
Server: nginx
Date: Sun, 28 Jun 2020 14:30:42 GMT
Content-Type: text/html
Content-Length: 154
Connection: keep-alive
Location: https://www.qq.com/

# curl -x111.30.171.194:80 www.qq.com -I
HTTP/1.1 302 Moved Temporarily
Server: nginx
Date: Sun, 28 Jun 2020 14:30:53 GMT
Content-Type: text/html
Content-Length: 154
Connection: keep-alive
Location: https://www.qq.com/
```

可以看到三个 IP 返回的结果一样,它使用的 Web 服务器软件也是 nginx。有三个 IP 就可以做负载均衡了,配置过程如下:

```
# vim /usr/local/nginx/conf/vhost/load.conf    // 写入如下内容
upstream qq_com
{
    ip_hash;
    server 111.30.171.194:80;
    server 111.30.171.191:80;
    server 111.30.164.236:80;
}

server
{
    listen 80;
    server_name www.qq.com;

    location /
    {
        proxy_pass        http://qq_com;
        proxy_set_header Host    $host;
        proxy_set_header X-Real-IP      $remote_addr;
        proxy_set_header X-Forwarded-For $proxy_add_x_forwarded_for;
    }
}
```

和简单的代理有所不同,负载均衡多了一个 upstream,这里定义后端的 Web 服务器,可以是一个,也可以是多个。其中 ip_hash 为负载均衡的算法,它表示根据 IP 地址把请求分发到不同的服务器上。比如用户 A 的 IP 为 1.1.1.1,用户 B 的 IP 为 2.2.2.2,则 A 访问的时候会把请求转发到第一个 Web 服务器上,而 B 访问的时候会转发到第二个 Web Server 上。这种算法用在把 session 存到本机磁盘上的情况,至于什么是 session,阿铭大概说一下。你访问猿课看课程需要登录,那么你一旦登录,服务器上就会记录你的 session 信息,这个 session 会保存一段时间。比如,你看了一个 10 分钟的课程,然后去开会了,过去半小时再打开网站,你依然是登录的状态,这就是因为 session 还存在这台服务器上。下面是测试结果:

```
# /usr/local/nginx/sbin/nginx -t
nginx: the configuration file /usr/local/nginx/conf/nginx.conf syntax is ok
nginx: configuration file /usr/local/nginx/conf/nginx.conf test is successful
# /usr/local/nginx/sbin/nginx -s reload
# curl -x127.0.0.1:80 www.qq.com -I
HTTP/1.1 302 Moved Temporarily
Server: nginx/1.18.0
Date: Sun, 28 Jun 2020 14:33:53 GMT
Content-Type: text/html
Content-Length: 154
Connection: keep-alive
Location: https://www.qq.com/
```

神奇吗？阿铭的虚拟机竟然也可以访问 www.qq.com 了，这其实就是代理的作用！

14.4.10　Nginx 配置 SSL

2016 年底苹果公司就开始要求各个企业的 iOS APP 必须使用 HTTPS 通信，原因很简单，就是保证安全。而目前 Chrome、Firefox 等各大浏览器，也开始针对 HTTPS 做调整。你有没有发现，使用百度搜问题时，百度的网址前面是 HTTPS。

这说明 HTTPS 已经成为一种趋势，阿铭相信过不了 10 年，整个互联网都会强制使用 HTTPS 通信，而废弃目前主流的 HTTP。那到底什么是 HTTPS 呢？简单讲，它就是一种加密的 HTTP 协议。如果 HTTP 通信的数据包在传输过程中被截获，那么截获者就可以破译这些数据包里面的信息，其中不乏用户名、密码、手机号等敏感信息。而如果使用 HTTPS 通信，即使数据包被截获，截获者也无法破译里面的内容。图 14-3 给出了 HTTPS 的通信过程。

其通信过程大致如下。

(1) 浏览器发送一个 HTTPS 请求给服务器。

(2) 服务器要有一套数字证书，这个证书可以自己制作（后面的操作就是阿铭自己制作的证书），也可以向组织申请，区别就是自己颁发的证书需要客户端验证通过后才可以继续访问，而使用受信任的公司申请的证书则不会弹出提示页面。这套证书其实就是一对公钥和私钥。

(3) 服务器会把公钥传输给客户端。

(4) 客户端（浏览器）收到公钥后，会验证其是否合法有效，若无效会有警告提醒，有效则会生成一串随机字符串，并用收到的公钥加密。

(5) 客户端把加密后的随机字符串传输给服务器。

(6) 服务器收到加密随机字符串后，先用私钥解密（公钥加密，私钥解密），获取到这一串随机字符串后，再用这串随机字符串加密传输的数据（该加密为"对称加密"；所谓对称加密，就是将数据和私钥，也就是这个随机字符串通过某种算法混合在一起，这样除非知道私钥，否则无法获取数据内容）。

(7) 服务器把加密后的数据传输给客户端。

(8) 客户端收到数据后，再用自己的私钥（也就是那个随机字符串）解密。

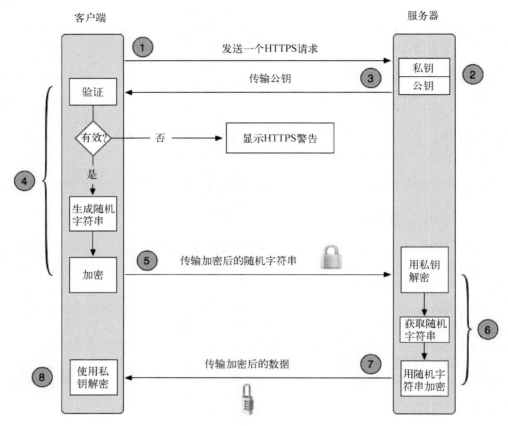

图 14-3　HTTPS 通信过程

通过上文的简要分析，我们可以确定服务器上必须有一对公钥和私钥，也就是后文提到的 SSL 证书。如果是公司的网站对外提供服务，则需要购买被各大浏览器厂商认可的 SSL 证书。阿铭曾经在沃通购买过 SSL 证书，你可以做个参考。目前各大 SSL 证书服务商已经不再提供免费的 SSL 证书服务，所以做本实验的时候，阿铭只能在 Linux 机器上生成一对自定义的 SSL 证书，这个证书只能我们自己用一下，不能使用在生产环境中。具体配置过程如下：

```
# cd /usr/local/nginx/conf
# openssl genrsa -des3 -out tmp.key 2048
Generating RSA private key, 2048 bit long modulus (2 primes)
............................+++++
................................................+++++
e is 65537 (0x010001)
Enter pass phrase for tmp.key:
Verifying - Enter pass phrase for tmp.key:

// openssl 命令如果没有，使用 yum install -y openssl 安装。这一步是生成 key 文件（通常称为"私钥"），
2048
```

```
//为加密字符串长度，会让我们输入一个密码，密码不能太短，否则不成功

# openssl rsa -in tmp.key -out aminglinux.key
Enter pass phrase for tmp.key:
writing RSA key

// 这一步是把刚刚生成的 tmp.key 再转换成 aminglinux.key，目的是删除刚才设置的密码，如果 key 文件有密码，
// 则必须在 Nginx 加载它的时候输入它的密码，因此很不方便
# rm -f tmp.key
# openssl req -new -key aminglinux.key -out aminglinux.csr
You are about to be asked to enter information that will be incorporated
into your certificate request.
What you are about to enter is what is called a Distinguished Name or a DN.
There are quite a few fields but you can leave some blank
For some fields there will be a default value,
If you enter '.', the field will be left blank.
-----
Country Name (2 letter code) [XX]:
State or Province Name (full name) []:
Locality Name (eg, city) [Default City]:
Organization Name (eg, company) [Default Company Ltd]:
Organizational Unit Name (eg, section) []:
Common Name (eg, your name or your server's hostname) []:aming.com
Email Address []:

Please enter the following 'extra' attributes
to be sent with your certificate request
A challenge password []:123456
An optional company name []:

// 除了 Common Name 和 Challenge password 有设置外，其他都是直接按回车。
// 这一步是生成证书请求文件，这个并不是上文提到的公钥，但这个文件是必须要有的，我们要拿 key 文件和这
// 个 CSR 文件一起生成最终的公钥文件。其中 Common Name 为后面配置 Nginx 配置文件的 server_name

# openssl x509 -req -days 365 -in aminglinux.csr -signkey aminglinux.key -out aminglinux.crt
Signature ok
subject=/C=XX/L=Default City/O=Default Company Ltd/CN=aming.com
Getting Private key

// 说明：这样最终才生成了 CRT 证书文件，也就是图 14-3 中的公钥
```

以上操作的最终目的是生成 aminglinux.key 和 aminglinux.crt 两个文件。其实购买的 SSL 证书主要是得到这两个文件，有了这两个文件就可以配置 Nginx 了。配置过程如下：

```
# vim /usr/local/nginx/conf/vhost/ssl.conf    // 写入如下内容
server
{
    listen 443 ssl;
    server_name aming.com;
    index index.html index.php;
    root /data/nginx/aming.com;

    ssl on;
```

```
        ssl_certificate aminglinux.crt;
        ssl_certificate_key aminglinux.key;
        ssl_protocols TLSv1 TLSv1.1 TLSv1.2;

        location ~ \.php$
        {
            include fastcgi_params;
            fastcgi_pass unix:/tmp/php-fcgi.sock;
            fastcgi_index index.php;
            fastcgi_param SCRIPT_FILENAME /data/nginx/aming.com$fastcgi_script_name;
        }
        access_log /tmp/1.log combined_realip;
}
```

保存配置文件后,检查配置是否有问题。阿铭在检查配置时,发现了问题:

```
# /usr/local/nginx/sbin/nginx -t
nginx: [emerg] unknown directive "ssl" in /usr/local/nginx/conf/vhost/ssl.conf:8
nginx: configuration file /usr/local/nginx/conf/nginx.conf test failed
```

这说明,当前的 Nginx 并不支持 SSL,这是因为阿铭在先前的 Nginx 编译时,并没有额外配置支持 SSL 的参数,要解决该问题只能重新编译一遍 Nginx。操作过程如下:

```
# cd /usr/local/src/nginx-1.18.0/
# ./configure --prefix=/usr/local/nginx --with-http_ssl_module
# make
# make install
```

编译完成后,再来检验一次:

```
# /usr/local/nginx/sbin/nginx -t
nginx: [warn] the "ssl" directive is deprecated, use the "listen ... ssl" directive instead in /usr/local/nginx/conf/vhost/ssl.conf:8
nginx: the configuration file /usr/local/nginx/conf/nginx.conf syntax is ok
nginx: configuration file /usr/local/nginx/conf/nginx.conf test is successful
```

有个 warn 的提示,这个倒不是错误,并不影响。要想去除此告警,可以将配置文件的第 8 行删除掉。然后创建对应的目录和测试文件:

```
# mkdir /data/nginx/aming.com
# echo "<?php phpinfo(); ?>" > /data/nginx/aming.com/1.php
# systemctl restart nginx.service
```

再编辑 hosts 文件,写入一行:

```
192.168.72.128 aming.com
```

用浏览器访问 https://aming.com/1.php 会提示不安全,如图 14-4 所示。

图 14-4　不安全的连接

这是因为该证书为我们自己制作的，并没有得到浏览器的认可，如果想继续访问，可以单击"高级"按钮，然后单击"添加例外"，在弹出的对话框单击"确认安全例外"，然后就可以访问网站内容了。此时，你还可以看到浏览器的地址栏左侧有一个灰色的小锁，并且带有黄色三角形，这意味着该链接不安全。这是因为该站点的 SSL 证书是我们自己颁发的，因而不能被浏览器承认。

14.5　php-fpm 配置

和 LAMP 不同的是，在 LNMP 架构中，php-fpm 是作为一个独立的服务存在。既然是独立服务，那么它必然有自己的配置文件。php-fpm 的配置文件为/usr/local/php-fpm/etc/php-fpm.conf，该文件同样支持 include 语句，类似于 nginx.conf 里面的 include。

14.5.1　php-fpm 的 pool

Nginx 可以配置多个虚拟主机，php-fpm 也支持配置多个 pool，每一个 pool 可以监听一个端口，也可以监听一个 socket，这个概念阿铭已经在前面已经有所阐述。阿铭把 php-fpm.conf 做一个更改，内容如下：

```
[global]
pid = /usr/local/php-fpm/var/run/php-fpm.pid
error_log = /usr/local/php-fpm/var/log/php-fpm.log
include = etc/php-fpm.d/*.conf
```

include 的这一行比较特殊，请注意等号后面的路径，必须先写上 etc 目录，再写需要创建的配置文件目录和子配置文件：

```
# mkdir /usr/local/php-fpm/etc/php-fpm.d
# cd /usr/local/php-fpm/etc/php-fpm.d
# vim www.conf   // 内容如下
```

```
[www]
listen = /tmp/www.sock
listen.mode=666
user = php-fpm
group = php-fpm
pm = dynamic
pm.max_children = 50
pm.start_servers = 20
pm.min_spare_servers = 5
pm.max_spare_servers = 35
pm.max_requests = 500
rlimit_files = 1024
```

保存后，再编辑另外的配置文件：

```
# vim aming.conf    // 写入如下内容
[aming]
listen = /tmp/aming.sock
listen.mode=666
user = php-fpm
group = php-fpm
pm = dynamic
pm.max_children = 50
pm.start_servers = 20
pm.min_spare_servers = 5
pm.max_spare_servers = 35
pm.max_requests = 500
rlimit_files = 1024
```

这样就有两个子配置文件，也就是说有两个 pool 了，第一个 pool 监听了 /tmp/www.sock，第二个 pool 监听了 /tmp/aming.sock。这样，就可以在 Nginx 不同的虚拟主机中调用不同的 pool，从而达到相互隔离的目的，两个 pool 互不影响。下面来验证一下配置是否有问题：

```
# /usr/local/php-fpm/sbin/php-fpm -t
[28-Jun-2020 22:48:39] NOTICE: configuration file /usr/local/php-fpm/etc/php-fpm.conf test is successful
```

然后重启一下 php-fpm 服务：

```
# /etc/init.d/php-fpm restart
Gracefully shutting down php-fpm . done
Starting php-fpm   done
```

再来查看 /tmp/ 目录下面的 sock 文件：

```
# ls /tmp/*.sock
/tmp/aming.sock   /tmp/mysql.sock   /tmp/php-fcgi.sock
```

14.5.2　php-fpm 的慢执行日志

这一节非常重要，请务必认真看完并理解。php-fpm 的慢执行日志阿铭用得非常多，它可以帮助你快速地追踪到问题点。为了更容易理解 php-fpm 的慢执行日志，阿铭先来举一个小例子。

小明是一个运维工程师，他维护的网站是用 PHP 语言编写的，运行环境为 LNMP，网站访问量不算大，一直都很稳定。但有一天，网站突然很卡，打开一个页面需要十几秒，小明发现问题后，马上登录服务器排查问题。他做的操作有：使用 w 命令查看服务器负载，使用 free 命令查看内存，使用 top 命令查看哪个进程占用 CPU，使用 nload 命令查看网卡流量……总之小明做了很多操作，种种迹象表明 php-fpm 进程占用了很多资源。

但 php-fpm 进程究竟在干什么？为什么耗费了很多资源呢？小明很想知道，只有找到问题点，才能解决 php-fpm 耗费资源的问题，然后网站自然就快了。小明的经验有限，不知道怎么去查看 php-fpm 在干什么。在哪一步卡住了呢？小明开始到 Google 上去搜文档，找啊找，找啊找，找了很久，也尝试了许多方法，终于"皇天不负有心人"，小明找到了一个很有效的方法，其实就是阿铭要介绍的 php-fpm 慢执行日志。

通过 php-fpm 的慢执行日志，我们可以非常清晰地了解到 PHP 的脚本在哪里执行时间长，它可以定位到具体的行。在上例中，小明就是通过查看 php-fpm 的慢执行日志最终得到结论：是因为 PHP 调用了一个远程的网站接口，而这个接口网络出现故障，访问它需要十几秒的时间，所以 php-fpm 也会等十几秒，最终导致网站访问很卡。说了这么多，你肯定很想知道如何开启和查看 php-fpm 的慢执行日志，操作步骤如下：

```
# vim /usr/local/php-fpm/etc/php-fpm.d/www.conf   // 在最后面加入如下内容
request_slowlog_timeout = 1
slowlog = /usr/local/php-fpm/var/log/www-slow.log
```

第一行定义超时时间，即 PHP 的脚本执行时间只要超过 1 秒就会记录日志，第二行定义慢执行日志的路径和名字。以后，你遇到 PHP 网站访问卡顿的问题时，要记得去查看这个慢执行日志，一定会帮到你！

14.5.3　php-fpm 定义 open_basedir

open_basedir 的作用是将网站限定在指定目录里，就算该站点被黑了，黑客只能在该目录下面有所作为，而不能左右其他目录。如果你的服务器上只有一个站点，那么可以直接在 php.ini 中设置 open_basedir 参数。但如果服务器上运行的站点比较多，那在 php.ini 中设置就不合适了，因为在 php.ini 中只能定义一次，也就是说所有站点都一起定义限定的目录，这样似乎起不到隔离多个站点的作用。php-fpm 可以针对不同的 pool 设置不同的 open_basedir：

```
# vim /usr/local/php-fpm/etc/php-fpm.d/aming.conf   // 在最后面加入
php_admin_value[open_basedir]=/data/www/:/tmp/
```

只要在对应的 Nginx 虚拟主机配置文件中调用对应的 pool，就可以使用 open_basedir 来物理隔离多个站点了，从而达到安全的目的。

14.5.4　php-fpm 进程管理

来看这一段配置：

```
pm = dynamic
pm.max_children = 50
pm.start_servers = 20
pm.min_spare_servers = 5
pm.max_spare_servers = 35
pm.max_requests = 500
```

第一行，定义 php-fpm 的子进程启动模式，dynamic 为动态模式；一开始只启动少量的子进程，根据实际需求，动态地增加或者减少子进程，最多不会超过 pm.max_children 定义的数值。另外一种模式为 static，这种模式下子进程数量由 pm.max_children 决定，一次性启动这么多，之后不会减少也不会增加。

pm.start_servers 针对 dynamic 模式，定义 php-fpm 服务在启动时产生的子进程数量。pm.min_spare_servers 针对 dynamic 模式，定义在空闲时段子进程数的最少数量，如果达到这个数值，php-fpm 服务会自动派生新的子进程。pm.max_spare_servers 也是针对 dynamic 模式的，定义在空闲时段子进程数的最大值，如果高于这个数值就开始清理空闲的子进程。pm.max_requests 针对 dynamic 模式，定义一个子进程最多处理的请求数，也就是说在一个 php-fpm 的子进程中最多可以处理 pm.max_requests 个请求，当达到这个数值时，进程会自动退出。

14.6 课后习题

(1) 到 MySQL 官网下载一个源码包，尝试编译安装，编译参数可以参考我们已经安装过的 MySQL 的编译参数。

(2) MySQL 的配置文件 my.cnf 是否可以放到 /etc/ 目录外的其他目录下？

(3) PHP 的配置文件是什么？php-fpm 的配置文件是什么？

(4) 如何检测 Nginx 配置文件是否有错？如何检测 php-fpm 的配置文件是否有错？

(5) 本章中出现了两次 chmod 755 /etc/init.d/xxx，其中 xxx 为 mysql、php-fpm。为什么要更改它们的权限？如果不改会有什么问题？

(6) Nginx 是如何做到解析 PHP 文件的？它是如何和 PHP 联系在一起的？

(7) 请配置 Nginx 的访问日志，并编写日志切割脚本（按天切割）。

(8) 请配置 Nginx 域名重定向，比如一个虚拟主机支持多个域名访问 abc.com 和 123.com，那么如何让 123.com 的访问跳转到 abc.com？

(9) 请配置 Nginx 的用户验证。

(10) 请针对 Nginx 站点，设置禁止某个目录下的 PHP 程序解析。

(11) 请使用 Nginx 代理一个站点。

(12) 请配置 Nginx，限制只让某个 IP 访问网站。

(13) 请设置 Nginx 防盗链，比如只让 A 域名的 referer 访问，其他站点不能访问。

(14) 请设置 Nginx 根据 user_agent 来限制访问，比如禁止百度的蜘蛛访问站点。

(15) 请配置 Nginx 的虚拟目录。

(16) php-fpm.conf 中配置有多个 pool，如何针对每一个 pool 配置 open_basedir 以及 slow_log？

第 15 章
常用 MySQL 操作

前面阿铭已经介绍过 MySQL 的安装了，但是光会安装还不够，作为一个 Linux 运维工程师，你还需要掌握一些基本的操作，以满足日常管理工作所需。至于更深层次的内容，那是 DBA（专门管理数据库的技术人员）所必须掌握的。

15.1 更改 MySQL 数据库 root 的密码

在前一章刚安装完 MySQL，我们已经将 MySQL 的 root 用户密码修改为了 aminglinux.com，登录时需要使用该密码才能登录，如下所示：

```
# /usr/local/mysql/bin/mysql -uroot -p
/usr/local/mysql/bin/mysql: error while loading shared libraries: libncurses.so.5: cannot open shared object file: No such file or directory
```

结果报错了，这是因为阿铭的系统少一个库文件。解决办法为：

```
# yum install -y ncurses-compat-libs
```

继续刚才的命令：

```
# /usr/local/mysql/bin/mysql -uroot -p
Enter password:
Welcome to the MySQL monitor.  Commands end with ; or \g.
Your MySQL connection id is 3
Server version: 5.7.29-log MySQL Community Server (GPL)

Copyright (c) 2000, 2020, Oracle and/or its affiliates. All rights reserved.

Oracle is a registered trademark of Oracle Corporation and/or its
affiliates. Other names may be trademarks of their respective
```

owners.

Type 'help;' or '\h' for help. Type '\c' to clear the current input statement.

mysql>

输入正确的密码后，进入到了 MySQL 命令行界面里。退出时直接输入 quit 或者 exit 即可。细心的读者应该会发现，阿铭在上一条命令中使用的是绝对路径，这样很不方便。但是只单独输入一个 mysql 命令是不行的，因为/usr/local/mysql/bin 不在 PATH 这个环境变量里。那么如何把它加入环境变量 PATH 中呢？方法如下：

```
# PATH=$PATH:/usr/local/mysql/bin
```

但重启 Linux 后还会失效，所以需要让它开机加载，如下所示：

```
# echo "PATH=$PATH:/usr/local/mysql/bin" >> /etc/profile
# source /etc/profile
# mysql -uroot -p
Enter password:
Welcome to the MySQL monitor.  Commands end with ; or \g.
Your MySQL connection id is 4
Server version: 5.7.29-log MySQL Community Server (GPL)

Copyright (c) 2000, 2020, Oracle and/or its affiliates. All rights reserved.

Oracle is a registered trademark of Oracle Corporation and/or its
affiliates. Other names may be trademarks of their respective
owners.

Type 'help;' or '\h' for help. Type '\c' to clear the current input statement.

mysql>
```

阿铭再来解释一下上一条命令中-u 的含义，它用来指定要登录的用户，后面有无空格均可。root 用户是 MySQL 自带的管理员用户，-p 后面应该跟密码，如果没有跟，就需要手动输入。我们还可以直接将密码放到命令里，但这样就不太安全了：

```
# mysql -uroot -p'aminglinux.com'
mysql: [Warning] Using a password on the command line interface can be insecure.
```

我们同时得到一个警告。那么如何给 root 用户更改密码呢？操作方法如下：

```
# mysqladmin -uroot -p'aminglinux.com' password 'linux.org'
mysqladmin: [Warning] Using a password on the command line interface can be insecure.
Warning: Since password will be sent to server in plain text, use ssl connection to ensure password safety.
```

这样就给 MySQL 的 root 用户更改了密码，注意在生产环境中不要设置这么简单的密码。在执行命令过程中它会返回一条警告信息，意思是在命令行下面暴露了密码，这样不安全。接下来使用新密码登录，如下所示：

```
# mysql -uroot -p'linux.org'
mysql: [Warning] Using a password on the command line interface can be insecure.
```

```
Welcome to the MySQL monitor.  Commands end with ; or \g.
Your MySQL connection id is 7
Server version: 5.7.29-log MySQL Community Server (GPL)

Copyright (c) 2000, 2020, Oracle and/or its affiliates. All rights reserved.

Oracle is a registered trademark of Oracle Corporation and/or its
affiliates. Other names may be trademarks of their respective
owners.

Type 'help;' or '\h' for help. Type '\c' to clear the current input statement.

mysql>
```

输入密码时需要加-p 选项，后面可以直接跟密码。-p 选项后面不可以有空格，密码可以不加单引号（但是密码中有特殊字符时就会出问题，所以最好还是加上单引号）。

也许你会遇到忘记 root 密码的情况，此时就需要另外一种方法了。具体步骤如下。

1) 更改配置文件：

```
# vi /etc/my.cnf   // 增加一行
skip-grant-tables
```

2) 重启 MySQL：

```
# /etc/init.d/mysqld restart
```

3) 修改 MySQL 库的 user 表：

```
# mysql -uroot   // 此时不需要 root 密码就可以进入到 mysql
Welcome to the MySQL monitor.  Commands end with ; or \g.
Your MySQL connection id is 3
Server version: 5.7.29-log MySQL Community Server (GPL)

Copyright (c) 2000, 2020, Oracle and/or its affiliates. All rights reserved.

Oracle is a registered trademark of Oracle Corporation and/or its
affiliates. Other names may be trademarks of their respective
owners.

Type 'help;' or '\h' for help. Type '\c' to clear the current input statement.

mysql> UPDATE mysql.user SET authentication_string=PASSWORD('aming123') WHERE user='root' ;
Query OK, 1 row affected, 1 warning (0.06 sec)
Rows matched: 1  Changed: 1  Warnings: 1
```

4) 修改配置文件：

编辑/etc/my.cnf，将刚刚增加的 skip-grant-tables 去掉。

5) 重启 MySQL：

```
# /etc/init.d/mysqld restart
```

6) 使用新密码登录：

```
# mysql -uroot -p'aming123'
mysql: [Warning] Using a password on the command line interface can be insecure.
Welcome to the MySQL monitor.  Commands end with ; or \g.
Your MySQL connection id is 2
Server version: 5.7.29-log MySQL Community Server (GPL)

Copyright (c) 2000, 2020, Oracle and/or its affiliates. All rights reserved.

Oracle is a registered trademark of Oracle Corporation and/or its
affiliates. Other names may be trademarks of their respective
owners.

Type 'help;' or '\h' for help. Type '\c' to clear the current input statement.

mysql>
```

此时，可以使用新密码登录 MySQL 了。

15.2 连接数据库

你可以使用命令 mysql -u root -p 连接数据库，但这样连接的只是本地数据库 localhost。很多时候需要连接网络中某一个主机上的 MySQL，如下所示：

```
# mysql -uroot -p -h192.168.72.128 -P3306
Enter password:
```

其中，后面的-P（大写）用来指定远程主机 MySQL 的绑定端口，默认都是 3306；-h 用来指定远程主机的 IP。除了-h 指定远程主机外，还可以用-S 来指定 socket 文件连接 MySQL，如下所示：

```
# mysql -uroot -S/tmp/mysql.sock -p
Enter password:
```

这个 socket 文件是 Linux 系统中进程之间用来通信的文件。

15.3 MySQL 基本操作的常用命令

在日常工作中，难免会遇到一些与 MySQL 相关的操作,比如建库、建表、查询 MySQL 状态等。尽管我们不是专业的数据库管理员，但是最基本的操作还是要掌握的。

15.3.1 查询当前库

查询当前库的命令如下：

```
mysql> show databases;
+--------------------+
| Database           |
+--------------------+
| information_schema |
```

```
| mysql                    |
| performance_schema       |
| sys                      |
+--------------------------+
4 rows in set (0.05 sec)
```

注意 mysql 命令的结尾处需要加一个分号。

15.3.2　查询某个库的表

首先需要切换到某个库里，如下所示：

```
mysql> use mysql;
Reading table information for completion of table and column names
You can turn off this feature to get a quicker startup with -A

Database changed
```

在切换库的时候，它提示这个操作会把当前库里的所有表的字段全部读一遍，你可以在启动 MySQL 的时候加上 -A 选项关闭这个特性（其实这个特性倒也不影响什么，你可以忽略它）。然后再把表列出来，如下所示：

```
mysql> show tables;
+---------------------------+
| Tables_in_mysql           |
+---------------------------+
| columns_priv              |
| db                        |
| engine_cost               |
| event                     |
| func                      |
| general_log               |
| gtid_executed             |
| help_category             |
| help_keyword              |
| help_relation             |
| help_topic                |
| innodb_index_stats        |
| innodb_table_stats        |
| ndb_binlog_index          |
| plugin                    |
| proc                      |
| procs_priv                |
| proxies_priv              |
| server_cost               |
| servers                   |
| slave_master_info         |
| slave_relay_log_info      |
| slave_worker_info         |
| slow_log                  |
| tables_priv               |
| time_zone                 |
```

```
| time_zone_leap_second      |
| time_zone_name             |
| time_zone_transition       |
| time_zone_transition_type  |
| user                       |
+----------------------------+
31 rows in set (0.00 sec)
```

15.3.3 查看某个表的全部字段

查看表的全部字段的命令如下：

```
mysql> desc db;
+-----------------------+---------------+------+-----+---------+-------+
| Field                 | Type          | Null | Key | Default | Extra |
+-----------------------+---------------+------+-----+---------+-------+
| Host                  | char(60)      | NO   | PRI |         |       |
| Db                    | char(64)      | NO   | PRI |         |       |
| User                  | char(32)      | NO   | PRI |         |       |
| Select_priv           | enum('N','Y') | NO   |     | N       |       |
| Insert_priv           | enum('N','Y') | NO   |     | N       |       |
| Update_priv           | enum('N','Y') | NO   |     | N       |       |
| Delete_priv           | enum('N','Y') | NO   |     | N       |       |
| Create_priv           | enum('N','Y') | NO   |     | N       |       |
| Drop_priv             | enum('N','Y') | NO   |     | N       |       |
| Grant_priv            | enum('N','Y') | NO   |     | N       |       |
| References_priv       | enum('N','Y') | NO   |     | N       |       |
| Index_priv            | enum('N','Y') | NO   |     | N       |       |
| Alter_priv            | enum('N','Y') | NO   |     | N       |       |
| Create_tmp_table_priv | enum('N','Y') | NO   |     | N       |       |
| Lock_tables_priv      | enum('N','Y') | NO   |     | N       |       |
| Create_view_priv      | enum('N','Y') | NO   |     | N       |       |
| Show_view_priv        | enum('N','Y') | NO   |     | N       |       |
| Create_routine_priv   | enum('N','Y') | NO   |     | N       |       |
| Alter_routine_priv    | enum('N','Y') | NO   |     | N       |       |
| Execute_priv          | enum('N','Y') | NO   |     | N       |       |
| Event_priv            | enum('N','Y') | NO   |     | N       |       |
| Trigger_priv          | enum('N','Y') | NO   |     | N       |       |
+-----------------------+---------------+------+-----+---------+-------+
22 rows in set (0.00 sec)
```

另外，也可以使用下面这条命令，显示的信息会更详细，而且还可以把建表语句全部列出来，如下所示：

```
mysql> show create table db\G
*************************** 1. row ***************************
       Table: db
Create Table: CREATE TABLE `db` (
  `Host` char(60) COLLATE utf8_bin NOT NULL DEFAULT '',
  `Db` char(64) COLLATE utf8_bin NOT NULL DEFAULT '',
  `User` char(32) COLLATE utf8_bin NOT NULL DEFAULT '',
  `Select_priv` enum('N','Y') CHARACTER SET utf8 NOT NULL DEFAULT 'N',
```

```
`Insert_priv` enum('N','Y') CHARACTER SET utf8 NOT NULL DEFAULT 'N',
`Update_priv` enum('N','Y') CHARACTER SET utf8 NOT NULL DEFAULT 'N',
`Delete_priv` enum('N','Y') CHARACTER SET utf8 NOT NULL DEFAULT 'N',
`Create_priv` enum('N','Y') CHARACTER SET utf8 NOT NULL DEFAULT 'N',
`Drop_priv` enum('N','Y') CHARACTER SET utf8 NOT NULL DEFAULT 'N',
`Grant_priv` enum('N','Y') CHARACTER SET utf8 NOT NULL DEFAULT 'N',
`References_priv` enum('N','Y') CHARACTER SET utf8 NOT NULL DEFAULT 'N',
`Index_priv` enum('N','Y') CHARACTER SET utf8 NOT NULL DEFAULT 'N',
`Alter_priv` enum('N','Y') CHARACTER SET utf8 NOT NULL DEFAULT 'N',
`Create_tmp_table_priv` enum('N','Y') CHARACTER SET utf8 NOT NULL DEFAULT 'N',
`Lock_tables_priv` enum('N','Y') CHARACTER SET utf8 NOT NULL DEFAULT 'N',
`Create_view_priv` enum('N','Y') CHARACTER SET utf8 NOT NULL DEFAULT 'N',
`Show_view_priv` enum('N','Y') CHARACTER SET utf8 NOT NULL DEFAULT 'N',
`Create_routine_priv` enum('N','Y') CHARACTER SET utf8 NOT NULL DEFAULT 'N',
`Alter_routine_priv` enum('N','Y') CHARACTER SET utf8 NOT NULL DEFAULT 'N',
`Execute_priv` enum('N','Y') CHARACTER SET utf8 NOT NULL DEFAULT 'N',
`Event_priv` enum('N','Y') CHARACTER SET utf8 NOT NULL DEFAULT 'N',
`Trigger_priv` enum('N','Y') CHARACTER SET utf8 NOT NULL DEFAULT 'N',
PRIMARY KEY (`Host`,`Db`,`User`),
KEY `User` (`User`)
) ENGINE=MyISAM DEFAULT CHARSET=utf8 COLLATE=utf8_bin COMMENT='Database privileges'
1 row in set (0.00 sec)
```

这条命令后面加了一个 \G，目的是让列出来的结果竖排显示，这样看起来更清晰；如果不加 \G，会有点乱。

15.3.4 查看当前是哪个用户

查看当前用户的命令如下：

```
mysql> select user();
+----------------+
| user()         |
+----------------+
| root@localhost |
+----------------+
1 row in set (0.00 sec)
```

15.3.5 查看当前所使用的数据库

查看当前数据库的命令如下：

```
mysql> select database();
+------------+
| database() |
+------------+
| mysql      |
+------------+
1 row in set (0.00 sec)
```

15.3.6 创建一个新库

新建一个库的命令如下：

```
mysql> create database db1;
Query OK, 1 row affected (0.05 sec)
```

15.3.7 创建一个新表

新建一个表的命令如下：

```
mysql> use db1;
Database changed
mysql> create table t1 (`id` int(4), `name` char(40));
Query OK, 0 rows affected (0.06 sec)
```

注意，这里的字段名 id 和 name 需要用反引号括起来。

15.3.8 查看当前数据库的版本

查看 MySQL 版本的命令如下：

```
mysql> select version();
+------------+
| version()  |
+------------+
| 5.7.29-log |
+------------+
1 row in set (0.00 sec)
```

15.3.9 查看 MySQL 的当前状态

查看 MySQL 当前状态的命令如下：

```
mysql> show status;
+-----------------------------------+----------+
| Variable_name                     | Value    |
+-----------------------------------+----------+
| Aborted_clients                   | 0        |
| Aborted_connects                  | 2        |
| Binlog_cache_disk_use             | 0        |
| Binlog_cache_use                  | 0        |
| Binlog_stmt_cache_disk_use        | 0        |
| Binlog_stmt_cache_use             | 3        |
| Bytes_received                    | 1229     |
| Bytes_sent                        | 41129    |
| Com_admin_commands                | 0        |
| Com_assign_to_keycache            | 0        |
| Com_alter_db                      | 0        |
| Com_alter_db_upgrade              | 0        |
```

由于内容太长，阿铭没有列出全部信息，感兴趣的话可以上网搜索一下其中每一行的含义。

15.3.10 查看 MySQL 的参数

查看 MySQL 各参数的命令如下：

```
mysql> show variables;
+----------------------------------+--------------------+
| Variable_name                    | Value              |
+----------------------------------+--------------------+
| auto_increment_increment         | 1                  |
| auto_increment_offset            | 1                  |
| autocommit                       | ON                 |
| automatic_sp_privileges          | ON                 |
| back_log                         | 50                 |
| basedir                          | /usr/local/mysql/  |
```

限于篇幅，阿铭没有列出全部参数。其中有很多参数是可以在 /etc/my.cnf 文件中定义的，并且有部分参数是可以在线编辑的。

15.3.11 修改 MySQL 的参数

举例来说，修改参数 max_connect_errors 的操作方法如下：

```
mysql> show variables like 'max_connect%';
+--------------------+-------+
| Variable_name      | Value |
+--------------------+-------+
| max_connect_errors | 100   |
| max_connections    | 151   |
+--------------------+-------+
2 rows in set (0.01 sec)

mysql> set global max_connect_errors = 1000;
Query OK, 0 rows affected (0.00 sec)

mysql> show variables like 'max_connect_errors';
+--------------------+-------+
| Variable_name      | Value |
+--------------------+-------+
| max_connect_errors | 1000  |
+--------------------+-------+
1 row in set (0.01 sec)
```

在 MySQL 命令行中，符号%类似于 shell 下的*，表示通配。使用命令 set global 可以临时修改某些参数，但是重启 MySQL 服务后这些修改会失效。所以，如果你想让这些修改恒久生效，就要在配置文件 my.cnf 中定义。

15.3.12 查看当前 MySQL 服务器的队列

查看服务器队列在日常的管理工作中最为频繁。因为使用它可以查看当前 MySQL 在干什么，也可以发现是否有锁表，如下所示：

```
mysql> show processlist;
+----+------+-----------+-----+---------+------+-------+------------------+
| Id | User | Host      | db  | Command | Time | State | Info             |
+----+------+-----------+-----+---------+------+-------+------------------+
| 13 | root | localhost | db1 | Query   |    0 | NULL  | show processlist |
+----+------+-----------+-----+---------+------+-------+------------------+
1 row in set (0.00 sec)
```

15.3.13　创建一个普通用户并授权

授权命令如下：

```
mysql> grant all on *.* to user1 identified by '123456';
Query OK, 0 rows affected (0.21 sec)
```

其中，all 表示所有的权限（如读、写、查询、删除等操作）；.有两个*，前者表示所有的数据库，后者表示所有的表；identified by 后面跟密码，密码用单引号括起来。这里的 user1 特指 localhost 上的 user1。如果是给网络其他机器上的某个用户授权，则要执行如下命令：

```
mysql> grant all on db1.* to 'user2'@'192.168.72.129' identified by '111222';
Query OK, 0 rows affected (0.01 sec)
```

其中，用户和主机的 IP 之间有一个符号 @。另外，命令中主机 IP 可以用 % 替代，表示所有主机，如下所示：

```
mysql> grant all on db1.* to 'user3'@'%' identified by '231222';
Query OK, 0 rows affected (0.00 sec)
```

15.4　常用的 SQL 语句

关系型数据库的 SQL 语句都是一样的。假如你之前学过 SQL Server 或者 Oracle，便会觉得这部分内容非常熟悉。

15.4.1　查询语句

最常见的查询语句就是下面这两种形式。

- 第一种形式

```
mysql> select count(*) from mysql.user;
+----------+
| count(*) |
+----------+
|        6 |
+----------+
1 row in set (0.00 sec)
```

其中，mysql.user 表示 MySQL 库的 user 表，count(*) 表示表中共有多少行。

❑ 第二种形式

```
mysql> select * from mysql.db;
```

它表示查询 MySQL 库的 db 表中的所有数据。当然也可以查询单个字段或者多个字段，如下所示：

```
mysql> select db from mysql.db;
mysql> select db,user  from mysql.db;
```

同样，在查询语句中也可以使用万能匹配符 %，如下所示：

```
mysql> select * from mysql.db where host like '192.168.%';
```

15.4.2　插入一行

插入操作在 MySQL 中也很普遍，如下所示：

```
mysql> insert into db1.t1 values (1, 'abc');
Query OK, 1 row affected (0.01 sec)

mysql> select * from db1.t1;
+------+------+
| id   | name |
+------+------+
|    1 | abc  |
+------+------+
1 row in set (0.01 sec)
```

15.4.3　更改表的某一行

MySQL 表里存放的数据支持更改某个字段，如下所示：

```
mysql> update db1.t1 set name='aaa' where id=1;
Query OK, 1 row affected (0.01 sec)
Rows matched: 1  Changed: 1  Warnings: 0

mysql> select * from db1.t1;
+------+------+
| id   | name |
+------+------+
|    1 | aaa  |
+------+------+
1 row in set (0.00 sec)
```

15.4.4　清空某个表的数据

有时我们不希望删除表，而只是想清空某个表的数据，如下所示：

```
mysql> truncate table db1.t1;
Query OK, 0 rows affected (0.01 sec)
```

```
mysql> select * from db1.t1;
Empty set (0.00 sec)
```

15.4.5 删除表

如果不需要某个表了，可以直接将其删除，如下所示：

```
mysql> drop table db1.t1;
Query OK, 0 rows affected (0.02 sec)
```

15.4.6 删除数据库

表可以删除，当然数据库也可以删除，如下所示：

```
mysql> drop database db1;
Query OK, 0 rows affected (0.01 sec)
```

15.5 MySQL 数据库的备份与恢复

备份和恢复 MySQL 数据库这部分内容非常重要，请牢固掌握。

15.5.1 MySQL 备份

备份 MySQL 要使用 mysqldump 命令，具体用法如下：

```
# mysqldump -uroot -p'aming123' mysql >/tmp/mysql.sql
```

其中，-u 和 -p 两个选项的使用方法和前面介绍的一样；后面的 mysql 指的是库名，然后重定向到一个文本文档里。备份做完后，你可以查看 /tmp/mysql.sql 这个文件里的内容。

15.5.2 MySQL 的恢复

MySQL 的恢复和备份正好相反，如下所示：

```
# mysql -uroot -p'aming123' mysql </tmp/mysql.sql
```

关于 MySQL 的基本操作阿铭就介绍这么多。当然，学会了这些还远远不够，希望你能够在工作中学习到更多的知识。如果你对 MySQL 很感兴趣，不妨深入研究一下。

15.6 课后习题

(1) 如何更改系统环境变量 PATH？
(2) MySQL 安装之后，如何给 root 用户更改密码？
(3) 如何在不知道以前密码的情况下重置 root 密码？

(4) 如何连接远程的 MySQL 服务器？
(5) 如何查看当前 MySQL 的登录用户？
(6) 在 MySQL 命令行下，如何切换到某个库？
(7) 如何查看一个表都有哪些字段？
(8) 如何查看某个表使用的是哪种数据库引擎？
(9) 如何查看当前数据库有哪些队列？
(10) 当有很多队列时，如何查看有哪些慢查询？
(11) 如何查看当前 MySQL 的参数值？
(12) 不重启 MySQL 服务，如何更改某个参数？
(13) 用什么工具备份数据库？请区分 MyISAM 引擎和 innodb 引擎两种存储引擎的备份。（扩展内容，请查资料获取答案。）
(14) 简单描述 MyISAM 和 innodb 引擎的区别。（扩展内容，请查资料获取答案。）
(15) 如果你的 MySQL 服务不能启动，而当前终端又没有报错，该如何做？
(16) 备份 MyISAM 引擎的数据库时，我们除了使用 mysqldump 工具外，还可以直接复制数据库的源数据（.frm、.MYD 和 .MYI 这三种格式的数据），其中哪一个文件可以不复制？若想恢复该文件，该如何做？（扩展内容，请查资料获取答案。）
(17) MySQL 的命令历史文件在哪里？为了安全，我们其实可以做一个小处理，不让 MySQL 的命令历史记录在文档中，请想一想如何利用之前我们学过的知识做到。
(18) 如何让 MySQL 的监听端口为 3307，而不是默认的 3306？

第 16 章 NFS 服务配置

你会经常用到 NFS 服务，它用于在网络上共享存储。举例来说，假如有 3 台机器 A、B 和 C，它们需要访问同一个目录，且目录中都是图片。传统的做法是把这些图片分别放到 A、B、C 中，但若使用 NFS，只需要把图片放到 A 上，然后 A 再共享给 B 和 C 即可。访问 B 和 C 时，是通过网络的方式去访问 A 上那个目录的。

16.1 服务端配置 NFS

在 CentOS 上使用 NFS 服务需要安装两个包（nfs-utils 和 rpcbind），不过当使用 yum 工具安装 nfs-utils 时，也会一并安装 rpcbind，如下所示：

```
# yum install -y nfs-utils
```

早期的 CentOS 版本是需要安装 portmap 包的，从 CentOS 6 开始，就改为安装 rpcbind 包了。配置 NFS 比较简单，只需要编辑配置文件 /etc/exports。下面阿铭就先创建一个简单的 NFS 服务器。

首先修改配置文件（默认该文件为空），如下所示：

```
# vim /etc/exports    // 写入如下内容：
/home/nfstestdir 192.168.72.0/24(rw,sync,all_squash,anonuid=1000,anongid=1000)
```

这个配置文件就一行，共分为三部分。第一部分是本地要共享出去的目录，第二部分是允许访问的主机（可以是一个 IP，也可以是一个 IP 段），第三部分就是小括号里面的一些权限选项。关于第三部分，阿铭简单介绍一下。

- **rw**：表示读/写。
- **ro**：表示只读。

- **sync**：同步模式，表示把内存中的数据实时写入磁盘。
- **async**：非同步模式，表示把内存中的数据定期写入磁盘。
- **no_root_squash**：加上这个选项后，root 用户就会对共享的目录拥有至高的权限控制，就像是对本机的目录操作一样。但这样安全性降低。
- **root_squash**：与 no_root_squash 选项对应，表示 root 用户对共享目录的权限不高，只有普通用户的权限，即限制了 root。
- **all_squash**：表示不管使用 NFS 的用户是谁，其身份都会被限定为一个指定的普通用户身份。
- **anonuid/anongid**：要和 root_squash 以及 all_squash 选项一同使用，用于指定使用 NFS 的用户被限定后的 uid 和 gid，但前提是本机的/etc/passwd 中存在相应的 uid 和 gid。

介绍了 NFS 的相关权限选项后，阿铭再来分析一下刚刚配置的/etc/exports 文件。假设要共享的目录为/home/nfstestdir，信任的主机为 192.168.72.0/24 这个网段，权限为读/写，同步模式，限定所有使用者，并且限定的 uid 和 gid 都为 1000。

编辑好配置文件后创建相关目录并启动 NFS 服务，如下所示：

```
# mkdir /home/nfstestdir
# systemctl start rpcbind
# systemctl start nfs-server
# systemctl enable rpcbind
# systemctl enable nfs-server
```

在启动 NFS 服务之前，需要先启动 rpcbind 服务（CentOS 的老版本中为 portmap）。

16.2 客户端挂载 NFS

做本节试验最好是打开另外一台虚拟机，如果你的计算机资源吃紧，也可以在一台机器上操作，即客户端、服务端同用一台机器。阿铭的两台虚拟机 IP 地址分别为 192.168.72.128 和 192.168.72.129，其中提供 NFS 服务的是 192.168.72.128。在客户端挂载 NFS 之前，我们需要先查看服务端共享了哪些目录。客户端（192.168.72.129）安装 nfs-utils 包后，可以使用 showmount 命令查看，如下所示：

```
# showmount -e 192.168.72.128
Export list for 192.168.72.128:
/home/nfstestdir 192.168.72.0/24
```

使用命令 showmount -e IP 就可以查看 NFS 的共享情况，从上例我们可以看到 192.168.72.128 的共享目录为/home/nfstestdir，信任主机为 192.168.72.0/24 这个网段。

然后在客户端上（192.168.72.129）挂载 NFS，如下所示：

```
# mount -t nfs 192.168.72.128:/home/nfstestdir /mnt/
# df -h
文件系统              容量    已用   可用   已用%  挂载点
devtmpfs             888M     0    888M    0%   /dev
tmpfs                904M     0    904M    0%   /dev/shm
tmpfs                904M  8.7M   895M    1%   /run
tmpfs                904M     0    904M    0%   /sys/fs/cgroup
```

```
/dev/sda3                              28G   6.2G   22G   23% /
/dev/sda1                              190M  127M   49M   73% /boot
tmpfs                                  181M     0  181M    0% /run/user/0
192.168.72.128:/home/nfstestdir        28G   6.2G   22G   23% /mnt
```

使用命令 df -h 可以看到增加了一个 /mnt 分区，它就是 NFS 共享的目录了。进入 /mnt/ 目录下，并创建测试文件：

```
# cd /mnt/
# touch aminglinux.txt
touch: 无法创建"aminglinux.txt": 权限不够
```

这是因为在服务端（192.168.72.128）上创建的/home/nfstestdir 目录权限不合适，挂载后相当于被限制为 uid 为 1000 的用户，解决该问题需要在服务端（192.168.72.128）上修改/home/nfstestdir 目录权限：

```
# chmod 777 /home/nfstestdir
```

然后再到客户端上（192.168.72.129）创建测试文件：

```
# cd /mnt/
# touch aminglinux.txt
# ls -l
总用量 0
-rw-r--r-- 1 mysql mysql 0 7月  1 22:16 aminglinux.txt
# id aming
uid=1000(mysql) gid=1000(mysql) 组=1000(mysql)
```

可以看到创建的新文件 aminglinux.txt 的所有者和所属组为 mysql，其 uid 和 gid 都为 1000。

16.3 命令 exportfs

exportfs 命令的常用选项为-a、-r、-u 和-v，这些选项的含义如下。

- **-a**：表示全部挂载或者卸载。
- **-r**：表示重新挂载。
- **-u**：表示卸载某一个目录。
- **-v**：表示显示共享的目录。

当改变 /etc/exports 配置文件后，使用 exportfs 命令挂载时不需要重启 NFS 服务。接下来阿铭做一个试验，首先修改服务端（192.168.72.128）的配置文件，如下所示：

```
# vim /etc/exports        // 增加一行

/tmp/ 192.168.72.0/24(rw,sync,no_root_squash)
```

然后在服务端（192.168.72.128）上执行如下命令：

```
# exportfs -arv
exporting 192.168.72.0/24:/tmp
exporting 192.168.72.0/24:/home/nfstestdir
```

在上一节用到了 mount 命令。其实用 mount 命令来挂载 NFS 服务是有讲究的，它要用 -t nfs 来指定挂载的类型为 nfs。另外在挂载 NFS 服务时，常用 -o nolock 选项（即不加锁）。例如，在客户端（192.168.72.129）上执行如下命令：

```
# mkdir /aminglinux
# mount -t nfs -o nolock 192.168.72.128:/tmp/  /aminglinux/
```

你还可以把要挂载的 NFS 目录写到客户端上的/etc/fstab 文件中，挂载时只需要执行 mount -a 命令。例如在/etc/fstab 文件里增加一行，如下所示：

```
192.168.72.128:/tmp/     /aminglinux     nfs     defaults,nolock      0 0
```

由于刚刚已挂载了 NFS，需要先卸载，执行如下命令：

```
# umount /aminglinux
```

然后重新挂载，执行如下命令：

```
# mount -a
```

这样操作的好处是以后开机会自动挂载 NFS。刚刚挂载的/aminglinux/目录在服务端设置为了 no_root_squash，它并不会限制 root 用户，也就是说使用 root 用户创建文件时，跟在客户端本机上创建的一样。下面是实验过程：

```
# cd /aminglinux/
# touch 1.txt
# ls -l 1.txt
-rw-r--r-- 1 root root 1113 7月   1 22:19 1.txt
```

可以看到 1.txt 的所有者和所属组全部为 root。关于 NFS 阿铭就讲这么多，相信你很快就能掌握！

16.4 课后习题

(1) 配置 NFS 需要安装哪些包？
(2) 如果不开启 rpcbind 服务就启动 NFS 会怎么样？
(3) 在 NFS 配置文件中，no_root_squash、all_squash 和 root_squash 分别表示什么含义？
(4) 用什么命令来查看某个服务器上的 NFS 共享信息？
(5) 如何把远程的共享 NFS 挂载到本地？如何查看本机已经共享的 NFS 资源？
(6) 在 NFS 服务器上，假如更改了配置文件，如何不重启 NFS 服务使配置生效？
(7) 挂载 NFS 时，经常加上 -o nolock 选项，它的作用是什么？
(8) 请按要求修改配置：把/data/123/目录共享，针对 192.168.10.0/24 网段，限制客户端上的所有用户，并限定为 uid=800, gid=800。
(9) 用哪两种方法可以让客户端开机后自动挂载 NFS？

第 17 章
配置 FTP 服务

FTP 是 File Transfer Protocol（文件传输协议，简称"文传协议"）的英文简写形式，用于在因特网上控制文件的双向传输。它同时也是一个应用程序，用户可以通过它把自己的 PC 机与世界各地所有运行 FTP 协议的服务器相连，以访问这些服务器上的大量程序和信息。FTP 的主要作用就是让用户连接一个远程计算机（这些计算机上运行着 FTP 服务器程序），并查看远程计算机中的文件，然后把文件从远程计算机复制到本地计算机，或把本地计算机的文件传送到远程计算机。FTP 方便传输数据，所以个人用户很多，但在企业里用得越来越少，因为 FTP 有一定的安全隐患。在本章，阿铭将会介绍两种 FTP 软件。

17.1 使用 vsftpd 搭建 FTP 服务

CentOS 或者 Red Hat Linux 上有自带的 FTP 软件 vsftpd，默认并没有安装，需要用 yum 安装，安装后不用配置，启动后便可以使用，但本节介绍的是它的高级用法。

17.1.1 安装 vsftpd

使用 yum 工具安装 vsftpd 包，如下所示：

```
# yum install -y vsftpd
```

17.1.2 建立账号

vsftpd 默认支持使用系统账号体系登录，但那样不太安全，所以阿铭建议你使用虚拟账号体系登录。

首先建立与虚拟账号相关联的系统账号，如下所示：

```
# useradd virftp -s /sbin/nologin
```

接着建立与虚拟账户相关的文件，如下所示：

```
# vim  /etc/vsftpd/vsftpd_login     // 内容如下
test1
123456
test2
abcdef
```

需要说明的是，该文件的奇数行为用户名，偶数行为其上一行的用户密码。

然后更改该文件的权限，提升安全级别，如下所示：

```
# chmod 600 /etc/vsftpd/vsftpd_login
```

vsfptd 使用的密码文件不是明文的，需要生成对应的库文件，如下所示：

```
# db_load -T -t hash -f /etc/vsftpd/vsftpd_login /etc/vsftpd/vsftpd_login.db
```

最后建立与虚拟账号相关的目录以及配置文件，如下所示：

```
# mkdir  /etc/vsftpd/vsftpd_user_conf
# cd  /etc/vsftpd/vsftpd_user_conf
```

17.1.3　创建和用户对应的配置文件

用户的配置文件是单独存在的，每一个用户都有一个自己的配置文件，文件名和用户名一致，如下所示：

```
# vim test1    // 内容如下
local_root=/home/virftp/test1
anonymous_enable=NO
write_enable=YES
local_umask=022
anon_upload_enable=NO
anon_mkdir_write_enable=NO
idle_session_timeout=600
data_connection_timeout=120
max_clients=10
max_per_ip=5
local_max_rate=50000
```

其中，local_root 为 test1 账号的家目录，anonymous_enable 用来限制是否允许匿名账号登录（若为 NO，表示不允许匿名账号登录），write_enable=YES 表示可写，local_umask 指定 umask 值，anon upload enable 表示是否允许匿名账号上传文件，anon_mkdir_write_enable 表示是否允许匿名账号可写。以上为关键配置参数，其他参数暂时不用关心。

创建 test2 账号的步骤和 test1 一样，如下所示：

```
# mkdir /home/virftp/test1
# touch /home/virftp/test1/aminglinux.txt
# chown -R virftp:virftp /home/virftp
# vim /etc/pam.d/vsftpd     // 在该文件最上面添加两行
```

```
auth    sufficient /lib64/security/pam_userdb.so db=/etc/vsftpd/vsftpd_login
account sufficient /lib64/security/pam_userdb.so db=/etc/vsftpd/vsftpd_login
```

17.1.4 修改全局配置文件/etc/vsftpd/vsftpd.conf

修改用户的配置文件后 vsftpd 还不可用，还需要修改它的一些全局配置文件。

首先编辑 vsftpd.conf 文件，如下所示：

```
# vim /etc/vsftpd/vsftpd.conf
```

修改如下内容：

- 将#anon_upload_enable=YES 改为 anon_upload_enable=NO；
- 将#anon_mkdir_write_enable=YES 改为 anon_mkdir_write_enable=NO。

再增加如下内容：

```
chroot_local_user=YES
guest_enable=YES
guest_username=virftp
virtual_use_local_privs=YES
user_config_dir=/etc/vsftpd/vsftpd_user_conf
allow_writeable_chroot=YES
```

然后启动 vsftpd 服务，执行如下命令：

```
# systemctl start vsftpd
```

整个配置过程的步骤虽然有点烦琐，但是并不复杂。下面我们来做一下测试：

```
# ps aux |grep vsftp     // 查看进程是否存在
root     71785  0.0  0.0  26984   408 ?       Ss   22:31   0:00 /usr/sbin/vsftpd /etc/vsftpd/vsftpd.conf
# yum install lftp       // 安装 lftp 客户端软件
# lftp test1@127.0.0.1
口令：
lftp test1@127.0.0.1:~> ls
-rw-r--r--    1 1002     1002            0 Jul 01 14:27 aminglinux.txt
```

test1 用户密码为 123456，成功登录 vsftpd 后，使用 ls 列出 test1 用户家目录下面的 aming.txt，其中 1002 为 virftp 用户的 uid 和 gid。在这一步，很多同学会遇到问题，遇到问题后请检查 /var/log/secure 日志，此日志通常会记录一些错误信息。

17.2 安装配置 pure-ftpd

pure-ftpd 为另外一款比较小巧实用的 FTP 软件，阿铭平时用得比较多。

17.2.1 安装 pure-ftpd

默认的 CentOS yum 源并不包含 pure-ftpd，因此需要安装 epel 扩展源，具体过程如下：

```
# yum instll -y epel-release
# yum install -y pure-ftpd
```

17.2.2 配置 pure-ftpd

在启动 pure-ftpd 之前，需要先修改配置文件 /etc/pure-ftpd/pure-ftpd.conf。请查看该配置文件，里面的内容很多。找到 PureDB 那一行，将其修改为 PureDB /etc/pure-ftpd/pureftpd.pdb，然后启动 pure-ftpd，启动之前需要先关闭 vsftpd，因为有端口冲突，过程如下所示：

```
# systemctl stop vsftpd
# systemctl start pure-ftpd
# ps aux |grep pure-ftp
r oot       72453  0.0  0.0  78916    864 ?        Ss   23:05   0:00 /usr/sbin/pure-ftpd
   /etc/pure-ftpd/pure-ftpd.conf
```

启动成功的话，ps aux 可以看到相关的进程，如果没有正常启动，需通过/var/log/messages 日志查看原因。

17.2.3 建立账号

为了安全，pure-ftpd 使用的账号并非 Linux 的系统账号，而是虚拟账号。首先创建一个账号，如下所示：

```
# mkdir /data/ftp/
# useradd -u 1010 pure-ftp
# chown -R pure-ftp:pure-ftp /data/ftp
# pure-pw useradd ftp_user1  -u pure-ftp -d /data/ftp/
Password:
Enter it again:
```

其中，-u 选项将虚拟用户 ftp_user1 与系统用户 pure-ftp 关联在一起，也就是说，使用 ftp_user1 账号登录 FTP 后，会以 pure-ftp 的身份来读取和下载文件，-d 选项后面的目录为 ftp_user1 用户的家目录，这样可以使 ftp_user1 只能访问其家目录/data/ftp/。

然后创建用户信息数据库文件，这一步最关键。执行如下命令：

```
# pure-pw mkdb
```

其中，pure-pw 还可以列出当前的 FTP 账号以及删除某个账号。例如，我们再创建一个账号，如下所示：

```
# pure-pw useradd ftp_user2 -u pure-ftp -d /tmp
# pure-pw mkdb
```

列出当前账号，执行如下命令：

```
# pure-pw list
ftp_user1              /data/ftp/./
ftp_user2              /tmp/./
```

如果想删除账号,执行如下命令:

```
# pure-pw  userdel ftp_user2
```

17.2.4　测试 pure-ftpd

测试过程如下:

```
# lftp ftp_user1@127.0.0.1
口令:
lftp ftp_user1@127.0.0.1:~> ls
drwxr-xr-x    2 1010       pure-ftp            6 Jul  1 23:05 .
drwxr-xr-x    2 1010       pure-ftp            6 Jul  1 23:05 ..
lftp ftp_user1@127.0.0.1:/> put /etc/passwd
1419 bytes transferred
lftp ftp_user1@127.0.0.1:/> ls
drwxr-xr-x    2 1010       pure-ftp           20 Jul  1 23:07 .
drwxr-xr-x    2 1010       pure-ftp           20 Jul  1 23:07 ..
-rw-r--r--    1 1010       pure-ftp         1419 Jul  1 23:05 passwd
```

登录后,使用 ls 命令可以查看当前目录都有什么文件,使用 put 命令可以把系统的文件上传到 FTP 服务器上。你还可以在 Windows 机器里安装一个 FTP 客户端软件(阿铭推荐开源的 FileZilla),然后远程连接测试。

17.3　课后习题

(1) FTP 服务默认监听哪个端口?我们是否可以更改它?
(2) 搭建 FTP 服务的常用软件有哪些?系统自带的是哪一种?
(3) 如何使用 pure-ftpd 软件创建一个用户?如何删除一个用户?
(4) 如何使用 pure-ftpd 软件更改用户的密码?
(5) 如何使用 pure-ftpd 软件查看当前有几个用户?
(6) 使用 vsftpd 软件搭建一个 FTP 服务器。要求:创建三个用户 user1、user2 和 user3,这 3 个用户都可以访问同一个目录,但是 user1 可读/写,而 user2 和 user3 只读。
(7) 使用 vsftpd 软件搭建一个 FTP 服务器。要求:创建三个用户,user1、user2 和 user3,这三个用户都可以访问同一个目录,每个用户都可以读取其他用户的文件,但只能更改自己的文件,不能更改其他用户的文件。
(8) 使用 vsftpd 软件搭建一个 FTP 服务器。要求:任何人都可以登录(匿名登录),并且匿名用户可以读/写。

第 18 章 配置 Tomcat

目前有很多网站是用 Java 编写的，所以就必须有相关的软件来解析 Java 程序，Tomcat 就是其中之一。Tomcat 是 Apache 软件基金会（Apache Software Foundation）的 Jakarta 项目中的一个核心项目，由 Apache、Sun 和其他一些公司及个人共同开发而成。Tomcat 技术先进、性能稳定而且免费，因而深受 Java 爱好者的喜爱，并得到了部分软件开发商的认可，成为目前比较流行的 Web 应用服务器。

Tomcat 是一个轻量级应用服务器，在中小型系统和并发访问用户不是很多的场合下被普遍使用，在开发和调试 Java 程序时，首选 Tomcat。对于初学者来说，在一台机器上配置好 Apache 服务器之后，可利用它响应对 HTML 页面的访问请求。实际上，Tomcat 部分是 Apache 服务器的扩展，但它是独立运行的，所以当你运行 Tomcat 时，它是作为一个独立的进程运行的。

18.1　安装 Tomcat

Tomcat 的安装分为安装 JDK 和安装 Tomcat 两个步骤。JDK（Java Development Kit）是 Sun Microsystems 针对 Java 开发的产品。自从 Java 推出以来，JDK 已经成为使用最广泛的 Java SDK。JDK 是整个 Java 的核心，包括 Java 运行环境、Java 工具和 Java 基础的类库。所以要想运行 Java 程序必须要有 JDK 的支持，而 Tomcat 本身就是一种 Java 类型的程序，所以要正常运行 Tomcat 的前提也是先安装好 JDK。

18.1.1　安装 JDK

阿铭下载的 JDK 版本为 1.8，你根据实际需求选择合适的版本即可。因为 CentOS 8 是 64 位的操作系统，所以要选择 64 位的包，阿铭选择的是 jdk-8u251-linux-x64.tar.gz。浏览器下载完后，可以借助上一章已经搭建好的 FTP 服务，把 JDK 的包上传到 Linux 机器上。

上传完 JDK 的包之后，把它放到/usr/local/src 目录下，然后解压，命令如下：

```
# cd /usr/local/src
# tar zxvf jdk-8u251-linux-x64.tar.gz
# mv jdk1.8.0_251 /usr/local/jdk1.8
```

然后设置环境变量，操作方法如下：

```
# vim /etc/profile        // 在末尾输入以下内容
JAVA_HOME=/usr/local/jdk1.8/
JAVA_BIN=/usr/local/jdk1.8/bin
JRE_HOME=/usr/local/jdk1.8/jre
PATH=$PATH:/usr/local/jdk1.8/bin:/usr/local/jdk1.8/jre/bin
CLASSPATH=/usr/local/jdk1.8/jre/lib:/usr/local/jdk1.8/lib:/usr/local/jdk1.8/jre/lib/charsets.jar
```

保存文件后，执行如下命令使其生效：

```
# source /etc/profile
```

检测设置是否正确，命令如下：

```
# java -version
```

如果显示如下内容，则说明设置正确：

```
java version "1.8.0_251"
Java(TM) SE Runtime Environment (build 1.8.0_251-b08)
Java HotSpot(TM) 64-Bit Server VM (build 25.251-b08, mixed mode)
```

在这一步也许你的显示和阿铭的不一样，这可能是因为系统调用了 rpm 的 openjdk，请按照如下方法检测：

```
# which java
```

如果结果为/usr/bin/java 则说明这是 rpm 的 JDK，而且执行 java -version 时会有 openjdk 字样。其实我们也可以直接使用 openjdk 做后续试验，但为了和阿铭的试验结果保持一致，你需要做一个临时处理：

```
# mv /usr/bin/java   /usr/bin/java_bak
# source /etc/profile
```

再次执行 java -version，显示结果就正常了。

18.1.2　安装 Tomcat

前面所做的工作都是在为安装 Tomcat 做准备，现在才是安装 Tomcat。首先下载软件包，请到阿铭提供的资源库找到最新的下载地址，阿铭在本试验中下载的是 Tomcat 9 版本，如下所示：

```
# cd /usr/local/src/
# wget
https://mirrors.tuna.tsinghua.edu.cn/apache/tomcat/tomcat-9/v9.0.36/bin/apache-tomcat-9.0.36.tar.gz
```

如果觉得这个版本不适合，可以到官方网站下载，安装过程如下：

18.1 安装 Tomcat

```
# tar zxvf apache-tomcat-9.0.36.tar.gz
# mv apache-tomcat-9.0.36 /usr/local/tomcat
```

因为是二进制包，所以免去了编译的过程，启动 Tomcat，命令如下：

```
# /usr/local/tomcat/bin/startup.sh
Using CATALINA_BASE:   /usr/local/tomcat
Using CATALINA_HOME:   /usr/local/tomcat
Using CATALINA_TMPDIR: /usr/local/tomcat/temp
Using JRE_HOME:        /usr/local/jdk1.8
Using CLASSPATH:       /usr/local/tomcat/bin/bootstrap.jar:/usr/local/tomcat/bin/tomcat-juli.jar
Tomcat started.
```

查看是否启动成功，命令如下：

```
# ps aux |grep tomcat    // 看是否有 Java 相关进程，也可以查看监听端口
# netstat -lntp |grep java   // 正常会有两个端口 8005 和 8080，其中 8080 为
// 提供 Web 服务的端口，8005 为管理端口
```

若想开机启动，需要把启动命令放到/etc/rc.d/rc.local 文件里。命令如下：

```
# echo "/usr/local/tomcat/bin/startup.sh" >> /etc/rc.d/rc.local
# chmod a+x /etc/rc.d/rc.local   // 默认该文件没有 x 权限，所以需要加一下
```

然后在浏览器地址栏中输入 http://192.168.72.128:8080/（请注意，你的 Linux IP 地址和阿铭的可能不一样），你会看到 Tomcat 的默认页面，如图 18-1 所示。

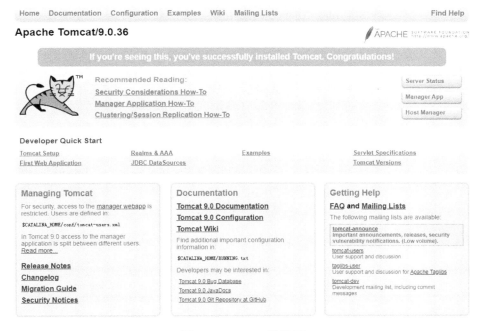

图 18-1 Tomcat 默认页

18.2 配置 Tomcat

虽然 Tomcat 的安装过程非常简单，但我们还是需要学会如何配置 Tomcat。在生产环境中关于 Tomcat 的配置其实并不多，接下来阿铭会介绍几个常用的配置。

18.2.1 配置 Tomcat 服务的访问端口

Tomcat 默认的启动端口是 8080，如果你想修改为 80，则需要修改 server.xml 文件。打开 server.xml 文件，命令如下：

```
# vim /usr/local/tomcat/conf/server.xml
```

找到 Connector port="8080" protocol="HTTP/1.1"，修改为<Connector port="80" protocol= "HTTP/1.1">。保存文件后重启 Tomcat，命令如下：

```
# /usr/local/tomcat/bin/shutdown.sh
Using CATALINA_BASE:   /usr/local/tomcat
Using CATALINA_HOME:   /usr/local/tomcat
Using CATALINA_TMPDIR: /usr/local/tomcat/temp
Using JRE_HOME:        /usr/local/jdk1.8
Using CLASSPATH:       /usr/local/tomcat/bin/bootstrap.jar:/usr/local/tomcat/bin/tomcat-juli.jar
# /usr/local/tomcat/bin/startup.sh
Using CATALINA_BASE:   /usr/local/tomcat
Using CATALINA_HOME:   /usr/local/tomcat
Using CATALINA_TMPDIR: /usr/local/tomcat/temp
Using JRE_HOME:        /usr/local/jdk1.8
Using CLASSPATH:       /usr/local/tomcat/bin/bootstrap.jar:/usr/local/tomcat/bin/tomcat-juli.jar
Tomcat started.
```

Tomcat 的关闭和启动有点特殊，需要使用它自带的脚本实现。其实在生产环境中，Tomcat 会使用 8080 端口，而 80 端口是留给 Nginx 的。也就是说要想访问 Tomcat，需要使用 Nginx 代理。关于如何代理，阿铭在 14.4.9 节已经介绍过，如果你没有印象了，就回头查一下吧。

18.2.2 Tomcat 的虚拟主机

在之前介绍 httpd 或者 Nginx 的时候，阿铭曾提到过虚拟主机的概念，在 Tomcat 中也有这一说。先来打开配置文件 /usr/local/tomcat/conf/server.xml 查看一下它的结构，其中 <!--和--> 之间的内容为注释，可以不用关注。去除注释的内容后，剩下如下内容：

```
<?xml version="1.0" encoding="UTF-8"?>
<Server port="8005" shutdown="SHUTDOWN">
  <Listener className="org.apache.catalina.startup.VersionLoggerListener" />
  <Listener className="org.apache.catalina.core.AprLifecycleListener" SSLEngine="on" />
  <Listener className="org.apache.catalina.core.JreMemoryLeakPreventionListener" />
  <Listener className="org.apache.catalina.mbeans.GlobalResourcesLifecycleListener" />
  <Listener className="org.apache.catalina.core.ThreadLocalLeakPreventionListener" />

  <GlobalNamingResources>
```

```xml
    <Resource name="UserDatabase" auth="Container"
              type="org.apache.catalina.UserDatabase"
              description="User database that can be updated and saved"
              factory="org.apache.catalina.users.MemoryUserDatabaseFactory"
              pathname="conf/tomcat-users.xml" />
</GlobalNamingResources>

<Service name="Catalina">

  <Connector port="8080" protocol="HTTP/1.1"
             connectionTimeout="20000"
             redirectPort="8443" />
  <Engine name="Catalina" defaultHost="localhost">

    <Realm className="org.apache.catalina.realm.LockOutRealm">
      <Realm className="org.apache.catalina.realm.UserDatabaseRealm"
             resourceName="UserDatabase"/>
    </Realm>

    <Host name="localhost"  appBase="webapps"
          unpackWARs="true" autoDeploy="true">

      <Valve className="org.apache.catalina.valves.AccessLogValve" directory="logs"
             prefix="localhost_access_log" suffix=".txt"
             pattern="%h %l %u %t &quot;%r&quot; %s %b" />

    </Host>
  </Engine>
 </Service>
</Server>
```

其中 `<Host>` 和 `</Host>` 之间的配置为虚拟主机配置部分，name 定义域名，appBase 定义应用的目录。Java 的应用通常是一个 jar 的压缩包，将 jar 的压缩包放到 appBase 目录下面即可。刚刚阿铭访问的 Tomcat 默认页其实就是在 appBase 目录下面，不过是在它子目录 ROOT 里：

```
# ls /usr/local/tomcat/webapps/ROOT/
asf-logo-wide.svg  bg-middle.png  bg-upper.png  index.jsp        tomcat.css  tomcat.png           tomcat.svg
bg-button.png      bg-nav.png     favicon.ico   RELEASE-NOTES.txt tomcat.gif  tomcat-power.gif     WEB-INF
```

其中 index.jsp 就是 Tomcat 的默认页面。你也可以用 curl 命令来访问一下 tomcat.gif 图片：

```
# curl localhost:8080/tomcat.gif -I
HTTP/1.1 200
Accept-Ranges: bytes
ETag: W/"2066-1591204289000"
Last-Modified: Wed, 03 Jun 2020 17:11:29 GMT
Content-Type: image/gif
Content-Length: 2066
Date: Sat, 04 Jul 2020 02:09:05 GMT
```

阿铭并没有修改默认监听的 8080 端口为 80，所以 curl 访问的时候依然是 8080 端口。在 appBase（/usr/local/tomcat/webapps）目录下面有很多子目录，每一个子目录都可以被访问，你可以把自定义的应用放到 webapps 目录里（假设应用名字为 aming，aming 为一个目录），然后可以通过 http://ip/aming/ 来访问这个应用。如果直接访问 IP，后面不加二级目录，则默认会访问 ROOT 目录下面的文件，加上二级目录会访问二级目录下面的文件。

下面阿铭再增加一个虚拟主机，并定义域名，编辑 server.xml，在 </Host> 下一行插入新的 <Host>，内容如下：

```
<Host name="www.123.cn" appBase="/data/tomcatweb/"
    unpackWARs="false" autoDeploy="true"
    xmlValidation="false" xmlNamespaceAware="false">
    <Context path="" docBase="/data/tomcatweb/" debug="0" reloadable="true" crossContext="true"/>
</Host>
```

其中多了一个 docBase，这个参数用来定义网站的文件存放路径，如果不定义，默认是在 appBase/ROOT 下面的。定义了 docBase 就以该目录为主了，其中 appBase 和 docBase 可以一样。在这一步操作过程中，很多同学遇到过访问 404 的问题，其实就是 docBase 没有定义对。创建目录和测试文件并测试，过程如下：

```
# mkdir /data/tomcatweb
# echo "Tomcat test page." > /data/tomcatweb/1.html
```

修改完配置文件后，需要重启 Tomcat 服务：

```
# /usr/local/tomcat/bin/shutdown.sh
# /usr/local/tomcat/bin/startup.sh
```

然后我们用 curl 访问一下刚才创建的 1.html：

```
# curl -x127.0.0.1:8080 www.123.cn/1.html
Tomcat test page.
```

18.3 测试 Tomcat 解析 JSP

以上章节阿铭所演示的操作，仅仅是把 Tomcat 作为一个普通的 Web 服务器，其实 Tomcat 主要用来解析 JSP 页面。下面阿铭创建一个 JSP 的测试页面，如下所示：

```
# vim /data/tomcatweb/111.jsp      // 加入如下内容
<html><body><center>
    Now time is: <%=new java.util.Date()%>
</center></body></html>
```

保存文件后使用 curl 测试，命令如下：

```
# curl -x127.0.0.1:8080 www.123.cn/111.jsp
```

查看运行结果是否正确，如下所示：

```
<html><body><center>
    Now time is: Sat Jul 04 10:13:02 CST 2020
</center></body></html>
```

可以看到，中间的那行代码被解析成当前系统的时间了。另外你也可以在你的物理机上绑定 hosts，用浏览器来测试。

18.4 Tomcat 日志

Tomcat 的日志目录为 /usr/local/tomcat/logs，主要有四大类日志：

```
# cd /usr/local/tomcat/logs
# ls
catalina.2020-07-04.log    catalina.out   host-manager.2020-07-04.log   localhost.2020-07-04.log
localhost_access_log.2020-07-04.txt   manager.2020-07-04.log
```

其中 catalina 开头的日志为 Tomcat 的综合日志，它记录 Tomcat 服务的相关信息，也会记录错误日志。其中，catalina.2020-07-04.log 和 catalina.out 内容相同，前者会每天生成一个新的日志。host-manager 和 manager 为管理相关的日志，其中 host-manager 为虚拟主机的管理日志。Localhost 和 localhost_access 为虚拟主机相关日志，其中带 access 字样的日志为访问日志，不带 access 字样的为默认虚拟主机的错误日志。默认不会生成访问日志，需要在 server.xml 中配置一下。具体方法是在对应虚拟主机的 <Host></Host> 里面加入下面的配置（假如域名为 123.cn）：

```
<Valve className="org.apache.catalina.valves.AccessLogValve" directory="logs"
       prefix="123.cn_access_log" suffix=".txt"
       pattern="%h %l %u %t &quot;%r&quot; %s %b" />
```

其中 prefix 定义访问日志的前缀，suffix 定义日志的后缀，pattern 定义日志格式。新增加的虚拟主机默认并不会生成类似默认虚拟主机的那个"localhost.日期.log"日志，错误日志会统一记录到 catalina.out 中。关于 Tomcat 日志，你最需要关注 catalina.out，出现问题时应该首先想到去查看它。

18.5 Tomcat 连接 MySQL

Tomcat 连接 MySQL 是通过 JDBC 驱动实现的，需要下载 mysql-connector-java-xxx-bin.jar（其中 xxx 为版本号），并放到 Tomcat 的 lib 目录下面才可以。阿铭的操作步骤如下：

```
# cd /usr/local/src/
# wget https://cdn.mysql.com//archives/mysql-connector-java-5.1/mysql-connector-java-5.1.41.tar.gz
// 如果此链接失效，请到官网下载
# tar zxf mysql-connector-java-5.1.41.tar.gz
# cd mysql-connector-java-5.1.41
# mv mysql-connector-java-5.1.41-bin.jar /usr/local/tomcat/lib/
```

然后需要配置 mysql，创建试验用的库、表以及用户：

```
# mysql -uroot -p'aming123'    // 你的密码也许不是这个，请使用你自己的密码
mysql> create database java_test;
mysql> use java_test
mysql> grant all on java_test.* to 'java'@'127.0.0.1' identified by 'aminglinux';
mysql> create table aminglinux (`id` int(4), `name` char(40));
mysql> insert into aminglinux values (1, 'abc');
```

```
mysql> insert into aminglinux values (2, 'aaa');
mysql> insert into aminglinux values (3, 'ccc');
```

创建完表以及用户后，退出 mysql，并验证用户是否可用：

```
# mysql -ujava -paminglinux -h127.0.0.1
mysql: [Warning] Using a password on the command line interface can be insecure.
Welcome to the MySQL monitor.  Commands end with ; or \g.
Your MySQL connection id is 9
Server version: 5.7.29-log MySQL Community Server (GPL)

Copyright (c) 2000, 2020, Oracle and/or its affiliates. All rights reserved.

Oracle is a registered trademark of Oracle Corporation and/or its
affiliates. Other names may be trademarks of their respective
owners.

Type 'help;' or '\h' for help. Type '\c' to clear the current input statement.
```

正常进入 mysql，说明刚刚创建的 Java 用户没有问题。接着去配置 Tomcat 相关的配置文件：

```
# vim /usr/local/tomcat/conf/context.xml    // 在</Context>上面增加以下内容
    <Resource name="jdbc/mytest"
        auth="Container"
        type="javax.sql.DataSource"
        maxActive="100" maxIdle="30" maxWait="10000"
        username="java" password="aminglinux"
        driverClassName="com.mysql.jdbc.Driver"
        url="jdbc:mysql://127.0.0.1:3306/java_test">
    </Resource>
```

其中有几个地方需要你关注，name 定义为 jdbc/mytest，这里的 mytest 可以自定义，后面还会用到它。username 为 mysql 的用户，password 为密码，url 定义 MySQL 的 IP、端口以及库名。保存该文件后，还需要更改另外一个配置文件：

```
# vim /usr/local/tomcat/webapps/ROOT/WEB-INF/web.xml    // 在</web-app>上面增加
    <resource-ref>
        <description>DB Connection</description>
        <res-ref-name>jdbc/mytest</res-ref-name>
        <res-type>javax.sql.DataSource</res-type>
        <res-auth>Container</res-auth>
    </resource-ref>
```

其实每一个应用（上文提到的 webapps/ROOT、webapps/aming 等）目录下都应该有一个 WEB-INF 目录，此目录里面会有对应的配置文件，比如 web.xml 就是用来定义 JDBC 相关资源的，其中的 res-ref-name 和前面定义的 Resource name 保持一致。既然选择了 webapps/ROOT 作为试验应用对象，就需要在 ROOT 目录下面创建测试 JSP 文件（用浏览器访问的文件）：

```
# vim /usr/local/tomcat/webapps/ROOT/t.jsp    // 写入如下内容
<%@page import="java.sql.*"%>
<%@page import="javax.sql.DataSource"%>
<%@page import="javax.naming.*"%>
```

```
<%
Context ctx = new InitialContext();
DataSource ds = (DataSource) ctx
.lookup("java:comp/env/jdbc/mytest");
Connection conn = ds.getConnection();
Statement state = conn.createStatement();
String sql = "select * from aminglinux";
ResultSet rs = state.executeQuery(sql);

while (rs.next()) {
    out.println(rs.getString("id") +"<tr>");
    out.println(rs.getString("name") +"<tr><br>");
}

rs.close();
state.close();
conn.close();
%>
```

这个 JSP 脚本对于你来说非常陌生，阿铭一样也不熟悉，因为这是 Java 语言写的程序代码。细节我们不用深究了，你只需要知道这个脚本会去连接 MySQL，并查询一个库、表的数据即可。保存后，重启一下 Tomcat：

```
# /usr/local/tomcat/bin/shutdown.sh
# /usr/local/tomcat/bin/startup.sh
```

然后在浏览器里访问 http://192.168.72.128:8080/t.jsp，它会查询 java_test 库的 aminglinux 表，并列出具体数据来，结果如图 18-2 所示。

图 18-2　Tomcat 连接 MySQL

这和直接用 MySQL 命令行查询得到的结果是一致的：

```
# mysql -ujava -paminglinux -h127.0.0.1 java_test -e "select * from aminglinux"
Warning: Using a password on the command line interface can be insecure.
+------+------+
| id   | name |
+------+------+
|    1 | abc  |
|    2 | aaa  |
|    3 | ccc  |
+------+------+
```

第 19 章
MySQL Replication 配置

MySQL Replication 又称 "AB 复制" 或者 "主从复制"，它主要用于 MySQL 的实时备份或者读写分离。在配置之前先做一下准备工作：配置两台 MySQL 服务器，或者在一台服务器上配置两个端口。在本章的试验中，阿铭就是在一台服务器上运行两个 MySQL。

19.1 配置 MySQL 服务

配置 MySQL 服务的详细步骤请参考 14.1 节，阿铭在这里只写出简要步骤。假如你已经根据 14.1 节搭建好了一个 MySQL，使用的是 3306 端口，那么下面再搭建一个 3307 端口的 MySQL，方法如下：

```
# cd /usr/local/
# cp -r mysql mysql_2
# cd mysql_2
# cp /etc/my.cnf  ./my.cnf
# vim ./my.cnf   // 修改为如下内容
log_bin = aminglinux2
basedir = /usr/local/mysql_2
datadir = /data/mysql2
port = 3307
server_id = 129
socket = /tmp/mysql2.sock
# ./bin/mysqld --defaults-file=./my.cnf --initialize --user=mysql
```

初始化时会有一些 warning，不用关注，只要没有 error 信息就说明初始化成功了，同时我们会看到一个临时密码：

```
[Note] A temporary password is generated for root@localhost: WkCTkeQE2/zp
```

先记录一下这个密码，后面需要使用该临时密码，然后修改一个新密码。下面启动该 MySQL：

```
# cp support-files/mysql.server /etc/init.d/mysqld2
# vim /etc/init.d/mysqld2
```

需要更改的地方有：

```
basedir=/usr/local/mysql_2
datadir=/data/mysql2
mysqld_pid_file_path=$datadir/mysql.pid
$bindir/mysqld_safe --defaults-file="basedir/my.cnf" --datadir="$datadir"
--pid-file="$mysqld_pid_file_path" $other_args >/dev/null &
```

最后一行为启动命令，增加了--defaults 参数，若不增加此参数，则不能正确找到 mysql_2 的配置文件。

然后启动两个 MySQL：

```
# /etc/init.d/mysqld start   // 若之前的 MySQL 已经启动，则不用执行该步骤
# /etc/init.d/mysqld2 start
```

到此，阿铭已经在一个 Linux 上启动了两个 MySQL，检查命令如下所示：

```
# netstat -lnp |grep mysql
tcp6       0      0 :::3306              :::*              LISTEN      68934/mysqld
tcp6       0      0 :::3307              :::*              LISTEN      73724/mysqld
unix  2    [ ACC ]     STREAM     LISTENING     240004   68934/mysqld         /tmp/mysql.sock
unix  2    [ ACC ]     STREAM     LISTENING     271861   73724/mysqld         /tmp/mysql2.sock
```

19.2 配置 Replication

阿铭打算把 3307 端口的 MySQL 作为 master（主），而把 3306 的 MySQL 作为 slave（从）。为了让试验更加接近生产环境，阿铭先在 master 上创建一个库 aming，如下所示：

```
# mysqladmin  -uroot -S/tmp/mysql2.sock -p'WkCTkeQE2/zp' password 'aming123'   // 修改密码
# mysql -uroot -S/tmp/mysql2.sock -p'aming123'
mysql: [Warning] Using a password on the command line interface can be insecure.
Welcome to the MySQL monitor.  Commands end with ; or \g.
Your MySQL connection id is 5
Server version: 5.7.29-log MySQL Community Server (GPL)

Copyright (c) 2000, 2020, Oracle and/or its affiliates. All rights reserved.

Oracle is a registered trademark of Oracle Corporation and/or its
affiliates. Other names may be trademarks of their respective
owners.

Type 'help;' or '\h' for help. Type '\c' to clear the current input statement.
mysql> create database aming;
Query OK, 1 row affected (0.00 sec)
mysql> quit
Bye
```

其中，-S（大写字母）后面指定 MySQL 的 socket 文件路径，这也是登录 MySQL 的一种方法。因为

阿铭在一台服务器上运行了两个 MySQL 端口，所以用 -S 这样的方法来区分。

然后把 mysql 库的数据复制给 aming 库，如下所示：

```
# mysqldump -uroot -S/tmp/mysql2.sock -p'aming123' mysql > /tmp/aming.sql
# mysql -uroot -S/tmp/mysql2.sock -p'aming123' aming < /tmp/aming.sql
```

19.2.1 设置 master（主）

在上面的操作过程中，阿铭已经将 mysql_2 的配置文件设置过相关的参数，如果你的没有设置，请添加：

```
server-id=129
log_bin=aminglinux2
```

另外，还有两个参数你可以选择性地使用，如下所示：

```
binlog-do-db=databasename1,databasename2
binlog-ignore-db=databasename1,databasename2
```

其中，binlog-do-db=定义需要复制的数据库，多个数据库用英文逗号分隔；binlog-ignore-db=定义不需要复制的数据库，这两个参数用其中一个即可。

如果修改过配置文件，需要重启 MySQL 服务。重启服务的方法如下：

```
# /etc/init.d/mysqld2 restart
```

重新登录 mysql2，然后创建一个用来实现主从的用户，如下所示：

```
# mysql -uroot -S/tmp/mysql2.sock -p'aming123'
mysql> grant replication slave on *.* to 'repl'@'127.0.0.1' identified by '123lalala';
mysql> flush privileges;
```

这里的 repl 是为 slave（从）端设置的访问 master（主）端的用户，也就是要完成主从复制的用户，其密码为 123lalala，这里的 127.0.0.1 为 slave 的 IP（因为阿铭配置的 master 和 slave 都在本机）。第二条命令 flush privileges 将内存数据写入磁盘，这样刚刚创建的用户和权限才能生效。下面的操作将锁定数据库写操作：

```
mysql> flush tables with read lock;
```

下面的操作用于查看 master 的状态：

```
mysql> show master status;
```

这些数据是要记录的，一会儿要在 slave 端用到：

```
+------------------+----------+--------------+------------------+-------------------+
| File             | Position | Binlog_Do_DB | Binlog_Ignore_DB | Executed_Gtid_Set |
+------------------+----------+--------------+------------------+-------------------+
| aminglinux2.000003| 445     |              |                  |                   |
+------------------+----------+--------------+------------------+-------------------+
```

19.2.2 设置 slave（从）

首先修改 slave 端的配置文件 my.cnf，执行如下命令：

```
# vim /etc/my.cnf
```

找到 `server_id =`，将之设置成和 master 不一样的数字，若一样，则会导致后面的操作不成功。另外在 slave 端，你也可以选择性地增加如下两行，对应 master 端增加的两行：

```
replicate-do-db=databasename1,databasename2
replicate-ignore-db=databasename1,databasename2
```

保存修改后重启 slave，执行如下命令：

```
# /etc/init.d/mysqld restart
```

然后复制 master 上 aming 库的数据到 slave 上。因为 master 和 slave 都在一台服务器上，所以操作起来很简单。如果在不同的机器上，就需要远程复制了（使用 scp 或者 rsync）。首先备份 master 上的 aming 库：

```
# mysqldump -uroot -S/tmp/mysql2.sock -p'aming123' aming > /tmp/aming2.sql
# mysql -uroot -S/tmp/mysql.sock -p'aming123' -e "create database aming"
# mysql -uroot -S/tmp/mysql.sock -p'aming123' aming< /tmp/aming2.sql
```

上面的第二行中，阿铭使用了 -e 选项，它用来把 MySQL 的命令写到 shell 命令行下，其格式为：-e"commond"。-e 选项很实用，阿铭经常使用，请熟记。

复制完数据后，就需要在 slave 上配置了，如下所示：

```
# mysql -uroot -S/tmp/mysql.sock -p'aming123'
mysql> stop slave;
mysql> change master to master_host='127.0.0.1',
master_port=3307, master_user='repl',
master_password='123lalala',
master_log_file='aminglinux2.000003',
master_log_pos=445;
mysql> start slave;
```

需要说明一下：change master 这个命令是一大条，打完逗号后可以按回车，直到你打分号才算结束。其中，master_log_file 和 master_log_pos 是在前面使用 show master status 命令所查到的数据。执行完这一步后，需要在 master 上执行下面一步（建议打开两个终端，分别连接两个 MySQL）：

```
# mysql -uroot -S/tmp/mysql2.sock -p'aming123' -e "unlock tables"
```

然后在 slave 端查看 slave 的状态，执行如下命令：

```
mysql> show slave status\G
```

确认以下两项参数都为 Yes，如下所示：

```
Slave_IO_Running: Yes
Slave_SQL_Running: Yes
```

还需要关注的地方有:

```
Seconds_Behind_Master: 0    // 为主从复制延迟的时间
Last_IO_Errno: 0
Last_IO_Error:
Last_SQL_Errno: 0
Last_SQL_Error:
```

如果主从不正常了,需要看这里的 error 信息。

19.3　测试主从

在 master 上执行如下命令:

```
# mysql -uroot -S/tmp/mysql2.sock -p'aming123' aming
mysql> select count(*) from db;
+----------+
| count(*) |
+----------+
|        2 |
+----------+
mysql> truncate table db;
mysql> select count(*) from db;

+----------+
| count(*) |
+----------+
|        0 |
+----------+
```

这样就清空了 aming.db 表的数据。下面查看 slave 上该表的数据,执行如下命令:

```
# mysql -uroot -S/tmp/mysql.sock -p'aming123' aming
mysql> select count(*) from db;
+----------+
| count(*) |
+----------+
|        0 |
+----------+
```

slave 上该表的数据也被清空了,但好像不太明显,我们不妨在 master 上继续删除 db 表,如下所示:

```
mysql> drop table db;
Query OK, 0 rows affected (0.00 sec)
```

再从 slave 端查看:

```
mysql> select * from db;
ERROR 1146 (42S02): Table 'aming.db' doesn't exist
```

这次很明显了,db 表已经不存在。主从配置虽然很简单,但这种机制非常脆弱,一旦我们不小心在 slave 上写了数据,那么主从复制也就被破坏了。另外,如果要重启 master,务必要先关闭 slave,

即在 slave 上执行 slave stop 命令，然后去重启 master 的 MySQL 服务，否则主从复制很有可能就会中断。当然，重启 master 后，我们还需要执行 start slave 命令开启主从复制的服务。

19.4　课后习题

(1) MySQL Replication 模式主要应用于什么场景呢？

(2) 在一台服务器上同时配置两个 MySQL 服务，如果已经配置完一个，配置另一个时如何更改监听端口？

(3) 如果想让 MySQL 开机启动，需要把启动命令放到哪个文件下？

(4) 在 master 配置文件中，都修改了哪几个配置选项？

(5) 如何给 MySQL 设置 root 密码？

(6) 配置 Replication 模式时，在 master 上需要给 slave 授予什么样的权限？

(7) MySQL 的哪一个选项可以不进入 MySQL 的命令控制台，而使用 SQL 语句操作？

(8) 如何在 slave 上查看主从复制是否正常？

(9) Replication 模式下，如果想重启 master，必须先对 slave 做什么？

第 20 章 Linux 集群

一台服务器的硬件配置总是有限的，当服务器上运行的资源超过服务器的承载能力时，必将导致该服务器崩溃。在生产环境中，多数企业会使用多台服务器搭建成一个集群来运行应用程序，这样不仅可以避免单点故障，还能提升服务器的承载能力。

腾讯的微信软件在国内使用频繁，据腾讯官方提供的数据报告显示，2019 年月活跃用户数超过 11.5 亿。然而，我们很少发现它出现故障。这么大体量的应用，不可能在一台或者几台服务器上运行起来，事实上有数以万计的服务器在微信的后端支撑着。据不完全统计，仅微信这项业务，几乎每天都会有若干台服务器出现故障，但这并没有影响到微信的使用，背后的技术其实就是集群。

集群从功能实现上分为两种：高可用集群和负载均衡集群。高可用，顾名思义，当一台服务器死机不能提供服务了，还有另外的服务器顶替。就像阿铭刚刚提到的，微信所使用的服务器虽然每天都有死机的，但对于用户来讲是无感知的，并没有影响到使用。负载均衡集群，简单讲就是把用户的请求分摊到多台服务器上，微信那么多用户使用，它就是把众多用户分摊在了不同的服务器上，假如说一台服务器上可以承载一万用户，那么一万台服务器上就可以承载 1 亿用户。

20.1 搭建高可用集群

高可用集群，即 "HA 集群"，也常称作 "双机热备"，用于关键业务。常见实现高可用的开源软件有 heartbeat 和 keepalived，其中 keepalived 还有负载均衡的功能。这两个软件类似，核心原理都是通过心跳线连接两台服务器，正常情况下由一台服务器提供服务，当这台服务器死机时，由备用服务器顶替。

heartbeat 软件在 2010 年就停止了更新，所以在本节试验中阿铭将采用 keepalived 实现高可用集群。

20.1.1 keepalived 的工作原理

在讲述 keepalived 的工作原理之前,阿铭先介绍一个协议 VRRP(Virtual Router Redundancy Protocol,虚拟路由冗余协议)。它是实现路由高可用的一种通信协议,在这个协议里会将多台功能相同的路由器组成一个小组,这个小组里会有 1 个 master(主)角色和 $N(N \geq 1)$ 个 backup(备用)角色。工作时,master 会通过组播的形式向各个 backup 发送 VRRP 协议的数据包,当 backup 收不到 master 发来的 VRRP 数据包时,就会认为 master 死机了。此时就需要根据各个 backup 的优先级来决定谁成为新的 master。

而 keepalived 就是采用这种 VRRP 协议实现的高可用。keepalived 主要有三个模块,分别是 core、check 和 vrrp。其中 core 模块为 keepalived 的核心,负责主进程的启动、维护以及全局配置文件的加载和解析;check 模块负责健康检查;vrrp 模块用来实现 VRRP 协议。

20.1.2 安装 keepalived

刚才提到 VRRP 协议有 1 个 master 角色和至少 1 个 backup 角色,所以做本试验需要准备至少两台 Linux 机器。阿铭拿两台 Linux 虚拟机 192.168.72.128(以下简称 128)和 192.168.72.129(以下简称 129)来完成以下操作,其中 128 作为 master,129 作为 backup。

在两台机器上执行如下操作:

```
# yum install -y keepalived
```

CentOS 默认的 yum 源里就有 keepalived 包,版本虽然有点老,但不影响使用,当前官方最新版为 2.1.3,阿铭 yum 安装的版本为 2.0.10。安装 keepalived 虽然很简单,但重点在于配置,阿铭将会拿一个实际案例来阐述 keepalived 的高可用功能。

20.1.3 keepalived+Nginx 实现 Web 高可用

在生产环境中,诸多企业把 Nginx 作为负载均衡器来用,它的重要性很高,一旦死机会导致整个站点不能访问,所以有必要再准备一台备用 Nginx,keepalived 用在这种场景下非常合适。阿铭管理的业务也是这样,用两台 Nginx 做负载均衡,每一台上面都安装了 keepalived,也就是说 keepalived 和 Nginx 安装在一起。在配置之前,阿铭先把两台机器的 IP、角色罗列一下,这样你理解起来应该会容易一些。

master:192.168.72.128 安装 keepalived + Nginx

backup:192.168.72.129 安装 keepalived + Nginx

VIP:192.168.72.100

VIP 对你来说是一个新概念,它的英文名字是 "Virtual IP",即 "虚拟 IP",也有人把它叫作 "浮动 IP"。因为这个 IP 是由 keepalived 给服务器配置的,服务器靠这个 VIP 对外提供服务,当 master 机器死机,VIP 就被分配到 backup 上,这样用户看来是无感知的。

编辑 master（128）的 keepalived 配置文件：

```
# vim /etc/keepalived/keepalived.conf   // 更改成如下内容
global_defs {
    notification_email {
        aming@aminglinux.com  // 定义接收告警的人
    }
    notification_email_from root@aminglinux.com  // 定义发邮件地址（实际上没用）
    smtp_server 127.0.0.1  // 定义发邮件地址，若为 127.0.0.1 则使用本机自带邮件服务器发送
    smtp_connect_timeout 30
    router_id LVS_DEVEL
}

vrrp_script chk_nginx {   // chk_nginx 为自定义名字，后面还会用到它
    script "/usr/local/sbin/check_ng.sh"  // 自定义脚本，该脚本为监控 Nginx 服务的脚本
    interval 3   // 每隔 3s 执行一次该脚本
}

vrrp_instance VI_1 {
    state MASTER   // 角色为 master
    interface ens33   // 针对哪个网卡监听 VIP
    virtual_router_id 51
    priority 100   // 权重为 100，master 的权重要比 backup 大
    advert_int 1
    authentication {
        auth_type PASS
        auth_pass aminglinux>com // 定义密码，这个密码自定义
    }
    virtual_ipaddress {
        192.168.72.100   // 定义 VIP
    }

    track_script {
        chk_nginx   // 定义监控脚本，这里和上面 vrr_script 后面的字符串保持一致
    }

}
```

keepalived 要实现高可用，监控 Nginx 服务自然是必不可少的，它本身没有这个功能，需要借助自定义脚本实现，所以我们还需要定义一个监控 Nginx 服务的脚本，如下：

```
# vim /usr/local/sbin/check_ng.sh   // 内容如下
# 时间变量，用于记录日志
d=`date --date today +%Y%m%d_%H:%M:%S`
# 计算 Nginx 进程数量
n=`ps -C nginx --no-heading|wc -l`
# 如果进程数量为 0，则启动 Nginx，并且再次检测 Nginx 进程数量，
# 如果还为 0，说明 Nginx 无法启动，此时需要关闭 keepalived
if [ $n -eq "0" ]; then
        systemctl start nginx
        n2=`ps -C nginx --no-heading|wc -l`
        if [ $n2 -eq "0" ]; then
                echo "$d nginx down,keepalived will stop" >> /var/log/check_ng.log
```

```
            systemctl stop keepalived
        fi
fi
#####以上为脚本内容#####
# chmod a+x /usr/local/sbin/check_ng.sh    // 需要给它 x 权限，否则无法被 keepalived 调用
```

做完上面所有操作后，就可以启动 master 上的 keepalived 了，如果没有启动 Nginx 服务，它会帮我们自动拉起来，并监听 VIP：

```
# systemctl start   keepalived
# ip add
1: lo: <LOOPBACK,UP,LOWER_UP> mtu 65536 qdisc noqueue state UNKNOWN group default qlen 1000
    link/loopback 00:00:00:00:00:00 brd 00:00:00:00:00:00
    inet 127.0.0.1/8 scope host lo
       valid_lft forever preferred_lft forever
    inet6 ::1/128 scope host
       valid_lft forever preferred_lft forever
2: ens33: <BROADCAST,MULTICAST,UP,LOWER_UP> mtu 1500 qdisc fq_codel state UP group default qlen 1000
    link/ether 00:0c:29:15:7f:b9 brd ff:ff:ff:ff:ff:ff
    inet 192.168.72.128/24 brd 192.168.72.255 scope global noprefixroute ens33
       valid_lft forever preferred_lft forever
    inet 192.168.72.100/32 scope global ens33
       valid_lft forever preferred_lft forever
    inet6 fe80::454b:a2e5:64e5:67a3/64 scope link noprefixroute
       valid_lft forever preferred_lft forever
```

可以看到 master 上已经自动配置了 192.168.72.100 这个 IP。再来看看 Nginx 服务是否已经启动：

```
# ps aux |grep nginx
root      829  0.0  0.0  43056   996 ?        Ss   11:29   0:00 nginx: master process /usr/local/nginx/sbin/nginx
nobody    831  0.0  0.3  76016  6668 ?        S    11:29   0:00 nginx: worker process
nobody    832  0.0  0.3  76016  6668 ?        S    11:29   0:00 nginx: worker process
```

master 上已经大功告成，下面继续配置 backup，首先编辑配置文件：

```
# vim /etc/keepalived/keepalived.conf    // 内容和 master 大部分一致，state 和 priority 有变化
global_defs {
    notification_email {
        aming@aminglinux.com
    }
    notification_email_from root@aminglinux.com
    smtp_server 127.0.0.1
    smtp_connect_timeout 30
    router_id LVS_DEVEL
}

vrrp_script chk_nginx {
    script "/usr/local/sbin/check_ng.sh"
    interval 3
}

vrrp_instance VI_1 {
    state BACKUP
    interface ens33
```

```
        virtual_router_id 51
        priority 90
        advert_int 1
        authentication {
            auth_type PASS
            auth_pass aminglinux>com
        }
        virtual_ipaddress {
            192.168.72.100
        }

        track_script {
            chk_nginx
        }

}
```

编辑监控脚本，如下：

```
# vim /usr/local/sbin/check_ng.sh    // 内容如下
# 时间变量，用于记录日志
d=`date --date today +%Y%m%d_%H:%M:%S`
# 计算 Nginx 进程数量
n=`ps -C nginx --no-heading|wc -l`
# 如果进程数量为 0，则启动 Nginx，并且再次检测 Nginx 进程数量，
# 如果还为 0，说明 Nginx 无法启动，此时需要关闭 keepalived
if [ $n -eq "0" ]; then
        systemctl start nginx
        n2=`ps -C nginx --no-heading|wc -l`
        if [ $n2 -eq "0" ]; then
                echo "$d nginx down,keepalived will stop" >> /var/log/check_ng.log
                systemctl stop keepalived
        fi
fi
#####以上为脚本内容#####
# chmod a+x /usr/local/sbin/check_ng.sh
```

如果你的 backup（129）上还未安装 Nginx，暂时还不能启动 keepalived 服务，还需要做如下操作：

```
# yum install -y epel-release
# yum install -y nginx
```

Nginx 除了可以通过编译安装，也可以使用 yum 安装。然后，把 keepalived 服务启动：

```
# systemctl start keepalived
```

折腾了这么久，阿铭还未检验劳动成果，下面来跟着阿铭一起验证 keepalived 的高可用吧。

为了区分开 master 和 backup 两个角色，阿铭先把两台机器的 Nginx 做一个区分，为两个 Nginx 分别设置一个自定义 header，这样在执行 curl 的时候就可以看出差异来：

```
# 分别编辑 128 和 129 的 nginx.conf
# vim /usr/local/nginx/conf/nginx.conf    // 如果是 yum 安装的 Nginx，配置文件为 /etc/nginx/nginx.conf
```

```
# 在 http {} 配置段里，增加如下内容
add_header  myheader  "128";   // 这是 128 的配置
add_header  myheader  "129";   // 这是 129 的配置
```

重载配置后，进行测试：

```
# systemctl reload nginx
# curl -I 192.168.72.128   // 可以看到 myheader: 128
HTTP/1.1 200 OK
Server: nginx/1.18.0
Date: Sun, 05 Jul 2020 03:58:37 GMT
Content-Type: text/html
Content-Length: 15
Last-Modified: Sat, 27 Jun 2020 01:59:46 GMT
Connection: keep-alive
ETag: "5ef6a812-f"
myheader: 128
Accept-Ranges: bytes

# curl -I 192.168.72.129   // 可以看到 myheader: 129
HTTP/1.1 200 OK
Server: nginx/1.18.0
Date: Sun, 05 Jul 2020 03:58:40 GMT
Content-Type: text/html
Content-Length: 15
Last-Modified: Sat, 27 Jun 2020 01:59:46 GMT
Connection: keep-alive
ETag: "5ef6a812-f"
myheader: 129
Accept-Ranges: bytes
```

有了标记之后，后续的操作就有意思了，先把 master 上的 Nginx 故意关掉：

```
# netstat -lntp |grep nginx
tcp    0    0 0.0.0.0:80        0.0.0.0:*      LISTEN     829/nginx: master p
tcp    0    0 0.0.0.0:443       0.0.0.0:*      LISTEN     829/nginx: master p
# systemctl stop nginx
Stopping nginx (via systemctl):                           [  确定  ]
# netstat -lntp |grep nginx     // 关掉之后，确实没有了 Nginx 服务
```

等了片刻，再来检测端口，发现服务又启动了：

```
# netstat -lntp |grep nginx
tcp    0    0 0.0.0.0:80        0.0.0.0:*      LISTEN     829/nginx: master p
tcp    0    0 0.0.0.0:443       0.0.0.0:*      LISTEN     829/nginx: master p
```

你也可以通过/var/log/messages 日志看到 Nginx 被启动的信息：

```
Jul  5 12:02:07 aminglinux-123 systemd[1]: Stopping nginx - high performance web server...
Jul  5 12:02:07 aminglinux-123 systemd[1]: Stopped nginx - high performance web server.
Jul  5 12:02:10 aminglinux-123 systemd[1]: Starting nginx - high performance web server...
Jul  5 12:02:10 aminglinux-123 systemd[1]: Started nginx - high performance web server.
```

从时间上可以看出关闭 Nginx 服务后，大概 3 秒钟它就又被启动了。下面我们再模拟 master 死机，

只需要在 master 加上一条 iptables 规则即可：

```
# iptables -I OUTPUT -p vrrp -j DROP
```

加完规则后，到 backup 上看是否被设置了 VIP：

```
# ip add
1: lo: <LOOPBACK,UP,LOWER_UP> mtu 65536 qdisc noqueue state UNKNOWN group default qlen 1000
    link/loopback 00:00:00:00:00:00 brd 00:00:00:00:00:00
    inet 127.0.0.1/8 scope host lo
       valid_lft forever preferred_lft forever
    inet6 ::1/128 scope host
       valid_lft forever preferred_lft forever
2: ens33: <BROADCAST,MULTICAST,UP,LOWER_UP> mtu 1500 qdisc fq_codel state UP group default qlen 1000
    link/ether 00:0c:29:58:a3:05 brd ff:ff:ff:ff:ff:ff
    inet 192.168.72.129/24 brd 192.168.72.255 scope global noprefixroute ens33
       valid_lft forever preferred_lft forever
    inet 192.168.72.100/32 scope global ens33
       valid_lft forever preferred_lft forever
    inet6 fe80::a7de:e888:acdf:4c8c/64 scope link noprefixroute
       valid_lft forever preferred_lft forever
```

确实已经有 192.168.72.100 这个 VIP 了，再来看 /var/log/messages：

```
tail /var/log/messages
Jul  5 12:03:56 aminglinux-123 Keepalived_vrrp[2085]: Sending gratuitous ARP on ens33 for 192.168.72.100
Jul  5 12:03:56 aminglinux-123 Keepalived_vrrp[2085]: Sending gratuitous ARP on ens33 for 192.168.72.100
Jul  5 12:03:56 aminglinux-123 Keepalived_vrrp[2085]: Sending gratuitous ARP on ens33 for 192.168.72.100
Jul  5 12:03:56 aminglinux-123 Keepalived_vrrp[2085]: Sending gratuitous ARP on ens33 for 192.168.72.100
Jul  5 12:04:01 aminglinux-123 Keepalived_vrrp[2085]: Sending gratuitous ARP on ens33 for 192.168.72.100
Jul  5 12:04:01 aminglinux-123 Keepalived_vrrp[2085]: (VI_1) Sending/queueing gratuitous ARPs on ens33 for 192.168.72.100
Jul  5 12:04:01 aminglinux-123 Keepalived_vrrp[2085]: Sending gratuitous ARP on ens33 for 192.168.72.100
Jul  5 12:04:01 aminglinux-123 Keepalived_vrrp[2085]: Sending gratuitous ARP on ens33 for 192.168.72.100
Jul  5 12:04:01 aminglinux-123 Keepalived_vrrp[2085]: Sending gratuitous ARP on ens33 for 192.168.72.100
Jul  5 12:04:01 aminglinux-123 Keepalived_vrrp[2085]: Sending gratuitous ARP on ens33 for 192.168.72.100
```

其中也有 VIP 的相关信息，但是这并不完美，因为在 master 上依旧有 VIP，master 上虽然被禁掉了 VRRP 协议，但它并不认为自己死机了，所以不会释放 VIP 资源。如果 master 和 backup 都绑定了 VIP，那么对外提供服务时就会紊乱，这叫作"脑裂"，这种情况是不允许发生的。其实还有一种测试方案，就是直接把 master 上的 keepalived 服务关掉，在此之前先将前面增加的 iptables 规则去掉，运行下面命令：

```
# iptables -D OUTPUT  -p VRRP -j DROP
# systemctl stop keepalived
```

然后我们直接访问 VIP 来判断 VIP 在哪里：

```
# curl -I 192.168.72.100
HTTP/1.1 200 OK
Server: nginx/1.18.0
Date: Sun, 05 Jul 2020 04:06:36 GMT
Content-Type: text/html
```

```
Content-Length: 15
Last-Modified: Sat, 27 Jun 2020 01:59:46 GMT
Connection: keep-alive
ETag: "5ef6a812-f"
myheader: 129
Accept-Ranges: bytes
```

可以判断 VIP 已经到了 129 上，再把 master 上的 keepalived 服务开启：

```
# systemctl start keepalived
# curl -I 192.168.72.100
curl -I 192.168.72.100
HTTP/1.1 200 OK
Server: nginx/1.18.0
Date: Sun, 05 Jul 2020 04:10:17 GMT
Content-Type: text/html
Content-Length: 15
Last-Modified: Sat, 27 Jun 2020 01:59:46 GMT
Connection: keep-alive
ETag: "5ef6a812-f"
myheader: 128
Accept-Ranges: bytes
```

此时 VIP 又回到了 master 上。试想，如果一台机器死机，keepalived 服务必然会停掉，所以这样去验证 keepalived 的高可用是没有任何问题的。另外，希望你多看一看/var/log/messages 日志，在阿铭试验过程中产生了很多 keepalived 的日志，以后遇到问题时也可以有一个参考。

如果把 Nginx 换成其他服务，比如说 MySQL，如何做呢？配置思路是一样的，唯一不同的是对 MySQL 的监控脚本不一样。

20.2 搭建负载均衡集群

负载均衡集群不难理解，从字面上也能猜到，简单说就是让多台服务器均衡地去承载压力。实现负载均衡集群的开源软件有 LVS、keepalived、haproxy、Nginx 等，当然也有优秀的商业负载均衡设备，比如 F5、NetScaler 等。商业的负载均衡解决方案稳定性没话说，但是成本非常昂贵，所以阿铭不多介绍，本节以开源的 LVS 为主。

20.2.1 介绍 LVS

LVS（Linux Virtual Server）是由国内大牛章文嵩开发的，这款软件的流行度不亚于 Apache 的 httpd，它是一款四层的负载均衡软件，是针对 TCP/IP 做的转发和路由，所以稳定性和效率相当高。不过 LVS 最新的版本是基于 Linux 2.6 内核的，这意味着它已经有多年没有更新了。虽然目前越来越多的企业选择使用 Nginx 实现负载均衡，但 LVS 依然被诸多企业应用在核心的架构当中。LVS 的架构如图 20-1 所示，在该架构中有一个核心的角色叫作调度器（Load Balancer），用来分发用户的请求；还有诸多的真实服务器（Real Server），也就是处理用户请求的服务器。

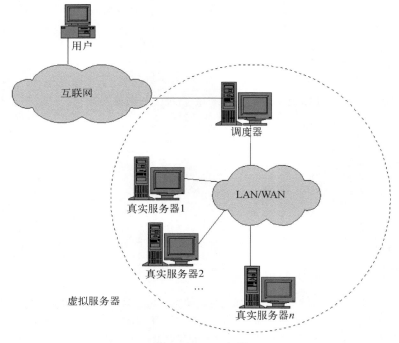

图 20-1　LVS 架构

LVS 根据实现方式的不同，主要分为三种类型：NAT 模式、IP Tunnel（IP 隧道）模式、DR 模式。

(1) NAT 模式

前面阿铭介绍 iptables 时，有介绍过 nat 表，和这里的 NAT 其实是一个意思。这种模式的实现原理很简单，调度器会把用户的请求通过预设的 iptables 规则转发给后端的真实服务器。其中调度器有两个 IP，一个是公网 IP，一个是内网 IP，而真实服务器只有内网 IP。用户访问的时候请求的是调度器的公网 IP，它会把用户的请求转发到真实服务器的内网 IP 上。这种模式的好处是节省公网 IP，但是调度器会成为一个瓶颈。NAT 模式架构如图 20-2 和图 20-3 所示。

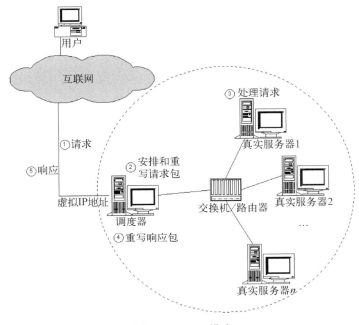

图 20-2　NAT 模式

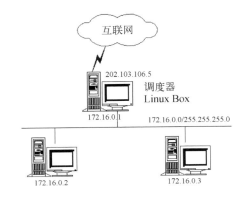

图 20-3　NAT 模式 2

(2) IP Tunnel 模式

IP 隧道是将一个 IP 报文封装在另一个 IP 报文中的技术,这可以使目标为一个 IP 地址的数据报文能被封装和转发到另一个 IP 地址。像大家熟知的 VPN 技术其实就是 IP 隧道。在 LVS 的 IP Tunnel 架构中,后端服务器有一组而非一个,所以不可能静态地建立一一对应的隧道,而是动态地选择一台服务器,将请求报文封装和转发给选出的服务器。这样我们可以利用 IP 隧道的原理,将一组服务器上的网络服务组成在一个 IP 地址上的虚拟网络服务。IP Tunnel 模式架构如图 20-4 所示。

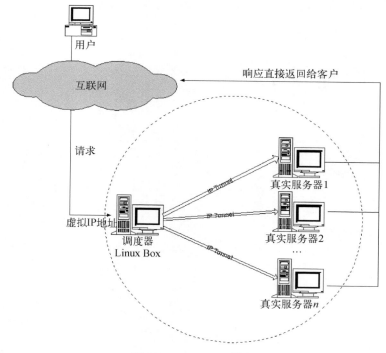

图 20-4　IP Tunnel 模式

调度器（Load Balancer）将请求报文封装在另一个 IP 报文中，再将封装后的 IP 报文转发给真实服务器。真实服务器收到报文后，先将报文解封获得原来目标地址为 VIP 的报文，服务器发现 VIP 地址被配置在本地的 IP 隧道设备上，所以就处理这个请求，然后根据路由表将响应报文直接返回给客户。这种模式下，需要给调度器和所有的真实服务器全部分配公网 IP，所以比较浪费公网 IP。

(3) DR 模式

和 IP Tunnel 模式方法相同，用户的请求被调度器动态地分配到真实服务器上，真实服务器响应请求把结果直接返回给用户。不过，在这种模式下不会封装 IP，而是将数据帧的 MAC 地址改为真实服务器的 MAC 地址。DR 模式架构如图 20-5 所示。

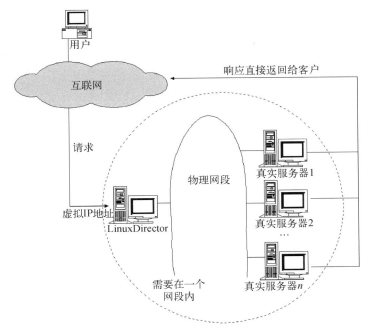

图 20-5 DR 模式

LVS 的官方网站给出了三种模式的比较,如表 20-1 所示。

表 20-1 LVS 模式比较

—	VS/NAT	VS/TUN	VS/DR
server	any	Tunneling	Non-arp device
server network	private	LAN/WAN	LAN
server number	low (10~20)	High (100)	High (100)
server gateway	load balancer	own router	own router

以上三种方法所能支持最大服务器数的估值是假设调度器使用 100 MB 网卡,调度器的硬件配置与后端服务器的硬件配置相同,而且是针对一般 Web 服务的。使用更高的硬件配置(如千兆网卡和更快的处理器)作为调度器,调度器所能调度的服务器数量会相应增加。当应用不同时,服务器的数目也会相应地改变。所以,以上数据估计主要是为三种方法的伸缩性进行量化比较。

根据表 20-1 的比较可以看出,NAT 模式适合小型的集群,机器数量不多,它的优势是节省公网 IP。TUN 和 DR 相差不大,都能支撑较大规模的集群,但缺点是浪费公网 IP。

20.2.2 LVS 的调度算法

调度器把客户端发来的请求均衡地分发给后端的真实服务器,这是依靠预先设定好的调度算法实现的,在 LVS 中支持的调度算法主要有以下 8 种。

1. 轮询调度

这种算法简称 RR（Round-Robin），是非常简单的一种调度算法，它按顺序把请求依次发送给后端的服务器，不管后端服务器的处理速度和响应时间怎样。当后端服务器性能不一致时，用这种调度算法就不合适了。

2. 带权重的轮询调度

这种算法简称 WRR（Weighted Round-Robin），比第一种算法多了一个权重的设置，权重越高的服务器被分配到的请求就越多，这样后端服务器性能不一致时，就可以给配置低的服务器较小的权重。

3. 最小连接调度

这种算法简称 LC（Least-Connection），会根据各真实服务器上的连接数来决定把新的请求分配给谁，连接数少说明服务器是空闲的，这样把新的请求分配到空闲服务器上才更加合理。

4. 带权重最小连接调度

这种算法简称 WLC（Weight Least-Connection），是在最小连接调度的基础上再增加一个权重设置，这样就可以人为地去控制哪些服务器上多分配请求，哪些少分配请求。

5. 基于局部性的最少连接调度

这种算法简称 LBLC（Locality-Based Least Connection），是针对请求报文的目标 IP 地址的负载均衡调度，目前主要用于 Cache 集群系统，因为在 Cache 集群中客户请求报文的目标 IP 地址是变化的。算法的设计目标是在服务器的负载基本平衡的情况下，将具有相同目标 IP 地址的请求调度到同一台服务器，来提高各台服务器的访问局部性和主存 Cache 命中率。

6. 带复制的基于局部性最少连接调度

该算法简称 LBLCR（Locality-Based Least Connections with Replication），也是针对目标 IP 地址的负载均衡，它与 LBLC 算法的不同之处是：它要维护从一个目标 IP 地址到一组服务器的映射，而 LBLC 算法是维护从一个目标 IP 地址到一台服务器的映射。LBLCR 算法先根据请求的目标 IP 地址找出该目标 IP 地址对应的服务器组，按"最小连接"原则从该服务器组中选出一台服务器，若服务器没有超载，则将请求发送到该服务器；若服务器超载，则按"最小连接"原则从整个集群中选出一台服务器，将该服务器加入到服务器组中，将请求发送到该服务器。同时，当该服务器组有一段时间没有被修改，将最忙的服务器从服务器组中删除，以降低复制的程度。

7. 目标地址散列调度

该算法（Destination Hashing）也是针对目标 IP 地址的负载均衡，但它是一种静态映射算法，通过一个散列（hash）函数将一个目标 IP 地址映射到一台服务器。目标地址散列调度算法先将请求的目标 IP 地址作为散列键（hash key）从静态分配的散列表找出对应的服务器，若该服务器是可用的且未超载，则将请求发送到该服务器，否则返回空。

8. 源地址散列调度

该算法（Source Hashing）正好与目标地址散列调度算法相反，它将请求的源 IP 地址作为散列键从静态分配的散列表找出对应的服务器，若该服务器是可用的且未超载，就将请求发送到该服务器，否则返回空。它的算法流程与目标地址散列调度算法的流程基本相似，只不过将请求的目标 IP 地址换成了请求的源 IP 地址。

对于以上 8 种调度算法，阿铭认为前 4 种用得最多，也最容易理解，它们基本上能满足绝大多数的应用场景。关于 LVS 的介绍内容还是蛮多的，请不要觉得啰唆，这部分内容在面试的时候经常会被问到，建议你耐心地读一读，理解了自然就掌握了。

在阿铭 10 多年的职业生涯里，生产环境中使用 LVS 的场景几乎没有，所以关于 LVS 的相关试验，阿铭就省略了，但是 keepalived + LVS 还是要给大家验证一下的。

20.2.3 使用 keepalived＋LVS DR 模式实现负载均衡

完整的 keepalived+LVS 架构需要有两台调度器实现高可用，其中提供调度服务的只需要一台，另外一台作为备用。为了节省资源，阿铭只设置一台主 keepalived，备用的暂时就省略掉了。以下试验需要准备三台机器。阿铭原来就有两台虚拟机，还需再克隆一台。三台机器的 IP 分配如下。

- 主 keepalived（调度器）：192.168.72.128
- 真实服务器 rs1：192.168.72.129
- 真实服务器 rs2：192.168.72.130
- VIP：192.168.72.110

如果你的机器上还未安装过 keepalived，则需要先安装，直接运行 `yum install keepalived` 即可。由于阿铭的 128 机器之前安装过 keepalived，所以这一步就省略了。下面编辑 keepalived 的配置文件：

```
vim /etc/keepalived/keepalived.conf   // 更改成如下内容
vrrp_instance VI_1 {
    # 备用服务器上为 BACKUP
    state MASTER
    # 绑定 VIP 的网卡为 ens33，你的网卡和阿铭的可能不一样，这里需要你改一下
    interface ens33
    virtual_router_id 51
    # 备用服务器上为 90
    priority 100
    advert_int 1
    authentication {
        auth_type PASS
        auth_pass aminglinux
    }
    virtual_ipaddress {
        192.168.72.110
    }
}
virtual_server 192.168.72.110 80 {
    #(每隔 10 秒查询一次真实服务器的状态)
    delay_loop 10
    #(lvs 算法，rr 为轮询算法，wrr 为带权重的轮询算法)
    lb_algo rr
```

```
        #(DR 模式)
        lb_kind DR
        #(同一 IP 的连接 60 秒内被分配到同一台真实服务器,为了方便试验,这里将该参数注释了,生产环境建议
开启)
        #persistence_timeout 60
        #(用 TCP 协议检查真实服务器状态)
        protocol TCP

        real_server 192.168.72.129 80 {
            #(权重)
            weight 100
            TCP_CHECK {
            #(10 秒无响应即超时)
                connect_timeout 10
                nb_get_retry 3
                delay_before_retry 3
                connect_port 80
            }
        }
        real_server 192.168.72.130 80 {
            weight 100
            TCP_CHECK {
                connect_timeout 10
                nb_get_retry 3
                delay_before_retry 3
                connect_port 80
            }
        }
}
# systemctl   restart  keepalived
```

两台 rs(129 和 130)上需要编写脚本(内容一样):

```
# vim /usr/local/sbin/lvs_dr_rs.sh   // 内容如下
#/bin/bash
vip=192.168.72.110
# 把 vip 绑定在 lo 上,是为了 rs 能直接把结果返回给客户端
ifconfig lo:0 $vip broadcast $vip netmask 255.255.255.255 up
route add -host $vip lo:0
# 以下操作为更改 ARP 内核参数,目的是让 rs 顺利发送 MAC 地址给客户端
echo "1" >/proc/sys/net/ipv4/conf/lo/arp_ignore
echo "2" >/proc/sys/net/ipv4/conf/lo/arp_announce
echo "1" >/proc/sys/net/ipv4/conf/all/arp_ignore
echo "2" >/proc/sys/net/ipv4/conf/all/arp_announce
```

分别在两台机器上执行各自的脚本:

```
# bash /usr/local/sbin/lvs_dr_rs.sh   // 129 和 130 上执行
```

为了便于区分开 129 和 130,阿铭将其虚拟主机默认网页修改了一下:

```
# echo "default_server 129" > /data/nginx/default/index.html   // 修改 129 的默认网页
# echo "default_server 130" > /data/nginx/default/index.html   // 修改 130 的默认网页
```

```
# curl 192.168.72.129
default_server 129
# curl 192.168.72.130
default_server 130
```

下面看测试效果，但这次就不能用 curl 命令测试了，因为 VIP 在三台机器上都有设置，直接 curl 去访问 VIP 的话不成功，如果要 curl 测试，还需要再搞一台同网段的虚拟机才可以。所以只能用浏览器来测试效果，直接在浏览器里访问 http://192.168.72.110 即可。测试过程阿铭不再详细介绍，最终达到的效果是：第一次访问结果为 default_server 129，然后刷新一下就变为 default_server 130，再刷新又变为 default_server 129，依此类推。

20.2.4 使用 Nginx 实现负载均衡

Nginx 作为一款优秀的 Web 服务器，不仅能实现七层负载均衡，还能实现四层负载均衡。这里的七层、四层指的是网络 OSI 七层模型中的应用层和传输层，对应到 Nginx 的负载均衡，可以这样理解：七层即可以实现 HTTP/HTTPS 的负载均衡，四层即可以实现 TCP 的负载均衡，比如用 Nginx 对 MySQL 进行负载均衡。

先来看七层的负载均衡示例，机器规划如下。

- 负载均衡器：192.168.72.128
- 服务器 1：192.168.72.129
- 服务器 2：192.168.72.130

在 128 上，编辑配置文件：

```
vim /usr/local/nginx/conf/vhost/ld7.conf    // 更改成如下内容
upstream ld_7
{
    server 192.168.72.129:80;
    server 192.168.72.130:80;
}

server
{
    listen 80;
    server_name www.ld7.com;

    location /
    {
        proxy_pass      http://ld_7;
        proxy_set_header Host      $host;
        proxy_set_header X-Real-IP      $remote_addr;
        proxy_set_header X-Forwarded-For $proxy_add_x_forwarded_for;
    }
}
```

重载配置文件后，使用 curl 命令测试效果：

```
# /usr/local/nginx/sbin/nginx -s reload
# curl -x192.168.72.128:80 www.ld7.com
default_server 129
# curl -x192.168.72.128:80 www.ld7.com
default_server 130
# curl -x192.168.72.128:80 www.ld7.com
default_server 129
# curl -x192.168.72.128:80 www.ld7.com
default_server 130
```

可以看到，每次请求得到的结果不一样。

下面再来看看四层的负载均衡，首先要修改配置文件 nginx.conf，如下：

```
# vim /usr/local/nginx/conf/nginx.conf   // 在文件最后面，也就是}的下一行增加如下内容
stream
{
    include vhost/tcp/*.conf;
}
// 说明：这里的 stream {}是和 http {}配置段同级别的，stream {}里面的配置为 tcp 相关配置
```

然后创建四层负载均衡的配置文件，如下：

```
# mkdir /usr/local/nginx/conf/vhost/tcp   // 创建 tcp 目录
upstream lb_4
{
    server 192.168.72.129:80;
    server 192.168.72.130:80;
}

server
{
    listen 81;
    proxy_timeout 3s;
    proxy_pass lb_4;
}
// 说明：这里监听 81 端口，区别于七层的 80 端口
```

配置完，检查配置文件是否有问题，结果发现错误：

```
# /usr/local/nginx/sbin/nginx -t
nginx: [emerg] unknown directive "stream" in /usr/local/nginx/conf/nginx.conf:68
nginx: configuration file /usr/local/nginx/conf/nginx.conf test failed
```

这是因为我们在编译 Nginx 时，并没有指定让 Nginx 支持四层的代理，这就需要重新编译 Nginx，增加--with-stream 参数：

```
# cd /usr/local/src/nginx-1.18.0
# ./configure --prefix=/usr/local/nginx --with-http_ssl_module --with-stream
# make
# make install
```

再一次检查配置文件，就可以了：

```
# /usr/local/nginx/sbin/nginx -t
nginx: the configuration file /usr/local/nginx/conf/nginx.conf syntax is ok
nginx: configuration file /usr/local/nginx/conf/nginx.conf test is successful
# systemctl restart nginx    // 必须要重启一下 nginx，81 端口才会开启哦
```

下面来看看 81 端口的效果：

```
# curl -x192.168.72.128:81 www.abc.com
default_server 129
# curl -x192.168.72.128:81 www.abc.com
default_server 130
# curl -x192.168.72.128:81 www.abc.com
default_server 129
# curl -x192.168.72.128:81 www.abc.com
default_server 130
```

这里使用了一个临时域名 www.abc.com，其实你无论使用什么域名都可以，这是因为它访问到 129 和 130 时都会去访问默认虚拟主机。

20.3　课后习题

(1) 常见的集群架构有哪些？
(2) 请列举出可以实现负载均衡集群的开源软件？
(3) LVS 有哪几种工作模式？
(4) LVS 可以支持哪些调度算法？
(5) 要实现负载均衡集群，至少需要几台机器？
(6) 对比 Nginx 和 LVS 负载均衡，它们两者有什么区别？
(7) 自己动手用 keepalived 实现 MySQL 的高可用集群（要考虑到两台 MySQL 数据的一致性）。

第 21 章 配置监控服务器

监控的重要性不言而喻，一个企业即使架构再不成熟，都必须要有监控。监控不管用什么方式实现，开源软件也好，商业的监控服务也好，或者是简陋的 shell 脚本，在业务上线时都首先要做到位。在腾讯，监控平台非常健全，有一个团队专门维护监控中心，可见它的重要性。当然，并不是所有企业都像腾讯这么专业，还好有诸多开源免费的监控软件来供我们使用。当前，流行的开源监控软件有 Cacti、Nagios 和 Zabbix。

这三款软件都可以监控服务器的基础指标，比如 CPU、内存、硬盘、网络等，其中 Cacti 更擅长监控网络流量，很多 IDC 机房的网络设备流量用 Cacti 来监控，因为它成图更专业。Cacti、Nagios 以及 Zabbix 都是 C/S 架构，需要安装一个服务端，然后还需要在被监控的机器上安装客户端。这三款监控软件都需要有 PHP 的环境（LNMP）支持，其中 Nagios 不需要数据库，Cacti 和 Zabbix 都需要 MySQL 的支持，用来存储数据。

Nagios 最大的特点是监控一目了然，它监控某个指标并不会返回具体的数值，而是只返回一个状态，告诉我们该指标正常或者不正常。所以，Nagios 也不需要历史数据，这也是 Nagios 不需要数据库支持的原因。当它发现某个指标不正常时，就直接发出告警邮件或者短信。

Nagios 在许多年前很受欢迎，但近些年不如 Zabbix 了，这里阿铭也推荐你使用 Zabbix，因为 Zabbix 可以存储数据，很方便画图，并且支持查询历史数据。还有一个阿铭非常喜欢的特性，Zabbix 可以非常方便地自定义监控项目。你可以定制化监控业务的某个指标（比如，每分钟订单数量），这个监控项目不可能在 Zabbix 的自带模板中找到，所以只能自定义。另外，Zabbix 还为我们提供了易用的二次开发接口，方便扩展。

21.1 Zabbix 监控介绍

Zabbix 不仅适合中小型企业，也适合大型企业，它是 C/S 架构，分为服务端（server）和客户端

(client)，单个服务端节点可以支持上万台客户端。在硬件和网络足够强悍的情况下，单台服务器理论上可以支持 5 万个客户端。阿铭在写这本书时，其最新版本为 5.0。其实 Zabbix 更新的速度还是蛮快的。之所以版本更新速度很快，就是因为它太受欢迎了。学习 Zabbix 是非常有必要的，因为将来你找工作或者换工作的时候，超过 60% 的企业可能都在使用它。

如果你英文水平还可以，那看官方文档是学习 Zabbix 最好的路径，这里有各个主流版本的文档（2.2、2.4、3.0、3.2、3.4、4.0、4.2），因为 5.0 才刚刚出来，所以文档暂时还没有。Zabbix 的知识体系非常庞大，要研究透彻需要花费大量的时间和精力，阿铭建议一开始学习只需要搞清楚大概的架构，然后搭建一个测试环境，加一些基础的和自定义的监控，配置告警就可以了。也就是说，首先要把配置的流程搞明白，然后再去深入研究。在本节中，阿铭正是采用这样的方式介绍 Zabbix 的，相信等你学完这一章，就可以上手了。

21.1.1 Zabbix 组件

Zabbix 整个体系架构中有下面几个主要的角色。

1. zabbix-server

zabbix-server 是整个监控体系中最核心的组件，它负责接收客户端发送的报告信息，所有配置、统计数据及操作数据都由它组织。

2. 数据存储

所有的收集信息都存储在这里。

3. Web 界面

Web 界面即 GUI，这是 Zabbix 监控简单易用的原因之一，因为我们可以在 Web 界面中配置、管理各个客户端。运行 Web 界面需要有 PHP 环境支持。

4. zabbix-proxy

zabbix-proxy 为可选组件，用在监控节点非常多的分布式环境中，它可以代理 zabbix-server 的功能，减轻 zabbix-server 的压力。

5. zabbix-agent

zabbix-agent 为部署在各客户端上的组件，用于采集各监控项目的数据，并把采集的数据传输给 zabbix-proxy 或者 zabbix-server。

21.1.2 Zabbix 架构

介绍完各个组件后，再来通过一张图了解各组件的关系，如图 21-1 所示。

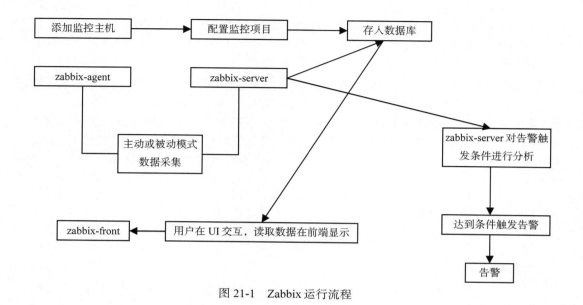

图 21-1　Zabbix 运行流程

21.2　Zabbix 监控安装和部署

通过图 21-1 大致了解了 Zabbix 的架构和工作流程后，你可能对 Zabbix 还是很陌生，下面阿铭会搭建一套 Zabbix 监控系统，让你更加直观地去了解它。其实做本试验准备一台虚拟机即可，也就是说你可以在一台机器上安装 Zabbix 所有的组件。但为了更加接近生产环境，阿铭拿两台机器来做本试验，其中 128 作为 Zabbix 服务端，129 作为客户端。

21.2.1　用 yum 安装 Zabbix

阿铭将在本试验中采用 5.0 版本。首先需要安装 Zabbix 的 yum 扩展源，然后利用 yum 安装 Zabbix 即可，在 128 上执行如下命令：

```
# wget repo.zabbix.com/zabbix/5.0/rhel/8/x86_64/zabbix-release-5.0-1.el8.noarch.rpm
# rpm –ivh zabbix-release-5.0-1.el8.noarch.rpm
# yum list |awk '$NF=="zabbix"'
zabbix-agent.x86_64                     5.0.1-1.el8           zabbix
zabbix-agent2.x86_64                    5.0.1-1.el8           zabbix
zabbix-apache-conf.noarch               5.0.1-1.el8           zabbix
zabbix-get.x86_64                       5.0.1-1.el8           zabbix
zabbix-java-gateway.x86_64              5.0.1-1.el8           zabbix
zabbix-js.x86_64                        5.0.1-1.el8           zabbix
zabbix-nginx-conf.noarch                5.0.1-1.el8           zabbix
zabbix-proxy-mysql.x86_64               5.0.1-1.el8           zabbix
zabbix-proxy-pgsql.x86_64               5.0.1-1.el8           zabbix
zabbix-proxy-sqlite3.x86_64             5.0.1-1.el8           zabbix
```

zabbix-sender.x86_64	5.0.1-1.el8	zabbix
zabbix-server-mysql.x86_64	5.0.1-1.el8	zabbix
zabbix-server-pgsql.x86_64	5.0.1-1.el8	zabbix
zabbix-web.noarch	5.0.1-1.el8	zabbix
zabbix-web-japanese.noarch	5.0.1-1.el8	zabbix
zabbix-web-mysql.noarch	5.0.1-1.el8	zabbix
zabbix-web-pgsql.noarch	5.0.1-1.el8	zabbix

使用 yum list 命令可以列出可用的 Zabbix 相关的包，其中有 4.0 版本的包属于 epel 扩展源，阿铭并没有列出来，但在这里我们要安装的是 5.0 版本。下面安装 Zabbix，其中需要安装的包有 zabbix-agent、zabbix-get、zabbix-server-mysql、zabbix-web、zabbix-nginx-conf 和 zabbix-web-mysql。各 RPM 包的作用分别如下：

- **zabbix-agent**：客户端程序。
- **zabbix-get**：服务器端上命令行获取客户端检测项目的工具。
- **zabbix-server-mysql**：zabbix-server MySQL 版。
- **zabbix-web**：Web 界面。
- **zabbix-nginx-conf**：Zabbix 的 Nginx 相关配置文件。
- **zabbix-web-mysql**：Web 界面 MySQL 相关。

在 128 上安装以上所有的包，命令为：

```
# yum install -y zabbix-agent zabbix-get zabbix-server-mysql zabbix-web zabbix-web-mysql zabbix-nginx-conf
```

阿铭在使用 yum 安装 Zabbix，速度非常慢，而且时不时还中断，提示"下载元数据失败"，这是因为国内网络访问 Zabbix 官网比较慢。我们可以更换一个镜像站，配置如下：

```
# vim /etc/yum.repos.d/zabbix.repo    // 修改为如下内容
[zabbix]
name=Zabbix Official Repository - $basearch
baseurl=https://mirrors.aliyun.com/zabbix/zabbix/5.0/rhel/8/x86_64/
enabled=1
gpgcheck=0
gpgkey=file:///etc/pki/rpm-gpg/RPM-GPG-KEY-ZABBIX-A14FE591

[zabbix-non-supported]
name=Zabbix Official Repository non-supported - $basearch
baseurl=https://mirrors.aliyun.com/zabbix/non-supported/rhel/8/x86_64/
enabled=1
gpgkey=file:///etc/pki/rpm-gpg/RPM-GPG-KEY-ZABBIX
gpgcheck=0
```

然后再次通过 yum 命令安装即可成功，它会自动安装上 nginx-1.14。

21.2.2 配置 MySQL

Zabbix 需要 MySQL 的支持，如果你的机器上还未安装 MySQL，请先根据 14.1 节的方法安装。阿铭在 128 机器上已经安装过，所以省略安装的步骤。下面是关于 MySQL 的一些操作：

```
# vim /etc/my.cnf     // 编辑 MySQL 配置文件，在[mysqld]模块下面修改或增加如下内容
character_set_server = utf8
# /etc/init.d/mysqld restart     // 重启 MySQL 服务
# mysql -uroot -S /tmp/mysql.sock -paming123     //进入 MySQL 命令行
mysql> create database zabbix character set utf8 collate utf8_bin;  //创建 zabbix 库，字符集为 UTF-8
Query OK, 1 row affected (0.01 sec)
//创建 zabbix 用户
mysql> grant all on zabbix.* to 'zabbix'@'127.0.0.1' identified by 'aming-zabbix';
Query OK, 0 rows affected (0.00 sec)
mysql> quit
```

然后导入 Zabbix 相关的数据：

```
# cd /usr/share/doc/zabbix-server-mysql
# gzip -d create.sql.gz
# mysql -uroot -S /tmp/mysql.sock -paming123 zabbix < create.sql    // 导入 SQL
```

修改 zabbix-server 的配置文件，并启动 zabbix-server 服务：

```
# vim /etc/zabbix/zabbix_server.conf    // 修改或增加如下内容
DBHost=127.0.0.1    // 在 DBName=zabbix 上面增加
DBPassword=aming-zabbix    // 在 DBuser 下面增加
# systemctl start zabbix-server    // 启动 zabbix-server 服务
# systemctl enable zabbix-server    // 开机启动
# netstat -lnpt |grep zabbix    // zabbix-server 监听 10051 端口
tcp        0      0 0.0.0.0:10051           0.0.0.0:*               LISTEN      4364/zabbix_server
tcp6       0      0 :::10051                :::*                    LISTEN      4364/zabbix_server
```

如果在启动 zabbix-server 时遇到问题（比如启动不了，或者监听不到 10051 端口），请查看日志 /var/log/messages，或者查看日志 /var/log/zabbix/zabbix_server.log。

21.2.3 配置 Web 界面

由于 128 上已经安装过 Nginx，现在又安装了一个 1.14 版本的 Nginx，所以需要先把之前安装的 Nginx 停掉，命令为：

```
# pkill nginx    // pkill 命令可以直接将 nginx 进程杀死
```

编辑 Zabbix 的 Nginx 配置文件，如下：

```
# vim /etc/nginx/conf.d/zabbix.conf    // 删除#，并定义 server_name
listen        80;
server_name   zabbix.aminglinux.com;
```

编辑 Zabbix 的 php-fpm 配置文件，如下：

```
# vim /etc/php-fpm.d/zabbix.conf    // 修改时区
php_value[date.timezone] = Asia/Shanghai
```

重启服务，如下：

```
# systemctl  restart nginx php-fpm zabbix-server zabbix-agent
# systemctl  enable nginx php-fpm zabbix-server zabbix-agent    // 设置为开机自启
```

首先将域名 zabbix.aminglinux.com 解析到 192.168.72.128（可以通过修改 Windows 的 hosts 文件实现），然后在浏览器中输入 http://zabbix.aminglinux.com，会出现如图 21-2 所示的界面。

图 21-2　安装 Zabbix

单击右下角的 Next step，会出现前置检查的页面，如图 21-3 所示。

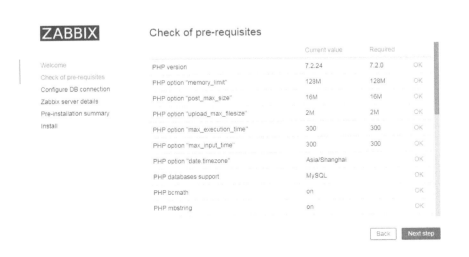

图 21-3　前置检查

如果右侧不显示绿色的 OK，则需要先解决后才可以继续下一步，继续单击右下角的 Next step 按钮，此时会出现 MySQL 相关配置页面，根据前面定义的用户名和密码来填写，如图 21-4 所示。

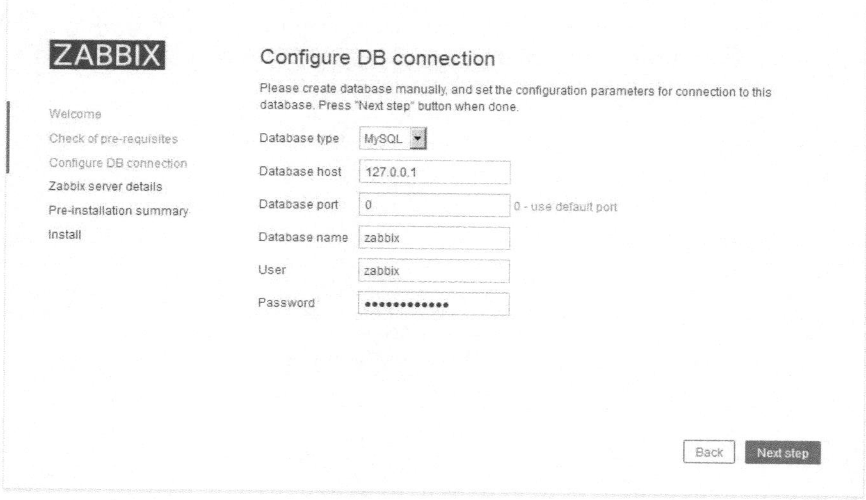

图 21-4　设置 MySQL 相关内容

继续单击 Next step 按钮，此时会出现 Zabbix server details 对话框，这一步是让我们填写 Zabbix server 本机的相关信息，目的是要监控它。因为还没有配置并启动 zabbix-agent，所以这一步跳过，直接点 Next step 按钮，然后会出现 Zabbix 的汇总页面，如图 21-5 所示。

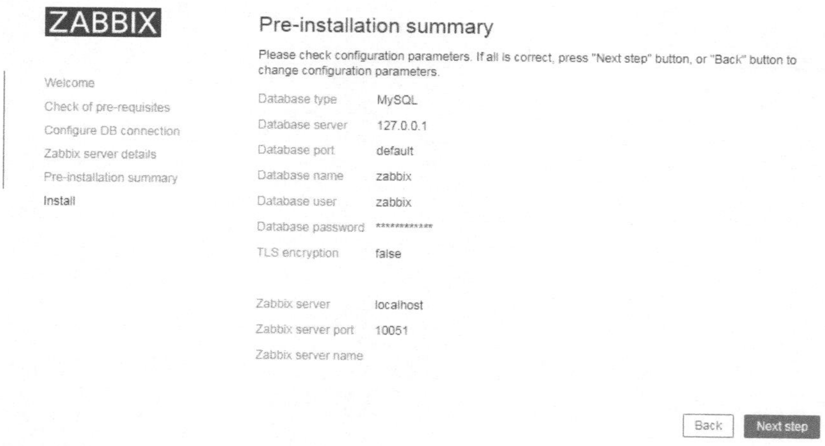

图 21-5　Zabbix 信息汇总

最后出现 Congratulations! You have successfully installed Zabbix frontend.提示，说明安装完成。单击 Finish 按钮完成安装，出现登录页，如图 21-6 所示，在其中输入用户名 Admin，密码 zabbix，进入 Zabbix 管理控制台。

图 21-6　登录 Zabbix

登录进来后，第一件事情就是修改管理员密码，因为这个默认密码谁都知道，很危险。在这里阿铭顺便再提一下，Zabbix 监控是公司内部站点，应该做一下访问控制，你是否还记得如何用 Nginx 做访问控制？密码也要设置得很复杂，如果担心忘记密码，可以借助 KeePass 工具来记录密码。

21.2.4　部署 Zabbix 客户端

前面阿铭就介绍了 Zabbix 监控为 C/S（客户端/服务端）架构。刚刚已经配置好了服务端程序，我们还需要配置客户端程序。在 129 上执行如下命令：

```
# vim /etc/yum.repos.d/zabbix.repo    // 修改为如下内容
[zabbix]
name=Zabbix Official Repository - $basearch
baseurl=https://mirrors.aliyun.com/zabbix/zabbix/5.0/rhel/8/x86_64/
enabled=1
gpgcheck=0
gpgkey=file:///etc/pki/rpm-gpg/RPM-GPG-KEY-ZABBIX-A14FE591

[zabbix-non-supported]
name=Zabbix Official Repository non-supported - $basearch
baseurl=https://mirrors.aliyun.com/zabbix/non-supported/rhel/8/x86_64/
enabled=1
gpgkey=file:///etc/pki/rpm-gpg/RPM-GPG-KEY-ZABBIX
gpgcheck=0
# yum install -y zabbix-agent
```

在 129 上可以直接编辑 Zabbix 的 yum 源，然后使用 yum 安装 zabbix-agent 即可。安装完 zabbix-agent 后，还需要修改它的配置文件：

```
# vim /etc/zabbix/zabbix_agentd.conf    // 修改如下配置
Server=127.0.0.1 修改为 Server=192.168.72.128    // 定义服务端的 IP（被动模式）
ServerActive=127.0.0.1 修改为 ServerActive=192.168.72.128    // 定义服务端的 IP（主动模式）
Hostname=Zabbix server 修改为 Hostname=aming-123    // 这是自定义的主机名，
                                    // 一会儿还需要在 Web 界面下设置同样的主机名
```

主动模式和被动模式在前面的运行流程图中已经出现过，阿铭故意放在这里来解释。主动或者被动是相对于客户端来讲的。如果是被动模式，服务端会主动连接客户端获取监控项目数据，客户端被动地接受连接，并把监控信息传递给服务端；如果是主动模式，客户端会主动把监控数据汇报给服务端，服务端只负责接收即可。当客户端数量非常多时，建议使用主动模式，这样可以降低服务端的压力。如何配置主动模式和被动模式呢？一会儿阿铭给大家介绍。配置文件只需修改这些参数，然后启动 zabbix-agent 服务：

```
# systemctl start zabbix-agent    // 启动服务
# systemctl enable zabbix-agent   // 让它开机启动
# netstat -lnp |grep zabbix       // zabbix-agent 监听 10050 端口
tcp     0    0 0.0.0.0:10050         0.0.0.0:*          LISTEN     8803/zabbix_agentd
tcp6    0    0 :::10050              :::*               LISTEN     8803/zabbix_agentd
```

21.3　Zabbix 配置和使用

客户端也安装完成了，接下来该到 Web 界面的管理后台去配置 Zabbix 了，目前还是光秃秃地没有任何数据。Zabbix 比较给力，因为它是支持中文的。阿铭比较喜欢原汁原味的英文界面，使用久了也就习惯了，如果你英文不是很好的话，请按如下方法设置。

依次选择菜单栏最右侧的 Administration→Users→Admin 用户→Language→Chinese(zh_CN)，最后单击蓝色的 Update 按钮。操作完以上步骤，再刷新一下，就显示中文了。

21.3.1　忘记 Admin 密码

Zabbix 管理员用户默认为 Admin，密码默认为 zabbix，阿铭建议你修改一个复杂的密码，当然时间久了你难免会忘记。如果忘记了，你可以按照下面的方法重置密码。

进入 MySQL 命令行，选择 Zabbix 库：

```
# mysql -uroot -p 'aming123' zabbix
mysql> update zabbix.users set passwd=md5('aminglinux') where alias='Admin';
Query OK, 1 row affected (0.02 sec)
Rows matched: 1  Changed: 1  Warnings: 0
```

这样就可以把 Admin 用户的密码改为 aminglinux 了。

21.3.2　添加主机

添加主机即把被监控的主机加入监控中心，这样就可以监控它的一些项目了，比如监控 CPU、内存、磁盘以及网络等。在添加主机之前，需要先添加一个主机组，依次单击："配置"→"主机群组"→"创建主机群组"→"设置组名"，如图 21-7 和图 21-8 所示。

图 21-7　创建主机组

图 21-8　组名

添加完主机组后，就可以添加主机了，依次单击"配置"→"主机"→"创建主机"，"主机名称"填写 aming-129，"可见的名称"也是 aming-129，"群组"选择 aming-test（单击向左箭头即可），IP 地址填写 192.168.72.129，如图 21-9 所示。

图 21-9　添加主机

单击最下面的"添加"按钮后，主机被成功添加，然后在主机列表页里会看到刚才添加的主机 aming-129，状态为"已启用"，并且字体显示为绿色。当不想监控该主机时，可以单击绿色的"已启用"三个字，就会变为红色的"停用的"。主机虽已添加，但此时还没有任何的监控项目，可以对比一下第二行的 Zabbix server（如图 21-10 所示），它的监控项有 112 项。

图 21-10　主机

这里出现了几个概念：应用集、监控项、触发器、图形、自动发现、Web 监测，其中监控项就是要监控的项目，比如内存使用、CPU 使用等。应用集就是多个监控项的组合，比如 CPU 相关的应用集、内存相关的应用集，应用集里面有具体的监控项。触发器是针对某个监控项做的告警规则，比如磁盘使用量超过 80%就触发了告警规则，然后就告警。图形这个并不难理解，监控没有图形还叫监控吗？自动发现是 Zabbix 特有的一个机制，它会自动去发现服务器上的监控项，比如网卡浏览就可以自动发现网卡设备并监控起来。Web 监测可以去监控指定网站的某个 URL 访问是否正常，比如状态码是否为 200，或者访问时间是否超过某个设定的时间段。

21.3.3　添加模板

依次单击"配置"→"模板"，就可以看到 Zabbix 自带的模板了，这些模板其实就是多个应用集、监控项、触发器、图形、聚合图形、自动发现、Web 监测的组合。比如 FTP 模板，其实就是针对 FTP 这个服务设置的一个监控模板，里面的应用集、监控项、触发器等全都是针对 FTP 服务的。在这儿又出现了一个聚合图形的概念，它其实就是多个图形的组合。

你可以先自定义一个模板，然后在各个模板里面选择需要的应用集或者监控项，把它们复制到自定义模板里，这样就算添加了一个模板。下面阿铭定义一个名字为 aming 的模板，单击右上角的"创建模板"，"模板名称"写 aming，"可见的名称"也写 aming，"群组"这里选择 Templates，单击向左黑色三角块，最后单击下面的"添加"按钮。此时，模板列表页的最上面会出现刚刚创建的 aming 模板。

接下来，再从其他模板中选几个监控项复制到 aming 模板里。阿铭选择的是 Template OS Linux by Zabbix agent 模板，找到该模板单击"监控项"，在 Available memory、Checksum of /etc/passwd、CPU user time 和 Processor load（1 min average per core）左侧的方框里打对钩，然后单击下面的"复制"按钮，目标类型选择"模板"，它会列出所有的模板来，在 aming 模板前面打对钩，再单击下面的"复制"按钮。

依次单击"配置"→"模板"，可以看到 aming 模板的"监控项"里已经有了 4 项，点进去看一下，就是刚刚阿铭添加的那几项。其中 Available memory 监控的是剩余内存大小，CheckSum of /etc/passwd 监控的是/etc/password 文件是否被修改，CPU user time 监控的是 CPU 的 user（用户态）使用率，Processor load（1 min average per core）监控的是 1 分钟每个核 CPU 的负载是多少。

我们还可以在模板中设置触发器，也就是告警规则。当前已经在 aming 模板中单击"监控项"右侧的"触发器"，它会提示"未发现数据"，因为阿铭还未添加任何告警规则。下面阿铭添加一个告警规则，假如系统 1 分钟负载值超过 2（每核），就告警。首先单击右上角的"创建触发器"按钮，名称填写"{HOST.NAME}1 分钟负载(每核)",其中"{HOST.NAME}"为 Zabbix 内置变量,它其实就是主机名。严重性根据实际需求选择,从左到右级别越来越高,阿铭在这里选择的是"警告"。表达式就是具体的告警规则,单击"添加"按钮,然后弹出"条件"对话框,监控项需要我们选择针对哪个监控项目告警。单击"选择"按钮,又弹出"监控项"对话框,群组要选择 Templates,主机选择 aming,在列出来的监控项里面请选择 Processor load (1 min average per core)。

"功能"这一栏保持默认设置,"最后一个(T)"和"间隔(秒)"留空,"结果"选择 >,后面的值设置为 2,因为阿铭的本意是当负载大于 2 时告警,如图 21-11 所示。

图 21-11 触发器条件

单击"插入"按钮后回到"触发器"界面,其他选项保持默认设置即可,最后单击"添加"按钮。最终第一个触发器添加成功,如图 21-12 所示。

图 21-12 触发器

在模板里,还可以添加"图形",图形是查看指标历史数据或趋势必不可少的手段。单击"图形",显示"未发现数据",因为还未添加,所以单击右上角的"创建图形"。名称填写"1 分钟负载",除了监控项外的其他参数都保持默认设置,在"监控项"右侧单击"添加"(注意,不是最下面的"添加"按钮),在弹出的"监控项"对话框中选择 Processor load (1 min average per core),单击"选择"按钮,最后再单击"添加"按钮。

下面再来看一下"自动发现"的功能,目前我们依然在 aming 模板里,单击"自动发现规则",也会提示"未发现数据"。阿铭决定再从其他模板里面"偷"两个"自动发现规则"过来,依次单击"配置"→"模板",找到 Template OS Linux by Zabbix agent,单击它右侧的"自动发现",我们会看到 Block devices discovery、Mounted filesystem discovery 和 Network interface discovery 三项内容,单击查看它们的设置,然后参考这些配置项再创建两个一模一样的规则。当然,阿铭还有更好的方案,其实这个自动发现的三个规则也是独立的模板,我们直接将这些模板链接到 aming 这个模板即可。

依次单击"配置"→"模板",找到 aming 模板,单击 aming,进入到模板里面,单击"链接的模板",在右侧单击"选择",主机群组这里选择 Template/Modules,找到 Template Module Linux filesystems by Zabbix agent 和 Template Module Linux network interfaces by Zabbix agent 并在其前面打对钩，再单击右下角的"选择"按钮，最后单击左下角的"更新"按钮，最终给 aming 模板增加了两个自动发现的规则。

21.3.4　主机链接模板

监控的主机如果有很多，对每个主机都去配置一遍监控项、触发器、图形等，这样相当于做了多次重复工作，其实模板就是为了解决该问题而出现的。阿铭在上一节教你如何去添加监控项、触发器、图形以及自动发现，其目的就是让你先学会配置模板，当你添加主机的时候，只要链接一下对应的模板即可完成监控。下面阿铭使主机 aming-129 链接刚刚添加的模板 aming。

依次单击"配置"→"主机"，单击 aming-129，再单击"模板"，在 Link new template 那一栏，单击右侧的"选择"，弹出"模板"对话框，主机群组需要选择 Templates，然后选择 aming，再单击下面的"选择"按钮，然后单击"更新"按钮，会回到主机列表页，此时看到主机 aming-129 对应的"监控项""触发器""图形"和"自动发现"都有数据了，如图 21-13 所示。

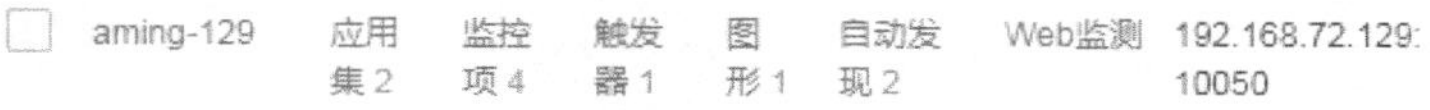

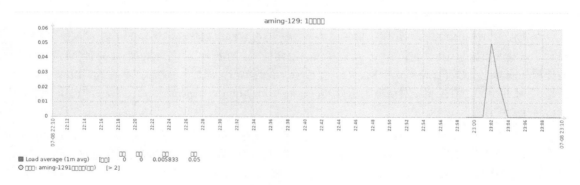

图 21-13　主机 aming-129

21.3.5　图形中的中文乱码

很多读者朋友会遇到一个问题，一旦把 Zabbix 设置为中文，图形里面的中文就会显示为小方块。依次单击"监测"→"主机"，再单击主机 aming-129 那行的"图形"，结果如图 21-14 所示。

图 21-14　图形乱码

这是因为没有中文字体导致，解决这个问题很容易，找到一个合适的中文字体并放到 Zabbix 的对应目录下就可以了。首先确定字体所在目录在哪里。编辑 Zabbix Web 界面的配置文件，命令如下：

```
# vim /usr/share/zabbix/include/defines.inc.php    // 搜索 ZBX_FONTPATH
```

可以看到，它定义的路径是 assets/fonts，它是一个相对路径，绝对路径为 /usr/share/zabbix/assets/fonts/，而字体文件为 ZBX_GRAPH_FONT_NAME 所定义的 graphfont，它是一个文件，绝对路径为 /usr/share/zabbix/assets/fonts/graphfont。然后，我们从 Windows 下面去找一个合适的字体，Windows 字体路径为 C:\Windows\Fonts\，找到 simfang.ttf（其实就是"仿宋简体"），先把它复制到桌面上。然后使用 FTP 工具或者 SFTP 工具（之前阿铭介绍的 Filezilla 都支持）将 simfang.ttf 文件上传到 128 的 /root/ 目录下，阿铭使用的是 Filezilla 的 SFTP 工具。

再到 Linux 机器上，即 128 执行如下命令：

```
# mv /root/simfang.ttf /usr/share/zabbix/assets/fonts/
# cd /usr/share/zabbix/assets/fonts/
# mv graphfont.ttf graphfont.ttf.bak
# mv simfang.ttf graphfont.ttf
```

再次刷新刚才的图形，已经能正常显示中文，如图 21-15 所示。

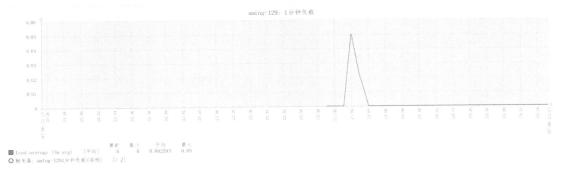

图 21-15　图形显示中文

21.3.6　添加自定义监控项目

阿铭在前面提到过 Zabbix 的优势，其中之一就是很方便地添加自定义监控项目，它虽然提供了丰富的模板，但依然不能满足各种各样的特殊需求。比如，阿铭想要监控 Nginx 的访问日志条数，此类个性化需求在 Zabbix 的模板中是没有的。下面阿铭抛砖引玉，举一个实际的例子来教你添加自定义的监控项目，这涉及编写 shell 脚本。阿铭的需求是：监控某台 Web 服务器 80 端口的并发连接数，并设置图形。

先来分析一下该需求，有两步，第一步是创建自定义监控项，第二步是针对该监控项设置成图形。而该监控项不能在 Zabbix 自带模板中找到，只能自己手动创建，监控项目有一个核心的元素就是数据源，有了数据源就可以创建监控项了，并且也很容易成图形。所以，问题的焦点在于：如何获取服务器 80 端口的并发连接数。

在 13.1.8 节中，阿铭曾经介绍过一个命令 netstat，其中它有一个用法 nestat -an 可以查看系统 TCP 连接状态情况，在各个状态中有一个 ESTABLISHED，它表示正在连接中。由此，就可以获取 80 端

口的并发连接数,具体命令为:

```
# netstat -ant |grep ':80 ' |grep -c ESTABLISHED
```

80 后面多了一个空格,这是为了更加精准,如果不加空格,8080 这样的端口也会包含在内了。有了这条命令,脚本就有了,然后就是如何在 zabbix-server 端获取到 zabbix-agent 端的该数值。具体操作步骤还是挺复杂的,首先要在 zabbix-agent 端(129)上编辑自定义脚本,如下:

```
# vim /usr/local/sbin/estab.sh   // 加入如下内容
#!/bin/bash
## 获取80端口并发连接数
netstat -ant |grep ':80 ' |grep -c ESTABLISHED
```

保存后,需要修改该脚本的权限:

```
# chmod 777 /usr/local/sbin/estab.sh
```

此时虽然有了获取并发连接数的脚本,但是服务端并不晓得该脚本在哪里,还需要编辑 zabbix-agent 的配置文件,定义监控项的 key,如下(依然在 129 上):

```
# vim /etc/zabbix/zabbix_agentd.conf   // 增加两行
UnsafeUserParameters=1   // 表示使用自定义脚本
UserParameter=my.estab.count[*],/usr/local/sbin/estab.sh
// 自定义监控项的 key 为 my.estab.count,后面的[*]里面写脚本的参数,
// 如果没有参数则可以省略,脚本为/usr/local/sbin/estab.sh
```

保存配置文件后,需要重启一下 zabbix-agent 服务,如下:

```
# systemctl restart zabbix-agent
```

然后先到服务端做一个验证,看刚刚的配置是否正确,在服务端(128)上执行命令:

```
# zabbix_get -s 192.168.72.129 -p 10050 -k 'my.estab.count'
```

由于阿铭的 129 服务器上并没有任何 80 端口的访问,所以结果为 0。只要这里能正常获取到客户端上的数据,就已经成功了大半,接下来还需要在 Web 界面配置一下。依次单击"配置"→"主机",找到 aming-129 主机,然后单击"监控项",再单击右上角的"添加监控项",名称写"80端口并发连接数",键值写 my.estab.count,类型保持默认设置,即被动模式,如果选择"Zabbix 客户端(主动式)",则为主动模式。其他项保持默认设置,单击最下面的"添加"按钮。

目前还不确定是否正确添加监控项,依次单击"监测"→"最新数据",主机那一栏选择 aming-129,名称填写"80端口",然后单击"应用"按钮,则会过滤出刚刚添加的"80端口并发连接数"监控项,可以看一下最新数据是什么。阿铭的最新数据为 0,这说明没有问题。

接下来就是设置图形了,有了监控项,也有了数据源,图形就不是问题了。依次单击"配置"→"主机",再单击 aming-129 的"图形",再单击"创建图形"按钮,名称写"80端口并发连接数","监控项"这一栏单击"添加"(是两个字,不是最下面的那个按钮),在弹出的"监控项"对话框里选择"80端口并发连接数",再单击下面的"选择"按钮,返回到刚才的图形界面,再单击最下面的"添加"按钮,完成图形的创建。

至此，刚才的需求终于完成了，真是不容易啊。Zabbix 看似容易，实际配置起来步骤超级繁杂，需要我们多动手方能掌握。

21.3.7 配置告警

监控系统没有告警，那就没有啥意义了。Zabbix 的告警通常为邮件、短信、微信，由于目前智能手机的普及和方便性，配置邮件告警就可以达到很好的提醒效果，因为手机邮箱的提醒和短信类似，而且内容显示更加丰富。早在 10 年前智能手机刚刚兴起时，阿铭想了一个办法是发 139 的邮箱，因为 139 邮箱还带有短信提醒的功能，目前来看没有必要了。

在本节中，阿铭将使用 QQ 邮箱发送告警邮件，这样接收和发送效率会很高。首先，需要开启 QQ 邮箱的 "POP3/SMTP 服务"。方法是，在浏览器中打开 QQ 邮箱，然后登录你的 QQ 账号，进入后单击最上面的 "设置" 按钮，再单击 "账户"，下拉页面到 "POP3/IMAP/SMTP/Exchange/CardDAV/CalDAV 服务"，把前两项服务开启，如图 21-16 所示。

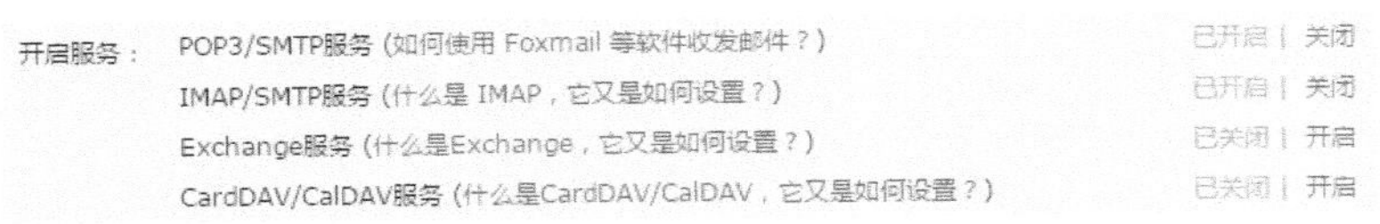

图 21-16 QQ 邮箱开启服务

在开启过程中会有一个授权码，先把这个授权码记下来，一会儿会用到。如果忘记也没有关系，关闭并再次开启即可。下面再到 Zabbix 的 Web 管理后台去配置告警。

依次单击 "管理" → "报警媒介类型"，单击 Email，"SMTP 服务器" 这里设置为 smtp.qq.com，SMTP HELLO 填写 qq.com，"SMTP 电邮" 写你的 QQ 邮箱地址，"认证" 这里单击右侧的 "用户名和密码"，"用户名称" 填写你的 QQ 邮箱地址，密码写上面获取到的授权码。Message templates 和 "选项" 这里保持默认设置即可。最后单击 "更新" 按钮，然后单击右侧的 "测试"，填写收件人为你的 QQ 邮箱，然后单击 "测试"，稍等一两秒就可以收到邮件，如果收不到，那说明你设置的邮箱有问题。

接收告警需要有一个邮件账户，而邮件账户需要在 Zabbix 的用户里设置。依次单击 "管理" → "用户"，再单击右上角的蓝色的 "创建用户" 按钮，会出现创建用户的页面。这个页面有三个属性需要设置，第一个是 "用户" 属性，涉及名字、所属组、密码、语言等，根据你自己的需求去设置，别名阿铭填写 aming，用户名第一部分 aming，姓氏 Li，群组选择了 Zabbix Administrators。如果是一个普通用户，则需要先创建一个合适的用户组，针对组去分配权限，然后再把用户加入到那个组里。

第二部分 "报警媒介" 才是我们最关心的部分，接收报警的邮箱就是在这里设置的。单击 "添加" 两个字，弹出报警媒介的对话框页面，"类型" 选择 Email，"收件人" 填写接收告警邮件的邮箱，阿铭建议你设置成和发邮件的地址一样，这样它自己给自己发一定不会有问题，其他保持默认设置，单击蓝色的 "添加" 按钮，回到用户界面，再单击 "权限"，这里需要显示为 "所有组 读写" 才可以，如果不是这个权限，需要按后面阿铭提供的方法进行配置，最后单击蓝色的 "添加" 按钮。

如果权限那里显示并不是"所有组 读写",你可以这样设置:依次单击"管理"→"用户群组",找到 Zabbix Administrators,单击"权限",单击"选择",出现"主机群组"对话框,然后在"名称"前面的小方框里打对钩,这样就选择了所有组,单击右下角的"选择"按钮,返回到刚才的权限界面,再单击"读写"按钮,把下面的"包括子组"也打上对钩,单击"添加"蓝色字,最后单击"更新"按钮。

设置完用户后,就有了接收告警的邮件,这还没有完,还需要有一个"动作"来完成发邮件的功能。依次单击"配置"→"动作"→右上角的"创建动作"。"动作"页里同样有两个属性页,分别为"动作"和"操作"。首先在"动作"页中,"名称"填写 sendmail,这个名称自定义,没有特殊要求,"条件"这一栏保持默认设置。然后切换到"操作"页面,单击下面的"操作"栏内的"添加",会出现"操作细节"相关的内容,其中可以选择要发送的用户或者用户组,这里阿铭选择的是用户,并选择 aming,仅送到选择 Email,继续单击"添加"(两个字,不是最下面的蓝色的"添加"按钮)。按照同样的方法设置下面的"恢复操作"以及"更新操作"。最终效果如图 21-17 所示。

图 21-17 最终效果

完成以上操作,最后单击蓝色的"添加"按钮。

为了测试告警,需要为主机 aming-129 新链接一个模板,依次单击"配置"→"主机",然后直接单击 aming-129 蓝色字符进入主机页面,单击"模板",单击 Link new templates 右侧方框右边的"选择",弹出模板对话框,找到 Template Module ICMP Ping 并打对钩,再单击蓝色的"选择"按钮。最后单击蓝色的"更新"按钮。

现在可以测试告警了,在 129 机器上执行如下命令:

```
# iptables -I INPUT -p icmp -j DROP
```

这样会把 ICMP 协议给禁掉,然后服务端也就无法 ping 通客户端 129 了,稍等 1 分钟多点,就会收到告警邮件。内容类似如下:

```
Problem started at 22:00:02 on 2020.07.11
Problem name: Unavailable by ICMP ping
Host: aming-129
Severity: High
Operational data: Down (0)
Original problem ID: 122
```

再把 iptables 规则删除，此时需要执行如下命令：

```
# iptables –D INPUT -p icmp -j DROP
```

同样也会收到故障恢复的邮件，内容类似如下：

```
Problem has been resolved at 22:04:02 on 2020.07.11
Problem name: Unavailable by ICMP ping
Problem duration: 4m
Host: aming-129
Severity: High
Original problem ID: 122
```

好了，关于 Zabbix 的内容阿铭就介绍这么多了，这些仅仅是教大家如何搭建和简单使用 Zabbix，这些内容可以让你入门，但是要想用好 Zabbix，还需要你不断地实践。

第 22 章
Docker 容器

在本章开头，阿铭先来介绍一个场景：如果一个软件（阿铭给它起了一个名字：NiuBys）想在 Linux 操作系统上运行，需要搭建超过 20 个依赖的环境包，而且这些环境包有很多只能编译安装，所以要想成功运行 NiuBys，至少要花费 5 个小时。那么有没有一种方法可以将这些依赖环境包和 NiuBys 打包成一个综合体，下次再安装时直接安装这个综合体，这样不就简单多了吗？事实上，还真有类似的技术，那就是本章要介绍的容器技术。

容器技术中的典型代表就是 Docker，毫不夸张地说，如果你不会用 Docker，就不算一名合格的运维人员。在没有真正接触容器之前，无论阿铭说多少容器的优势，你可能都无法理解，因为你还没有亲自体验过它。接下来，阿铭要带你一步一步了解 Docker。

22.1 在 CentOS 8 上安装 Docker

作为时下比较流行的一种容器技术，Docker 必然支持在多个操作系统上安装，比如 Windows、macOS 以及 Unix 等，也就是说 Docker 支持跨平台，所以我们可以将阿铭介绍的 NiuBys 很方便地移植到 Windows 或者 macOS 上。在本章中，阿铭的演示将基于 CentOS 8。

22.1.1 下载 Docker

你可以通过 yum 安装 Docker，不过暂时 Docker 官方并没有提供 CentOS 8 的 yum 源，网上有很多资料是在 CentOS 8 上使用基于 CentOS 7 的 yum 源，但阿铭觉得并不合适。所以，阿铭给出的方法是使用二进制包来安装 Docker。相关命令如下：

```
# wget https://download.docker.com/linux/static/stable/x86_64/docker-19.03.12.tgz
```

22.1.2 在 CentOS 8 上安装 Docker

对于二进制的 Docker 安装包，解压后就可以直接使用了，步骤如下：

```
# tar zxf docker-19.03.12.tgz      // 解压
# cp docker/*  /usr/bin/
```

此时就可以使用 docker 命令了：

```
# docker -v     // 如果正常的话，会出现如下内容
Docker version 19.03.12, build 48a66213fe
```

Docker 也是一个服务，所以我们还需要编辑启动脚本：

```
# vim /usr/lib/systemd/system/docker.service        // 加入如下内容
[Unit]
Description=Docker Application Container Engine
Documentation=https://docs.docker.com
After=network-online.target firewalld.service
Wants=network-online.target

[Service]
Type=notify
ExecStart=/usr/bin/dockerd
ExecReload=/bin/kill -s HUP $MAINPID
LimitNOFILE=infinity
LimitNPROC=infinity
TimeoutStartSec=0
Delegate=yes
KillMode=process
Restart=on-failure
StartLimitBurst=3
StartLimitInterval=60s

[Install]
WantedBy=multi-user.target
```

然后启动 Docker 服务：

```
# systemctl daemon-reload
# systemctl start docker
# systemctl enable docker
Created symlink /etc/systemd/system/multi-user.target.wants/docker.service → /usr/lib/systemd/
    system/docker.service.
```

查看进程：

```
# ps aux |grep docker
root       24427   1.5   2.8  751780  53556  ?         Ssl   22:14    0:00 /usr/bin/dockerd
root       24434   1.5   1.4  723528  26288  ?         Ssl   22:14    0:00 containerd --config /var/run/
    docker/containerd/containerd.toml --log-level info
```

到此，Docker 安装结束，下面阿铭会逐一介绍与 Docker 相关的概念。

22.2　Docker 镜像

Docker 镜像类似于安装操作系统的 ISO 文件，我们通过 ISO 文件安装一个操作系统，同样可以使用 Docker 镜像启动一个容器（对容器的解释，阿铭会在 22.3 节中详细介绍）。那么 Docker 镜像从哪里来呢？如何获取呢？先来看下面的例子：

```
# docker pull busybox    // 获取一个叫作 busybox 的镜像
Using default tag: latest
Error response from daemon: Get https://registry-1.docker.io/v2/: net/http: TLS handshake timeout
```

结果是报错了，它告诉我们 https://registry-1.docker.io/v2/无法访问，超时了。这个链接其实是 Docker 镜像的存放地址（也就是后面要跟大家介绍的 Docker 仓库），由于网络受限，所以下载失败了。但是大家不必担心，阿铭教你设置一个国内的加速器，这样就可以使用国内的资源站来下载 Docker 镜像了，具体步骤如下：

```
# vim /etc/docker/daemon.json    // 写入如下内容
{
  "registry-mirrors": ["https://dhq9bx4f.mirror.aliyuncs.com"]
}
# systemctl restart docker
# docker pull busybox
Using default tag: latest
latest: Pulling from library/busybox
91f30d776fb2: Pull complete
Digest: sha256:9ddee63a712cea977267342e8750ecbc60d3aab25f04ceacfa795e6fce341793
Status: Downloaded newer image for busybox:latest
docker.io/library/busybox:latest
```

要重启 Docker，此设置才会生效，之后再次下载镜像就会非常快了，使用如下命令查看下载的镜像：

```
# docker image ls
REPOSITORY      TAG         IMAGE ID        CREATED         SIZE
busybox         latest      c7c37e472d31    2 weeks ago     1.22MB
```

busybox 是一个非常小的 Docker 镜像，常被人用作测试或者演示。那么，Docker 到底都有啥镜像呢？像 CentOS、Ubuntu、MySQL、Nginx、Tomcat 等，只要是你接触过的软件，几乎都有相关镜像。当然，你还可以使用 docker search 命令进行搜索，如下：

```
# docker search nginx
NAME                            DESCRIPTION                                      STARS   OFFICIAL   AUTOMATED
nginx                           Official build of Nginx.                         13469   [OK]
jwilder/nginx-proxy             Automated Nginx reverse proxy for docker con…    1839               [OK]
richarvey/nginx-php-fpm         Container running Nginx + PHP-FPM capable of…    780                [OK]
linuxserver/nginx               An Nginx container, brought to you by LinuxS…    121
bitnami/nginx                   Bitnami nginx Docker Image                       87                 [OK]
tiangolo/nginx-rtmp             Docker image with Nginx using the nginx-rtmp…    83                 [OK]
jc21/nginx-proxy-manager        Docker container for managing Nginx proxy ho…    70
alfg/nginx-rtmp                 NGINX, nginx-rtmp-module and FFmpeg from sou…    70                 [OK]
nginxdemos/hello                NGINX webserver that serves a simple page co…    56                 [OK]
jlesage/nginx-proxy-manager     Docker container for Nginx Proxy Manager         51                 [OK]
nginx/nginx-ingress             NGINX Ingress Controller for Kubernetes          37
```

```
privatebin/nginx-fpm-alpine   PrivateBin running on an Nginx, php-fpm & Al…  29        [OK]
schmunk42/nginx-redirect      A very simple container to redirect HTTP tra… 18        [OK]
```

排在第一行的肯定是 STARS（类似于点赞、收藏，表示喜欢）最多的，也是官方（权威）的镜像。你也可以制作自己的镜像，然后上传到 Docker 仓库，这样其他人也可以搜索到。那么如何下载一个指定的镜像呢？比如，要下载第四个 linuxserver/nginx，相关命令如下：

```
# docker pull linuxserver/nginx
Using default tag: latest
latest: Pulling from linuxserver/nginx
6eb1af1a521f: Pull complete
66fa287bda10: Pull complete
7de41abee0a4: Pull complete
998ccb56172f: Pull complete
179b46cdbdd8: Pull complete
a0108804ba5c: Pull complete
e63a05ec8abf: Pull complete
Digest: sha256:dc5429ae4a1b5ae329fb64c18f5cd47fbdf152099dca9335f4b46d944bc5c508
Status: Downloaded newer image for linuxserver/nginx:latest
docker.io/linuxserver/nginx:latest
```

在使用 docker 命令拉取镜像的时候，会发现一句提示 Using default tag: latest，这是告诉我们下载的镜像使用了默认的 TAG（latest），那么 TAG 又是什么呢？使用如下命令查看 Docker 镜像：

```
# docker images     // 等同于 docker image ls
REPOSITORY          TAG          IMAGE ID        CREATED         SIZE
linuxserver/nginx   latest       75cc19404b34    3 days ago      165MB
busybox             latest       c7c37e472d31    2 weeks ago     1.22MB
```

其中第二列就是 TAG 啦。TAG 常用作标记一个镜像的版本，比如我们可以下载一个老版本的 Nginx：

```
# docker pull nginx:1.16.0
1.16.0: Pulling from library/nginx
9fc222b64b0a: Pull complete
30e9fc7d9c5b: Pull complete
4b3a8aeaa40e: Pull complete
Digest: sha256:3e373fd5b8d41baeddc24be311c5c6929425c04cabf893b874ac09b72a798010
Status: Downloaded newer image for nginx:1.16.0
docker.io/library/nginx:1.16.0
[root@centos8_1 ~]# docker images
REPOSITORY          TAG          IMAGE ID        CREATED         SIZE
linuxserver/nginx   latest       75cc19404b34    3 days ago      165MB
busybox             latest       c7c37e472d31    2 weeks ago     1.22MB
nginx               1.16.0       ae893c58d83f    11 months ago   109MB
```

使用 docker images 命令看到的这些镜像都是已经下载到本地的哦，我们可以对某个镜像修改 TAG：

```
# docker tag c7c37e472d31 busybox:123
# docker images busybox
REPOSITORY   TAG      IMAGE ID        CREATED        SIZE
busybox      123      c7c37e472d31    2 weeks ago    1.22MB
busybox      latest   c7c37e472d31    2 weeks ago    1.22MB
```

你会发现，两个 busybox 镜像的 IMAGE ID 是一样的，其实这个 IMAGE ID 才是某个镜像的唯一标识，镜像名字并不能完全标识某一个镜像，但镜像名字（REPOSITORY）和 TAG 组合在一起可以标识一个镜像。

如果某一天你发现服务器上的本地镜像太多了，想删除一些，该如何做呢？此时需要用到下面的这个 rmi 选项：

```
# docker rmi nginx:1.16.0
Untagged: nginx:1.16.0
Untagged: nginx@sha256:3e373fd5b8d41baeddc24be311c5c6929425c04cabf893b874ac09b72a798010
Deleted: sha256:ae893c58d83fe2bd391fbec97f5576c9a34fea55b4ee9daf15feb9620b14b226
Deleted: sha256:9987b8be475d96bc466b978b64b54af9e556884e78007caa19c065c6723f40e4
Deleted: sha256:5d7e4cc1668a0ce9764e7dad91cfbe594eea3a5b3ac6f4ec229d549cac20fff0
Deleted: sha256:8fa655db5360a336ddd0256f573e27975628668063732ef91f820d4770db737c
```

但如果该镜像已经启动了容器，那么删除时会报错。由于阿铭还没有介绍容器，所以具体的操作暂时先不演示。遇到此类情况，只能是先停止容器，再删除。删除镜像时，如果指定 IMAGE ID，则会把该 IMAGE ID 对应的所有镜像都删除，但需要加 -f 选项，命令如下所示：

```
# docker rmi -f c7c37e472d31
Untagged: busybox:123
Untagged: busybox:latest
Untagged: busybox@sha256:9ddee63a712cea977267342e8750ecbc60d3aab25f04ceacfa795e6fce341793
Deleted: sha256:c7c37e472d31c1685b48f7004fd6a64361c95965587a951692c5f298c6685998
Deleted: sha256:50761fe126b6e4d90fa0b7a6e195f6030fe250c016c2fc860ac40f2e8d2f2615
```

22.3 容器

容器就是用镜像运行起来的进程，比如你可以使用 Nginx 的镜像运行一个 Nginx 的容器，设置可以使用 CentOS 的镜像运行一个 CentOS 系统的容器，这就类似于虚拟机了。阿铭先运行一个 busybox 的容器，如下所示：

```
# docker pull busybox
# docker run -itd busybox
```

需要说明的是，如果事先不把镜像下载下来，当运行 docker run 的时候，镜像也会自动下载，例如：

```
# docker run -itd redis
Unable to find image 'redis:latest' locally
latest: Pulling from library/redis
8559a31e96f4: Already exists
85a6a5c53ff0: Pull complete
b69876b7abed: Pull complete
a72d84b9df6a: Pull complete
5ce7b314b19c: Pull complete
04c4bfb0b023: Pull complete
Digest: sha256:800f2587bf3376cb01e6307afe599ddce9439deafbd4fb8562829da96085c9c5
Status: Downloaded newer image for redis:latest
e9cd29ea23dc304430fc216b30f8188f64953f6ad76fbee41f1fd496a7c25f27
```

它会先将镜像拉取下来，然后运行。其中-i参数表示交互式，等会阿铭会进入到容器里敲命令；-t参数表示分配一个伪终端，可以让我们登录进去然后敲命令；-d参数表示将容器丢到后台，如果不丢到后台，那么当命令结束时容器也就停止运行了，这不是我们想要的。所以阿铭建议你启动容器时必带上述三个参数。下面我们进入容器内部看看：

```
# docker ps   // 查看已经运行的容器，可以带-a参数，它会列出所有容器（包括已经停止的容器）
CONTAINER ID    IMAGE      COMMAND                  CREATED          STATUS          PORTS      NAMES
e9cd29ea23dc    redis      "docker-entrypoint.s…"   5 minutes ago    Up 5 minutes    6379/tcp   thirsty_taussig
d436a7c129ea    busybo     "sh"                     8 minutes ago    Up 8 minutes               elated_thompson
```

由于显示出来的行内容比较长，所以自动换行了，下面简要介绍各列的含义。

- CONTAINER ID：这一列为容器的ID，它是唯一标识容器的属性值。
- IMAGE：这一列表示该容器是由哪个镜像启动来的。
- COMMAND：这一列为容器启动时运行的命令。
- CREATED：这一列为容器启动时间。
- STATUS：这一列为该容器运行状态。
- PORTS：这一列为该容器监听的端口。
- NAMES：这一列为该容器的名字，它的作用跟CONTAINER ID类似，用来标记一个容器。

下面进入容器里看看：

```
# docker exec -it e9cd29ea23dc bash
root@e9cd29ea23dc:/data# ls
root@e9cd29ea23dc:/data# pwd
/data
```

使用exec指令可以进入容器里，注意这里的e9cd29ea23dc为CONTAINER ID，其实也可以换成name，这要看你更习惯使用哪个。当然，在启动容器时也可以定义name：

```
# docker run -itd --name aminglinux  busybox
576dd165fa1e36d086b600dc876ac4f66f915ff35000db322283022f39bbe723
# docker ps
CONTAINER ID    IMAGE      COMMAND                  CREATED           STATUS          PORTS      NAMES
576dd165fa1e    busybox    "sh"                     3 seconds ago     Up 2 seconds               aminglinux
e9cd29ea23dc    redis      "docker-entrypoint.s…"   15 minutes ago    Up 15 minutes   6379/tcp   thirsty_taussig
d436a7c129ea    busybox    "sh"                     18 minutes ago    Up 18 minutes              elated_thompson
```

然后就可以使用name来操作容器了：

```
# docker exec -it aminglinux sh
/ # ls
bin    dev    etc    home    proc    root    sys    tmp    usr    var
/ #
```

上述命令中后面跟的sh为进入容器要运行的指令，sh其实就是打开一个shell终端，这样就可以在里面敲命令了。创建容器时，除了可以使用docker run命令之外，还可以使用docker create命令，如下：

```
# docker create -it nginx:1.8
Unable to find image 'nginx:1.8' locally
1.8: Pulling from library/nginx
Image docker.io/library/nginx:1.8 uses outdated schema1 manifest format. Please upgrade to a schema2
image for better future compatibility. More information at
https://docs.docker.com/registry/spec/deprecated-schema-v1/
efd26ecc9548: Pull complete
a3ed95caeb02: Pull complete
24941909ea54: Pull complete
7e605cb95896: Pull complete
Digest: sha256:c97ee70c4048fe79765f7c2ec0931957c2898f47400128f4f3640d0ae5d60d10
Status: Downloaded newer image for nginx:1.8
db5522bde518c6a4af86b26219efe65db9a00bbf64223b010a3357c7f61f3d71
```

使用 docker create 命令仅仅是创建了一个容器，如果本地没有镜像，则会从远程下载。创建后，可以使用 start 命令来启动容器：

```
# docker start db5522bde518
```

docker run 命令还有一个常用的选项 --rm，它可以让容器在停止或者退出时直接被删除掉：

```
# docker run -itd --rm busybox sh
# docker ps
CONTAINER ID   IMAGE       COMMAND                  CREATED          STATUS         PORTS              NAMES
673e45d336ec   busybox     "sh"                     3 seconds ago    Up 2 seconds                      adoring_williams
db5522bde518   nginx:1.8   "bash"                   11 minutes ago   Up 9 minutes   80/tcp, 443/tcp    sleepy_swanson
576dd165fa1e   busybox     "sh"                     3 days ago       Up 3 days                         aminglinux
e9cd29ea23dc   redis       "docker-entrypoint.s..." 3 days ago       Up 3 days      6379/tcp           thirsty_taussig
d436a7c129ea   busybox     "sh"                     3 days ago       Up 3 days                         elated_thompson
```

然后将刚刚创建的容器停止：

```
# docker stop 673e45d336ec
```

现在再查看刚才的容器，已经找不到了：

```
# docker ps |grep 673e45d336ec
```

docker logs 用于查看容器的日志，具体如下：

```
# docker run -itd busybox sh -c "while :; do echo 123; sleep 5; done"
c2d2f4c9f2b1bb5e7f204a48af3bb31217904db5f564af6db84c5a00ba8e0e21
# docker logs c2d2f4c9f2b
123
123
123
```

有时候，如果容器启动不起来，就可以使用 docker logs 命令查看具体的错误日志。在日常的工作中，阿铭也会经常使用另外两个选项 -v 和 -p，其中 -v 用来将宿主机上的目录或文件映射到容器中，而 -p 用来把容器内的端口映射到宿主机上。比如：

```
# docker run -itd -v /data/:/mnt/ busybox sh   // 将宿主机的/data/目录映射到容器的/mnt 目录，也就是
说/data/里有什么文件，容器的/mnt/目录里就有什么文件
# docker run -itd -p 10001:80 busybox sh   // 将容器的80端口映射到宿主机的10001端口，也就是说当访
问宿主机的10001端口时，实际上就会访问到容器的80端口
```

其他选项由于使用不多，阿铭就不再介绍了。

22.4 创建镜像

作为新手，我们用得最多的就是下载一个现成的镜像，然后直接拿来用，但是官网上的镜像并不一定适合我们的应用场景，此时就需要自定义镜像。在本节中，阿铭会介绍三种创建镜像的方法。

22.4.1 通过容器创建镜像

目前有个需求：制作一个基于CentOS 7 系统的Nginx 服务器镜像。对于这个需求，首先要有一个CentOS 7 的系统，然后在此系统中安装Nginx 即可。具体步骤如下：

```
# docker run -itd --name centos7 centos:7 bash
# docker exec -it centos7 bash
```

进入容器里，安装Nginx，命令如下：

```
# vi /etc/yum.repos.d/nginx.repo    // 内容如下
[nginx]
name=nginx repo
baseurl=http://nginx.org/packages/centos/$releasever/$basearch/
gpgcheck=0
enabled=1
# yum install -y nginx
```

输入exit 或者按Ctrl + D 快捷键，退出该容器，然后将CentOS 7 容器导出为镜像即可，命令如下：

```
# docker commit -m "centos7 with nginx" -a "aminglinux" centos7 centos7_with_nginx:1.0
```

其中 -m 后面为描述文字，-a 后面为作者，centos7 为容器名字或容器id，最后面为新镜像的名字。导出镜像后，使用 docker images 命令查看镜像：

```
# docker images |grep centos7
centos7_with_nginx    1.0              1c865b3ce672        2 minutes ago       290MB
```

有了这个镜像，就可以直接使用该镜像创建新容器了：

```
# docker run -it --rm --name nginx_test centos7_with_nginx:1.0  bash -c "rpm -qa nginx"
nginx-1.18.0-1.el7.ngx.x86_64
```

可以看到，Nginx 的版本为1.18.0。

22.4.2 使用模板创建镜像

模板又是什么？简单来讲，模板就是把事先做好的系统以及系统里面的各种文件、服务、配置、

数据等制作成一种特殊的文件（这个文件就是模板），然后我们使用该模板文件直接安装系统，这样做出来的系统和先前的系统是一样的。这样做的好处是，可以省掉安装软件、配置服务的时间，这不就类似于 Docker 镜像嘛。

在 OpenVZ 的官网下载一个 Ubuntu 的模板。下载完后，导入该模板：

```
# cat ubuntu-12.04-x86-minimal.tar.gz | docker import - ubuntu:12.04
# docker images |grep Ubuntu
ubuntu               12.04        c84a97eb1893       37 seconds ago      146MB
```

然后使用该镜像启动容器：

```
# docker run -itd --name ubuntu1204 ubuntu:12.04 bash
46cceeda838d9c3c4075b6eecfb62e34f08796f457bc767875546e8df25a0142
# docker ps |grep ubuntu
46cceeda838d    ubuntu:12.04    "bash"        7 seconds ago    Up 5 seconds              ubuntu1204
```

其实对于导入的镜像，还可以再把它导出：

```
# docker save -o aminglinux.tar ubuntu:12.04
# du -sh aminglinux.tar
148M    aminglinux.tar
```

这个 aminglinux.tar 文件就是导出的镜像文件，大小为 148MB，跟刚下载的 ubuntu-12.04-x86-minimal.tar.gz 文件相比大了很多，其实它们俩是一样的，只不过 aminglinux.tar 这个文件还没有压缩，压缩完后就跟 ubuntu-12.04-x86-minimal.tar.gz 的大小一样了。而 save 导出的镜像如何导入？命令如下：

```
# docker load --input aminglinux.tar   // 或者
# docker load < aminglinux.tar
```

那我们是否可以自己制作模板呢？也就是说将运行的容器导出为模板，比如将我们上面做的 CentOS 7 制作为一个模板。答案是必须可以啊，过程如下：

```
# docker ps |grep centos7
eea48f5e7f53    centos:7      "bash"         24 hours ago     Up 24 hours               centos7
[root@centos8_1 ~]# docker export eea48f5e7f53 > centos7.tar
```

然后我们再把它导入，并启动为容器：

```
# cat centos7.tar |docker import - centos7:new
# docker run -itd --name centos7_new centos7:new bash
```

注意整个过程：先由容器导出为模板→再由模板导入为镜像→再由镜像启动容器。在本节中，阿铭介绍了两种导出镜像的方法，一种是 docker save，一种是 docker export，它们的区别在于，前者的操作对象是镜像，而后者的操作对象是容器。

22.4.3　使用 Dockerfile 创建镜像

Dockerfile 类似于 Linux 系统里面的 shell 脚本，它可以基于已存在的镜像创建新的镜像。比如，基于 CentOS 7，安装一个 MySQL 服务，就可以使用 Dockerfile 来实现。Dockerfile 是一个用来构建镜像的文本文件，其中包含了一条条构建镜像所需的指令和说明，下面简要介绍各个指令的作用。

- FROM 用于指定基于哪个镜像。

    命令格式：

    FROM <image> 或者 FROM <image>:<tag>

    命令举例：

    FROM centos
    FROM centos:7

- MAINTAINER 用于指定作者信息。

    命令格式：

    MAINTAINER <name>

    命令举例：

    MAINTAINER aming   aming@aminglinux.com

- RUN 表示运行镜像操作指令。

    命令格式：

    RUN <command> 或者 RUN ["executable", "param1", "param2"]

    命令举例：

    RUN yum install httpd
    RUN ["/bin/bash", "-c", "echo hello"]

- CMD 为启动容器时运行的指令。

    CMD ["executable", "param1", "param2"]
    CMD command param1 param2
    CMD ["param1", "param2"]

    虽然 RUN 和 CMD 看起来挺像，但是 CMD 用于指定容器启动时用到的命令，只能有一条。比如：

    CMD ["/bin/bash", "/usr/local/nginx/sbin/nginx", "-c", "/usr/local/nginx/conf/nginx.conf"]

- EXPOSE 用于定义映射端口。

    命令格式：

    EXPOSE <port> [<port>...]

    命令举例：

    EXPOSE 22 80 8443

    这个用来指定要映射出去的端口，比如我们在容器内部启动了 sshd 和 Nginx，所以需要把 22

- ENV 用于定义容器内的环境变量。

    命令格式:

    ```
    ENV <key> <value>
    ```

    命令举例:

    ```
    ENV PATH /usr/local/mysql/bin:$PATH
    ```

    它主要是为后续的 RUN 指令提供一个环境变量。我们也可以定义一些自定义的变量，比如:

    ```
    ENV MYSQL_version 5.6
    ```

- ADD 用于将文件或目录复制到镜像里，支持 HTTP 连接。

    命令格式:

    ```
    ADD <src> <dest>
    ```

    将本地的一个文件或目录复制到容器的某个目录里。其中 src 为 Dockerfile 所在目录的相对路径，它也可以是一个 URL。比如:

    ```
    ADD <conf/vhosts> </usr/local/nginx/conf>
    ```

- COPY 用于将文件或目录复制到镜像。

    命令格式:

    ```
    COPY <src> <dest>
    ```

    使用方法和 ADD 一样，不同之处是它不支持 URL。

- ENTRYPOINT 用于定义容器启动时运行的指令。

    格式类似 CMD，也是只有一条生效，如果写多个，则只有最后一条有效。和 CMD 不同的是：CMD 是可以被 docker run 指令覆盖的，而 ENTRYPOINT 不能。比如，容器名字为 aming，我们在 Dockerfile 中指定如下 CMD：

    ```
    CMD ["/bin/echo", "test"]
    ```

    启动容器的命令是 docker run aming，这样会输出 test。假如启动容器的命令是 docker run -it aming /bin/bash，最终它什么都不会输出，因为这里的 /bin/bash 指令将 CMD 的 /bin/echo test 覆盖了。

    而 ENTRYPOINT 不会被覆盖，且会比 CMD 或者 docker run 指定的命令要靠前执行，比如：

    ```
    ENTRYPOINT ["echo", "test"]
    docker run -it aming  123
    ```

会输出 test 123，这相当于要执行命令 echo test 123，也就是说 docker run 提供的指令叠加在了 ENTRYPOINT 提供指令的后面。

- VOLUME 用于指定映射目录。

  命令格式：

  VOLUME ["/data"]

  它的作用是创建一个可以从本地主机或其他容器挂载的挂载点，这个挂载点会映射到宿主机的某个目录下，这里不能指定，是自动生成的。

- USER 用于定义运行容器的用户。

  命令格式：

  USER USERNAME

  命令举例：

  USER user1

- WORKDIR 用于定义工作目录。

  命令格式：

  WORKDIR /path/to/workdir

  它的作用是为后续的 RUN、CMD 或者 ENTRYPOINT 指定工作目录。

22.4.4　Dockerfile 实践

接下来，阿铭写一个具体的 Dockerfile 示例，帮你理解各个参数的含义，如下所示：

```
# vi /root/dockerfile   // 写入如下内容
## 设置基础镜像为 CentOS
FROM centos:7
# 设置作者
MAINTAINER aming aming@aminglinux.com
# 安装必要工具
RUN yum install -y pcre-devel wget net-tools gcc zlib zlib-devel make openssl-devel
# 安装 Nginx
ADD http://nginx.org/download/nginx-1.8.0.tar.gz .
RUN tar zxvf nginx-1.8.0.tar.gz
RUN mkdir -p /usr/local/nginx
RUN cd nginx-1.8.0 && ./configure --prefix=/usr/local/nginx && make && make install
RUN rm -fv /usr/local/nginx/conf/nginx.conf
ADD http://www.apelearn.com/study_v2/.nginx_conf /usr/local/nginx/conf/nginx.conf
# 映射端口
EXPOSE 80
# 设置挂载点
VOLUME ["/usr/local/nginx/html"]
# 设置容器启动时要执行的指令
ENTRYPOINT /usr/local/nginx/sbin/nginx && tail -f /usr/local/nginx/logs/nginx_error.log
```

保存该文件后,执行如下命令进行编译:

```
# docker build -f /root/dockerfile -t centos7_nginx:0.1 .
```

其中,build 命令用来编译 Dockerfile,-f 指定要编译的 Dockerfile,注意名字和路径都可以自定义。-t 指定生成的镜像名字和 TAG,后面还有个 . 表示在当前目录下来做这个事情。因为 Dockerfile 里有可能会添加一些文件到镜像里,所以它会到这里的 . (也就是当前目录下)寻找指定文件。这个过程比较慢,而且输出的内容太多,所以阿铭就不再展示了,等它编译完成后,要记得使用 echo $? 看看是否是 0 (0 说明没问题),否则就有问题。如果是 0,接着检查生成的镜像:

```
# docker images |grep centos7_nginx
centos7_nginx         0.1              b266018e6298         58 seconds ago      356MB
```

然后使用该镜像运行容器:

```
# docker run -itd --name aming123 centos7_nginx:0.1  bash
a01a5885888f23299a93c7917b77d7a2dd08c0f0ea409daef390d59c4e532ef8
# docker exec -it aming123 bash
# ps aux |grep nginx    // 在容器内查看 nginx 进程
root         1  0.0  0.1  11700  2592 pts/0    Ss+  15:06   0:00 /bin/sh -c /usr/local/nginx/sbin/nginx && tail -f /usr/local/nginx/logs/nginx_error.log bash
root         7  0.0  0.0  24904   572 ?        Ss   15:06   0:00 nginx: master process /usr/local/nginx/sbin/nginx
root         8  0.0  0.0   4412   732 pts/0    S+   15:06   0:00 tail -f /usr/local/nginx/logs/nginx_error.log
nobody       9  0.0  0.2  27348  4796 ?        S    15:06   0:00 nginx: worker process
nobody      10  0.0  0.2  27348  4796 ?        S    15:06   0:00 nginx: worker process
root        28  0.0  0.0   9104   872 pts/1    S+   15:07   0:00 grep --color=auto nginx
```

在 Dockerfile 中阿铭有定义 VOLUME,其实它映射到了宿主机的 /var/lib/docker/volumes/ 下的某个目录,具体可以通过 docker inspect aming123 查看:

```
# docker inspect aming123 |grep -A10 'Mounts'
        "Mounts": [
            {
                "Type": "volume",
                "Name": "d7b1915410f51bdcd78e855c06230600fd622be420939277dedeaf694601c680",
                "Source": "/var/lib/docker/volumes/
                        d7b1915410f51bdcd78e855c06230600fd622be420939277dedeaf694601c680/_data",
                "Destination": "/usr/local/nginx/html",
                "Driver": "local",
                "Mode": "",
                "RW": true,
                "Propagation": ""
            }
```

这里的 Source 对应的目录就是宿主机上映射的目录。

22.5　Docker 私人仓库

使用 docker images 命令查看到的所有镜像都存储在本机磁盘里,如果想把其中某个镜像给其他机器使用,还得先导出镜像,然后将其传到其他机器上,这样十分不方便。那有没有比较好的方式来专门存储镜像，使之可以供所有机器使用呢？当然有，下面阿铭介绍一个业界使用非常多的私人镜像仓库工具 harbor。

22.5.1 部署 harbor 前的准备工作

1）购买一个自己的域名。阿铭在这里推荐购买 .xyz 的域名，因为 .xyz 的域名比较便宜，你可以到新网、dnspod、阿里云等网站购买。

2）申请一个免费的 SSL 证书。阿铭推荐的网站为 freessl.cn，首先注册一个账号，然后填写自己刚刚注册的域名，比如 harbor.aminglinux.xyz，单击右侧的创建免费的 SSL 证书。具体操作步骤阿铭不在这里展开了，最终需要获得两个文件：.crt 和 .key 后缀的文件。

22.5.2 部署 harbor

1）下载 docker-compose

docker-compose 是一个 Docker 容器编排工具，它可以轻松地将多个容器一键启动或停止。我们使用的 harbor 其实就是由多个容器组成的一个容器组，所以使用 docker-compose 去管理非常方便。下面的命令会下载 docker-compose 文件，并将其保存到 /usr/local/bin/ 下面：

```
# curl -L https://github.com/docker/compose/releases/1.26.2/docker-compose-`uname -s`-`uname -m` -o /usr/local/bin/docker-compose
```

由于我们的系统为 CentOS 8，所以需要选择 docker-compose-Linux-x86_64，然后给它赋予可执行权限：

```
# chmod a+x /usr/local/bin/docker-compose
# docker-compose -v
docker-compose version 1.26.2, build eefe0d31
```

如果你的执行结果不显示其版本，则说明你的系统某处有问题。

2）下载 harbor 离线包

阿铭在写本书时，harbor 的最新版本为 1.10.4，所以这就是阿铭下载的版本。和 docker-compose 一样，harbor 的下载速度简直慢如蜗牛，所以阿铭把已经下载好的文件保存在百度云盘，如果你不觉得版本老，就使用阿铭（微信 81677956）提供的软件包吧。

3）安装和配置 harbor

首先，将刚下载的离线包解压到 /opt 下：

```
# tar zxf harbor-offline-installer-v1.10.4.tgz -C /opt/
# cd /opt/harbor
# vim harbor.yml   // 做如下更改
hostname: harbor.aminglinux.cc   // 这里填写你自己的域名，注意要和你申请的SSL证书一致
certificate: /etc/harbor.aminglinux.cc_chain.crt   // 这为申请的SSL证书中的crt文件
private_key: /etc/harbor.aminglinux.cc_key.key    // 这为申请的SSL证书中的key文件
harbor_admin_password: Harbor-12345   // 定义管理员密码
```

更改完配置文件后，保存该文件，然后开始安装：

```
# sh install.sh
```

整个过程会持续大约 1 分钟左右，如果成功，则会看到提示：----Harbor has been installed and started successfully.----。在安装过程中，你可以看到它安装了好多镜像，这些都是 harbor 服务所用到的，我们还可以使用 docker-compose 命令查看所有容器的状态，如下所示：

```
# docker-compose -f /opt/harbor/docker-compose.yml ps
     Name                       Command                  State                   Ports
---------------------------------------------------------------------------------------------------
harbor-core           /harbor/harbor_core             Up (healthy)
harbor-db             /docker-entrypoint.sh           Up (healthy)    5432/tcp
harbor-jobservice     /harbor/harbor_jobservice ...   Up (healthy)
harbor-log            /bin/sh -c /usr/local/bin/ ...  Up (healthy)    127.0.0.1:1514->10514/tcp
harbor-portal         nginx -g daemon off;            Up (healthy)    8080/tcp
nginx                 nginx -g daemon off;            Up (healthy)    0.0.0.0:80->8080/tcp,
                                                                      0.0.0.0:443->8443/tcp
redis                 redis-server /etc/redis.conf    Up (healthy)    6379/tcp
registry              /home/harbor/entrypoint.sh      Up (healthy)    5000/tcp
registryctl           /home/harbor/start.sh           Up (healthy)
```

可以看到，总共有 9 个容器，映射的端口有 10514、8080 以及 8443。记得把在配置文件中配置的域名做一下解析，然后就可以通过浏览器访问 harbor 了，用户名为 admin，密码为 Harbor-12345。

22.5.3 使用 harbor

登录 harbor 后，可以看到左侧有项目、日志、系统管理等功能。要想把镜像存储到 harbor，还得做一些准备工作。

1) 创建项目

默认情况下，harbor 有一个 library 项目，而生成环境中则会根据不同的使用场景创建多个项目。下面阿铭来创建一个测试的项目。单击"新建项目"，项目名称填写"aming"，其他保持默认设置，单击"确定"按钮。

2) 创建用户

创建用户的目的是针对不同的项目设置不同的用户和权限。具体步骤为：在左侧系统管理下面单击"用户管理"，然后单击"创建用户"，接着自定义用户名（比如 user1），设置邮箱、全名、密码。要注意的是，设置的密码必须包含大小写字母和数字，并且长度在 8 和 20 之间。

3) 设置项目

再次单击左侧的项目，选择刚刚创建的项目"aming"，单击项目名，进入项目设置界面。单击"成员"，单击"+用户"，"姓名"这里填写"user1"，它会自动显示出 user1，选中它，角色保持默认设置即可，最后单击"确定"按钮。

做好以上三个准备工作后，就可以正式使用 harbor 了。回到 Linux 命令行界面，执行如下命令：

```
# docker login https://harbor.aminglinux.cc
Username: user1
Password:
WARNING! Your password will be stored unencrypted in /root/.docker/config.json.
Configure a credential helper to remove this warning. See
https://docs.docker.com/engine/reference/commandline/login/#credentials-store

Login Succeeded
```

注意，必须要显示 Login Succeeded 才算正常，如果不正常，请检查域名是否解析对、SSL 证书是否配置对、用户名以及密码是否输入对。上面的操作其实是在命令行下面登录 harbor，后面就可以将镜像存入到 harbor 了。下面阿铭将 busybox 存入到 harbor，操作步骤如下：

```
# docker tag busybox:latest harbor.aminglinux.cc/aming/busybox:123
# docker push harbor.aminglinux.cc/aming/busybox:123
The push refers to repository [harbor.aminglinux.cc/aming/busybox]
50761fe126b6: Pushed
123: digest: sha256:2131f09e4044327fd101ca1fd4043e6f3ad921ae7ee901e9142e6e36b354a907 size: 527
```

这样就可以将 busybox 镜像推送到 harbor 了，再到浏览器查看 aming 项目，依次单击项目→aming→镜像仓库，就可以看到刚刚上传的 aming/busybox 了，再单击进去会发现里面有个 123。

私有镜像仓库搭建完，这样企业中内网所有的 Docker 服务器就都可以将镜像上传到该 harbor 服务器了。当然，也可以使用如下命令轻松下载：

```
# docker pull harbor.aminglinux.cc/aming/busybox:123
```

可以正常拉取下来的前提是，首先要运行 docker login https://harbor.aminglinux.cc。

技术改变世界 · 阅读塑造人生

Linux Shell 脚本攻略（第 3 版）

- ◆ 100多则立竿见影的shell脚本攻略
- ◆ 解决系统管理现实问题，实现烦琐任务自动化，轻松驾驭Linux操作系统

作者：Clif Flynt，Sarath Lakshman，Shantanu Tushar
译者：门佳
书号：978-7-115-47738-5

Linux 命令行与 shell 脚本编程大全（第 3 版）

- ◆ 圣经级参考书最新版，亚马逊书店五星推荐
- ◆ 轻松全面掌握Linux命令行和shell脚本编程细节，实现Linux系统任务自动化

作者：Richard Blum，Christine Bresnahan
译者：门佳，武海峰
书号：978-7-115-42967-4

Linux 程序设计（第 4 版）

- ◆ 全球开源社区集体智慧结晶
- ◆ 初学者的最佳Linux程序设计指南
- ◆ 中高级程序员不可或缺的参考书

作者：Neil Matthew，Richard Stones
译者：陈健，宋健建
书号：978-7-115-22821-5

技术改变世界 · 阅读塑造人生

深入 Linux 内核架构

- ◆ 豆瓣评分8.9分
- ◆ Linux内核首推大作，1000多页的"大金砖"

作者： Wolfgang Mauerer
译者： 郭旭
书号： 978-7-115-22743-0

一个 64 位操作系统的设计与实现

- ◆ 计算机操作系统原理实践指南
- ◆ 引入诸多 Linux 内核的设计精髓
- ◆ 既可在 Bochs 虚拟机中执行，又可通过 U 盘引导运行于笔记本电脑

作者： 田宇
书号： 978-7-115-47525-1

shell 脚本实战（第 2 版）

- ◆ 101个shell经典实例，拿来即用
- ◆ 一册搞定脚本编程技术

作者： 戴夫·泰勒，布兰登·佩里
译者： 门佳
书号： 978-7-115-50688-7